教育部高等学校电子信息类专业教学指导委员会规划教材

高等学校电子信息类专业系列教材

DSP Principle and Its Application

DSP原理及应用

TMS320F28335架构、功能模块及程序设计

张小鸣 编著

Zhang Xiaoming

U0378023

清华大学出版社

北京

内 容 简 介

本书主要介绍 TI(美国德州仪器)公司生产的 TMS320F28335 DSP 控制器硬件结构以及常用片上外设模块应用程序开发方法。本书概述 TMS320F28335 的结构特点、电气特性、封装形式,简要介绍 CPU 结构、CPU 寄存器、片上每个外设模块的基本结构和特性。详细介绍了 CCS 3.3 所有菜单命令,包括提高数字信号处理算法调试效率的探针命令和 GEL(通用扩展语言)命令。重点介绍了外部接口扩展技术,片上系统控制模块、GPIO 模块、PIE 模块、ADC 模块、SCI 模块、SPI 模块的应用程序开发模板和开发方法。通过本书学习,读者能够全面掌握 TMS320F28335 软硬件系统的设计方法和调试方法,能够将不同片上外设模块的工程模板组合到一个工程文件中,快速创建应用工程文件。另外,本书还详细介绍了基 2 DIT-FFT 蝶形运算的微机迭代算法和 DSP 实现程序。本书还配有各章习题和参考答案,便于读者自学。

本书可作为高等院校电子、通信、自动化、计算机等本科或研究生的教材,也可作为控制领域相关工程技术人员的参考书。

图书在版编目(CIP)数据

DSP 原理及应用：TMS320F28335 架构、功能模块及程序设计/张小鸣编著.—北京：清华大学出版社,2019(2023.8重印)

(高等学校电子信息类专业系列教材)

ISBN 978-7-302-49938-1

Ⅰ. ①D… Ⅱ. ①张… Ⅲ. ①数字信号处理－高等学校－教材 Ⅳ. ①TN911.72

中国版本图书馆 CIP 数据核字(2018)第 064646 号

责任编辑：曾 珊 赵晓宁
封面设计：李召霞
责任校对：焦丽丽
责任印制：宋 林

出版发行：清华大学出版社
  网 址：http://www.tup.com.cn,http://www.wqbook.com
  地 址：北京清华大学学研大厦 A 座   邮 编：100084
  社 总 机：010-83470000   邮 购：010-62786544
  投稿与读者服务：010-62776969,c-service@tup.tsinghua.edu.cn
  质量反馈：010-62772015,zhiliang@tup.tsinghua.edu.cn
  课件下载：http://www.tup.com.cn,010-83470236

印 装 者：三河市龙大印装有限公司
经 销：全国新华书店
开 本：185mm×260mm   印 张：23.5   字 数：569 千字
版 次：2019 年 1 月第 1 版   印 次：2023 年 8 月第 6 次印刷
定 价：69.00 元

产品编号：073295-01

我国电子信息产业销售收入总规模在 2013 年已经突破 12 万亿元,行业收入占工业总体比重已经超过 9%。电子信息产业在工业经济中的支撑作用凸显,更加促进了信息化和工业化的高层次深度融合。随着移动互联网、云计算、物联网、大数据和石墨烯等新兴产业的爆发式增长,电子信息产业的发展呈现了新的特点,电子信息产业的人才培养面临着新的挑战。

(1) 随着控制、通信、人机交互和网络互联等新兴电子信息技术的不断发展,传统工业设备融合了大量最新的电子信息技术,它们一起构成了庞大而复杂的系统,派生出大量新兴的电子信息技术应用需求。这些"系统级"的应用需求,迫切要求具有系统级设计能力的电子信息技术人才。

(2) 电子信息系统设备的功能越来越复杂,系统的集成度越来越高。因此,要求未来的设计者应该具备更扎实的理论基础知识和更宽广的专业视野。未来电子信息系统的设计越来越要求软件和硬件的协同规划、协同设计和协同调试。

(3) 新兴电子信息技术的发展依赖于半导体产业的不断推动,半导体厂商为设计者提供了越来越丰富的生态资源,系统集成厂商的全方位配合又加速了这种生态资源的进一步完善。半导体厂商和系统集成厂商所建立的这种生态系统,为未来的设计者提供了更加便捷却又必须依赖的设计资源。

教育部 2012 年颁布了新版《高等学校本科专业目录》,将电子信息类专业进行了整合,为各高校建立系统化的人才培养体系,培养具有扎实理论基础和宽广专业技能的、兼顾"基础"和"系统"的高层次电子信息人才给出了指引。

传统的电子信息学科专业课程体系呈现"自底向上"的特点,这种课程体系偏重对底层元器件的分析与设计,较少涉及系统级的集成与设计。近年来,国内很多高校对电子信息类专业课程体系进行了大力度的改革,这些改革顺应时代潮流,从系统集成的角度,更加科学合理地构建了课程体系。

为了进一步提高普通高校电子信息类专业教育与教学质量,贯彻落实《国家中长期教育改革和发展规划纲要(2010—2020 年)》和《教育部关于全面提高高等教育质量若干意见》(教高【2012】4 号)的精神,教育部高等学校电子信息类专业教学指导委员会开展了"高等学校电子信息类专业课程体系"的立项研究工作,并于 2014 年 5 月启动了《高等学校电子信息类专业系列教材》(教育部高等学校电子信息类专业教学指导委员会规划教材)的建设工作。其目的是为推进高等教育内涵式发展,提高教学水平,满足高等学校对电子信息类专业人才培养、教学改革与课程改革的需要。

本系列教材定位于高等学校电子信息类专业的专业课程,适用于电子信息类的电子信息工程、电子科学与技术、通信工程、微电子科学与工程、光电信息科学与工程、信息工程及其相近专业。经过编审委员会与众多高校多次沟通,初步拟定分批次(2014—2017年)建设约100门课程教材。本系列教材将力求在保证基础的前提下,突出技术的先进性和科学的前沿性,体现创新教学和工程实践教学;将重视系统集成思想在教学中的体现,鼓励推陈出新,采用"自顶向下"的方法编写教材;将注重反映优秀的教学改革成果,推广优秀的教学经验与理念。

为了保证本系列教材的科学性、系统性及编写质量,本系列教材设立顾问委员会及编审委员会。顾问委员会由教指委高级顾问、特约高级顾问和国家级教学名师担任,编审委员会由教育部高等学校电子信息类专业教学指导委员会委员和一线教学名师组成。同时,清华大学出版社为本系列教材配置优秀的编辑团队,力求高水准出版。本系列教材的建设,不仅有众多高校教师参与,也有大量知名的电子信息类企业支持。在此,谨向参与本系列教材策划、组织、编写与出版的广大教师、企业代表及出版人员致以诚挚的感谢,并殷切希望本系列教材在我国高等学校电子信息类专业人才培养与课程体系建设中发挥切实的作用。

吕志伟 教授

前言

PREFACE

TI 公司的 2000 系列 DSP 芯片,适合作为控制装置的微控制器,故俗称为 DSP 控制器。从以 TMS320LF2407 为代表的 24x 系列发展到以 TMS320F2812 为代表的 28x 系列只经历了短短几年时间,更新速度之快出乎人们的意料。TMS320F28335 是目前 2833x 系列高端 DSP 控制器芯片之一,与同频 TMS320F2812 相比,内核采用 32 位定点 CPU 加上 32 位浮点运算单元(FPU),浮点数运算速度提高 5~8 倍。在 ADC、PWM 等外设模块性能上都有重大改进,广泛应用于电力保护、逆变电源、交直流电机控制等高速、高精度控制领域。本教材以 TMS320F28335 为教学模型,介绍其软硬件结构和开发方法。

TI 公司推出 28x 系列 DSP 芯片后,CCS(代码生成器)集成开发环境下的 C 编译器和 C 环境也做出重大改进,通过改变中断向量表存放中断函数入口地址等一系列措施,中断向量表就不像 24x 系列 C 编译器那样,存放汇编转移指令表了。这就使 28x 系列的源程序完全采用 C 或 C++编程,从而迈入全 C/C++语言编程的时代。

TI 公司为 F28335 设计出一整套通用源文件模板、通用头文件模板、通用链接器命令文件模板、浮点支持库和所有片上外设模块的实例工程文件模板。用户根据应用程序需要,将启用的各个片上外设模块寄存器组结构体变量初始化源文件合并到一个工程文件中,并设计或修改应用主程序和中断服务程序源文件,就能快速创建应用工程文件。TI 公司在 28x 系列 DSP 软件设计中,竭力推广软件模块化设计规范和设计方法。设计规范主要包括为每一个片上外设模块设计一个该外设模块的寄存器组结构体类型定义头文件(.h)模板和一个寄存器组结构体变量初始化函数源文件模板(.c)。若 DSP 应用程序需要使用某个片上外设模块的软硬件功能,就把该外设模块的源文件模板添加到工程文件中。软件模块化设计方法主要采用一个工程文件作为 DSP 应用程序顶层文件,允许一个工程文件由多个源文件和其他类型文本文件组成。这就能把一个大的 DSP 应用程序通过功能划分,拆分成多个源文件(即模块),便于用较小的文件单位来编写、编辑和调试代码,使较大的 DSP 应用程序阅读性、移植性、调试性等指标显著提高,排查代码的逻辑错误更加便捷、高效。

F28335 每个片上外设模块的寄存器组结构体类型定义语句把该模块的所有控制寄存器、数据寄存器、状态寄存器结构体类型都作为一个寄存器组结构体类型的成员,所以该外设模块的结构原理、可编程功能均与该模块寄存器组定义的位域功能息息相关。因此,本书不仅详细介绍 DSP 外设模块结构和外设模块每个寄存器位域变量名称和功能,还详细介绍 TI 公司提供的外设模块寄存器组结构体类型定义头文件(.h)模板、一个寄存器组结构体类型变量初始化函数源文件模板以及仿真用和烧写用链接器命令文件模板,使读者能很快掌握开发 DSP 外设功能模块应用程序的方法。详细介绍了 FFT 的 C 语言迭代算法和 F28335 实现程序,这是以往 DSP 教材所不及的。

随着 DSP 控制器技术的发展,外设功能模块硬件与软件之间的界限越来越模糊,硬件与软件之间的融合越来越紧密。TI 公司为 F28335 设计出一整套工程文件模板就是一个佐证。用户利用工程文件模板,就能快速搭建应用程序所需的工程文件架构,就能把主要精力放在与实际应用相关的控制算法、数字处理算法、通信算法等主程序编写上。为了适应这种变化,本书重点介绍 F28335 的 CPU 架构、系统上电复位后必须初始化的片上外设模块(定义为系统初始化模块)、一些通用的外设模块(如 CPU 定时器模块、SCI 模块、ADC 模块等)相关工程文件模板,并通过这些外设模块的应用程序开发,系统介绍 DSP 应用程序的设计与软件开发工具 CCS 的使用与调试方法。

本书共 8 章,概括了 TMS320F28335 软硬件开发的所有基本内容。

第 1 章主要介绍 DSP 的概念、DSP 的特点、2833x 系列 DSP 控制器结构与主要性能、二进制定点数与浮点数的数据格式、定点 DSP 与浮点 DSP 比较、CCS 3.3 安装信息、F28335 最小硬件系统的基本设计方法和 DSP 软件开发流程。

第 2 章介绍 TMS320F28335 的硬件结构和基本特性,包括 CPU 结构、存储器结构、所有片上外设模块的结构。

第 3 章介绍 DSP 软件开发基础,包括 COFF 文件格式、分段技术、F28335 的工程文件模板的文件结构、CCS 3.3 的所有菜单命令。

第 4 章介绍系统初始化模块应用程序开发,包括由系统控制模块、GPIO 模块、PIE 模块组成的系统初始化模块的硬件结构、系统初始化模块的各个寄存器组功能描述以及系统初始化模块应用程序开发实例。

第 5 章介绍 CPU 定时器模块应用程序开发,包括 CPU 定时器模块的结构、寄存器组功能描述以及 CPU 定时器模块应用程序开发实例。

第 6 章介绍常用串行接口模块应用程序开发,包括 SCI(异步通信接口)的结构、寄存器组描述以及 SCI 模块应用程序开发实例;SPI(串行外设接口)的结构、寄存器组描述以及 SPI 模块应用程序开发实例。

第 7 章介绍增强型 ADC(模数转换器)模块应用程序开发,包括 ADC 的结构、寄存器组功能描述以及 ADC 模块应用程序开发实例。

第 8 章介绍 FFT 的 DSP 应用程序开发,包括基 2 DIT-FFT 算法描述、微机迭代算法以及基 2 DIT-FFT 微机算法 DSP 应用程序开发实例。

本书是在经过 3 届电子工程、自动化、计算机应用本科生教学实践基础上逐步完善的。每章都设有习题,在教材最后给出各章习题参考答案,便于学生自学和教学参考。

在本书的编写过程中,尧横、李文杰、张硕、屈霞、王天成提供了非常大的帮助,同时还得到北京闻亭泰科技术发展有限公司上海分公司谭忠泽、常州市瑞隆工业控制装备有限公司王小孟和赵天伟的大力支持,在此一并表示衷心的感谢。在书稿的编写过程中,研究生汤宁、冒智康以及 DSP 技术及应用课程学习的很多本科生做了大量辅助工作,在此表示诚挚的谢意。

由于编者水平有限,书中难免存在不足之处,恳请读者批评指正。

编　者

2018 年 12 月

学习建议

- **本书定位**

本书可作为计算机学科、电子信息类相关专业本科生、研究生及工程硕士的嵌入式系统课程的教材,也可供相关研究人员、工程技术人员阅读参考。

- **建议授课学时**

如果将本书作为教材使用,建议将课程的教学分为课堂讲授和 DSP 实验两个层次。课堂讲授建议 38 学时,DSP 实验建议 10 学时。教师可以根据不同的教学对象或教学大纲要求安排学时数和教学内容。对教学内容、重点和难点提示、课时分配的建议如下:

序号	教学内容	教学重点	教学难点	课时分配
第 1 章	DSP 控制器概述	DSP 控制器结构和主要特点、定点数和浮点数的运算规则	定点 DSP 与浮点 DSP 的区别与应用场合	4 学时
第 2 章	TMS320F28335 硬件结构	片上存储器结构和特性、CPU 状态与控制寄存器功能、XINTF 接口功能、外设帧写保护特性与使用方法	EALLOW、INTM、DBGM 位域变量功能与应用、XINTF 扩展技术	4 学时
第 3 章	DSP 软件开发基础	CCS 常用菜单命令功能、DSP 工程文件开发方法、TI 工程文件模板的使用方法	外设模块寄存器组结构体变量成员访问方法	6 学时
第 4 章	系统初始化模块应用程序开发	系统初始化模块寄存器初始化函数使用方法	用户中断服务函数中断向量装载 PIE 中断向量表的方法	2 学时
第 5 章	CPU 定时器模块应用程序开发	CPU 定时器定时周期中断原理、定时器和分频器时间常数计算公式和装载方法	CPU 定时器 0/1/2 中断服务函数编写方法	4 学时
第 6 章	常用串行接口模块应用程序开发	SCI 的两种多机通信模式收发特性、SPI 同步通信 4 种时钟方案	SCI,SPI 增强功能的通信程序编程方法	6 学时

续表

序号	教学内容	教学重点	教学难点	课时分配
第7章	ADC模块应用程序开发	排序器启停和连续操作模式、同步和顺序采样模式、排序结束两种中断模式	排序器排序结束中断编程及过载特性的应用	6学时
第8章	FFT算法原理与DSP实现	$N=2^M$点FFT算法输入数据序列倒序算法、微机迭代算法	FFT算法的DSP应用程序开发方法	6学时

目 录

CONTENTS

第 1 章

DSP 控制器概述

1.1　DSP 的概念

DSP(Digital Signal Processor,数字信号处理器)是一种专用于快速实现数字信号处理算法的微处理器,典型数字信号处理算法是乘累加运算,如表 1-1 所示。

表 1-1　典型数字信号处理算法

数字信号处理算法	方　程　式
有限脉冲响应滤波器	$y(n) = \sum_{n=0}^{M} a_k x(n-k)$
无限脉冲响应滤波器	$y(n) = \sum_{k=0}^{M} a_k x(n-k) + \sum_{k=0}^{M} b_k y(n-k)$
卷积	$y(n) = \sum_{k=0}^{} x(k) h(n-k)$
离散傅里叶变换	$X(k) = \sum_{n=0}^{N-1} x(n) e^{-\frac{j2\pi nk}{N}}$
离散余弦变换	$F(u) = \sum_{n=0}^{N-1} c(u) \cdot f(x) \cdot \cos\left[\frac{\pi u(2x+1)}{2N}\right]$

DSP 运算乘累加公式所耗时间远比同频 MCU(MicroController Unit,微控制器单元)和 MPU(MicroProcessor Unit,微处理器单元)少,原因在于 DSP 配置了数字信号处理算法的专用乘累加指令,一条乘累加指令可在一个指令周期内完成一次 16×16 位的乘法运算和一次 32×32 位累加器累加运算。只要把乘累加指令重复执行 N 次,就能快速完成公式 $\sum_{k=0}^{N-1} a_k x(k)$ 的乘累加运算,执行速度比普通 MCU 快好几个数量级。

1.2　DSP 的特点

DSP 的最大特点就是运算速度快、数值处理精度高、片上存储器容量大、片上外设丰富。运算速度快是由于 DSP 采用了哈佛总线结构。哈佛总线结构是一种多总线结构,如图 1-1 所示。在哈佛总线结构中,CPU 与程序存储器、数据存储器之间均有独立的地址总线和独立的数据总线,CPU 在读取程序存储器中代码的同时,允许通过水流线去读写数据存储器中的数据,这就保证绝大部分指令周期在一个时钟周期执行完毕(最快方式)。

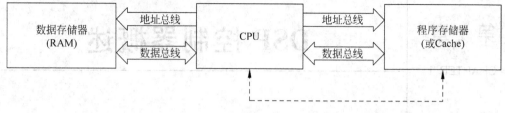

图1-1 哈佛总线结构

MCU和MPU采用冯·诺依曼结构,即单总线结构,如图1-2所示。在冯·诺依曼结构中,因受到单总线瓶颈的制约,CPU不能同时读取程序存储器中的代码和数据存储器中的数据,绝大部分指令周期都为多时钟周期。所以,DSP比采用冯·诺依曼结构的MCU、MPU运算速度快。

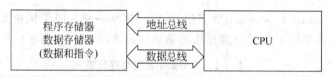

图1-2 冯·诺依曼结构

DSP与MCU和MPU的主要区别如表1-2所示。

表1-2 DSP与MCU和MPU的主要区别

比较项	DSP	MCU	MPU
微处理器名称	数字信号处理器 (专用微处理器)	微控制器单元 (单片机属于MCU)	微处理器单元 (PC使用的CPU)
片上外围器件	多	少	无
片上存储器	较大	较小	无
存储器总线结构	多存储器总线	单存储器总线	单存储器总线
通用性	专用	强	专用
运算速度	快(100MHz~1GHz)	慢(小于100MHz)	快(大于1GHz)
价格	较贵	便宜	贵

DSP的数值处理精度高是由于DSP采用了32位累加器、16×16位硬件乘法器以及32×32位硬件乘法器,能对32位定点数或32位浮点数进行快速运算。

DSP的片上存储器容量大、片上外设丰富是因为DSP芯片集成了较大的片上Flash、片上RAM以及控制所需的基本外设。以TI公司C2000系列中的TMS320F28335(简称F28335)为例,F28335的片上存储器和外设模块特性如表1-3所示。

表1-3 F28335片上存储器和外设模块硬件资源

片上硬件资源	描 述
32位定点CPU指令周期(SYSCLK=150MHz时)	6.67ns
32位浮点协处理器FPU(浮点处理单元)	有
3.3V片上Flash(16位字)	256KB

续表

片上硬件资源		描　　述
单存取 RAM(Single-access RAM,SARAM)		34KB
一次性编程(One Time Programmable,OTP)ROM(16 位字)		1KB
片上 Flash/SARAM/OTP 存储块的代码安全保护防窃取密码 128 位安全代码模块		有
引导 ROM(Boot ROM)(16 位字)		8KB
16/32 位外部接口(External Interface,XINTF)		有
6 通道直接存储器存取(Direct Memory Access,DMA)		有
脉冲宽度调制(Pulse Width Modulation,PWM)输出		ePWM1/2/3/4/5/6
高分辨率 PWM(High Resolution PMW,HRPWM)通道		ePWM1A/2A/3A/4A/5A/6A
32 位捕获(Capture)输入或辅助 PWM 输出		eCAP1/2/3/4/5/6
32 位正交编码脉冲调制(QEP)通道(4 输入/通道)模块		eQEP1/2
看门狗计数器		有
12 位 A/D 转换器	通道数	16
	采样率	12.5MSPS
	转换时间	80ns
32 位 CPU 定时器		Cputimer0/1/2(3 个)
多通道缓冲串口(Multichannel Buffered Serial Port,McBSP)		McBSPA/B(2 个)
串行外设接口(Serial Peripheral Interface,SPI)		1 个
外设通信接口(Serial Communications Interface,SCI)		SCIA/B/C(3 个)
增强控制局域网(Enhanced Controller Area Network,eCAN)		eCANA/B(2 个)
内部集成电路总线(Inter-Integrated Circuit,I2C)		1 个
通用目的 I/O 引脚(General Purpose I/O,GPIO,与外设复用)		88 个
封装	176 引脚 PGF (PGF=176pin LQFP,四方扁平封装)	有
	176 引脚 PTP(PTP=176pin LQFP,PTP 封装底部散热垫不与接地 GND 的模具相连)	有
	179 引脚 BGA ZHH (ZHH=179bail Microstar BGA,球形封装)	有
	176 引脚 BGA ZJZ (ZJZ=176bail Microstar BGA)	有
工作温度选项	A：-40~85°C	适用封装 PGF,ZHH,ZJZ
	S：-40~125°C	适用封装 PTP,ZJZ
	Q：-40~125°C(Q100 授权)	适用封装 PTP,ZJZ

可见,F28335 除了具有强大的快速运算处理能力外,还有容量较大的片上 Flash、片上 RAM、增强型片上外设模块,包括增强 12 位 A/D 转换器模块、增强 ePWM(脉宽调制)模块、增强 eCAP(脉冲捕获)模块、增强 eQEP(正交编码)模块、3 个独立增强 SCI(异步串行口)模块、增强 SPI(同步串行口)模块、增强 CAN(控制局域网总线)模块、I2C(内集电路总线)模块、McBSP(多通道缓冲串口)等外设模块。因此,利用 F28335 用户能够以很高的性价比开发高性能数字控制系统。随着制造工艺的成熟以及生产规模的扩大,DSP 芯片价格在不断下降,目前 F283x 系列 DSP 市场占有率非常高,在工业自动化控制、电力电子技术应

用、智能化仪器仪表、电机伺服控制方面均有着广泛的应用。F28335 是在原来 F281x 系列定点 DSP 的基础上,保持原有的 DSP 芯片优点的同时,增加了浮点运算单元(FPU),能够快速、高效执行复杂的浮点运算,适用于处理速度、处理精度要求较高的领域,如快速傅里叶变换算法的实时运算。F28335 比原 F281x 系列 DSP 有更高的性价比。本书将详细介绍 F28335 的结构和基于 C 语言的模块化软件设计方法。

1.3　DSP 控制器结构与主要特点

集成 PWM 模块的 DSP 器件通称为 DSP 控制器(Digital Signal Controller,DSC)。最具代表性的 DSC 芯片首推 TI 公司的 C2000 系列,在中国市场占有率超过 50%。按照 TI 公司最新的定义,C2000 系列是 32 位 CPU 架构 C28x 系列 DSP 的总称,拥有丰富集成外设、高精度 A/D 转换器集成以及 32~256 引脚的多款封装版本,能在实时控制应用中发挥优良性能及功能。C2000 系列结构框图如图 1-3 所示。

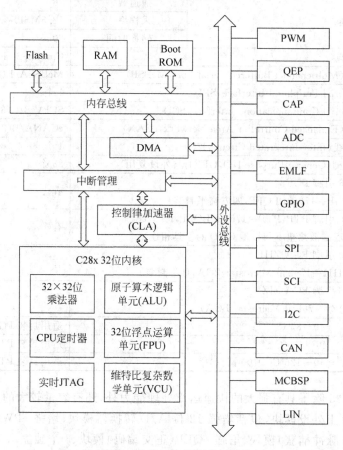

图 1-3　C2000 系列 DSP 控制器的结构框图

(1) C28x 32 位 CPU 的主要特性。

① 带有硬件的高效 C 引擎可使 C 编译器生成具有世界领先代码密度的紧凑代码。

② 可进行单周期读-修改-写指令(原子 ALU)、单周期 32 位乘法运算。

③ 具有零周期背景自动保存的快速中断服务时间(低至 9 个周期)。

④ 96 个专用中断矢量,不需要软件决策制定。

⑤ 选择控制器中的 32 位浮点运算单元(FPU),支持 32 位的浮点运算。

⑥ Picolo 器件通过使用独立控制律加速器(CLA)处理浮点控制环路,使 CPU 得到释放,以便完成其他任务。

⑦ 3 个 32 位通用 CPU 定时器可为任何应用提供史无前例的准确性和灵活性。

⑧ 代码安全模块可防止反向工程并保护知识产权。

⑨ 维特比复杂单元(Viterbi Complex Unit,VCU)将复杂数学运算性能提高达 7.5 倍,并实现了对高级电力线通信协议的集成。

(2) C2000 系列集成外设主要特性。

① 增强型脉冲宽度调制(PWM)模块,提供高分辨率(低至 65ps)的占空比、周期和相位控制。此外,完全可编程跳闸区域检测和死区时间发生器为系统提供了完善的故障和电涌保护。

② 业内领先的嵌入式 A/D 转换器(ADC)模块,具有 16 路模拟输入通道以及高达 12.5MSPS 的 12 位 ADC 采样。C2000 专门针对速度和灵活性设计的 ADC 具有自动排序功能,可最大程度地减少 CPU 中断。

③ 基于 32 位定时器的增强型捕捉部件,具有高准确度的感应和更出色的灵活性。

④ 正交编码器脉冲(QEP)模块,通过硬件选择控制器解码位置信号。

⑤ SPI、UART/SCI、CAN、I2C 和 LIN 通信模块使 C2000 控制器与系统其他部件得以连接。

现在 TI 主推 C2000 系列的 Picolo、Delfino、Concerto 三大子系列,TMS320x28xx 定点子系列,即 Picolo 子系列、Delfino 子系列、Concerto 子系列的主要性能和代表器件如表 1-4 所示。

表 1-4 TI 公司 C2000 系列三大子系列主要特性和代表器件

系列	Picolo(意大利语中表示"长笛")子系列	Delfino(意大利语中表示"海豚")子系列	Concerto(拉丁语中表示"协奏曲")子系列
主要特性	32 位定点 DSP,主频最高 80MHz	32 位浮点 DSP,主频最高 300MHz	32 位定点 DSP+ARM Cortex-M3、主频 300MHz
代表器件	TMS320F2802x/3x/6x	TMS320F2833x/2834x/2837x	TMS320F28M35Ex/Hx/Mx

Picolo 子系列提供了一款低成本、高集成度 DSP 控制器解决方案。拥有高达 80MHz 的主频、最大 256KB 的集成型闪存、高分辨率 PWM、12 位 ADC、模拟比较器及低成本的 CAN、I2C、SPI、SCI 等通信接口。部分 Picolo 器件拥有浮点协处理器,被称为"控制律加速器"CLA,可独立访问反馈与前馈外设,能够提供并行控制环路,以强化主 CPU。由于增添了一个维特比(Verterbi)复数数学单元(VCU),可实现 PLC 应用并进一步提高复数数学处理速度。另外,F2806x 还包括一个浮点运算单元(FPU),以提高性能与易用性。

Delfino 子系列提供一款领先浮点微控制器、高集成度 DSP 控制器解决方案。拥有高达 300MHz 的主频、最大 512KB 的集成型闪存或 516KB 的内部 RAM、高分辨率 PWM、集成型 12.5MSPS ADC 或外部 ADC 接口以及 CAN、I2C、SPI、SCI 等通信接口。在高端实时控制应用中实现了更为出色的智能化与效率。

Concerto 子系列将 ARM Cortex-M3 内核与 C2000 的 C28x 内核整合在一个器件中，拥有 C28x 内核高达 150MHz 的主频、ARM Cortex-M3 内核高达 100MHz 的主频，高达 1MB 闪存和 132KB RAM、以太网、USB、CAN、I2C、SPI、SCI 和 McBSP 等通信接口。实现一片集成 ARM 与 DSP 控制器，善于实现操作系统和人机通信优势，善于实现数字信号处理算法高速运算和实时控制优势的互补和不需要权衡取舍。

除了 TI 的 C2000 系列 DSP 芯片，在中国市场还流行 ADI 公司的 DSC BF50x 系列、Freescale 公司（飞思卡尔公司）的 MC56F80xx 系列等。这些 DSC 芯片的一个共同特点就是配置有完善的 PWM 引脚和高分辨率的 PWM 脉冲控制机制，适用于对交直流电机进行复杂的空间矢量控制。

1.4 定点 DSP 和浮点 DSP 的数值处理方法

定点 DSP 是指 DSP 器件只有一个 32 位定点中央处理单元（CPU）。浮点 DSP 是指 DSP 器件除有一个 32 位定点 CPU 外，还有一个 32 位浮点运算单元（FPU）。因为指令机器码是以二进制定点数形式存放在程序存储器中的，只有定点数 CPU 才能对指令机器码进行取指、译码、执行。另外，数据存储器、外设寄存器等存储数据格式也是二进制定点数，必须由定点 CPU 来存取。所以，定点 CPU 是 DSP 器件的主运算处理单元。

定点 CPU 不仅可以运算定点数，也可以运算浮点数，但是运算浮点数比运算定点数速度要慢，这是因为浮点数的运算是两个浮点数在阶码对齐（相等）后两个浮点数尾数的算术运算。两个浮点数的阶码对齐算法是小阶对大阶，即小阶码每加 1，对应的尾数右移 1 位。阶码加法和尾数右移操作都需要定点 CPU 执行软件指令来实现，导致定点 CPU 运算浮点数很耗时。

浮点 DSP 的主运算处理单元是 32 位定点 CPU，主要完成指令执行、定点数运算、存储器和外设寄存器访问等操作，32 位浮点协处理器（即 FPU）主要完成单精度浮点数运算。浮点数 DSP 比相同时钟频率的定点数 DSP 运算单精度浮点数快 50% 以上。因此，浮点 DSP 非常适合数字通信和数字信号处理算法混合高速实现的应用场合。

DSP 集成开发环境 CCS 的 C 编译器自动完成定点 DSP 和浮点 DSP 的数值处理，但是，了解二进制定点数与浮点数的表示方法、算术运算规则、二-十进制数互相转换算法等，有助于加深理解定点 DSP 和浮点 DSP 的数值处理方法。

1.4.1 二进制定点数定标表示法

定点 CPU 能对一定字宽（即数据长度）的二进制数补码直接进行加、减、乘、除算术运算（CPU 包含算术逻辑单元 ALU 和乘法器）。常用的微控制器，如 51 单片机，是一种 8 位定点 CPU。定点 CPU 实际上完成二进制整数算术运算，定点 CPU 不知道小数点的存在，定点数的小数点位置完全是编程者人为默认的，别人也不知道小数点的位置。小数点位置的人为默认称为定标。定标不同，定点数表示的十进制数范围就不同。通常人们把 n 位二进制数补码看成整数来讨论，实际上就是把默认小数点位置定位在最低一位二进制数后面，称为 $Q0$ 定标数，n 位二进制数补码默认小数点位置共有 n 个，$Q0$ 表示有 0 位二进制小数，n 位二进制整数。$Q1$ 表示有一位二进制小数，$n-1$ 位二进制整数；$Q(n-1)$ 表示有 $n-1$ 位二进制小数,1位二进制整数,如图1-4所示。可见,Q定标数越大,二进制小数位数越大,二进制整数位数越小。二进制整数位数越小,表示的十进制数范围越小。二进制小数位数越大,表示的十进制数的小数精度越高。

位数	D_{n-1} •	D_{n-2} •	D_{n-3} •	$\cdots$	D_2 •	D_1 •	D_0 •
Q表示法	$Q(n-1)$	$Q(n-2)$	$Q(n-3)$	$\cdots$	$Q2$	$Q1$	$Q0$

图1-4　n位二进制数补码的小数点位置分布

注意:n位二进制数补码的$Q(n-1)$定标数,只有1位二进制整数,位于n位二进制数补码的最高位,二进制数补码的最高位有双重含义:既代表一位二进制数,又代表n位二进制数补码的符号位。定点CPU对二进制数补码进行算术运算时,并不把最高位看作符号位,而是看作一位普通二进制数(0/1),参与算术运算,但是算术运算结果的最高位又要看作符号位,这就是二进制数补码的神奇之处。

如果把n位二进制数补码小数点位置默认在最高位的左边,如图1-5所示,则n位二进制数补码就蜕变成无符号纯二进制小数,用Qn定标数表示。虽然在定点CPU运算中,很少用到无符号二进制数运算,但是无符号纯二进制小数却是浮点数格式数中尾数的表示格式,即浮点数中的尾数部分一定是无符号二进制小数。

•	D_{n-1}	D_{n-2}	D_{n-3}	$\cdots$	D_2	D_1	D_0
Qn							

图1-5　小数点默认在n位二进制数最高位左边(n位无符号纯二进制小数)

1.4.2　二进制定点数运算规则

(1) 二进制定点数可以直接加减运算的必要条件是:字宽一致、Q定标数一致。若字宽不一致,要把短字定点数带符号扩展对齐长字定点数。带符号扩展规则是:若短字宽数最高位为0,则高位符号扩展全0;若最高位为1,则高位符号扩展全1。

若定标数不一致,要把大Q定标数带小数点右移,向小Q定标数对齐后,再做加减运算,结果才正确。大Q定标数右移规则:带默认小数点一起逻辑右移,即每右移1位,最高位填0,最低位丢失一位。

(2) 二进制定点数可以直接相乘运算的条件是:字宽一致、Q定标数不需要一致。乘积的字宽为被乘数和乘数字宽之和,乘积的定标数是被乘数Q定标数与乘数Q定标数之和。

【例1-1】　$0x0001+0x07$,即被加数为16位,加数为8位,则加数8位要带符号扩展成16位,$0x07$带符号扩展变为$0x0007$,然后运算:$0x0001+0x0007=0x0008$。

【例1-2】　两个8位二进制定点数,A是$Q0$定标数:$0x01$(对应十进制数1),B是$Q1$定标数:$0x02$(对应十进制数1)。这两个数由于Q定标数不相等,直接进行加减运算,运算结果是错的:$0x01(Q0)+0x02(Q1)=0x03$,用$Q0$来解析$0x03$是十进制数3,用$Q1$来解析$0x03$是十进制数1.5,均不是正确加结果:$1+1=2$。

所以,先要进行大Q对齐小Q操作:$0x02(Q1)$右移1位,变为$0x01(Q0)$,对齐后,$0x01(Q0)+0x01(Q0)=0x02(Q0)$,结果正确。

【例 1-3】　两个 8 位二进制补码数，A 是 $Q0$ 定标数：$0x01$（对应十进制数 1），B 是 $Q1$ 定标数：$0x02$（对应十进制数 1），则 $A \times B$ 的乘积为 16 位，乘积的定标数是 16 位字宽下的 $Q(0+1)=Q1$，即 16 位乘积有 15 位整数，1 位小数。

验证：$0x01$（对应十进制数 1）$\times 0x02$（对应十进制数 1）$=1 \times 1=1$。

16 位乘积运算结果：$A \times B=0x0002(Q1)=$ 十进制数 1。结果正确。

1.4.3　十-二进制数手工快速转换算法

编程者经常需要手工进行十-二进制数的相互转换，掌握手工快速转换算法可以提高计算效率。

转换条件：已知十进制数被转换为二进制定点数的字宽为 n，定标数为 Qm。二进制定点数字宽 n 和定标数 Qm 应满足十进制数表示范围与精度要求。十-二进制转换算法如下。

IF　十进制数是正数　THEN

{十进制数$\times 2^m=$[十进制数乘积]$_{取整}=$转换为 n 位二进制数，即为转换成功的二进制定点数。}

ELSEIF　十进制数是负数　THEN

{①|十进制数|$\times 2^m=$[十进制数乘积]$_{取整}=$转换为 n 位二进制数。

②再把 n 位二进制数求反加 1，即为转换成功的二进制定点数。}

1.4.4　二-十进制数手工快速转换算法

转换条件：已知 n 位二进制定点数定标数为 Qm，则二-十进制数转换算法如下。

IF　二进制数是正数　THEN

{①将二进制数看成二进制整数（$Q0$），转换为十进制整数。

②十进制转换整数$/2^m=$十进制数商，取有效小数后，即为转换成功的十进制数。

}

ELSEIF　二进制数是负数　THEN

{①将二进制数看成二进制整数（$Q0$）求反加 1 的结果，转换为十进制整数。

②十进制转换整数$/2^m=$十进制数商，取有效小数后，在该十进制数商前面再人为加一个负号，即为转换成功的十进制数。

}

【例 1-4】　试把 0.33 转换为 16 位二进制定点数，定标数为 $Q13$。

$$0.33 \times 2^{13}=[2703.36]_{取整}=2703=0x0A8F$$

0.33 转换为 16 位二进制定点数

$$Q13=0x0A8F$$

【例 1-5】　试把 -0.33 转换为 16 位二进制定点数，定标数为 $Q13$。

$|-0.33| \times 2^{13}=[2703.36]_{取整}=2703=0x0A8F$，对 $0x0A8F$ 求反加 $1=0xF571$。

-0.33 转换为 16 位二进制定点数

$$Q13=0xF571$$

【例 1-6】　请把定标数为 $Q13$ 的 16 位二进制定点数 $0x0A8F$ 转换为十进制数。

(1)$0x0A8F=2703$；(2)$2703/2^{13}=0.329\,956$，取 0.3299 为十进制转换数。

【例 1-7】 请把定标数为 $Q13$ 的 16 位二进制定点数 0xF571 转换为十进制数。

(1)0xF571 求反加 1=0x0A8F=2703;(2)2703/2^{13}=0.329 956,取 0.3299 为十进制转换数,再人为加一个负号,−0.3299 为十进制转换数。

1.4.5 二-十进制整数计算机典型转换算法

在计算机应用系统中,经常需要把二进制定点数计算的结果转换为十进制数(即 BCD 码,4 位二进制数表示的十进制数),再转换为显示码,送到计算机显示屏上显示。由于二进制定点数小数点左边为二进制整数部分,小数点右边为二进制小数部分,所以,一个二进制定点数被转换为十进制数,需要分别把二进制整数部分转换为十进制整数,二进制小数部分转换为十进制小数。二-十进制整数计算机典型转换算法是"除 10 求余",二-十进制小数计算机典型转换算法是"乘 10 取整",转换条件:已知 n 位二进制定点数定标为 Qm,则二-十进制数整数转换算法如下。

IF 二进制数是正数 THEN

  {①取 $n-m$ 位二进制数整数部分,符号扩展成字节的整数倍字宽。

  ②二进制数整数除 10 求余数,第 1 次余数为十进制整数最低位数 BCD 码,第 1 次部分商数作为下一次除 10 求余数的二进制整数基数,除 10 求余数,产生十进制整数较高一位数 BCD 码,继续除十求余数,直到部分商数为零为止。此时,各位 BCD 即为转换成功的十进制整数。

  ③在十进制整数 BCD 码的数符单元中,置一个正号标识符,构成转换成功的完整正数十进制数各位 BCD 码。

  }

ELSEIF 二进制数是负数 THEN

  {① 二进制数求反加 1 的结果,取 $n-m$ 位二进制数整数部分,符号扩展成字节整数倍的字宽。

  ②二进制数整数除 10 求余数(计算机除法指令或除法子程序一定是被除数字宽为除数字宽的 2 倍,如 16/8、32/16、64/32,产生的商和余数字宽与除数字宽一致)。第 1 次余数为十进制整数最低位数 BCD 码,第 1 次部分商数作为下一次除 10 求余数的二进制数整数基数,产生十进制整数的较高一位数 BCD 码,直到部分商数为零为止,继续除 10 求余数,直到部分商数为零为止,此时,各位 BCD 即为转换成功的十进制整数。

  ③在十进制转换数 BCD 码的数符单元中,置一个负号标识符,构成转换成功的完整负数十进制数各位 BCD 码。

  }

十-二进制转换算法只在人机接口输入十进制数据时才用到,留给用户思考。

1.4.6 二-十进制小数计算机典型转换算法

二-十进制小数计算机典型转换算法是"乘 10 取整",转换条件:已知 n 位二进制定点数定标数为 Qm。二-十进制数小数转换算法如下。

① 取 m 位二进制数小数部分,最低位填 0 扩展为字节的整数倍字宽。

② 二进制数小数乘10取整,乘积取整数部分。第一次整数部分为十进制转换小数最高位数 BCD 码,第一次乘积的小数部分,最低位填0扩展为字节的整数倍字宽,继续乘10取整,产生十进制转换小数的较低各位 BCD 码,直到十进制转换小数位数达到有效值范围为止。

1.4.7 二进制浮点数数据格式与运算规则

1. IEEE-754 标准单精度 32 位浮点数数据格式

浮点数从存储格式上也是一定字宽的二进制数,但是数据格式与定点数有很大区别,浮点数由数符位、阶码(二进制整数补码)、尾数(无符号二进制小数)3 部分组成。在相同数值精度下,浮点数的字宽比定点数的长。例如,一种尾数为 16 位的 3 字节自定义浮点数与 16 位定点数 Q_{15} 的精度几乎相当,但浮点数总字宽为 24 位二进制数序列,如图 1-6 所示。

D_7	$D_6 \sim D_0$	$D_7 \sim D_0$	$D_7 \sim D_0$
数符位(1 位) 0 为正号,1 为负号	7 位阶码(7 位二进制整数补码,用 $Q0$ 表示)	16 位尾数高 8 位(16 位二进制纯小数,用 $Q16$ 表示)	16 位尾数的低 8 位
第 1 字节		第 2 字节	第 3 字节

图 1-6 3 字节自定义浮点数数据格式

F28335 的 FPU 支持 IEEE-754 标准的单精度 32 位浮点数,用 4 字节表示,数据格式如图 1-7 所示。

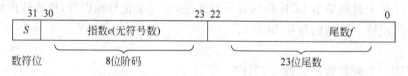

图 1-7 IEEE 单精度浮点数自定义格式

x(IEEE 单精度浮点数真值)$=(-1)^s \times 2^{e-127} \times (1.f)$

当 $0 < e < 255$ 时,$x = (-1)^s \times 2^{e-127} \times (1.f)$。

当 $e = 0$ 时,且 $f \neq 0$ 时,$x = (-1)^s \times 2^{-127} \times (1.f)$。

当 $e = 0$ 时,且 $f = 0$ 时,$x = 0$。

当 $e = 255$ 时,且 $f \neq 0$ 时,$x = $ NaN(Not a Number,不是一个数),表示数据出错、无效。

当 $e = 255$ 时,且 $f = 0$ 时,$x = \infty$(无穷大)。$s = 0$,$x = +\infty$;$s = 1$,$x = -\infty$。

注意:虽然 f 为 32 位纯小数,但计算真值时,变为 $1.f$ 即小数点左边自动填 1,变为 $1 <$ 尾数 < 2 的实数。

【例 1-8】 将 IEEE 单精度浮点数 03A00000H 转换为十进制实数。

解:
$$s = 0, \quad e = 07H, \quad f = 200000H(= 200000H/2^{23} = 0.25)$$
$$x = (-1)^0 \times 2^{7-127} \times (1.25) = 1.25 \times 2^{-120}$$

IEEE 单精度浮点数的缺点:尾数不是小于 1 且大于 0.5 的规格化尾数,而是小于 2 且大于 1 的尾数。两个 IEEE 单精度浮点数的加、减运算的小阶对大阶时,尾数 $1.f$ 进行运算比较麻烦。但是 F28335 的 FPU 完美支持 IEEE-745 标准的单精度浮点数运算,用户只需在 CCS 3.3 环境下,升级 F2833x codegen Tool 到 5.0.2 版本以上,在工程文件中添加

F2833x_FPU 支持库,即 rts2800_fpu32.lib。

2. 二进制浮点数运算规则

浮点数算术运算规则:在阶码相同下,尾数部分进行算术运算。浮点数乘除法运算结果的数符位遵循正负得负、负负得正。

若两个浮点数阶码不相同,则需要在保持数值精度一定的原则下,小阶码浮点数向大阶码浮点数对齐,小阶对大阶的算法是:小阶码每加 1 一次,该浮点数的尾数就要右移 1 位,以保持小阶码浮点数的数值精度一定(当然,尾数右移 1 位会产生一定精度损失),直到等于大阶码为止。

3. 二进制浮点数的十进制数转换手工快速算法

转换条件:已知浮点数的数据格式:n 位二进制整数阶码,m 位二进制小数尾数,1 位数符位(0/1)。二进制浮点数的十进制数转换手工快速算法如下。

① m 位二进制小数尾数 $\times 2^m =$ 十进制数小数尾数。

② 调用二-十进制数转换算法,将 n 位二进制整数阶码转换为十进制整数阶码,因为 n 位二进制整数阶码有正有负,则十进制转换整数阶码有正有负。

③ 浮点数对应的十进制转换数 $=(-1)^{数符位} \times 2^{十进制转换整数阶码} \times$ 十进制数小数尾数。

4. 二进制浮点数的十进制数转换计算机典型算法

转换条件:已知浮点数的格式,n 位二进制整数阶码,m 位二进制小数尾数,1 位数符位(0/1)。二进制浮点数的十进制数转换计算机典型算法如下。

IF　n 位二进制整数阶码是正数　THEN

{①循环计数器初值$=n$ 位二进制正整数阶码

　　m 位二进制小数尾数左移次数等于循环计数器的初值(每次左移最低位填0),产生等于循环计数器初值的高位是二进制整数部分,剩余的 m 位为小数部分。

②将第①步产生的二进制无符号定点数,调用二-十进制定点数转换计算机典型算法转换成十进制数 BCD 码。

③用浮点数的 1 位数符位(0/1)在十进制转换数 BCD 码的数符单元中,置一个正/负号标识符。十进制数各 BCD 码转换成功。

}

ELSEIF　n 位二进制整数阶码是负数　THEN

{①将 n 位二进制整数阶码符号扩展为字节的最小整数倍字宽,然后求反加1,转换为 n 位二进制正整数阶码。

②循环计数器初值$=n$ 位二进制正整数阶码

　　m 位二进制小数尾数右移次数等于循环计数器的初值(每次右移最高位填0),产生二进制小数部分 m 位＋等于循环计数器初值位数,转换的整数部分为0。

③将第②步产生的二进制无符号定点小数,调用二-十进制定点数转换计算机典型算法转换成十进制数 BCD 码。

③用浮点数的 1 位数符位(0/1)在十进制转换数 BCD 码的数符单元中,置一个正/负号标识符。十进制数各 BCD 码转换成功。

}

1.5 定点 DSP 与浮点 DSP 比较

(1) 定点 DSP 处理器具有速度快、功耗低、价格便宜的特点。浮点 DSP 处理器计算精确,动态范围大,速度快,易于编程,功耗大,价格高。

(2) 动态范围的区别。定点数表示的数据动态范围不够大,因此,在对定点数进行 DSP 定点运算时就必须考虑定点数运算结果"溢出"问题。为了防止溢出,要么不断进行右移重定标,要么做截尾。前者耗费大量时间和空间,后者则带来精度的损失;相反,浮点数表示的数据动态范围非常大,在对浮点数进行 DSP 浮点运算时,不必考虑浮点数运算结果"溢出"问题,不仅减少了移位重新定标和溢出检查,而且运算没有精度损失。

(3) 硬件上的区别。浮点 DSP 的地址总线比定点的宽,因而有较大的寻址空间。定点 DSP 的地址宽度一般为 14 位或 16 位,而浮点 DSP 可达 24 位或 32 位,这为大数据量的存储和处理提供了方便。浮点 DSP 的指令字为 32 位,而定点 DSP 的指令字为 16 位或 24 位。浮点 DSP 在单周期内可以完成更多的任务,浮点 DSP 的结构特点是一般都设计有 DMA 控制器或其他并行处理部件,在执行指令的同时可以完成数据传输工作。从内部结构上看,浮点 DSP 比定点 DSP 复杂。

(4) 软件上的区别。主要是浮点 DSP 编程的特点以及注意事项,浮点数不能表示 0,只能用很小的数去表示 0。尽管 C 语言中有 0 的表示,但永远不要写这样的代码(x==0),而应该写成(fabs(x)<TINY),其中 TINY 定义为一个很小的正值,也就是处理器的浮点格式舍入误差。

(5) 定点与浮点 DSP 处理器的选择。浮点 DSP 的长指令字以及宽的地址总线造成较大的功耗,而定点 DSP 的结构较为简单,典型的 16 位总线允许其装入很小的封装中,消耗更小的功率。尽管浮点 DSP 一般都有省电模式,但其功耗仍然比定点 DSP 高。

在移动电视和移动终端中,完全没有必要进行浮点数处理,用定点 DSP 运算就足够了,因为这些算法通常只精确到比特,如 MPEG-2、MPEG-4、JPEG-2000 和 H.264 等。但是,需要执行 FFT 等算法的电子产品,因为算法常系数均是小于 1 的数,用浮点数表示和运算能提高处理精度,应考虑选用浮点 DSP。

1.6 F28335 与 STM32 系列 ARM 比较

从实现快速算法上比较,DSP 控制器采用哈佛结构和多级流水线,比 STM32 系列 ARM 运算速度更快。

从性能可靠性上比较,DSP 性能质量稳定可靠,许多寄存器有写保护功能,芯片抗干扰能力强,适合用于较强电磁兼容性应用场合,而 STM32 有许多未知不确定因素,芯片抗干扰能力不够强。

TI 的 DSP 在有些方面做得比 STM32 更专业。例如,TI 在 DSP 的电机控制方面做得很专业,PWM 部件的功能,如死区、输入保护、PWM 脉冲的特殊波形等方面都有独到的地方。

从成本上比较,DSP 较高,STM32 较低。STM32 适用于功能要求中档或民用的工业产品,或者对成本比较敏感的应用场合。

从扩展高级外设的接口上比较,如扩展以太网、LCD 接口和 USB,STM32 扩展更便利。

1.7 F28335 的引脚与封装图

F28335 芯片有 3 种封装:一种是 176 引脚 PGA(Pin Grid Array,引脚栅格阵列封装,即表面贴装型)/PTP 薄形四方扁平封装(LQFP);另一种是 179 球形引脚 ZHH 球形阵列(Ball Grid Array,BGA)封装;第 3 种是 176 球形引脚 ZJZ 球形阵列封装。

LQFP 封装的引脚名称分配如图 1-8 所示。179 球形引脚 ZHH-BGA 封装的引脚排列如图 1-9 所示。176 球形引脚 ZJZ-BGA 封装的引脚排列如图 1-10 所示。

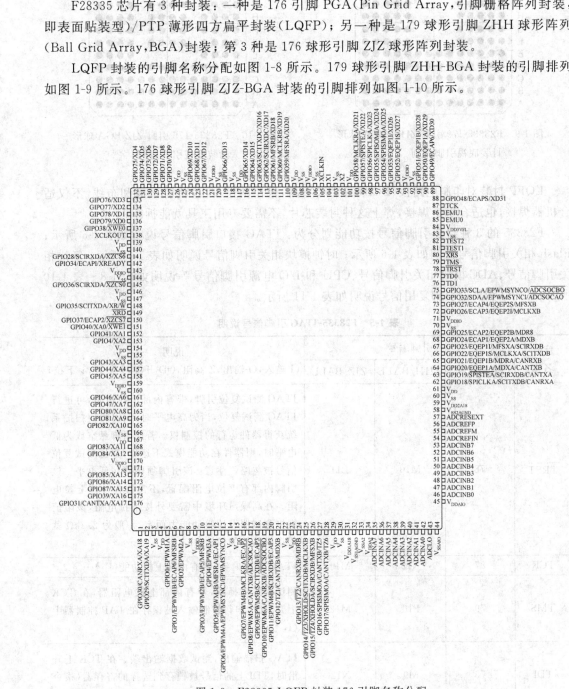

图 1-8 F28335 LQFP 封装 176 引脚名称分配

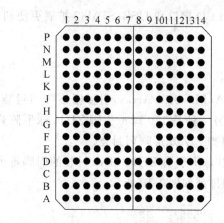

图 1-9　F28335-179 引脚 ZHH-BGA 球形封装底视引脚排列

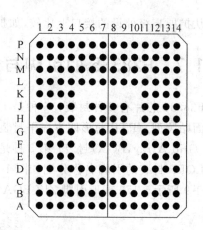

图 1-10　F28335-176 引脚 ZJZ-BGA 球形封装底视引脚排列

LQFP 封装对印制电路板(PCB)的要求不高,采用两层 PCB 就能布局和布线,不仅适合机器焊接,也适合手工焊接,焊上这种封装芯片,不需要专用工具就能拆卸。

F28335 的 3 种封装引脚信号按功能划分为:JTAG 接口引脚信号说明如表 1-5 所示;Flash 相关引脚信号说明如表 1-6 所示;时钟模块相关引脚信号说明如表 1-7 所示;复位相关引脚信号、ADC 模块相关引脚信号、CPU 和 I/O 电源引脚信号等说明如表 1-8~表 1-10 所示;GPIO 和外设引脚复用信号说明如表 1-11 所示。

表 1-5　F28335-JTAG 引脚信号说明

信号名称	引脚编号			说明
	PGF/PTP	ZHH/BALL	ZJZ/BALL	(I-输入,O-输出,Z-高阻,OD-开漏,↑-上拉,↓-下拉)
$\overline{\text{TRST}}$	78	M10	L11	JTAG 测试复位引脚,带有内部下拉电阻,可进行 JTAG 测试复位,当为高电平时,该引脚使扫描系统获得器件运行的控制权。若该引脚悬空或为低电平时,则器件在功能模式下运作,并且测试复位信号被忽略。注意:该引脚须保持在低电平。该引脚内部有下拉电阻配置,不需要再外接上拉电阻。在高噪声环境中需要外接下拉电阻,该阻值根据测试器设计驱动能力而定,一般为 2.2kΩ 就能提供足够的保护(I,↓)
TCK	87	N12	M14	JTAG 测试时钟,带有内部上拉功能(I,↑)
TMS	79	P10	M12	测试模式选择端,带有内部上拉电阻器,在 TCK 上升沿时,串行控制输入被锁存在 TAP 控制器中(I,↑)
TDI	76	M9	N12	JTAG 扫描输出,测试数据输出端。在 TCK 上升沿时,TDI 上的信号被锁存到选择的寄存器(指令或数据寄存器)中(I,↑)

续表

信号名称	引脚编号			说明 (I-输入,O-输出,Z-高阻,↑-上拉↓-下拉)
	PGF/PTP	ZHH/BALL	ZJZ/BALL	
TDO	77	K9	N13	JTAG 扫描输出,测试数据输出端。在 TCK 下降沿时,被选择的寄存器的内容从 TDO 移出(O/Z,8mA 驱动)
EMU0	85	L11	N7	仿真引脚 0。当$\overline{TRST}$为高电平时,该引脚被当作仿真系统的中断输入或来自仿真系统的中断,并通过 JTAG 扫描被定义为输入输出。当该引脚为高电平,而 EMU1 为低电平时,测试复位引脚$\overline{TRST}$上的上升沿将设备锁存至边界扫描模式。注意:建议在该引脚上连接一个外部上拉电阻,这个电阻值根据调试器的驱动能力来确定,一般取 $2.2\sim4.7k\Omega$(I/O/Z,8mA 驱动,↑)
EMU1	86	P12	P8	仿真引脚 1,当$\overline{TRST}$为高电平时,该引脚被作为仿真系统的中断输入或来自仿真系统的中断,并通过 JTAG 扫描被定义为输入输出,建议在该引脚上连接一个外部上拉电阻,这个电阻值根据测试器驱动力确定,一般取 $2.2\sim4.7k\Omega$,同 EMU0(I/O/Z,8mA 驱动,↑)

表 1-6　F28335-Flash 相关引脚信号说明

信号名称	引脚编号			说明 (I-输入,O-输出,Z-高阻,OD-开漏,↑-上拉,↓-下拉)
	PGF/PTP	ZHH/BALL	ZJZ/BALL	
VDD3VFL	84	M11	L9	Flash 内核电源引脚,该引脚应当一直连接在 3.3V 电源上
TEST1	81	K10	M7	测试引脚,TI 保留,使用时必须悬空(I/O)
TSET2	82	P11	L7	测试引脚,TI 保留,使用时必须悬空(I/O)

表 1-7　F28335-时钟模块相关引脚信号说明

信号名称	引脚编号			说明 (I-输入,O-输出,Z-高阻,OD-开漏,↑-上拉,↓-下拉)
	PGF/PTF	ZHH/BALL	ZJZ/BALL	
XCLKOUT	138	C11	A10	时钟输出来自 SYSCLKOUT。XCLKOUT 与 SYSCLKOUT 的频率可以相等,也可以为其 1/2 或 1/4,这是由 XTIMCLK[18:16]和在 XINTCNF2 寄存器中的位 2(CLKMODE)控制的。复位时,XCLKOUT=SYSCLKOUT/4。通过将 XINTCNF2[CLKOFF]设定为 1,XCLKOUT 信号被关闭。与其他 GPIO 引脚不同,复位时,XCLKOUT 不处在高阻态(O/Z,8mA 驱动)

续表

信号 名称	引脚编号			说明 (I-输入,O-输出,Z-高阻,↑-上拉,↓-下拉)
	PGF/PTF	ZHH/BALL	ZJZ/BALL	
XCLKIN	105	J14	G13	外部振荡器输入。该引脚是从外部3.3V振荡器获得时钟信号。在此种情况下X1引脚要接GND。如果采用内部晶振/谐振器(或外部1.9V振荡器)提供时钟信号时,该引脚必须接GND(I)
X1	104	J13	G14	内部/外部振荡输入。若采用内部振荡器时,在X1与X2之间要接一个石英晶体或者陶瓷振荡器。引脚X1被参照1.9V内核数字电源。一个1.9V外部振荡器可与X1引脚相连,此时XCLKIN引脚必须接地。如果是3.3V的外部振荡器与XCLKIN相连,X1引脚必须接地(I)
X2	102	J11	H14	内部振荡器输出,在X1与X2之间要接一个石英晶体或者陶瓷谐振器,当不用X2引脚时,该脚悬空(O)

表 1-8　F28335-复位相关引脚信号说明

信号 名称	引脚编号			说明 (I-输入,O-输出,Z-高阻,OD-开漏,↑-上拉,↓-下拉)
	PGF/PTF	ZHH/BALL	ZJZ/BALL	
$\overline{XRS}$	80	L10	M13	复位脚(输入)和看门狗复位脚(输出),该引脚使器件复位终止运行,PC指针指向地址0x3FFFC0。当该引脚为高电平时,程序从PC所指向的位置运行。当看门狗复位时,该引脚为低电平。在看门狗复位期间,引脚为低电平。看门狗将持续512个OSCCLK周期。该引脚的输出缓冲器为带有内部上拉电阻的开漏缓冲器,建议该引脚由开漏器件驱动(/OD,↑)

表 1-9　F28335-ADC 模块相关引脚信号说明

信号 名称	引脚名称			说明 (I-输入,O-输出,Z-高阻,OD-开漏,↑-上拉,↓-下拉)
	PGF/PTP	ZHH/BALL	ZJZ/BALL	
ADCINA7	35	K4	K1	
ADCINA6	36	J5	K2	
ADCINA5	37	L1	L1	
ADCINA4	38	L2	L2	
ADCINA3	39	L3	L3	ADC A 的 8 通道模拟输入(I)
ADCINA2	40	M1	M1	
ADCINA1	41	N1	M2	
ADCINA0	42	M3	M3	

续表

信号名称	引脚名称			说明 (I-输入，O-输出，Z-高阻，OD-开漏，↑-上拉，↓-下拉)
	PGF/PTP	ZHH/BALL	ZJZ/BALL	
ADCINB7	53	K5	N6	
ADCINB6	52	P4	M6	
ADCINB5	51	N4	N5	ADC A 的 8 通道模拟输入(I)
ADCINB4	50	M4	M5	
ADCINB3	49	L4	N4	
ADCINB2	48	P3	M4	
ADCINB1	47	N3	N3	
ADCINB0	46	P2	P3	
ADCLO	43	M2	N2	模拟输入的公共地，接到模拟地(I)
ADCRES-EXT	57	M5	P6	ADC 外部偏置电阻，接 22kΩ 电阻到模拟地
ADCRE-FIN	54	L5	P7	外部参考输入(I)
ADCREFP	56	P5	P5	ADC 内部参考正电压输出，需要在该引脚和模拟地之间接一个低 ESR(50mΩ～1.5Ω)的陶瓷旁路电阻(O)
ADCREFM	53	N5	P4	ADC 内部参考中间电压输出，需要在该引脚和模拟地之间接一个低 ESR(50mΩ～1.5Ω)的陶瓷旁路电阻(O)

表 1-10 F28335-CPU 和 I/O 电源引脚信号说明

信号名称	引脚名称			说明 (I-输入，O-输出，Z-高阻，OD-开漏，↑-上拉，↓-下拉)
	PGF/PTP	ZHH/BALL	ZJZ/BALL	
VDDA2	34	K2	K4	ADC 模拟电源引脚
VSSA2	33	K3	P1	ADC 模拟地引脚
VDDAIO	45	N2	L5	模拟 I/O 电源引脚
VSSAIO	44	P1	N1	模拟 I/O 地引脚
VDD2A18	31	J4	K3	ADC 模拟电源引脚
VSS1A-GND	32	K1	L4	ADC 模拟地引脚
VDD2A18	59	M6	L6	ADC 模拟电源引脚
VSS2-AGND	58	K6	P2	ADC 模拟地引脚
VDD	4	B1	D4	
VDD	15	B5	D5	
VDD	23	B11	D8	
VDD	29	C8	D9	CPU 和数字电源引脚
VDD	61	D13	E11	
VDD	101	E9	F4	
VDD	109	F3	F11	

续表

信号名称	引脚名称			说明
	PGF/PTP	ZHH/BALL	ZJZ/BALL	(I-输入,O-输出,Z-高阻,OD-开漏,↑-上拉,↓-下拉)
VDD	117	F13	H4	CPU 和数字电源引脚
VDD	126	H1	J4	
VDD	139	H12	J11	
VDD	146	J2	K11	
VDD	154	K14	L8	
VDD	167	N6		
VDDIO	9	A4	A13	I/O 数字电源引脚
VDDIO	71	B10	B1	
VDDIO	93	E7	D7	
VDDIO	107	E12	D11	
VDDIO	121	F5	E4	
VDDIO	143	L8	G4	
VDDIO	159	H11	G11	
VDDIO	170	N14	L10	
VDDIO			N14	
VSS	3	A5	A1	数字接地引脚
VSS	8	A10	A2	
VSS	14	A11	A14	
VSS	22	B4	B14	
VSS	30	C3	F6	
VSS	60	C7	F7	
VSS	70	C9	F8	
VSS	83	D1	F9	
VSS	92	D6	G6	
VSS	103	D14	G7	
VSS	106	E8	G8	
VSS	108	E14	G9	
VSS	118	F4	H6	
VSS	120	F12	H7	
VSS	125	G1	H8	数字接地引脚
VSS	140	H10	H9	
VSS	144	H13	J6	
VSS	147	J3	J7	
VSS	155	J10	J8	
VSS	160	J12	J9	
VSS	166	M12	P13	
VSS	171	N10	P14	
VSS		N11		
VSS		P6		
VSS		P8		

表 1-11 F28335-GPIO 引脚和外设引脚复用信号说明

信号名称	引脚编号			说　明
	PGF/PTP	ZHH/BALL	ZJZ/BALL	
GPIO0/ EPWM1A	5	C1	D1	通用 I/O 引脚 0(I/O/Z) 增强型 PWM1 输出 A 通道和 HRPWM 通道(O)
GPIO1/ EPWM1B/ ECAP6/ MFSRB	6	D3	D2	通用 I/O 引脚 1(I/O/Z) 增强型 PWM1 输出 B 通道(O) 增强型捕获 I/O 口 6(I/O) 多通道缓冲串口 B(MCBSP-B)的接收帧同步(I/O)
GPIO2/ EPWM2A	7	D2	D3	通用 I/O 引脚 2(I/O/Z) 增强型 PWM2 输出 A 通道和 HRPWM 通道(O)
GPIO3/ EPWM2B/ ECAP5/ MCLKRB	10	E4	E1	通用 I/O 引脚 3(I/O/Z) 增强型 PWM2 输出 B 通道(O) 增强型捕获 I/O 口 5(I/O) 多通道缓冲串口 B(MCBSP-B)的接收时钟(I/O)
GPIO4 EPWM3A	11	E2	E2	通用 I/O 引脚 4(I/O/Z) 增强型 PWM3 输出 A 通道和 HRPWM 通道(O)
GPIO5 EPWM3B ECAP1 MFSRA	12	E3	E3	通用 I/O 引脚 5(I/O/Z) 增强型 PWM3 输出 B 通道(O) 增强型捕获 I/O 口(I/O) 多通道缓冲串口 A(MCBSP-A)的同步接收帧(I/O)
GPIO6 EPWM4A EPWMSYNCL EPWMSYNCO	13	E1	F1	通用 I/O 引脚 6(I/O/Z) 增强型 PWM4 输出 A 通道和 HRPWM 通道(O) 外部的 ePWM 同步脉冲输入(I) 外部的 ePWM 同步脉冲输出(O)
GPIO7 EPWM4B MCLKRA ECAP2	16	F2	F2	通用 I/O 引脚 7(I/O/Z) 增强型 PWM4 输出 B 通道(O) 多通道缓冲串口 A(MCBSP-A)的接收时钟(I/O) 增强型捕获 I/O 口 2(I/O)
GPIO8 EPWM5A CANTXB ADCSOCA	17	F1	F3	通用 I/O 引脚 6(I/O/Z) 增强型 PWM4 输出 A 通道和 HRPWM 通道(O) 增强型 CAN-B 发射端口(O) ADC 转换启动 A(O)
GPIO9 EPWM5B SCITXDB ECAP3	18	G5	G1	通用 I/O 引脚 9(I/O/Z) 增强型 PWM5 输出 B 通道(O) SCI-B 发射数据(O) 增强型捕获 I/O 口 3(I/O)

续表

信号 名称	引脚编号			说　明
	PGF/PTP	ZHH/BALL	ZJZ/BALL	
GPIO10 EPWM6A CANRXB	19	G4	G2	通用 I/O 引脚 10(I/O/Z) 增强型 PWM6 输出 A 通道和 HRPWM 通道(O) 增强型 CAN-B 接收端口(O) ADC 转换启动 B(O)
GPIO11 EPWM6B SCIRXDB ECAP4	20	G2	G3	通用 I/O 引脚 11(I/O/Z) 增强型 PWM6 输出 B 通道(O) SCI-B 接收数据(O) 增强型捕获 I/O 口 4(I/O)
GPIO12 $\overline{TZ1}$ CANTXB MDXB	21	G3	H1	通用 I/O 引脚 12(I/O/Z) PWM 联锁错误触发 1 增强型 CAN-B 发射端口(O) 多通道缓冲串口 B(MCBSP-B)发射串行数据(O)
GPIO13 $\overline{TZ2}$ CANRXB MDRB	24	H3	H2	通用 I/O 引脚 13(I/O/Z) PWM 联锁错误触发 2 增强型 CAN-B 发射端口(O) 多通道缓冲串口 B(MCBSP-B)接收串行数据(I)
GPIO14 $\overline{TZ3}$/XHOLD SCITXDB MCLKXB	25	H2	H3	通用 I/O 引脚 14(I/O/Z) PWM 联锁错误触发 3 或者 XHOLD 外部保持请求。当 XINTF 响应请求时,若该引脚呈现低电平,请求 XINTF 释放外部总线,并把所有的总线和选通端置为高阻抗。在当前操作完成后总线被释放,XINTF 不再有其他操作(I) SCI-B 接收端口(O) 多通道缓冲串口 B 发射时钟(I/O)
GPIO15 $\overline{TZ3}$/ $\overline{XHOLDA}$ SCIRXDB MCLKXB	26	H4	J1	通用 I/O 引脚 15(I/O/Z) PWM 联锁错误触发 4 或者 XHOLD 外部保持应答信号(I/O) SCI-B 接收端口(O) 多通道缓冲串口 B 发射帧同步(I/O)
GPIO18 SPICLKA SCITXDB CANRXA	62	L6	N8	通用 I/O 引脚 18(I/O/Z) SPI-A 时钟输入输出(I/O) SCI-B 发射端口(O) 增强型 CAN-A 接收(I)
GPIO19 SPISTEA SCIRXDB CANTXA	63	K7	M8	通用 I/O 引脚 19(I/O/Z) SPI-A 辅助发送端口,使能输入输出(I/O) SCI-B 接收端口(O) 增强型 CAN-A 发射端口(O)

信号 名称	引脚编号			说　明
	PGF/PTP	ZHH/BALL	ZJZ/BALL	
GPIO20 EQEP1A MDXA CANTXB	64	L7	P9	通用 I/O 引脚 20(I/O/Z) 增强型 QEP1 输入 A 通道(I) 多通道缓冲串口 A(MCBSP-A)接收串行数据(O)增强型 CAN-B 发射端口(O)
GPIO21 EQEP1B MDRA CANRXB	65	P7	N9	通用 I/O 引脚 21(I/O/Z) 增强型 QEP1 输入 B 通道(I) 多通道缓冲串口 A(MCBSP-A)接收串行数据(O) 增强型 CAN-B 接收端口(O)
GPIO22 EQEP1S MCLKXA SCITXDB	66	N7	M9	通用 I/O 引脚 22(I/O/Z) 增强型 QEP1 选通(I/O) 多通道缓冲串口 A(MCBSP-A)发射时钟信号(I/O) SCI-B 接收端口(O)
GPIO23 EQEP1I MFSXA SCIRXDB	67	M7	P10	通用 I/O 引脚 23(I/O/Z) 增强型 QEP1 索引(I/O) 多通道缓冲串口 A(MCBSP-A)发射帧同步(I/O) SCI-B 接收端口(O)
GPIO24 ECAP1 EQEP2A MDXB	68	M8	N10	通用 I/O 引脚 24(I/O/Z) 增强型捕捉端口 1(I/O) 增强型 QEP2 输入 A 通道(I) 多通道缓冲串口 A(MCBSP-B)发送串行数据(O)
GPIO25 ECAP2 EQEP2B MDRB	69	N8	M10	通用 I/O 引脚 25(I/O/Z) 增强型捕捉端口 2(I/O) 增强型 QEP2 输入 B 通道(I) 多通道缓冲串口 B(MCBSP-B)接收串行数据(O)
GPIO26 ECAP3 EQEP2I MCLKXB	72	K8	P11	通用 I/O 引脚 26(I/O/Z) 增强型捕捉端口 3(I/O) 增强型 QEP2 索引(I/O) 多通道缓冲串口 B(MCBSP-B)发送时钟信号(I/O)
GPIO27 ECAP4 EQEP2S MFSXB	73	L9	N11	通用 I/O 引脚 27(I/O/Z) 增强型捕捉端口 4(I/O) 增强型 QEP2 选通(I/O) 多通道缓冲串口 B(MCBSP-B)发射帧同步(I/O)

续表

信号 名称	引脚编号			说　明
	PGF/PTP	ZHH/BALL	ZJZ/BALL	
GPIO28 SCIRXDA XZCS6	141	E10	D10	通用 I/O 引脚 28(I/O/Z) SCI 接收数据 A 外部接口区域 6 的片选
GPIO29 SCITXDA XA19	2	C2	C1	通用 I/O 引脚 29(I/O/Z) SCI 发送数据(O) 外部接口地址线 19(O)
GPIO30 CANRXA XA18	1	B2	C2	通用 I/O 引脚 30(I/O/Z) 增强型 CAN-A 发送端口 外部接口地址线 18(O)
GPIO31 CANTXA XA17	176	A2	B2	通用 I/O 引脚 31(I/O/Z) 增强型 CAN-A 发送端口 外部接口地址线 17(O)
GPIO32 SDAA EPWMSYNCI ADCSOCAO	74	N9	M11	通用 I/O 引脚 32(I/O/Z) I2C 的时钟开漏双向口(I/OD) 增强型 PWM 外部同步脉冲输出(O) ADC 启动转换 A(I/O)
GPIO33 SCLA EPWMSYNCO ADCSOCBO	76	P9	P12	通用 I/O 引脚 33(I/O/Z) I2C 的时钟开漏双向口(I/OD) 增强型 PWM 外部同步脉冲输出(O) ADC 启动转换 B(I/O)
GPIO34 ECAPI XREADY	142	D10	A9	通用 I/O 引脚 34(I/O/Z) 增强型捕捉端口 I(I/O) 外部接口就绪信号
GPIO35 SCITXDA XR/W	148	A9	B9	通用 I/O 引脚 35(I/O/Z) SCI-A 发送数据端口(O) 外部接口的读/非写选通
GPIO36 SCIRXDA XZCS0	145	C10	C9	通用 I/O 引脚 36(I/O/Z) SCI-A 接收数据端口(I) 外部接口区域 0 的片选(O)
GPIO37 ECAP2 XZCS7	150	D9	B8	通用 I/O 引脚 37(I/O/Z) 增强型捕捉端口 2(I/O) 外部接口区域 7 的片选(O)
GPIO38 XWE0	137	D11	C10	通用 I/O 引脚 38(I/O/Z) 外部接口写使能 0(O)
GPIO39 XA16	175	B3	C3	通用 I/O 引脚 39(I/O/Z) 外部接口地址线 16(O)
GPIO40 XA0/XWE1	151	D8	C8	通用 I/O 引脚 40(I/O/Z) 外部接口地址线 0(O)/外部接口写使能1(O)
GPIO41 XA1	152	A8	A7	通用 I/O 引脚 41(I/O/Z) 外部接口地址线 1(O)

续表

信号名称	引脚编号			说　明
	PGF/PTP	ZHH/BALL	ZJZ/BALL	
GPIO42 XA2	153	B8	B7	通用 I/O 引脚 42(I/O/Z) 外部接口地址线 2(O)
GPIO43 XA3	156	B7	C7	通用 I/O 引脚 43(I/O/Z) 外部接口地址线 3(O)
GPIO44 XA4	157	A7	A6	通用 I/O 引脚 44(I/O/Z) 外部接口地址线 4(O)
GPIO45 XA5	158	D7	B6	通用 I/O 引脚 45(I/O/Z) 外部接口地址线 5(O)
GPIO46 XA6	161	B6	C6	通用 I/O 引脚 46(I/O/Z) 外部接口地址线 6(O)
GPIO47 XA7	162	A6	D6	通用 I/O 引脚 47(I/O/Z) 外部接口地址线 7(O)
GPIO48 ECAP5 XD31	88	P13	L14	通用 I/O 引脚 48(I/O/Z) 增强型捕捉端口 5(I/O) 外部接口数据线 31(I/O/Z)
GPIO49 ECAP6 XD30	89	N13	L13	通用 I/O 引脚 49 (I/O/Z) 增强型捕捉端口 6(I/O) 外部接口数据线 30(I/O/Z)
GPIO50 EQEP1A XD29	90	P14	L12	通用 I/O 引脚 50 (I/O/Z) 增强型 QEP1 输入端口 A(I) 外部接口数据线 29(I/O/Z)
GPIO51 EQEP1B XD28	91	M13	K14	通用 I/O 引脚 51 (I/O/Z) 增强型 QEP2 输入端口 B(I) 外部接口数据线 28(I/O/Z)
GPIO52 EQEP1S XD27	94	M14	K13	通用 I/O 引脚 52 (I/O/Z) 增强型 QEP1 选通(I) 外部接口数据线 27(I/O/Z)
GPIO53 EQEP1I XD26	95	L12	K12	通用 I/O 引脚 53 (I/O/Z) 增强型 QEP1 索引(I) 外部接口数据线 26(I/O/Z)
GPIO54 SPISIMOA XD25	96	L13	J14	通用 I/O 引脚 54 (I/O/Z) SPI-A 主输入、从输出(I/O) 外部接口数据线 25(I/O/Z)
GPIO55 SPISOMIA XD24	97	L14	J13	通用 I/O 引脚 55 (I/O/Z) SPI-A 主输入、从输出(I/O) 外部接口数据线 24(I/O/Z)
GPIO56 SPICLKA XD23	98	K11	J12	通用 I/O 引脚 56 (I/O/Z) SPI-A 时钟(I/O) 外部接口数据线 23(I/O/Z)

信号名称	引脚编号			说　明
	PGF/PTP	ZHH/BALL	ZJZ/BALL	
GPIO57 SPISTEA XD22	99	K13	H13	通用 I/O 引脚 57 (I/O/Z) SPI-A 从发射使能(I/O) 外部接口数据线 22(I/O/Z)
GPIO58 MCLKRA XD21	100	K12	H12	通用 I/O 引脚 58 (I/O/Z) 多通道缓冲串口 A(MCBSP-A)接收时钟(I/O) 外部接口数据线 21(I/O/Z)
GPIO59 MFSRA XD20	110	H14	H11	通用 I/O 引脚 59 (I/O/Z) 多通道缓冲串口 A(MCBSP-A)接收帧同步(I/O) 外部接口数据线 20(I/O/Z)
GPIO60 MCLKRB XD19	111	G14	G12	通用 I/O 引脚 60 (I/O/Z) 多通道缓冲串口 B(MCBSP-B)接收时钟(I/O) 外部接口数据线 19(I/O/Z)
GPIO61 MFSRB XD18	112	G12	F14	通用 I/O 引脚 61 (I/O/Z) 多通道缓冲串口 B(MCBSP-B)接收帧同步(I/O) 外部接口数据线 18(I/O/Z)
GPIO62 SCIRXDC XD17	113	G13	F13	通用 I/O 引脚 62 (I/O/Z) SPI-C 接收数据端口(O) 外部接口数据线 17(I/O/Z)
GPIO63 SCITXDC XD16	114	G11	F12	通用 I/O 引脚 63 (I/O/Z) SPI-C 发送数据端口(O) 外部接口数据线 16(I/O/Z)
GPIO64 XD15	115	G10	E14	通用 I/O 引脚 64 (I/O/Z) 外部接口数据线 15(I/O/Z)
GPIO65 XD14	116	F14	E13	通用 I/O 引脚 65 (I/O/Z) 外部接口数据线 14(I/O/Z)
GPIO66 XD13	119	F11	D12	通用 I/O 引脚 66 (I/O/Z) 外部接口数据线 13(I/O/Z)
GPIO67 XD12	122	E13	D14	通用 I/O 引脚 67 (I/O/Z) 外部接口数据线 12(I/O/Z)
GPIO68 XD11	123	E11	D13	通用 I/O 引脚 68 (I/O/Z) 外部接口数据线 11(I/O/Z)
GPIO69 XD10	124	F10	D12	通用 I/O 引脚 69 (I/O/Z) 外部接口数据线 10(I/O/Z)
GPIO70 XD9	127	D12	C14	通用 I/O 引脚 70 (I/O/Z) 外部接口数据线 9(I/O/Z)
GPIO71 XD8	128	C14	C13	通用 I/O 引脚 71 (I/O/Z) 外部接口数据线 8(I/O/Z)

续表

信号名称	引脚编号			说　明
	PGF/PTP	ZHH/BALL	ZJZ/BALL	
GPIO72 XD7	129	B14	B13	通用 I/O 引脚 72 (I/O/Z) 外部接口数据线 7(I/O/Z)
GPIO73 XD6	130	C12	A12	通用 I/O 引脚 73 (I/O/Z) 外部接口数据线 6(I/O/Z)
GPIO74 XD5	131	C13	B12	通用 I/O 引脚 74 (I/O/Z) 外部接口数据线 5(I/O/Z)
GPIO75 XD4	132	A14	C12	通用 I/O 引脚 75 (I/O/Z) 外部接口数据线 4(I/O/Z)
GPIO76 XD3	133	B13	A11	通用 I/O 引脚 76 (I/O/Z) 外部接口数据线 3(I/O/Z)
GPIO77 XD2	134	A13	B11	通用 I/O 引脚 77(I/O/Z) 外部接口数据线 2(I/O/Z)
GPIO78 XD1	135	B12	C11	通用 I/O 引脚 78(I/O/Z) 外部接口数据线 1(I/O/Z)
GPIO79 XD0	136	A12	B10	通用 I/O 引脚 79(I/O/Z) 外部接口数据线 0(I/O/Z)
GPIO80 XA8	163	C6	A5	通用 I/O 引脚 80(I/O/Z) 外部接口地址线 8(O)
GPIO81 XA9	164	E6	B5	通用 I/O 引脚 81(I/O/Z) 外部接口地址线 9(O)
GPIO82 XA10	165	C5	C5	通用 I/O 引脚 82(I/O/Z) 外部接口地址线 10(O)
GPIO83 XA11	168	D6	A4	通用 I/O 引脚 83(I/O/Z) 外部接口地址线 11(O)
GPIO84 XA12	169	E5	B4	通用 I/O 引脚 84(I/O/Z) 外部接口地址线 12(O)
GPIO85 XA13	172	C4	C4	通用 I/O 引脚 85(I/O/Z) 外部接口地址线 13(O)
GPIO86 XA14	173	D4	A3	通用 I/O 引脚 86(I/O/Z) 外部接口地址线 14(O)
GPIO87 XA15	174	A3	B3	通用 I/O 引脚 87(I/O/Z) 外部接口地址线 15(O)
$\overline{XRD}$	149	B9	A8	外部接口读使能

1.8　F28335 的主要电气特性

1.8.1　F28335 的电源特性

F28335 采用两组电源供电，内核电压 V_{DD} 为 1.9V，I/O 外设电压 V_{DDIO} 为 3.3V，对上电顺序有严格要求，总的来说，内核引脚电压 V_{DD} 上电要先于 I/O 引脚电压 V_{DDIO}，或者与之同时,以确保 V_{DD} 引脚在 V_{DDIO} 引脚达到 0.7V 之前达到 0.7V;否则,I/O 引脚电压会产生不确定状态。

对 $\overline{XRS}$ (复位)引脚有以下一些基本要求。

(1) 在加电期间,$\overline{XRS}$ 引脚必须在输入时钟稳定之后的 $t_{w(RSL1)}$ 内保持低电平($t_{w(RSL1)}$ = $32t_{c(OSCCLK)}$,$t_{c(OSCCLK)}$ 为 DSP 的时钟晶振频率)。这使得整个器件从一个已知的条件启动,除了 $t_{w(RSL1)}$ 的要求外,$\overline{XRS}$ 在 V_{DD} 达到 1.5V 后,至少要低电平 1ms。

(2) 在断电期间,$\overline{XRS}$ 引脚必须至少在 V_{DD} 降到 1.5V 之前的 $8\mu s$ 内被下拉至低电平,这样做提高了闪存可靠性。在为器件加电之前,不应将 V_{DDIO} 之上大于二极管压降(0.7V)的电压应用于任何数字引脚上(对于模拟引脚,这个值是比 V_{DDA} 高 0.7V 的电压值)。此外,V_{DDIO} 和 V_{DDA} 之间的差距应一直在 0.3V 之内。把电压施加到未加电器件的引脚上会以一种意想不到的方式偏置内部 PN 结,并产生无法预料的结果。

F28335 芯片电气参数最大绝对额定值如表 1-12 所示。F28335 芯片推荐工作条件如表 1-13 所示。F28335 芯片在推荐工作条件的引脚电气特性如表 1-14 所示。

表 1-12 F28335 的电气参数最大绝对额定值

电气参数	参考条件	数值范围
V_{DDIO},V_{DD3VFL}	相对于 V_{SS}	$-0.3\sim 4.6V$
V_{DDA2},V_{DDAIO}	相对于 V_{SSA}	$-0.3\sim 4.6V$
V_{DDA2},V_{DDAIO}	相对于 V_{SSA}	$-0.3\sim 4.6V$
V_{DD}	相对于 V_{SS}	$-0.3\sim 2.5V$
V_{DD1A18},V_{DD2A18}	相对于 V_{SSA}	$-0.3\sim 2.5V$
V_{SSA2},V_{SSAIO},$V_{SS1AGND}$,$V_{SS2AGND}$ 换句话说,V_{DDIO} 和 V_{DDA} 之间的差距应一直在 0.3V 之内	相对于 V_{SS}	$-0.3\sim 0.3V$
V_{IN}(输入电压)		$-0.3\sim 4.6V$
V_O(输出电压)		$-0.3\sim 4.6V$
I_{IK}(输入钳制电流)($V_{IN}<0$ 或者 $V_{IN}>V_{DDIO}$)		$\pm 20mA$
I_{OK}(输出钳制电流)($V_O<0$ 或者 $V_O>V_{DDIO}$)		$\pm 20mA$
T_A(运行环境温度)	A 版本	$-40\sim 85℃$
	S 版本	$-40\sim 125℃$
	Q 版本	$-40\sim 125℃$
T_J(结温范围)		$-40\sim 150℃$
T_{stg}(储存温度范围)		$-65\sim 150℃$

注:(1) 在超出那些下面列出的绝对最大额定值条件下工作可能会造成器件的永久损坏。长时间处于最大绝对额定情况下会影响设备的可靠性。

(2) 所有电压值都是相对于 V_{SS} 的值,除非额外注明,绝对最大额定值的列表是在运行温度范围内指定。

(3) 每个引脚上的持续钳制电流为 $\pm 2mA$。这包括模拟输入,此模拟输入有一个内部钳制电路,此电路能够将电压固定在一个高于 V_{DDA2} 或者低于 V_{SSA2} 的二极管压降上。

(4) 下列一个或两个条件可能会导致整个器件的使用寿命降低:

① 长期高温储存。

② 长时间在最高温度下使用。

表 1-13　F28335 芯片推荐工作条件

电气参数	参考条件	最小值	典型值	最大值	单位
器件电源电压,I/O,V_{DDIO}		3.135	3.3	3.465	V
V_{DD}(器件 CPU 电源电压)	器件操作@ 150MHz	1.805	1.9	1.995	V
	器件操作@ 100MHz	1.71	1.8	1.89	V
V_{SS}、V_{SSIO}、V_{SSAIO}、V_{SSA2}、$V_{SS1AGND}$、$V_{SS2AGND}$(电源接地)			0		V
V_{DDA2},V_{DDAIO}(ADC 3.3V 电源电压)		3.135	3.3	3.465	V
V_{DD1A18},V_{DD2A18}(ADC 1.8V 电源电压)	器件操作@ 150MHz	1.805	1.9	1.995	V
	器件操作@ 100MHz	1.71	1.8	1.89	V
V_{DD3VFL}(闪存电源电压)		3.135	3.3	3.465	V
$f_{SYSCLKOUT}$(器件时钟频率)	TMS320F28335	2		150	MHz
V_{IH}(高电平输入电压)	除 X1 之外的所有输入	2		V_{DDIO}	V
	X1	$0.7 \times V_{DD} - 0.05$		V_{DD}	V
V_{IL}(低电平输入电压)	除 X1 之外的所有输入			0.8	V
	X1			$0.3 \times V_{DD} + 0.05$	V
$V_{OH}=2.4V$,I_{OH}(高电平输出拉电流)	除组 2 之外的所有 I/O 引脚			-4	mA
	组 2			-8	mA
$V_{OL}=V_{OL}$(最大值),I_{OL}(低电平输出灌电流)	除组 2 之外的所有 I/O 引脚			4	mA
	组 2			8	mA
T_A(环境温度)	版本 A	-40		85	℃
	版本 S	-40		125	℃
	版本 Q	-40		125	℃
T_J(结温)				125	℃

注：组 2 引脚为 GPIO28、GPIO29、GPIO30、GPIO31、TDO、XCLKOUT、EMU0、EMU1、$\overline{XINTF}$ 引脚、GPIO35-87 和 $\overline{XRD}$。

表 1-14　F28335 芯片在推荐工作条件下的引脚电气特性

参数	测试条件	最小值	典型值	最大值	单位
V_{OH}(高电平输出电压)		2.4			V
V_{OL}(低电平输出电压)	$I_{OL}=I_{OL}$ 最大值	$V_{DDIO}-0.2$		0.4	V
I_{IL}(输入电流低电平)	上拉使能的引脚 $V_{DDIO}=3.3V$,$V_{IN}=0V$(所有 I/O,包括 $\overline{XRS}$)	-80	-140	-190	μA
	下拉使能的引脚 $V_{DDIO}=3.3V$,$V_{IN}=0V$			±2	μA
I_{IH}(输入电流高电平)	上拉使能的引脚 $V_{DDIO}=3.3V$,$V_{IN}=VDDIO$			±2	μA
	下拉使能的引脚 $V_{DDIO}=3.3V$,$V_{IN}=V_{DDIO}$	28	50	80	μA
I_{OZ}(输出电流,上拉或下拉被禁用)	$V_O=V_{DDIO}$ 或者 0V			±2	μA
C_I(输入电容)			2		pF

　　F28335 芯片的工作电压除要满足表 1-13 的推荐工作电压外,还要考虑电流消耗,这是设计 F28335 电源电路的依据。F28335 芯片在最高系统时钟频率 150MHz 下的电源引脚的电流消耗值如表 1-15 所示。

表 1-15　150MHz 时 F28335 电源引脚电流消耗值

模式	测试条件	I_{DD}		I_{DDIO}[1]		I_{DD3VFL}[2]		I_{DDA18}[3]		I_{DDA33}[4]	
		典型值[5]	最大值	典型值[5]	最大值	典型值[5]	最大值	典型值[5]	最大值	典型值[5]	最大值
运行模式 (Flash)[6]	A[7]	290 mA	315mA	30 mA	50 mA	35 mA	40 mA	30 mA	35 mA	1.5 mA	2 mA
空闲 (IDLE)	B	100mA	120mA	60 μA	120 μA	2 μA	10 μA	5 μA	60 μA	15 μA	20 μA
备用 (STAND-BY)	C	8 mA	15 mA	60 μA	120 μA	2 μA	10 μA	5 μA	60 μA	15 μA	20 μA
停机 (HALT)[8]	D[9]	150 μA		60 μA	120 μA	2 μA	10 μA	5 μA	60 μA	15 μA	20 μA

　　注:测试条件 A(Flash 运行代码模式):下列外设时钟被启用,即 ePWM1、ePWM2、ePWM3、ePWM4、ePWM5、ePWM6、eCAP1、eCAP2、eCAP3、eCAP4、eCAP5、eCAP6、eQEP1、eQEP2、eCAN-A、SCI-A、SCI-B(FIFO 模式)、SPI-A(FIFO 模式)、ADC、I2C、CPU 定时器 0、CPU 定时器 1、CPU 定时器 2。所有 PWM 引脚被切换至 150MHz。所有 I/O 引脚保持未连接状态。

　　测试条件 B(低功耗空闲模式):闪存被断电,XCLKOUT 被关闭。下列的外设时钟被启用,即 eCAN-A、SCI-A、SPI-A、I2C。

　　测试条件 C(低功耗备用模式):闪存被断电,外设时钟被关闭。

　　测试条件 D(低功耗停机模式):闪存被断电,外设时钟被关闭,输入时钟被禁用。

　　(1) I_{DDIO} 电流取决于 I/O 引脚上的电气荷载。

　　(2) 这个表中标明的 I_{DD3VFL} 电流为 Flash 读取电流,不包括用于擦除/写入操作的额外电流。Flash 编程期间,从 V_{DD} 和 V_{DD3VFL} 电源轨输入的额外的电流,如表 1-16 所示。若用户应用涉及板载 Flash 编程,在设计电源电路时应该考虑这个额外电流。

　　(3) I_{DDA18} 包括进入 V_{DD1A18} 和 V_{DD2A18} 引脚的电流。为了实现表中所示的用于 IDLE、STANDBY 和 HALT 的 I_{DDA18} 电流,必须通过写入 PCLKCR0 寄存器来明确关闭到 ADC 模块的时钟。

　　(4) I_{DDA33} 包括进入 V_{DDA2} 和 V_{DDAIO} 引脚的电流。

　　(5) 典型值适用于常温和标称电压。最大值适用于 125℃ 和最大电压(V_{DD} = 2.0V; V_{DDIO},V_{DD3VFL},V_{DDA}=3.6V)。

　　(6) 当 SARAM 运行相同的代码时,I_{DDH} 会随着代码从 0 等待状态运行而增加。

　　(7) 下面的操作在环路内完成:数据从 SCI-A、SCI-B、SPI-A、McBSP-A 和 eCAN-A 端口连续发出。执行乘法/加法运算。安全装置被复位。ADC 正在执行持续转换。ADC 中的数据通过 DMA 传送到 SARAM。执行 XINTF 的 32 位读写。GPIO19 被接通。

　　(8) HALT 模式 I_{DD} 电流将随温度非线性增加。

　　(9) 如果一个石英晶振或者陶瓷谐振器被用作时钟源,HALF 模式将关闭内部振荡器。

表 1-16　SYSCLKOUT=150MHz 时 Flash 电流消耗值

参　数		测试条件	最小值	典型值	最大值	单位
编程时间	16 位字			50		μs
	32K 扇区			1000		ms
	16K 扇区			500		ms
擦除时间[1]	32K 扇区			2		s
	16K 扇区			2		s

续表

参　　数	测试条件	最小值	典型值	最大值	单位
$I_{DD3VFLP}$[(2)] 擦除/编程周期期间的 V_{DD3VFL} 电流消耗	擦除		75		mA
	编程		35		mA
I_{DDP}[(2)] 擦除/编程周期期间的 V_{DD} 电流消耗			180		mA
I_{DDIOP}[(2)] 擦除/编程周期期间的 V_{DDIO} 电流消耗			20		mA

注：(1) 当器件从 TI 出货时，片载闪存储器处于一个被擦除状态。这样，当首次编辑器件时，在编程前不需要擦除闪存储器。然而，对于所有随后的编程操作，需要执行擦除操作。

(2) 典型参数是在室温下，包括函数调用开销在内的所有外设关闭时的参数。

1.8.2　F28335 电流消耗的减少方法

F2833x/2823x DSC 有一个器件电流消耗减少方法。由于每个外围设备都有一个独立的时钟使能位，所以可以通过关闭指定应用中无用的时钟外设模块来减少电流消耗。此外，可利用 3 个低功耗模式的任一个来进一步减少电流消耗。表 1-17 列出了在 SYSCLKOUT＝150MHz 时通过关闭时钟实现电流消耗的典型降低值。

表 1-17　SYSCLKOUT＝150MHz 时各种外设电流消耗典型值[(1)]

外设模块	I_{DD} 电流降低值(模块)/mA[(2)]	外设模块	I_{DD} 电流降低值(模块)/mA[(2)]
ADC	8[(3)]	eCAN	8
I2C	2.5	McBSP	7
eQEP	5	CPU-timer	2
ePWM	5	XINTF	10[(4)]
eCAP	2	DMA	10
SCI	5	FPU	15
SPI	4		

注：(1) 复位时，所有外设时钟被禁用。只有在外设时钟被打开后，才可对外设寄存器进行写入/读取操作。

(2) 对于具有多个实例的外设，引用的电流是按照模块计算的，如对于 ePWM 所引用的电流 5mA 值是用于一个 ePWM 模块。

(3) 这个数字代表了 ADC 模块数字部分消耗的电流。关闭 ADC 模块的输入时钟也将消除 ADC (I_{DDA18}) 模拟部分消耗的电流。

(4) 运行 XINTF 总线对 I_{DDIO} 电流有明显的影响。基于以下原因，这将大大增加 I_{DDIO} 电流消耗：

① 多少个地址/数据引脚从一个周期切换到另一个周期。

② 它们切换的速度有多快。

③ 使用的接口是 16 位还是 32 位以及这些引脚上的负载。

1.9　F28335 最小硬件系统设计

DSP 最小硬件系统是指能使 DSP 芯片正常运行的最少硬件系统。F28335 的最小硬件系统由 F28335 器件、电源电路、复位电路、时钟电路、JTAG 接口电路组成。

F28335 最小硬件系统的片上 RAM 容量为 34K×16 位，足以运行 CPU 定时器中断实例，RAM测试实例，SCI自闭环通信实例等外设模块工程文件，甚至可以运行如8点FFT实例等数字信号处理算法应用程序。

F28335器件采用双组电压源供电，CPU内核电源电压V_{DD}为1.9V，I/O模块电源电压V_{DDIO}为3.3V。这两组供电电压有上电顺序要求，即V_{DD}应先于V_{DDIO}或与之同时。如果I/O模块V_{DDIO}先于内核V_{DD}上电，由于此时内核不工作，I/O输出缓冲器中的晶体管有可能打开，从而在输出引脚上产生不确定状态，对整个系统造成影响。TI公司为DSP器件提供上电顺序控制的专用双路稳压电源芯片，输入电压为+5V，输出一路3.3V和另一路为可调输出电压，通过电阻网络可调整到1.9V，常用型号是TPS676D301和TPS73HD301，每路提供1A的电流，还提供两路低电平有效复位脉冲，可任选一路作为DSP芯片上电复位脉冲$\overline{XRS}$。

F28335时钟电路通常采用内部振荡器输入引脚X1和X2跨接30MHz晶体振荡器的内部振荡器电路模式，通过片上PLL(锁相环)电路将振荡器频率倍频5倍达到F28335器件最高工作频率150MHz。

JTAG接口电路是一种遵循IEEE 1149.1国际标准的边界扫描串行接口电路，普遍用于大规模集成电路的仿真、测试、烧写。DSP器件的JTAG接口电路采用通用7×2双排14芯插座设计，把DSP器件的JTAG接口信号引到JTAG接口插座。

若F28335最小硬件系统选用F28335器件封装形式为LQFP(薄形四方扁平封装)，则可以采用双层PCB板设计，手工焊接。若双层PCB板尺寸设为90mm×95mm，不仅能布下F28335最小硬件系统所需的所有电路器件以及两个2×100双排1.27mm间距的插头/插座，来扩展DSP器件电源信号引脚和所有GPIO信号引脚到底板上，而且还能布下64K/128K/256K的SRAM扩展芯片、CPLD芯片等。

1.10 CCS 3.3集成开发环境安装与开发流程

1.10.1 CCS 3.3安装及设置

TI公司的DSP控制器采用统一的集成开发环境，称为代码生成器平台(Code Composer Studio，CCS)。目前，CCS的版本已经达到CCS 6.0以上，版本越高、功能越强，同时占用内存越大，对计算机的基本内存配置要求也高。考虑到兼容性、易用性和版权等问题，F28335软件开发环境最常用的CCS版本是CCS 3.3。

DSP控制器开发系统由CCS 3.3开发环境、TDS510型USB接口DSP仿真器、DSP控制器应用板组成。DSP控制器应用板可以是DSP最小硬件系统板、DSP评估板、DSP工程开发板等。TDS510型DSP仿真器的JTAG接口插在DSP控制器应用板上的JTAG接口上，DSP仿真器的USB接口与PC的USB接口相连。DSP控制器应用板输入电源电压为+5V，DSP控制器应用板上的电源电路把+5V变换成F28335内核电源电压1.9V和I/O外设电源电压3.3V。

下面介绍CCS 3.3安装步骤和合众达的SEED-XDS510PLUS型USB-DSP仿真器驱动程序的配置步骤。

第1步，执行CCS 3.3安装程序setup.exe，默认安装到C盘目录下的CCStudio_v3.3文件夹下，完成安装后，在桌面出现两个快捷方式，即CCStudio 3.3和Setup CCStudio V3.3。

第2步，执行 CCS 3.3 的安装补丁程序 SR12_CCS_v3.3_SR_3.3.82.13.exe，根据安装界面的提示操作，完成安装。

第3步，执行合众达的 SEED-XDS510PLUS 型 USB DSP 仿真器驱动程序安装程序 SEED-XDS510Plus Emulator for CCS 3.3 Below.exe，根据安装界面的提示操作完成安装。

第4步，单击桌面上的 Setup CCS 3.3 图标，为 CCS 3.3 配置仿真的 DSP 型号（这里是 F28335），选择 USB/DSP 仿真器的配置文件 seedxds-510plus.cfg。

SEED-510 USB 仿真器驱动程序安装完成后，当第一次将 SEED-510USB 仿真器插到 PC USB 接口上，系统会自动提示"找到新的硬件向导"，单击"下一步"按钮，按照提示完成 SEED-510 USB 仿真器的 USB 驱动程序的安装。安装完成后，每次 SEED-510 USB 仿真器插到 PC USB 接口上，系统会自动识别 SEED-510 USB 仿真器。

1.10.2　F2833x 浮点库安装

为了正常调用 F2833x 的 FPU32 浮点库函数，为 CCS 3.3 安装 F2833x 的浮点库，按顺序安装以下3个安装程序，即 setup_C28x_FPU_Lib_beta1.exe、setup_C28XFPU_CSP_v3[1].3.1207.exe、C2000CodeGenerationTools5.0.0.exe。

安装完成后，在 C:\CCStudio_v3.3\C2000\cgtools\lib 下生成两个浮点库文件，即 rts2800_fpu32.lib 和 rts2800_fpu32_eh.lib。在需要调用单精度浮点数学函数的工程文件中，添加 rts2800_fpu32.lib。

1.10.3　CCS 软件开发工具

CCS 包含集成软件开发工具，用户利用 CCS 主界面上的菜单命令就能自动调用这些开发工具软件，不需要用户到 DOS 命令提示行去执行这些工具软件对应的.exe 文件。软件开发工具包括编译器、汇编器、链接器、归档器、运行时支持库、建库器、HEX 转换器、绝对列表器和交叉引用列表器、C++名称复原器、调试器、GEL 语言、DSP/BIOS。

编译器、汇编器、链接器共同构成 DSP 软件开发的 C 编译器。执行 CCS 主界面上的菜单命令 Project→Compile 或 Build 或 Rebuild All（常用 Rebuild All）命令，CCS 就会自动完成工程文件（扩展名为 pjt）的编译、汇编、链接等一系列操作，在编译无错（即 0 errors）的情况下，自动产生 DSP 的可执行文件（扩展名为 out，主文件名与工程文件主文件名相同）。

CCS 软件开发工具执行流程图如图 1-11 所示。CCS 编译器、菜单命令的详细介绍参阅第3章。

1.10.4　CCS 软件开发流程

DSP 软件开发文件以工程文件（Project）作为顶层文件，工程文件是一个文本文件框架，包含源文件（.c 或.asm）、头文件（.h）、库文件（.lib）、链接器命令文件（.cmd）等编译、链接信息。DSP 采用模块化软件设计方法，一个工程文件通常包含多个源文件、多个头文件、一个库文件（.lib）、两个链接器命令文件（.cmd）。库文件由 TI 公司提供，针对一个 DSP 系列提供一个实时支持库，如 F28335 的浮点实时支持库为 rts2800_fpu32.lib。高级用户还可以创建自己的库文件添加到工程文件中。DSP C 编译器对工程文件编译、链接时，链接器

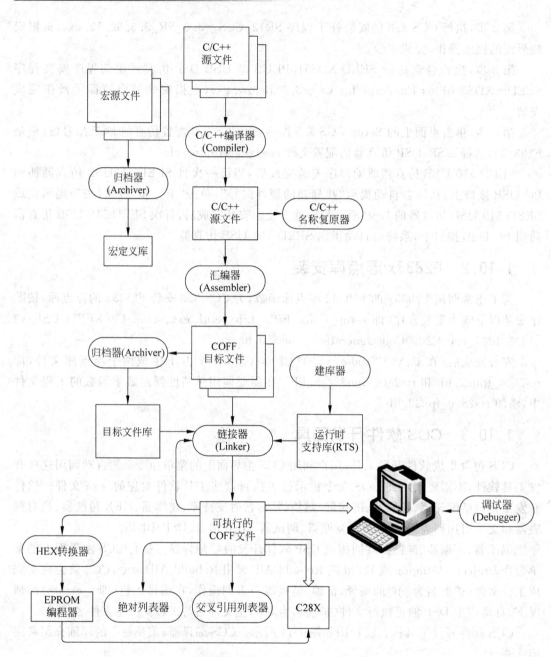

图 1-11 CCS 软件开发工具执行流程图

命令文件(.cmd)提供不同文件编译生成的代码顺序定位到连续程序存储空间的信息、不同文件编译生成的初始化数据段和未初始化数据段顺序定位到连续数据存储空间的信息。

DSP 编译器产生的目标文件为 COFF 文件结构。COFF 是 TI 公司为 DSP 开发制定的统一目标文件格式(Common Object File Format,COFF)。COFF 文件的核心是采用段作为目标文件的最小单位,允许一个应用程序分解成多个相对独立的软件模块来设计,用一个工程文件的树型结构文件管理器来统一管理和显示不同文件夹下的软件模块。用户在工程文件的树形结构中可独立打开和编辑每个软件模块,开发效率大大提高。

为了能使 DSP 多个软件模块编译生成的多个 obj 文件链接成一个可执行文件(.out)，COFF 文件格式把软件模块编译生成为各种同名段。一个段映射为内存的一个区域。COFF 文件的系统默认代码段名是".text"，初始化数据段系统默认段名是".data"，未初始化数据段系统默认段名是".bss"。多个模块编译生成的代码统一存放到.text 段，初始化数据存放到.data 段、未初始化数据存放到.bss 段，这样就解决了多个相对独立的软件模块的代码要连续、顺序存放到程序存储空间、不同文件的数据要连续、顺序存放到数据存储空间中的问题。

CCS 软件开发流程如下。

(1) 创建或打开一个工程文件(Project)。

(2) 编辑源程序(* .asm, * .c)、头文件(* .h)与连接命令文件(* .cmd)。

(3) 将源文件添加到该工程中(* .asm, * .c, * .cmd, * .lib)。

(4) 编译汇编连接,自动生成可执行文件(* . out)。

(5) 装载可执行文件 DSP 到目标板。

(6) 调试程序。

(7) 程序固化。

习题

1-1 DSP 的主要特点是什么?

1-2 DSP 控制器的主要优势是什么?

1-3 为什么定点数的 Q 定标数 m 越大,表示十进制数的精度越高?

1-4 试写出 n 位二进制数补码的 m 个($m \leqslant n$)Q 定标数($Q0 \sim Q(m-1)$)表示的十进制数范围的公式。

1-5 一个数字信号处理系统的十进制常系数变化范围是 $0 \sim 1$,用 16 位二进制的 Q 定标数多少表示的精度最高?

1-6 浮点数算术运算的规则是什么?

1-7 两个浮点数阶码不相等,对阶的操作规则是什么? 操作步骤是什么?

1-8 两个等字宽二进制定点数加减运算结果正确的必要条件是什么?

1-9 两个等字宽、Q 定标数不相等的二进制定点数加减运算前,要进行大 Q 对齐小 Q 操作,为什么不能小 Q 对齐大 Q 呢?

1-10 两个等字宽、Q 定标数不相等的二进制定点数,为什么直接相乘运算,而不需要对阶呢?

1-11 两个判断一个二进制定点数是正数或负数的算法是什么?

1-12 试完成十-二进制转换算法的设计,画出计算机实现流程图。

1-13 试将十进制数 -0.0018 手工快速转换为 16 位二进制 $Q13$ 定点数。试将二进制定点数 0x0400(16 位 $Q13$)手工快速转换为十进制数。

1-14 试写出图 1-6 所示 3B 自定义浮点数数据格式对应的十进制数动态变化范围(提示: 16 位尾数是规格化尾数, $1 <$ 16 位尾数 $\leqslant 0.5$),并与 16 位二进制定点数动态变化范围相比较(提示: 16 位二进制定点数整数是 $Q0$,最小的定点数是 $Q15$)。

1-15 简述定点 DSP 与浮点 DSP 的区别。

1-16 F28335 属于 C2000 家族的什么系列？

1-17 F28335 DSP 器件的两组电源电压是多少伏？上电顺序有什么要求？

1-18 F28335 的浮点处理单元(FPU)使用的浮点数格式是什么？

1-19 维特比复杂运算单元(VCU)有什么功能？

1-20 结合 DSP 控制器组成框图概述 F28335 有哪些增强型外设。

1-21 DSP 与单片机、ARM 的主要区别是什么？

1-22 F28335 芯片封装形式有几种？适合实验用的封装形式是什么？

1-23 "段定义"的概念给 DSP 编程带来的最大好处是什么？

1-24 存储器空间与分段的关系是什么？

1-25 DSP 软件开发分几个步骤？

小结

本章介绍了 TI 公司 TMS320F28335DSP 控制器的 CPU 特性、外设特性和结构框图、引脚信号、封装形式和主要电气特性。分析比较了定点 DSP 和浮点 DSP 的主要区别和应用场合。详细介绍了二进制定点数和浮点数存储格式和运算规则。简要介绍了 CCS 3.3 的安装信息、DSP 软件开发工具以及 DSP 软件开发流程。

阐述了 F28335 最小硬件系统设计方法。

重点和难点：DSP 控制器的结构和性能；定点数和浮点数的运算规则；定点 DSP 和浮点 DSP 的区别和应用场合。

第 2 章 TMS320F28335 硬件结构

CHAPTER 2

2.1 概述

TMS320F28335 完整结构框图如图 2-1 所示,可以看出,F28335 DSP 控制器由 C28x 32 位 CPU 内核、集成内存、内存总线、DMA、DMA 总线、中断管理、控制率加速器、外设总线、集成多种外设等部分组成。其中内存总线采用多总线结构,又称为哈佛结构,使在一个时钟周期内 CPU 内核同时完成对数据存储器和程序存储器的访问。DMA 总线使特定外设模块,即 A/D 转换器、多通道串口、增强型 PWM(ePWM)和高分辨率 PWM(HRPWM)直接与内存交换数据,不需要 CPU 内核干预,加快这些外设数据的存取速度。

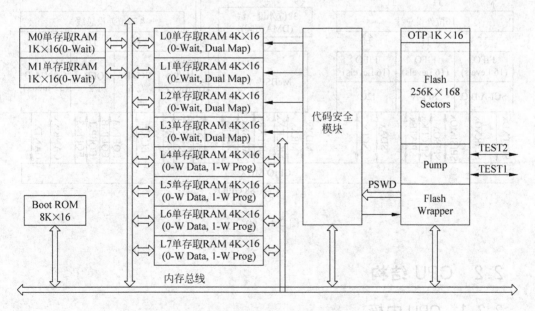

图 2-1 F28335 DSP 控制器结构框图

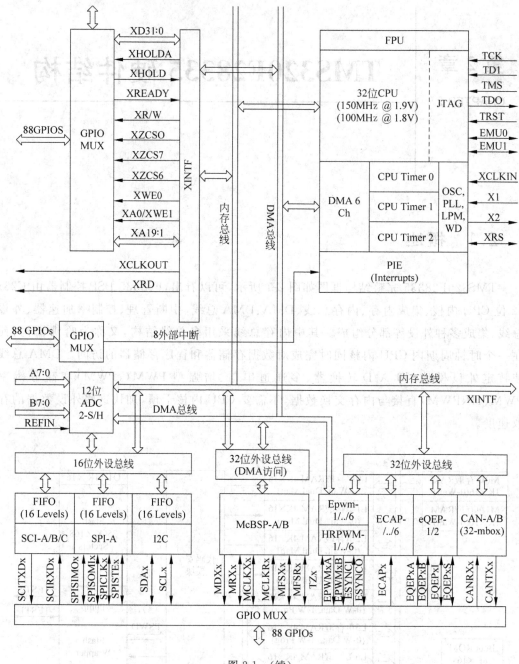

图 2-1 （续）

2.2 CPU 结构

2.2.1 CPU 内核

F28335 属于 C28x＋FPU（Floating Point Unit，浮点运算单元）的 C28x 系列增强型 DSP 控制器（Digital Signal Controllers，DSC），不仅具有 32 位定点 CPU 的架构，而且还包

含一个单精度 32 位浮点运算单元(FPU),浮点数格式遵循 IEEE 754 标准。IEEE 754 是 32 位浮点数格式,最高位(D_{31})是符号位,$D_{30} \sim D_{23}$ 是 8 位阶码(即 2 的幂指数部分,当 $0 < 8$ 位阶码 < 255 时,实际阶码=8 位阶码-127),$D_{22} \sim D_0$ 为 23 位尾数。

F28335 具有非常高效的 C/C++ 编译器,能使编程者使用 C/C++ 高级语言开发系统控制软件和数字算法。数学算法任务与系统控制任务的处理效率同样高效,这就节省了很多系统中常常需要第二个微处理器来完成数学算法任务。

F28335 的 32×32 位乘法器、乘累加器(Multiply and Accumulate,MAC)的 64 位处理能力能提高数字信号处理的分辨率,减少数字处理误差。

F28335 具有增强型快速中断响应机制和重要控制寄存器自动写保护机制,并能够以最小的延迟中断处理多个异步事件。

F28335 具有 8 级受保护的流水线和流水线存储器存取机制,保证在不使用昂贵的高速存储器下能高速执行。

F28335 具有专门的转移超前硬件,使条件不连续延迟最小化。专门的条件操作存储机制进一步提升了快速性能。

2.2.2 乘法器

F28335 内嵌 16×16 位和 32×32 位乘法器以及乘累加硬核(MAC),能在一个指令周期内完成 32×32 位乘法并进行累加运算(MAC 运算),使处理数字信号处理算法中常见的 MAC 运算速度大大提高。还有 MOVAD 等专用指令,不仅可以一条指令完成累加运算,还可以同时完成移位。

2.2.3 移位器

F28335 内置 32 位桶形移位器,可以对 32 位累加器和乘法器的运算结果进行左移或右移,完成定点数的重定标等操作,使数字信号处理算法的运算速度比普通微控制器高出一个数量级以上。

2.2.4 总线结构

F28335 内存总线结构属于 C28x 内存总线架构,是一种哈佛总线架构,即在内存和外设之间采用多总线结构。C28x 内存总线架构包含一条程序读总线、一条数据读总线和一条数据写总线。程序读总线由 22 根地址线和 32 根数据线路组成。数据读写总线由 32 根地址线和 32 根数据线组成。32 位宽数据总线可实现单周期 32 位操作。

哈佛总线架构使 C28x 能够在一个单周期内存取一条指令、读取一个数据和写入一个数据。为连接在内存总线上的所有外设和内存,设定存取内存的优先级。对内存总线存取的优先级概括如下。

最高级:数据写入(内存总线上不能同时进行数据和程序写入),依次是程序写入(不能在内存总线上同时进行数据和程序写入)、数据读、程序读(不能在内存总线上同时进行程序读和取指令)。

最低级:取指令(不能在内存总线上同时进行程序读和取指令)。

1. 内存总线

F28335 的程序存储器和数据存储器分别独立设置地址总线和数据总线。程序地址总线为 22 位,程序数据总线为 32 位,用于对片上 ROM 和 Flash 存储器只读存取。数据地址总线为 32 位,分为数据读地址总线和数据写地址总线。数据总线为 32 位,分为数据读数据总线和数据写数据总线。C28x+FPU 总线结构如图 2-2 所示。

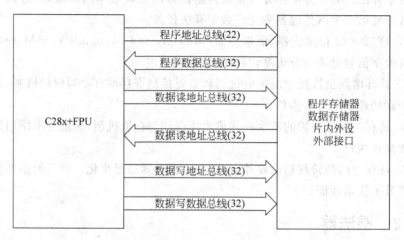

图 2-2 C28x+FPU 总线结构框图

2. 外设总线

为了实现不同德州仪器 DSC 系列器件之间的外设迁移,2833x/2823x 器件采用一个针对外设互联的外设总线标准。外设总线桥复用了多种总线,此总线将处理器内存总线组装进一个由 16 条地址线和 16 条或 32 条数据线和相关控制信号组成的单总线中。F2833x 支持 3 个版本的外设总线。第 1 版本只支持 16 位数据的存取(被称为外设帧 2)。第 2 版本支持 16 位和 32 位存取(被称为外设帧 1)。第 3 版本支持 DMA 存取以及 16 位和 32 位数据的存取访问(被称为外设帧 3)。

2.2.5 CPU 寄存器

F28335 有两组 CPU 寄存器,第一组为标准 C28x 寄存器组,第二组为 FPU 寄存器组。C28x 寄存器组包括累加器寄存器 ACC、乘积寄存器 P、乘数寄数器(XT)、辅助寄存器 XAR0~XAR7、程序控制寄存器、状态寄存器和中断控制寄存器,如表 2-1 所示。FPU 寄存器组包括浮点结果寄存器 R0H~R7H、浮点状态寄存器 STF、重复块寄存器 RB,如表 2-2 所示。

由于 F28335 的软件开发模板全部采用 C/C++ 语言编程,需要 C/C++ 编程可操作的寄存器只有标准 C28x 寄存器组中的状态寄存器和中断控制寄存器,其他寄存器包括 FPU 寄存器组对用户而言都是透明的,不需要用户 C/C++ 语言编程操作,故只需要介绍 CPU 状态寄存器与中断控制寄存器的功能。F2833x 有两个 CPU 状态寄存器,分别是 ST0 和 ST1,这两个寄存器均是 16 位字长寄存器,其中需要用户 C 语言编程操作的状态寄存器只有 ST1 中的 4 个位域变量,分别是 EALLOW、VMAP、INTM、DBGM。CPU 中断控制寄存器包括中断使能寄存器(IER)、中断标志寄存器(IFR)和调试中断使能寄存器(DBGIER),这 3 个寄存器均是 16 位字长的寄存器。对于大多数用户来说,需要 C/C++ 语言编程操作的中断控制寄存器是 IER 和 IFR。在仿真器调试期间,DBGIER 赋予 CPU 一种当仿真器暂停 CPU 时,能继续执行时间严格中断服务程序的能力。时间严格中断是指被 IER 和 DBGIER 同时使能的可屏蔽中断。

表 2-1　标准 C28x 寄存器组

累加器和乘积寄存器	累加器 ACC(32 位)
	乘积寄存器 P(32 位)
	乘数寄存器 XT(32 位)
辅助寄存器	XAR0(32 位)
	XAR1(32 位)
	XAR2(32 位)
	XAR3(32 位)
	XAR4(32 位)
	XAR5(32 位)
	XAR6(32 位)
	XAR7(32 位)
程序控制寄存器	程序计数器 PC(32 位)
	返回程序计数器 RPC(32 位)
	页指针寄存器 DP(16 位)
	堆栈指针 SP(16 位)
状态与中断控制寄存器	状态寄存器 ST0(16 位)
	状态寄存器 ST1(16 位)
	中断使能寄存器 IER(16 位)
	中断标志寄存器 IFR(16 位)
	调试中断使能寄存器 DBGIER(16 位)

表 2-2　FPU 寄存器组

浮点结果寄存器	浮点结果寄存器 0　R0H(32 位)
	浮点结果寄存器 1　R1H(32 位)
	浮点结果寄存器 2　R2H(32 位)
	浮点结果寄存器 3　R3H(32 位)
	浮点结果寄存器 4　R4H(32 位)
	浮点结果寄存器 5　R5H(32 位)
	浮点结果寄存器 6　R6H(32 位)
	浮点结果寄存器 7　R7H(32 位)
浮点状态寄存器	浮点状态寄存器　STF(32 位)
重复块寄存器	重复块寄存器　RB(32 位)

2.2.6　状态寄存器 ST0/ST1

ST0 的位域定义数据格式如图 2-3 所示。ST1 的位域定义格式如图 2-4 所示。

15~10	9~7	6	5	4	3	2	1	0
OVC/OVCU	PW	V	N	Z	C	TC	OVM	SXM
R/W-000	R/W-0	R-1	R/W-0	R/W-0	R/W-0	R/W-0	R/W-0	R/W-0

图 2-3　ST0 位域定义数据格式

15~13	12	11	10	9	8
ARP	XF	MOM1MAP	Reserved	OBJMODE	AMODE
R/W-000	R/W-0	R-1	R/W-0	R/W-0	R/W-0

7	6	5	4	3	2	1	0
IDELSTAT	EALLOW	LOOP	SPA	VMAP	PAGE0	DBGM	INTM
R-0	R/W-0	R-0	R/W-0	R/W-1	R/W-1	R/W-1	R/W-1

图 2-4   ST1 位域定义数据格式

当采用 C 语言编写 F28335 的应用程序时,需要 C 操作的状态寄存器只有 ST1 中的 4 个位域变量,即 EALLOW、VMAP、INTM、DBGM,其他位域变量对用户而言是透明的,不需要编程访问。因此,下面只介绍这 4 个位域变量的功能。

1. EALLOW(仿真访问使能位、解锁写保护位)

位域变量 EALLOW 为仿真访问使能位,系统复位默认值为 0,表示禁止对片上外设模块写保护寄存器(包括受 EALLOW 写保护的片上外设帧和 PIE 中断向量表)进行写访问。禁止对 F2833x 的写保护寄存器和仿真空间的写访问,可确保在强电磁干扰环境下 F2833x 的写保护寄存器不会被误写。因此,F2833x 的抗干扰性能优于一般微控制器。

EALLOW 是可读写位,若要对写保护寄存器进行写操作时,必须执行汇编指令 EALLOW,对 EALLOW 置 1。片上外设模块写保护寄存器包括器件仿真寄存器、Flash 模块相关寄存器、CSM 模块相关寄存器、PIE 中断向量表、系统控制模块相关寄存器(如 PLLSTS 等)、ePWM 模块相关寄存器(如 TZSEL 等)、GPIO 模块相关寄存器(如 GPACTRL、GPIOXINT1SEL 等)、XINTF 接口相关寄存器、DMA 模块相关寄存器和 eCAN 模块相关寄存器。

在 F28335 的头文件模板 DSP2833x_Device.h 中,定义了两条 EALLOW 被置 1 和清 0 的宏定义 C 语句代码,如下:

```
#define EALLOW asm ("EALLOW");          //EALLOW 被置 1
#define EDIS asm ("EDIS");              //EALLOW 被清 0
```

其中,EALLOW 位被置 1 的 2833x 汇编指令语法格式为:

```
EALLOW;
```

EALLOW 位被清 0 的 2833x 汇编指令语法格式为:

```
EDIS;
```

宏语句 EALLOW 指令允许对 2833x 写保护寄存器和仿真空间进行写访问。

宏语句 EDIS 是宏语句 EALLOW 逆操作,禁止对 2833x 写保护寄存器和仿真空间进行写访问。

当 CPU 响应中断进入中断服务程序时,位域变量 EALLOW 当前值被自动压栈保存(即随 ST1 一起压栈保存),然后 EALLOW 被自动清 0。可见,CPU 执行中断服务程序时,由于 EALLOW 为 0,禁止对所有写保护寄存器进行写操作。所以,要在中断服务程序中对写保护寄存器进行写操作,就必须先执行 EALLOW 宏语句。在中断服务程序结束时,中断返回指令 IRET 使位域变量 EALLOW 出栈恢复原来值(对 C 中断函数而言,IRET 是 C 编译器自动执行的)。

2. VMAP(中断向量映射位)

位域变量 VMAP 是中断向量映射位,系统复位默认值为 1,表示将 CPU 中断向量表映射到 F2833x 片上程序存储器空间高端,地址范围为 0x3FFFC0～0x3FFFFF,即 CPU 的复位向量位于 0x3FFFC0。

VMAP 是可读写位,可用汇编"CLRC VMAP"指令将 VAMP 清 0,这时,CPU 中断向量表映射到 F28335 片上程序存储器空间的低端,地址范围为 0x000000～0x00003F,即 CPU 的复位向量位于 0x000000。VMAP 清 0 是为了兼容 C281x 的需要而设置的。对于 F2833x 而言,复位向量位于 0x3FFFC0,不必将 VMAP 清 0。

3. INTM(中断全局屏蔽位)

位域变量 INTM 是中断全局屏蔽位,系统复位默认值为 1,表示禁止 F28335 所有可屏蔽中断请求信号送到 CPU 内核,相当于可屏蔽中断总开关被断开。即使外设级、PIE 级、CPU 级的中断使能寄存器均被置 1,CPU 内核也不会响应中断请求。F2833x 的 C 头文件模板 DSP2833x_Device.h 中两条 INTM 置 1 和清 0 的 C 宏定义语句如下:

```
#define EINT asm ("clrc INTM");        //INTM 被清 0,中断总开关闭合
#define DINT asm ("setc INTM");        //INTM 被置 1,中断总开关断开
```

通常在 F2833x 主函数的初始化程序开始处,编写一条 DINT 宏语句,禁止所有可屏蔽中断,即用软件将 INTM 置 1,尽管上电复位后 INTM 被自动置 1。在初始化程序结束处,再编写一条 EINT 宏语句,开放所有可屏蔽中断。F28335 主函数的初始化程序模板有以下格式:

```
Viod main(void)
{DINT;                                 //中断总开关断开
 (初始化程序)
ENIT;                                  //中断总开关闭合
(主程序)
}
```

注意:

(1) 当 CPU 在实时仿真模式下被暂停(即 Halt),即使在 INTM=1 禁止所有可屏蔽中断情况下,由 IER 寄存器和 DBGIER 寄存器相同位域变量同时使能的中断请求仍然被 CPU 响应服务。

(2) 当 CPU 响应中断请求时,INTM 当前值(即 INTM=0 值)被压入堆栈保存(当 ST1 压栈保存时),然后 INTM 被自动置 1。当 CPU 中断返回时,出栈恢复 INTM 原来值,即 INTM 被自动清 0。

4. DBGM(调试使能屏蔽位)

位域变量 DBGM 是调试使能屏蔽位,系统复位默认值为 1,表示禁止仿真器(Emulator)实时访问存储器和寄存器内容,CCS 调试器(Debugger)不能更新观察窗口信息。在实时仿真模式下,如果 DBGM=1,CPU 忽略 Halt(暂停)请求及硬件断点,直到 DBGM 被清 0。位域变量 DBGM 不能阻止 CPU 在软件断点处暂停,这是实时仿真模式中常用的软件调试方法。

如果在实时仿真模式下用单步执行一条指令,并且这条指令对 DBGM 置 1,则 CPU 继续执行后续指令,直到 DBGM 被清 0。

如果用户执行 TI 调试器(即 CCS 仿真器)的实时调试命令,则进入实时仿真模式,DBGM 被强制清 0。只要 DBGM=0,就允许调试与测试直接存储器存取(Debug and Test Direct Memory Accesses,DT-DMAs),存储器单元和寄存器的值能更新调试窗口。

CPU 在执行中断服务程序(Interrupt Service Routine,ISR)之前,硬件自动将 DBGM 置 1,中止来自主机的请求,并忽略硬件断点。如果用户想单步执行指令或在非时序要求严格的 ISR 中设置断点,就必须在 ISR 开头添加一条 DBGM 清 0 指令:

```
asm ("CLRC DBGM");
```

DBGM 位主要用在实时仿真过程中,对一部分时序要求严格的程序代码阻止调试事件发生。

当 CPU 执行中断服务程序时,DBGM 的值被保护到堆栈中(随 ST1 寄存器压栈保护),然后 DBGM 被自动置 1。中断返回时,DBGM 恢复出栈值。

在 F28335 的 C 工程模板头文件 DSP2833x_Device.h 中,定义了两条分别对 DBGM 置 1 和清 0 的宏定义 C 语句,代码如下:

```
#define ERTM asm ("CLRC DBGM");
#define DRTM asm ("SETC DBGM");
```

例如,在 DSP 仿真器调试 F28335 的 SCI 通信时,为了实时观察到 SCI 串口的接收数据或发送数据,通常在调试程序的初始化程序中添加一条 ERTM 语句。

2.2.7　CPU 中断控制寄存器

CPU 中断控制寄存器包括中断使能寄存器(IER)、中断标志寄存器(IFR)、调试中断使能寄存器(DBGIER)。

IER 功能是使能(置 1)或屏蔽(清 0)CPU 级 16 个可屏蔽中断请求信号。

IFR 功能是对 CPU 级 16 个可屏蔽中断有效请求信号进行登记,某位为 1,表示有中断请求信号登记,某位为 0,表示无中断请求信号登记。

DBGIER 功能是当 CPU 处于实时仿真模式下被暂停时,由 DBGIER 对应位使能的可屏蔽中断请求是时间严格中断(time-critical interrupt)。时间严格中断是指在实时仿真模式下,当 CPU 被后台程序(background code)暂停时,CPU 能继续执行同时被 IER 使能的时间严格中断服务程序(也称为 foreground code,前台程序)。

IER、IFR、DBGIER 的 16 个位域变量定义格式完全相同,如图 2-5 所示。

15	14	13	12	11	10	9	8
RTOSINT	DLOGINT	INT14	INT13	INT12	INT11	INT10	INT9
R/W-0	R/W-0	R/W-0	R/W-0	R/W-0	R/W-0	R/W-0	R/W-0

7	6	5	4	3	2	1	0
INT8	INT7	INT6	INT5	INT4	INT3	INT2	INT1
R/W-0	R/W-0	R/W-0	R/W-0	R/W-0	R/W-0	R/W-0	R/W-0

图 2-5　IER、IFR、DBGIER 位域变量定义

IER 的 16 个位域变量对应 16 个 CPU 可屏蔽中断的使能位,为"1"对应可屏蔽中断被使能,为"0"对应可屏蔽中断被禁止,系统复位后,IER 所有位均被清 0,表示禁止所有 16 个可屏蔽中断的请求。软件可对 IER 的位域变量置 1 或清 0。

IFR 的 16 个位域变量反映 16 个 CPU 可屏蔽中断请求是否发生的状态,某位域变量为 1,则表示对应可屏蔽中断请求已发生,等待 CPU 响应和中断处理,为 0 表示对应可屏蔽中断请求没有发生。系统复位后,IFR 所有位均被清 0。软件可对 IFR 的位域变量置 1 或清 0。

DBGIER 的 16 个位域变量对应 16 个 CPU 可屏蔽中断服务程序的调试使能位,为 1 对应可屏蔽中断服务程序被调试使能,为 0 对应可屏蔽中断服务程序被调试禁止。系统复位时,DBGIER 所有位均被清 0,表示禁止所有 16 个时间严格中断服务程序的调试。软件可对 DBGIER 的位域变量置 1 或清 0。

对于 IER 而言,RTOSINT(Real-Time Operating System INTerrupt enable bit)表示实时操作系统中断使能位,对于 IFR 而言,RTOSINT(Real-Time Operating System INTerrupt flag bit)表示实时操作系统中断标志位,对于 DBGIER 而言,RTOSINT(Real-Time Operating System INTerrupt debug enable bit)表示实时操作系统中断调试使能位。

对于 IFR 而言,DLOGINT(Data LOG INTerrupt enable bit)表示数据记录中断使能位。对于 IFR 而言,DLOGINT(Data LOG INTerrupt flag bit)表示数据记录中断标志位。对于 DBGIER 而言,DLOGINT(Data LOG INTerrupt debug enable bit)表示数据记录中断调试使能位。

IER、DBGIER、INTM 三者之间的关系是:CPU 可屏蔽中断信号的使能在 IER、DBGIER、INTM 中选择两个使能位置 1 即可,具体要求取决于所使用的中断处理过程,如表 2-3 所示。对于标准中断处理过程,即大多数中断处理场合,不使用 DBGIER 来使能可屏蔽中断请求(即 DBGIER 被忽略),只要 INTM=0 并且 IER 某位被置 1,CPU 就能响应对应的可屏蔽中断请求并执行中断服务程序(Interrupt Service Routine,ISR)。当 CPU 处于实时仿真模式下,并且 CPU 被暂停运行,即处于一种特殊的中断处理场合,不需要 INTM 来使能全局中断请求(即 INTM 被忽略),只要 IER 某位=1 并且 DBGIER 相同位被置 1,CPU 就能继续执行对应的可屏蔽中断服务程序。

表 2-3 使能一个可屏蔽中断的基本要求

中断处理过程	中断使能条件
标准中断(停止模式)处理过程	INTM=0 且 IER 的对应位=1
实时模式且 CPU 被暂停	IER 的某位=1 且 DBGIER 的对应位=1

C28x 支持两种代码执行的调试模式,即停止模式(stop mode)和实时模式(real-time mode)。停止模式是大多数用户采用的调试方式,一旦 CPU 在断点停止运行,所有 CPU 中断请求均被禁止。实时模式允许 CPU 在其他代码处停止运行后,时间严格中断服务程序(即 DBGIER 使能的 CPU 中断请求)能被继续执行。实时模式提供一种与不可屏蔽中断交互的代码调试手段。

2.3 存储器结构

2.3.1 存储器映射图

F28335 的存储器空间分为片上存储器空间和片外扩展存储器空间,片外扩展存储器空间通过外部接口(XINTF)扩展,扩展外存储器和 I/O 外设寻址采用统一编址方式。片上存储器空间分为数据存储器空间和程序存储器空间。片上存储器包括 SRAM 存储器块、Flash 存储器块、OTP 存储器块。SRAM 块可配置成数据存储器或程序存储器,给用户代码存放到被配置为程序存储器空间的片上 SARAM 块进行调试带来很大便利。F28335 的存储器映射图如图 2-6 所示。

从图 2-6 中可以看出,片上 SRAM 存储器块共有 10 个,即 M0、M1、L0、L1、L2、L3、L4、L5、L6、L7,均可配置为数据储存器或程序存储器,但寻址空间是固定的,不可缩放。外设帧 0、外设帧 1、外设帧 2 和外设帧 3 只能映射为数据储存器。保护意味着"写操作后跟着读操作"的顺序被保护,而不是流水线顺序被保护。

特定内存区域受 EALLOW 写保护(一种写保护宏语句的软件可解锁和加锁)以防止配置之后的误写数据(即电磁干扰引起的误写操作)。0x380080~0x38008F 地址范围中包含 ADC 校准例程,不可由用户编程。如果 eCAN 模块未在应用中使用,eCAN 模块提供的 RAM(LAM、MOTS、MOTO 和邮箱 RAM)可被用作通用 RAM,但 eCAN 模块时钟应被启用。

片外扩展存储器空间是通过 F28335 的外部接口(XINTF)进行扩展。XINTF 引脚包括:F28335 的 20 根地址总线引脚(XA19~XA0)、32 根数据总线引脚(XD31~XD0)、3 根读写控制引脚($\overline{XRD}$、$\overline{XWE0}$、$\overline{XWE1}$/XA0);寻址区 0、寻址区 6、寻址区 7 的片选信号 $\overline{XZCS0}$、$\overline{XZCS6}$、$\overline{XZCS7}$;一根外设准备就绪引脚 XREADY 以及两根 DMA 控制引脚 $\overline{XHOLD}$(输入引脚)和 $\overline{XHLDA}$(输出引脚,带高阻态控制)。

2.3.2 片上通用存储器块

F28335 片上存储块 M0 的地址范围是 0x000040~0x0003FF(1K×16 位),M1 块的地址范围是 0x000400~0x0007FF(1K×16 位)。这两个存储块均为单周期(单存取)存取 RAM(Single Access RAM,SARAM)。M0、M1 作为通用 RAM,上电复位后,M0 自动被 C 编译器作为存放数据、变量的地址空间,而堆栈指针指向 M1 块的起始地址。因此,用 C 编译器编译时,链接器自动使用 M0 和 M1 块。

2.3.3 片上安全密码保护、双映射存储器块

L0~L3 存储块均为 4K×16 位的片上 SARAM 块,且受安全密码保护(即不输入密码 RAM 内容不可读取)。为了兼容 281x 系列的 DSP,F28335 的 L0~L3 的地址具有低 64K 地址空间(0x008000~0x00BFFF)和高 64K 地址空间(0x3F8000~0x3FBFFF)的双重映射地址,即 0X008000~0X3FBFFF 空间的 L0~L3 块内容与 0x3F8000~0x3FBFFF 空间的 L0~L3 块内容是完全一样的。例如,F2812 有 L0~L3 块,位于 0x008000~0x009FFF 的 L0 和 L1 块地址空间与 28355 的低 64K 的 L0 和 L1 块的地址空间完全重合。

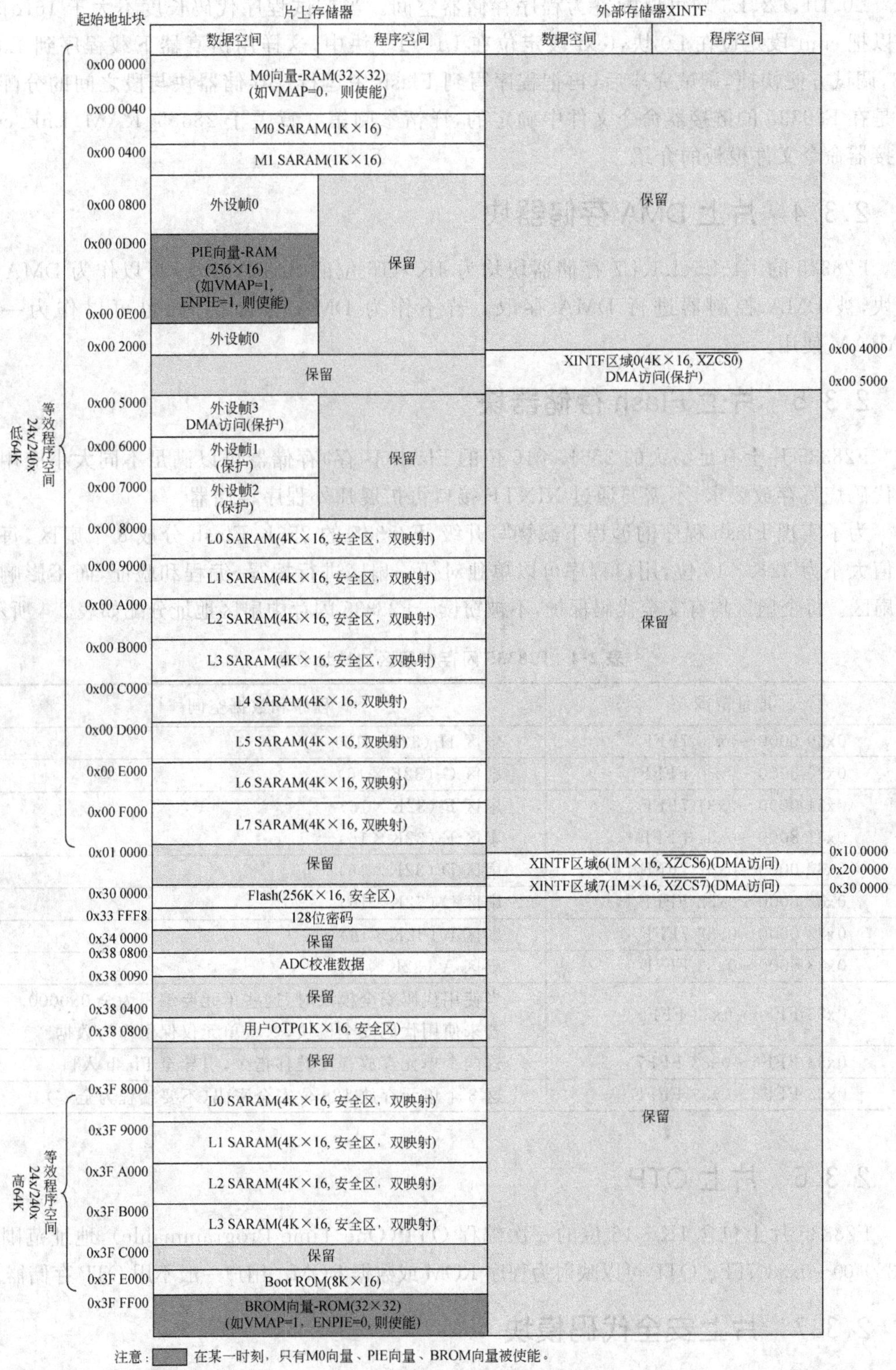
起始地址块
片上存储器
外部存储器XINTF
数据空间
程序空间
数据空间
程序空间
0x00 0000
M0向量-RAM(32×32)
(如VMAP=0，则使能)
0x00 0040
M0 SARAM(1K×16)
0x00 0400
M1 SARAM(1K×16)
0x00 0800
外设帧0
0x00 0D00
PIE向量-RAM
(256×16)
(如VMAP=1,
ENPIE=1, 则使能)
0x00 0E00
外设帧0
0x00 2000
保留
保留
保留
XINTF区域0(4K×16, XZCS0)
DMA访问(保护)
0x00 4000
0x00 5000
0x00 5000
外设帧3
DMA访问(保护)
0x00 6000
外设帧1
(保护)
0x00 7000
外设帧2
(保护)
保留
0x00 8000
L0 SARAM(4K×16, 安全区，双映射)
0x00 9000
L1 SARAM(4K×16, 安全区，双映射)
0x00 A000
L2 SARAM(4K×16, 安全区，双映射)
0x00 B000
L3 SARAM(4K×16, 安全区，双映射)
0x00 C000
L4 SARAM(4K×16, 双映射)
0x00 D000
L5 SARAM(4K×16, 双映射)
0x00 E000
L6 SARAM(4K×16, 双映射)
0x00 F000
L7 SARAM(4K×16, 双映射)
保留
等效程序空间
24x/240x
低64K
0x01 0000
保留
XINTF区域6(1M×16, XZCS6)(DMA访问)
XINTF区域7(1M×16, XZCS7)(DMA访问)
0x10 0000
0x20 0000
0x30 0000
0x30 0000
Flash(256K×16, 安全区)
0x33 FFF8
128位密码
0x34 0000
保留
0x38 0800
ADC校准数据
0x38 0090
保留
0x38 0400
0x38 0800
用户OTP(1K×16, 安全区)
保留
保留
0x3F 8000
L0 SARAM(4K×16, 安全区，双映射)
0x3F 9000
L1 SARAM(4K×16, 安全区，双映射)
0x3F A000
L2 SARAM(4K×16, 安全区，双映射)
0x3F B000
L3 SARAM(4K×16, 安全区，双映射)
0x3F C000
保留
0x3F E000
Boot ROM(8K×16)
0x3F FF00
BROM向量-ROM(32×32)
(如VMAP=1，ENPIE=0, 则使能)
等效程序空间
24x/240x
高64K
注意：
在某一时刻，只有M0向量、PIE向量、BROM向量被使能。

图 2-6 F28335 存储器映射图

　　L0、L1、L2、L3 均可以配置为程序存储器空间。当调试程序代码长度不大于 16K 时，可以把 cinit 段定位在 L0 块，text 段定位在 L1～L3 块中，这样用仿真器下载程序到 L0～L3，调试方便快捷，调试完毕后，再把程序写到 Flash 中运行。存储器块与段之间的分配关系是在 F28335 的链接器命令文件中确定的，详情参阅第 3 章关于 28355_RAM_Lnk.cmd 链接器命令文件模板的介绍。

2.3.4　片上 DMA 存储器块

　　F28335 的 L4、L5、L6、L7 存储器块均为 4K×16 位的 SARAM 块，可以作为 DMA 存取块，被 DMA 控制器进行 DMA 存取。若不作为 DMA 存储块时，也可以作为一般 SARAM 使用。

2.3.5　片上 Flash 存储器块

　　F28335 片上有足够大的 256K×16 位的 Flash(闪存)存储器可以满足不同大小应用程序代码烧写存放要求，不需要通过 XINTF 接口再扩展片外程序存储器。

　　为了实现 Flash 程序的远程下载烧写升级，F28335 的 256K Flash 分成 8 个扇区，每个扇值大小为 32K×16 位，用户程序可以单独对任一扇区进行擦写、编程和验证，而不影响其他扇区。每个扇区均有安全代码保护，不被窃读。F28335 闪存中扇区地址分配如表 2-4 所示。

表 2-4　F28335 闪存中扇区的地址分配

地址范围	程序和数据空间
0x30 0000～0x30 7FFF	扇区 H (32K×16)
0x30 8000～0x30 FFFF	扇区 G (32K×16)
0x31 0000～0x31 7FFF	扇区 F (32K×16)
0x31 8000～0x31 FFFF	扇区 E (32K×16)
0x32 0000～0x32 7FFF	扇区 D (32K×16)
0x32 8000～0x32 FFFF	扇区 C (32K×16)
0x33 0000～0x33 7FFF	扇区 B (32K×16)
0x33 8000～0x33 FF7F	扇区 A (32K×16)
0x33 FF80～0x33 FFF5	当使用代码安全模块时，这些单元要编程为全 0x0000。若未使用代码安全模块，这些单元仅保留作为数据
0x33 FFF6～0x33 FFF7	这两个单元存放程序转移指令，引导至 Flash 入口
0x33 FFF8～0x33 FFFF	这 8 个单元存放 128 位安全密码(不要编程为全零)

2.3.6　片上 OTP

　　F28335 片上包含 1K×16 位的一次编程 OTP(One Time Programmable)，地址范围为 0x380400～0x3807FF。OTP 可以映射为程序 ROM 或数据 ROM。用户一般不用 OTP 存储器。

2.3.7　片上安全代码模块

　　安全代码模块(Code Security Module，CSM)位于 DSP 的片上 Flash 的最后 8 个单元地址 0x33FFF8～0x3FFFF(8×16 位)。用户输入 128 位密码之后，DSP 片上的受安全代码

保护的区域(简称安全存储器)就无法通过DSP的JTAG接口进行读取查看,也不能复制未授权的DSP片上Flash、L0～L3、OTP等受代码模块保护的代码或数据,使用户编写的DSP代码受到知识产权保护。除非用户输入与CSM中存放的128位密码一致,才能使DSP仿真器通过JTAG接口访问DSP芯片的片上安全代码保护区域。

安全代码保护分两级,即安全与不安全,取决于程序计数器(PC)当前位于何处。若PC指针从片上安全存储器(即Flash、L0～L3、OTP之一)中运行代码,允许安全代码访问安全存储器中的数据,而通过JTAG(即仿真器)的访问被阻止;反之,若PC从片上非安全存储器中运行代码,则所有访问安全代码的操作均被禁止。可以动态跳入和跳出安全存储器,从而允许安全函数调用来自非安全存储器的运行代码。同样,中断服务程序可以放置在安全存储器,即使主程序循环从非安全存储器运行。

通过执行密码匹配流程(Password Match Flow,PMF),可解除DSP器件的安全等级。F28335的安全等级如表2-5所示。

表 2-5　F28335 安全等级模式

是否以正确密码执行PMF	执行模式	程序访问位置	安全描述
不是(密码不匹配)	安全	安全存储器以外	仅允许对安全存储器读取
不是(密码不匹配)	安全	安全存储器以内	CPU有完全访问权,JTAG不能读取安全存储器的数据
是(密码匹配)	不安全	安全存储器内外均可	允许CPU和JTAG访问安全存储器

当DSP的片上Flash被擦除时,安全代码模块的128位密码(password)都擦为1,则28335为不安全模式。如果128位密码全为0,则器件是安全的,忽略密钥寄存器(key registers)的内容。如果上电复位后,密码是全0,则用户无法执行PMF(密码匹配流程)解锁器件,也限制用户再次调试安全代码或重新烧写Flash。

因此,安全密码不能写全0或写未知值,否则该芯片永远被锁住不能读取,除非把嵌入在Flash或OTP中的Flash擦除程序复制到片上安全SARAM中执行才能解锁。

2.3.8　片上Boot ROM

Boot ROM由芯片厂家烧写的包含引导程序的ROM存储器块大小为8K×16位。上电复位后,F28335的4个GPIO引脚信号(GPIO84、GPIO85、GPIO86、GPIO87)电平被引导程序检测,决定执行哪一种引导方式。这4个GPIO引脚在上电复位时,若悬空不接,则内部上拉为高电平,默认为跳转到Flash模式。

对于F28335实验板,可将GPIO84～GPIO87引脚通过一个DIP8封装的4位拨码开关与信号地连接,如图2-7所示。4位拨码开关可设置16种电平组合,对应F28335的16种引导方式,16种电平组合与16种引导方式对应关系如表2-6所示。在设计F28335应用板时,大多数用户采用应用程序烧写到Flash运行方式,所以,GPIO84～GPIO87引脚就不需要外接4位拨码开关,直接悬空不用即可。

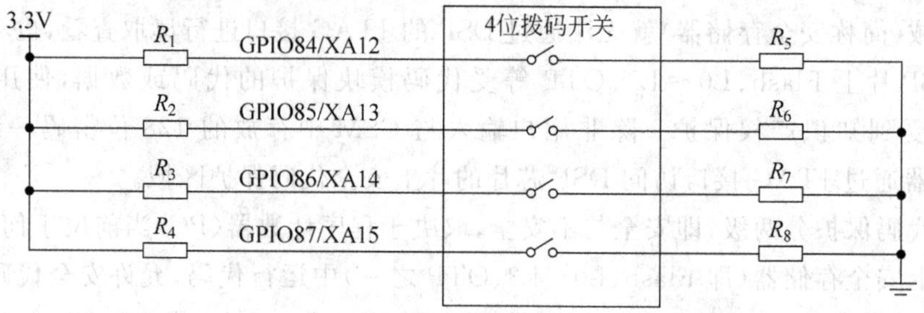

图 2-7 F28335 的 4 个 GPIO 引脚的 4 位拨码开关电路

表 2-6 16 种电平组合与 16 种引导方式对应关系表

引导方式	引导方式描述	上电时 GPIO84～GPIO87 的电平状态			
		GPIO87	GPIO86	GPIO85	GPIO84
F	跳转到 Flash[2]	1	1	1	1
E	SCI-A 引导	1	1	1	0
D	SPI-A 引导	1	1	0	1
C	I2C-A 引导	1	1	0	0
B	eCAN-A 引导	1	0	1	1
A	McBSP-A 引导	1	0	1	0
9	跳转到 XINTF×16 位	1	0	0	1
8	跳转到 XINTF×32 位	1	0	0	0
7	跳转到 OTP	0	1	1	1
6	并行 GPIOI/O 引导	0	1	1	0
5	并行 XINTF 引导	0	1	0	1
4	跳转到 SARAM[3]	0	1	0	0
3	连续选择引导模式	0	0	1	1
2	连续选择 Flash,跳过 ADC 校准[1]	0	0	1	0
1	连续选择 SARAM,跳过 ADC 校准[1]	0	0	0	1
0	连续选择 SCI,跳过 ADC 校准[1]	0	0	0	0

注:(1) 引导方式 0、1、2 仅用于 TI 公司的芯片测试 ADC 校准用,用户不可用。

(2) 跳转到 Flash 引导方式是大多数用户调试好程序烧写到 Flash 后上电复位跳转的方式,直接跳转到片上 256K Flash 空间(0x300000～0x33FFF7)的最后两个单元的首地址 0x33FFF6。这种引导方式不调用引导装载程序。用户要在 0x33FFF6 编写一个跳转指令,跳转到应用程序 Flash 存放入口。

(3) 跳转到片上 SARAM 引导方式是仿真器选择的方式,在调试阶段,仿真器忽略 GPIO84～GPIO87 配置的引导方式电平,直接采用"跳转到 SARAM 引导方式"跳转到 M0 块的首地址 0x000000。工程文件中的链接器命令文件规定调试代码定位在片上 SARAM 的绝对物理地址,用户可参考 TI 的链接命令器文件模板 28355_RAM_lnk.cmd(具体清单参阅第 3 章)。

E、D、C、B、A、6、5 这 7 种引导方式,需要调用 Boot ROM 中的引导装载程序(Boot Loader),从外设接口把代码数据流装载到 F28335 片上 SARAM 中并自动运行。

2.4　片上外设帧

F28335 的片上外设寄存器均为片上存储器映射寄存器,定位于片上数据存储器空间 0x000800～0x007FFF,共分为 4 个区域,分别称为外设帧 0、外设帧 1、外设帧 2、外设帧 3。外设帧 0 支持 16 位宽度和 32 位宽度数据总线访问,直接映射到 CPU 总线,外设帧 0 寄存器组基本特性如表 2-7 所示。

表 2-7　外设帧 0 基本特性[1]

寄存器名	地址范围	大小（×16）	访问类型[2]
器件仿真寄存器组	0x000880～0x0009FF	384	EALLOW 写保护
Flash 寄存器组[3]	0x000A80～0x000ADF	96	EALLOW 写保护
代码安全模块寄存器组	0x000AE0～0x000AEF	16	EALLOW 写保护
ADC 寄存器组（双映射）	0x000B00～0x000B0F	16	非 EALLOW 写保护
XINTF 寄存器组	0x000B20～0x000B3F	32	EALLOW 写保护
CPU 定时器 0/1/2 寄存器组	0x000B20～0x000B3F	64	非 EALLOW 写保护
PIE 寄存器组	0x000CE0～0x000CFF	32	非 EALLOW 写保护
PIE 向量表	0x000D00～0x000DEF	256	EALLOW 写保护
DMA 寄存器组	0x001000～0x0011FF	512	EALLOW 写保护

注：（1）外设帧 0 寄存器支持 16 位和 32 位存取。

（2）若寄存器是 EALLOW 写保护的寄存器，则在执行 EALLOW 指令之后才能对 EALLOW 写保护寄存器进行写操作。EDIS 指令是 EALLOW 指令的逆操作，不允许对 EALLOW 写保护寄存器进行写操作。

（3）Flash 寄存器还受代码安全模块（CSM）保护。

外设帧 1、外设帧 2、外设帧 3 是片上外设模块寄存器组在片上数据存储器的映射地址空间。片上外设模块包括系统控制模块、eCAN 模块、ePWM 模块、eCAP 模块、eQEP 模块、GPIO 模块、复位控制模块、SPI-A 模块、SCI-A/B/C 模块、外部中断模块、ADC 模块、I2C 模块、McBSP 模块等。有些外设模块寄存器是 EALLOW 写保护寄存器，有些不是。

外设帧 1 映射到 32 位外设总线，外设帧 1 的基本特性如表 2-8 所示。外设帧 2 映射到16 位外设总线，外设帧 2 的基本特性如表 2-9 所示。外设帧 3 映射到片上数据存储器空间，外设帧 3 的基本特性如表 2-10 所示。

表 2-8　外设帧 1 的基本特性

名称	地址范围	大小（×16）	访问类型*
eCANA 模块寄存器组	0x6000～0x60FF	256	某些 eCAN 控制寄存器（以及其他 eCAN 控制寄存器中被选择的位）是 EALLOW 写保护的，eCAN 控制寄存器要求 32 位数据总线访问
eCANA 模块邮箱 RAM	0x6100～0x61FF	256	非 EALLOW 写保护
eCANB 模块寄存器组	0x6200～0x62FF	256	某些 eCAN 控制寄存器（以及其他 eCAN 控制寄存器中被选择的位）是 EALLOW 写保护的，eCAN 控制寄存器要求 32 位数据总线访问
eCANB 模块邮箱 RAM	0x6300～0x63FF	256	非 EALLOW 写保护
ePWM1 模块寄存器组	0x6800～0x683F	64	某些 ePWM 寄存器是 EALLOW 写保护寄存器
ePWM2 模块寄存器组	0x6840～0x687F	64	
ePWM3 模块寄存器组	0x6880～0x68BF	64	
ePWM4 模块寄存器组	0x68C0～0x68FF	64	
ePWM5 模块寄存器组	0x6900～0x693F	64	
ePWM6 模块寄存器组	0x6940～0x697F	64	

续表

名称	地址范围	大小（×16）	访问类型*
eCAP1 模块寄存器组	0x6A00～0x6A1F	32	非 EALLOW 写保护
eCAP2 模块寄存器组	0x6A20～0x6A3F	32	
eCAP3 模块寄存器组	0x6A40～0x6A5F	32	
eCAP4 模块寄存器组	0x6A60～0x6A7F	32	
eCAP5 模块寄存器组	0x6A80～0x6A9F	32	
eCAP6 模块寄存器组	0x6AA0～0x6ABF	32	
eQEP1 模块寄存器组	0x6B00～0x6B3F	64	非 EALLOW 写保护
eQEP2 模块寄存器组	0x6B40～0x6B7F	64	
GPIO 模块控制寄存器组	0x6F80～6FBF	128	EALLOW 写保护
GPIO 模块数据寄存器组	0x6FC0～0x6FDF	32	非 EALLOW 写保护
GPIO 模块中断和低功耗模式选择寄存器组	0x6FE0～0x6FFF	32	EALLOW 写保护

注：* 外设帧 1 寄存器允许 16 位和 32 位访问。所有 32 位访问与偶地址边界对齐。

表 2-9　外设帧 2 的基本特性

名　　称	地址范围	大小（×16）	访问类型*
系统控制寄存器组	0x7010～0x702F	32	EALLOW 写保护
SPI-A 模块寄存器组	0x7040～0x704F	16	非 EALLOW 写保护
SCI-A 模块寄存器组	0x7050～0x705F	16	非 EALLOW 写保护
外部中断寄存器组	0x7070～0x707F	32	非 EALLOW 写保护
ADC 模块寄存器组	0x7100～0x711F	32	非 EALLOW 写保护
SCI-B 模块寄存器组	0x7750～0x775F	16	非 EALLOW 写保护
SCI-C 模块寄存器组	0x7770～0x777F	16	非 EALLOW 写保护
I2C-A 模块寄存器组	0x7900～0x793F	64	非 EALLOW 写保护

表 2-10　外设帧 3 的基本特性

名　　称	地址范围	大小（×16）	访问类型
McBSP～A Registers	0x5000～0x503F	64	非 EALLOW 写保护
McBSP～B Registers	0x5040～0x507F	64	非 EALLOW 写保护
EPWM1＋HRPWM1 (DMA)*	0x5800～0x583F	64	某些寄存器是 EALLOW 写保护的寄存器
EPWM2＋HRPWM2 (DMA)	0x5840～0x587F	64	
EPWM3＋HRPWM3 (DMA)	0x5880～0x58BF	64	
EPWM4＋HRPWM4 (DMA)	0x58C0～0x58FF	64	
EPWM5＋HRPWM5 (DMA)	0x5900～0x593F	64	
EPWM6＋HRPWM6 (DMA)	0x5940～0x597F	64	

注：* ePWM/HRPWM 模块能被重新映射到外设帧 3，以便能被 DMA 模块存取。为了达到这个目的，MAPCNF 寄存器（映射配置寄存器）的 MAPEPWM 位必须被置 1（上电复位默认状态），MAPCNF 寄存器是 EALLOW 写保护寄存器。当 MAPEPWM 位被软件清 0 时，ePWM/HRPWM 模块被重新映射到外设帧 1。

2.4.1　写保护寄存器的访问特性

外设帧中某些寄存器是 EALLOW 写保护寄存器（EALLOW-protected registers），这些写保护寄存器包括器件仿真寄存器、Flash 寄存器、代码安全模块寄存器、PIE 向量表、系统控制寄存器、GPIO 复用寄存器以及一些 eCAN 寄存器和外部接口寄存器。EALLOW 写保护寄存器是指只允许读、不允许写的片上外设寄存器。在状态寄存器 1(ST1)的位域变量 EALLOW(ST1. EALLOW)指示 EALLOW 状态值,如表 2-11 所示。

表 2-11　EALLOW 写保护寄存器的访问特性

EALLOW	CPU 写	CPU 读	JTAG 写	JTAG 读
0	忽略	允许	允许	允许
1	允许	允许	允许	允许

系统复位后,EALLOW 被清 0,使能 EALLOW 写保护功能。在写保护下,CPU 对写保护寄存器的所有写操作均被忽略,只有 CPU 读、JTAG 读、JTAG 写被允许。仅当执行 EALLOW 宏语句将 EALLOW 置 1 时,才允许 CPU 对写保护寄存器进行写操作。写操作后,应执行 EDIS 宏语句将 EALLOW 清 0,再禁止写保护寄存器的写操作,防止电磁干扰等对写保护寄存器误写。

2.4.2　器件仿真寄存器

器件仿真寄存器(EALLOW 写保护)包括器件配置和块保护相关的寄存器,均为 EALLOW 写保护寄存器,映射地址如表 2-12 所示。

表 2-12　器件仿真寄存器(EALLOW 写保护)

名　　称	地　　址	大小(×16)	描　　述
DEVICECNF	0x0880～0x0881	2	器件配置寄存器
PROTSTART	0x0884	1	块保护起始地址寄存器
PROTRANGE	0x0885	1	块保护地址范围寄存器

2.4.3　Flash/OTP 配置寄存器

Flash/OTP 配置寄存器(EALLOW 写保护)包括 Flash 电源模式寄存器、Flash 低功耗模式寄存器、Flash 状态与控制寄存器、Flash/OTP 读访问等待状态寄存器等,均为 EALLOW 写保护寄存器,映射地址如表 2-13 所示。

表 2-13　Flash/OTP 配置寄存器(EALLOW 写保护)

名　　称	地　　址	大小(×16)	描　　述
FOPT	0x0A80	1	Flash 选项寄存器
FPWR	0x0A82	1	Flash 电源模式寄存器
PROTRANGE	0x0885	1	块保护范围地址寄存器
FSTATUS	0x0A83	1	状态寄存器
FSTDBYWAIT	0x0A84	1	Flash 休眠到备用等待状态寄存器
FACTIVEWAIT	0x0A85	1	Flash 备用到激活等待状态寄存器
FBANKWAIT	0x0A86	1	Flash 读访问等待状态寄存器
FOTPWAIT	0x0A87	1	OTP 读访问等待状态寄存器

2.4.4 代码安全模块寄存器

代码安全模块(CSM)寄存器(EALLOW 写保护)包括 8×16 位密钥寄存器(KEY0～KEY7)和 CSM 状态与控制寄存器(CSMSCR),均为 EALLOW 写保护寄存器,映射地址如表 2-14 所示。

表 2-14　代码安全模块寄存器(EALLOW 写保护)

名　称	地　址	大小(×16)	描　述
KEY0	0x0AE0	1	128 位密钥寄存器最低字
KEY1	0x0AE1	1	128 位密钥寄存器第 2 字
KEY2	0x0AE2	1	128 位密钥寄存器第 3 字
KEY3	0x0AE3	1	128 位密钥寄存器第 4 字
KEY4	0x0AE4	1	128 位密钥寄存器第 5 字
KEY5	0x0AE5	1	128 位密钥寄存器第 6 字
KEY6	0x0AE6	1	128 位密钥寄存器第 7 字
KEY7	0x0AE7	1	128 位密钥寄存器最高字
CSMSCR	0x0AEF	1	CSM 状态与控制寄存器

2.4.5 PIE 向量表

PIE 向量表(EALLOW 写保护)位于外设帧 0 中,受 EALLOW 写保护,映射地址如表 2-15 所示。

表 2-15　PIE 向量表(EALLOW 写保护)

名　称	地　址	大小(×16)	描　述
未使用	0x0D00～0x0D18	26	保留
INT13	0x0D1A	2	外部中断 13 (XINT13)或 CPU-Timer 1(用于 RTOS)
INT14	0x0D1C	2	CPU-Timer 2 (用于 RTOS)
DATALOG	0x0D1D	2	CPU 日志数据记录中断
RTOSINT	0x0D20	2	CPU 实时 OS 中断
EMUINT	0x0D22	2	CPU 仿真中断
NMI	0x0D24	2	外部非屏蔽中断
ILLEGAL	0x0D26	2	非法操作
USER1	0x0D28	2	用户定义的陷阱
USER12	0x0D3E	2	用户定义的陷阱
INT1.1	0x0D40	2	PIE 组 1 第 1 个中断向量
INT1.2	0x0D42	2	PIE 组 1 第 2 个中断向量
INT1.3	0x0D44	2	PIE 组 1 第 3 个中断向量
INT1.4	0x0D46	2	PIE 组 1 第 4 个中断向量
INT1.5	0x0D48	2	PIE 组 1 第 5 个中断向量
INT1.6	0x0D4A	2	PIE 组 1 第 6 个中断向量
INT1.7	0x0D4C	2	PIE 组 1 第 7 个中断向量

续表

名　称	地　址	大小(×16)	描　述
INT1.8	0x0D4E	2	PIE 组 1 第 8 个中断向量
⋮	⋮	⋮	PIE 组 2 至 PIE 组 11 的 8 个中断向量
INT12.1	0x0DF0	2	PIE 组 12 的第 1 个中断向量
INT12.2	0x0DF2	2	PIE 组 12 的第 2 个中断向量
INT12.3	0x0DF4	2	PIE 组 12 的第 3 个中断向量
INT12.4	0x0DF6	2	PIE 组 12 的第 4 个中断向量
INT12.5	0x0DF8	2	PIE 组 12 的第 5 个中断向量
INT12.6	0x0DFA	2	PIE 组 12 的第 6 个中断向量
INT12.7	0x0DFC	2	PIE 组 12 的第 7 个中断向量
INT12.8	0x0DFE	2	PIE 组 12 的第 8 个中断向量

2.4.6　系统控制寄存器

系统控制寄存器(EALLOW 写保护)包括:锁相环状态与控制寄存器;高/低速外设时钟预定标寄存器、外设时钟控制寄存器 0/1/3;低功耗模式控制寄存器 0;系统控制和状态寄存器;看门狗计数器寄存器;看门狗复位密钥寄存器;看门狗控制寄存器,均为 EALLOW 写保护寄存器,映射地址如表 2-16 所示。

表 2-16　系统控制寄存器(EALLOW 写保护)

名　称	地　址	大小(×16)	描　述
PLLSTS	0x7011	1	锁相环状态寄存器
HISPCP	0x701A	1	高速外设时钟(HSPCLK)预定标寄存器
LOSPCP	0x701B	1	低速外设时钟(LOSCLK)预定标寄存器
PCLKCR0	0x701C	1	外设时钟控制寄存器 0
PCLKCR1	0x701D	1	外设时钟控制寄存器 1
LPMCR0	0x701E	1	低功耗模式控制寄存器 0
PCLKCR3	0x7020	1	外设时钟控制寄存器 3
PLLCR	0x7021	1	锁相环控制寄存器
SCSR	0x7022	1	系统控制和状态寄存器
WDCNTR	0x7023	1	看门狗计数器寄存器
WDKEY	0x7025	1	看门狗复位密钥寄存器
WDCR	0x7029	1	看门狗控制寄存器

2.4.7　GPIO 复用寄存器

GPIO 复用寄存器(EALLOW 写保护)包括 GPIOA/B/C 控制寄存器、GPIOA/B 资格选择寄存器、GPIOA/B/C 复用寄存器、GPIOA/B/C 方向寄存器、GPIOA/B/C 上拉禁止寄存器、XINT1/2/3/4/5/6/7 复用 GPIO 输入引脚选择寄存器、低功耗模式唤醒信号复用 GPIO 输入引脚选择寄存器,均为 EALLOW 写保护寄存器,映射地址如表 2-17 所示。

表 2-17 GPIO 复用寄存器

名　　称	地址	大小(×16)	描　　述
GPACTRL	0x6F80	2	GPIO A 控制寄存器(GPIO0～GPIO31)
GPAQSEL1	0x6F82	2	GPIO A 资格选择寄存器 1 (GPIO0～GPIO15)
GPAQSEL2	0x6F84	2	GPIO A 资格选择寄存器 2 (GPIO16～GPIO31)
GPAMUX1	0x6F86	2	GPIO A 复用寄存器 1 (GPIO0～GPIO15)
GPAMUX2	0x6F88	2	GPIO A 复用寄存器 2 (GPIO16～GPIO31)
GPADIR	0x6F8A	2	GPIO A 方向寄存器(GPIO0～GPIO31)
GPAPUD	0x6F8C	2	GPIO A 上拉禁止寄存器(GPIO0～GPIO31)
GPBCTRL	0x6F90	2	GPIO B 控制寄存器(GPIO32～GPIO63)
GPBQSEL1	0x6F92	2	GPIO B 资格选择寄存器 1 (GPIO32～GPIO47)
GPBQSEL2	0x6F94	2	GPIO B 资格选择寄存器 2 (GPIO48～GPIO63)
GPBMUX1	0x6F96	2	GPIO B 复用寄存器 1 (GPIO32～GPIO47)
GPBMUX2	0x6F98	2	GPIO B 复用寄存器 2 (GPIO48～GPIO63)
GPBDIR	0x6F9A	2	GPIO B 方向寄存器(GPIO32～GPIO63)
GPBPUD	0x6F9C	2	GPIO B 上拉禁止寄存器(GPIO32～GPIO63)
GPCMUX1	0x6FA6	2	GPIO C 复用寄存器 1 (GPIO64～GPIO79)
GPCMUX2	0x6FA8	2	GPIO C 复用寄存器 2 (GPIO80～GPIO87)
GPCDIR	0x6FAA	2	GPIO C 方向寄存器(GPIO64～GPIO87)
GPCPUD	0x6FAC	2	GPIO C 上拉禁止寄存器(GPIO64～GPIO87)
GPIOXINT1SEL	0x6FE0	1	XINT1 复用 GPIO 输入引脚选择寄存器(GPIO0～GPIO31)
GPIOXINT2SEL	0x6FE1	1	XINT2 复用 GPIO 输入引脚选择寄存器(GPIO0～GPIO31)
GPIOXNMISEL	0x6FE2	1	XNMI 复用 GPIO 输入引脚选择寄存器(GPIO0～GPIO31)
GPIOXINT3SEL	0x6FE3	1	XINT3 复用 GPIO 输入引脚选择寄存器(GPIO32～GPIO63)
GPIOXINT4SEL	0x6FE4	1	XINT4 复用 GPIO 输入引脚选择寄存器(GPIO32～GPIO63)
GPIOXINT5SEL	0x6FE5	1	XINT5 复用 GPIO 输入引脚选择寄存器(GPIO32～GPIO63)
GPIOXINT6SEL	0x6FE6	1	XINT6 复用 GPIO 输入引脚选择寄存器(GPIO32～GPIO63)
GPIOXINT7SEL	0x6FE7	1	XINT7 复用 GPIO 输入引脚选择寄存器(GPIO32～GPIO63)
GPIOLPMSEL	0x6FE8	2	低功耗模式唤醒信号复用 GPIO 输入引脚选择寄存器(GPIO0～GPIO31)

2.4.8 eCAN 寄存器

eCAN 寄存器(EALLOW 写保护)包括主控寄存器、位定时配置寄存器、全局中断屏蔽寄存器、邮箱中断屏蔽寄存器、时间戳计数器、CANTXA/CANRXA 引脚 I/ /O 控制寄存器,这些 eCAN 寄存器除邮箱中断屏蔽寄存器受 EALLOW 写保护外,其他 eCAN 寄存器只有某些位是受 EALLOW 写保护,映射地址如表 2-18 所示。

表 2-18 eCAN 寄存器

名　　称	eCAN-A	eCAN-B	大小(×16)	描　　述
CANMC	0x6014	0x6214	2	主控寄存器[1]
CANBTC	0x6016	0x6216	2	位定时配置寄存器[2]
CANGIM	0x6020	0x6220	2	全局中断屏蔽寄存器[3]
CANMIM	0x6024	0x6224	2	邮箱中断屏蔽寄存器
CANTSC	0x602E	0x622E	2	时间戳计数器

续表

名　称	eCAN-A	eCAN-B	大小（×16）	描　述
CANTIOC	0x602A	0x622A	1	CANTXA 引脚 I//O 控制寄存器[4]
CANRIOC	0x602C	0x622C	1	CANRXA 引脚 I//O 控制寄存器[5]

注：(1) 只有 CANMC 的位[15～9]和位[7～6]被保护。
(2) 只有 BCR 的位[23～16]和位[10～0]被保护。
(3) 只有 CANGIM 的位[14～8]和位[2～0]被保护。
(4) 只有 IOCONT1 的位[3]被保护。
(5) 只有 IOCONT2 的位[3]被保护。

2.4.9 ePWM1～ePWM6 寄存器

ePWM1～ePWM6 寄存器（EALLOW 写保护）包括故障区选择寄存器 TZSEL、故障区控制寄存器 TZCTL、故障区使能寄存器 TZEINT、故障区清零寄存器 TZCLR、故障区强制寄存器 TZFRC、高分辨率 PWM（HRPWM）配置寄存器 HRCNFG，这些寄存器均为 EALLOW 写保护寄存器，映射地址如表 2-19 所示。

表 2-19　ePWM1～ePWM6 寄存器

	TZSEL	TZCTL	TZEINT	TZCLR	TZFRC	HRCNFG	Size×16
ePWM1	0x6812	0x6814	0x6815	0x6817	0x6818	0x6820	1
ePWM2	0x6852	0x6854	0x6855	0x6857	0x6858	0x6860	1
ePWM3	0x6892	0x6894	0x6895	0x6897	0x6898	0x68A0	1
ePWM4	0x68D2	0x68D4	0x68D5	0x68D7	0x68D8	0x68E0	1
ePWM5	0x6912	0x6914	0x6915	0x6917	0x6918	0x6920	1
ePWM6	0x6952	0x6954	0x6955	0x6957	0x6958	0x6960	1

2.4.10 XINTF 寄存器

XINTF（外部接口）寄存器（EALLOW 写保护）包括寻址区 0/6/7 时序寄存器（XTIMING0/6/7）、XINTF 配置寄存器、XINTF 跨区控制寄存器、XINTF 版本修订寄存器、XINTF 复位寄存器，均为 EALLOW 写保护寄存器，映射地址如表 2-20 所示。

表 2-20　XINTF 寄存器

名　称	地　址	大小（×16）	描　述
XTIMING0	0x0000～0B20	2	XINTF 寻址区 0 时序寄存器 0
XTIMING6	0x0000～0B2C	2	XINTF 寻址区 6 时序寄存器 6
XTIMING7	0x0000～0B2E	2	XINTF 寻址区 7 时序寄存器 7
XINTCNF2	0x0000～0B34	2	XINTF 配置寄存器
XBANK	0x0000～0B38	1	XINTF 跨区控制寄存器
XREVISION	0x0000～0B3A	1	XINTF 版本修订寄存器
XRESET	0x0000～0B3D	1	XINTF 复位寄存器

注：(1) 所有 XINTF 寄存器都是 EALLOW 写保护寄存器。
(2) XTIMING1～XTIMING5 未用，保留为将来扩展用。
(3) XINTCNF1 保留未用。

2.5　外部接口 XINTF

F28335 的外部接口（XINTF）是一个外存储器和 I/O 设备统一编址总线扩展接口，除具备外设扩展接口所需的 20 位地址总线信号（AB）、32 位数据总线（DB）信号和控制总线

(CB)信号外,还具有寻址区域0/6/7可编程时序寄存器(XTIMINGx,x=0,6,7),包括总线时序配置信号、片选信号、DMA控制信号。可通过XTIMINGx配置等待时钟周期数,与慢速外设存取时序匹配,实现DSP与外存储器或I/O设备的无缝连接。XINTF提供两种配置等待时钟周期数的方式,一种是利用时序寄存器(XTIMINGx,x=0,6,7)可编程配置有限个等待时钟周期数,实现延时,使XINTF的存取时序不大于慢速存储器和慢速外设的存取时序;另一种是XINTF通过输入慢速外设提供的XREADY(外设数据准备好)握手信号,实现时序寄存器无法配置的更大范围的延时。XINTF是一个增强型外部接口,其结构如图2-8所示。

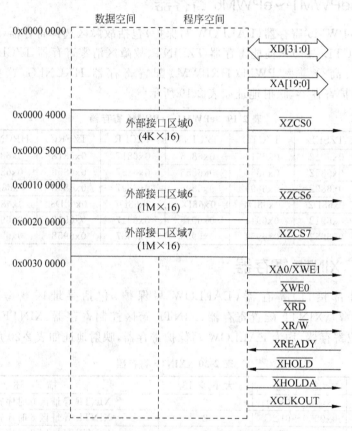

图2-8 外部接口(XINTF)框图

XINTF外部接口寻址区域分别是区0、区6和区7,对应3个片选信号分别为$\overline{XZCS0}$、$\overline{XZCS6}$、$\overline{XZCS7}$。这3个寻址区域分别配置3个时序寄存器,即XTIMING0、XTIMING6和XTIMING7,用于对每个寻址区域读写信号进行时序配置。$\overline{XZCS0}$寻址空间为4K。$\overline{XZCS6}$和$\overline{XZCS7}$寻址空间均为1M。XINTF外部接口相关引脚与GPIO引脚多路复用。上电复位时,XINTF引脚映射为GPIO引脚,需要扩展外存储口或I/O外设时,通过初始化GPIOMUX寄存器,将相关GPIO引脚配置为XINTF相关引脚。这样就能最大限度地提高GPIO引脚的利用率。XINTF外部接口支持DMA存取的控制信号线$\overline{XHOLD}$(输入引脚)和$\overline{XHLDA}$(输出引脚,带高阻态控制)。

说明：

(1) 每个空间都可被编程为不同的等待状态，这使得许多外部存储器和外围设备可以实现无缝逻辑(glueless)连接。当执行一个特定区域的存取时，该区域的传送信号$\overline{\text{XZCS}}$触发有效。

(2) 区域1~区域5保留为今后扩展用。

(3) 区域0、区域6和区域7是F28335可用的。当PCLKCR3中使能时钟XINTF时，区域0、区域6和区域7的时钟均被使能。

2.5.1　外部接口XINTF时序

XINTF的3个外部寻址区域(Zone0/6/7)直接访问外存储器和I/O外设。XINTF区域的读写访问时序可分为3个时段，即引导时段(Lead)、激活时段(Active)及保持时段(Trail)。每个区域的时序寄存器XTIMINGx($x=0,6,7$)中有3个时段的位域变量，用来配置该区域读写访问时序3个时段的XTIMCLK(外部接口时钟源频率)等待周期数，以便与低速外部设备时序匹配连接。每个区域的读写访问时序的3个时段可独立配置。此外，可通过将XTIMINGx($x=0,6,7$)的位域变量X2TIMING置1(上电默认为0)，将XTIMINGx的引导时间、激活时间、保持时间所设置的等待周期数延长1倍。

XINTF访问不同寻址区域时，通过XBANK(外部接口阵列寄存器)设置跨区域XTIMCLK等待周期数，让XINTF扩展的慢速外设有足够时间释放总线。

XTIMCLK为XINTF的时钟源频率，由XINTF内部时钟源电路产生，其电路框图如图2-9所示。XTIMCLK可编程配置为1或1/2个SYSCLKOUT频率。CLKOUT是XINTF内部时钟电路源输出频率，可配成1或1/2个XTIMCLK频率。

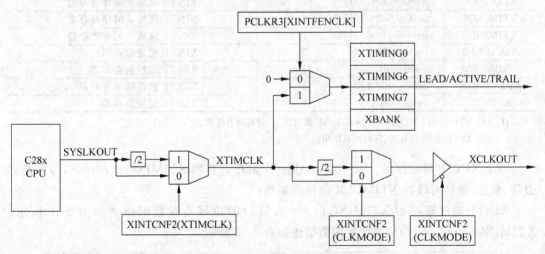

图2-9　XINTF时钟源电路框图

XINTF读写访问时序第1时段，即引导时段(即lead时段)，所要访问区域的片选信号$\overline{\text{XZCS0}}/\overline{\text{XZCS6}}/\overline{\text{XZCS7}}$被拉低，相应存储单元的地址被发送到地址总线XA上。引导时间可通过本区域时序寄存器XTIMINGx($x=0,6,7$)配置为XTIMCLK等待周期数。默认情况下，读写访问都使用最大的引导时间，即6个XTIMCLK周期。

XINTF访问时序的第2时段，即激活时段(即active时段)，完成外部设备的读写访问，如果是读访问,则读选通信号$\overline{XRD}$被拉低,数据被锁存到 DSP 中;如果是写访问,则写选通信号$\overline{XWE0}$被拉低,数据被发送到数据总线 XD 上。若该区域使用外设 XREADY(外设数据准备好)信号,则外设通过控制 XREADY 信号可延长激活时间,此时激活时间可超过设定值;如果未使用 XREADY 信号,总激活时间所包含的 XTIMCLK 等待周期数为相应时序寄存器 XTIMINGx($x=0,6,7$)中的设定值加 1。默认情况下,读写访问的激活时间为 14 个 XTIMCLK 周期。

XINTF 访问时序的第 3 时段,即保持时段(即 trail 时段),寻址区域的片选信号仍保持低电平,但读写选通信号重新变成高电平。保持时间通过本区域时序寄存器 XTIMINGx($x=0$、$6,7$)设定。默认情况下,读写存取都将使用最大的保持时间,即 6 个 XTIMCLK 周期。

根据系统要求,寻址区域 x($x=0,6,7$)的引导时段、激活时段及保持时段的等待周期数可通过时序寄存器 XTIMINGx($x=0,6,7$)设定,实现与 XINTF 所接的外设读写访问时序相匹配。因此,外部接口 XINTF 是一个可编程的无缝外部接口。在选择时序参数时要考虑以下 4 点。

(1) 最小等待时间要求。

(2) XINTF 的时序特点,参考外设数据手册。

(3) 外部设备的时序要求。

(4) F2833x 与外部设备之间的延时。

XINTF 的时序、配置和控制寄存器映射地址表如表 2-21 所示。

表 2-21　XINTF 时序、配置和控制寄存器映射地址

名　　称	地　　址	大小(×16)	说　　明
XTIMING0	0x00~0B20	2	XINTF 区域 0 时序寄存器
XTIMING6	0x00~0B2C	2	XINTF 区域 6 时序寄存器
XTIMING7	0x00~0B2E	2	XINTF 区域 7 时序寄存器
XINTCNF2	0x00~0B34	2	XINTF 配置寄存器
XBANK	0x00~0B38	1	XINTF 组控制寄存器
XREVISION	0x00~0B3A	1	XINTF 修订版本寄存器
XRESET	0x00~0B3D	1	XINTF 复位寄存器

注:(1) XTIMING1-XTIMING5 为将来的扩展所保留,目前没有使用。

(2) XINTCNF1 被保留,目前没有使用。

每个 XINTF 寻址区域 x($x=0,6,7$)用一个时序寄存器 XTIMINGx($x=0,6,7$)来设定引导、激活、保持时段的 XTIMCLK 等待周期数。

XINTF 时序寄存器 XTIMINGx($x=0,6,7$)的位域变量数据格式如图 2-10 所示,XTIMINGx($x=0,6,7$)位域变量功能描述如表 2-22 所示。

31~23	22	21~18	17,16	15	14
Reserved	X2TIMING	Reserved	XSIZE	READYMODE	USEREARY
R-0	R/W-1	R-0	R/W-1	R/W-1	R/W-1
13,12	**11~9**	**8,7**	**6,5**	**4~2**	**1,0**
XRDLEAD	XRDACTIVE	XRDTRAIL	XWRLEAD	XWRACTIVE	XWRTRAIL
R/W-1	R/W-1	R/W-1	R/W-1	R/W-1	R/W-1

图 2-10　XTIMINGx($x=0,6,7$)位域变量数据格式

表 2-22　XTIMINGx(x=0、6、7)位域变量功能描述

位	名　称	值	功　能　描　述
31~23	Reserved		保留
22	X2TIMING (决定等待周期放大因子)	0	放大因子为1,等待周期不加倍
		1	放大因子为2,等待周期加倍(复位默认值)
21~18	Reserved		保留
17、16	XSIZE (设置数据总线宽度)	00 或 10	保留,会导致 XINTF 出错
		01	设置32位接口。这种模式下,该区域将使用32位数据线,XA0/$\overline{WE1}$信号将作$\overline{WE1}$使用
		11	设置16位接口。这种模式下,该区域仅使用16位数据线,XA0/$\overline{WE1}$信号将作 XA0 使用(复位后的默认值)
15	READYMODE (设置 XREADY 信号采样方式)	0	该区域用同步方式采样 XREADY 信号
		1	该区域用异步方式采样 XREADY 信号(复位后默认值)
14	USEREADY (决定访问该区域时,是否采样 XREADY 输入信号)	0	当访问该区域时,不采样 XREADY 信号,READYMODE 位被忽略
		1	使用 XREADY 信号来扩展由 XRDACTIVE 和 XWRACTIVE 定义的激活阶段的时间
13、12	XRDLEAD (设置读周期的引导阶段等待状态数,以 XTIMCLK 为单位)	00	无效值
		01	设置一个 XTIMCLK(若 X2TIMING=0)或两个 XTIMCLK(若 X2TIMING=1)
		10	设置两个 XTIMCLK(若 X2TIMING=0)或4个 XTIMCLK(若 X2TIMING=1)
		11	设置3个 XTIMCLK(若 X2TIMING=0)或6个 XTIMCLK(若 X2TIMING=1,默认值)
11~9	XRDACTIVE (设置读周期的激活阶段等待状态数,以 XTIMCLK 为单位,激活阶段默认周期为 1 个 XTIMCLK 周期,激活周期=(1+XRDACTIVE 个 XTIMCLK 周期)	000	设置0个 XTIMCLK
		001	设置一个 XTIGMCLK(若 X2TIMING=0)或两个 XTIMCLK(若 X2TIMING=1)
		010	设置两个 XTIMCLK(若 X2TIMING=0)或4个 XTIMCLK(若 X2TIMING=1)
		011	设置3个 XTIMCLK(若 X2TIMING=0)或6个 XTIMCLK(若 X2TIMING=1)
		100	设置4个 XTIMCLK(若 X2TIMING=0)或8个 XTIMCLK(若 X2TIMING=1)
		101	设置5个 XTIMCLK(若 X2TIMING=0)或10个 XTIMCLK(若 X2TIMING=1)
		110	设置6个 XTIMCLK(若 X2TIMING=0)或12个 XTIMCLK(若 X2TIMING=1)
		111	设置7个 XTIMCLK(若 X2TIMING=0)或14个 XTIMCLK(若 X2TIMING=1,默认值)

续表

位	名　称	值	功能描述
8、7	XRDTRAIL (设置读周期的保持阶段等待状态数,以 XTIMCLK 为单位)	00	设置 0 个 XTIMCLK
		01	设置一个 XTIMCLK(若 X2TIMING＝0)或 2 个 XTIMCLK(若 X2TIMING＝1)
		10	设置两个 XTIMCLK(若 X2TIMING＝0)或 4 个 XTIMCLK(若 X2TIMING＝1)
		11	设置 3 个 XTIMCLK(若 X2TIMING＝0)或 6 个 XTIMCLK(若 X2TIMING＝1,默认值)
6、5	XWRLEAD (设置写周期的引导阶段等待状态数,以 XTIMCLK 为单位)	00	无效值
		01	设置一个 XTIMCLK(若 X2TIMING＝0)或 2 个 XTIMCLK(若 X2TIMING＝1)
		10	设置两个 XTIMCLK(若 X2TIMING＝0)或 4 个 XTIMCLK(若 X2TIMING＝1)
		11	设置 3 个 XTIMCLK(若 X2TIMING＝0)或 6 个 XTIMCLK(若 X2TIMING＝1,默认值)
4～2	XWRACTIVE (设置读周期的激活阶段等待状态数,以 XTIMCLK 为单位,激活阶段默认周期为一个 XTIMCLK 周期,激活周期＝1＋XWRACTIVE 个 XTIMCLK 周期)	000	设置 0 个 XTIMCLK
		001	设置一个 XTIMCLK(若 X2TIMING＝0)或两个 XTIMCLK(若 X2TIMING＝1)
		010	设置两个 XTIMCLK(若 X2TIMING＝0)或 4 个 XTIMCLK(若 X2TIMING＝1)
		011	设置 3 个 XTIMCLK(若 X2TIMING＝0)或 6 个 XTIMCLK(若 X2TIMING＝1)
		100	设置 4 个 XTIMCLK(若 X2TIMING＝0)或 8 个 XTIMCLK(若 X2TIMING＝1)
		101	设置 5 个 XTIMCLK(若 X2TIMING＝0)或 10 个 XTIMCLK(若 X2TIMING＝1)
		110	设置 6 个 XTIMCLK(若 X2TIMING＝0)或 12 个 XTIMCLK(若 X2TIMING＝1)
		111	设置 7 个 XTIMCLK(若 X2TIMING＝0)或 14 个 XTIMCLK(若 X2TIMING＝1,默认值)
1、0	XWRTRAIL (设置写周期的保持阶段等待状态数,以 XTIMCLK 为单位)	00	设置 0 个 XTIMCLK
		01	设置一个 XTIMCLK(若 X2TIMING＝0)或两个 XTIMCLK(若 X2TIMING＝1)
		10	设置两个 XTIMCLK(若 X2TIMING＝0)或 4 个 XTIMCLK(若 X2TIMING＝1)
		11	设置 3 个 XTIMCLK(若 X2TIMING＝0)或 6 个 XTIMCLK(若 X2TIMING＝1,默认值)

XINTF 配置寄存器为 XINTCNF2,XINTCNF1 保留未用。XINTCNF2 位域变量数据格式如图 2-11 所示。XINTCNF2 位域变量功能描述如表 2-23 所示。

31～19	18～16	15～12	11	10	9
Reserved	XTIMCLK	Reserved	HOLDAS	HOLDS	HOLD
R-0	R/W-1	R-0	R-x*	R-y*	R-0

8	7、6	5	4	3	2	1、0
Reserved	WLEVEL	Reserved	Reserved	CLKOFF	CLKMODE	WRBUFF
R-1	R-0	R-0	R-1	R/W-0	R/W-1	R/W-0

注：* x-$\overline{\text{XHOLDA}}$输出；y-$\overline{\text{XHOLD}}$输入。

图 2-11　XINTCNF2 位域变量数据格式

表 2-23　XINTCNF2 位域变量功能描述

位	名　称	值	功能描述
31～19	Reserved		保留
18～16	XTIMCLK (选择 XTIMINGx 和 XBANK 寄存器中配置的前导、激活、保持切换操作中的时基本时钟频率。注意：默认状态下XTIMCLK 被禁止，在修改 XINTF 寄存器之前，必须在 PLCKCR3 寄存器中使能 XTIMCLK 时钟)	000	XTIMCLK＝SYSCLKOUT/1
		001	XTIMCLK＝SYSCLKOUT/2(默认值)
		010	保留
		011	保留
		100	保留
		101	保留
		110	保留
		111	保留
15～12	Reserved		保留
11	HOLDAS ($\overline{\text{XHOLDA}}$输出信号当前状态，用户可通过读取该位状态来确定当前是否允许外部接口存取外设)	0	$\overline{\text{XHOLDA}}$输出低电平
		1	$\overline{\text{XHOLDA}}$输出高电平
10	HOLDS ($\overline{\text{XHOLD}}$输入引脚当前状态，用户可通过读取该位状态来确定当前是否允许外设访问外部总线)	0	$\overline{\text{XHOLD}}$输入低电平
		1	$\overline{\text{XHOLD}}$输入高电平
9	HOLD (允许对一个驱动$\overline{\text{XHOLD}}$输入信号和$\overline{\text{XHOLDA}}$输出信号的外设发请求信号。当$\overline{\text{XHOLD}}$和$\overline{\text{XHOLDA}}$都为低电平时，若 HOLD 位被置 1，则在当前周期结束时$\overline{\text{XHOLDA}}$输出信号被强制为高电平，XINTF 接口(总线和选通信号)脱离高阻态。XRS 复位后，HOLD 位被清 0。在复位时，若$\overline{\text{XHOLD}}$输入信号为有效低电平，则总线和所有选通信号都处于高阻态，并且$\overline{\text{XHOLDA}}$也被驱动为有效低电平。当 HOLD 模式被使能、$\overline{\text{XHOLDA}}$为有效低电平(外部总线允许有效)时，则 CPU 仍然可以执行片上存储器中的代码。若此时发生外部接口存取，将会产生未准备好信号，并且内核一直被阻塞到$\overline{\text{XHOLD}}$信号被移除为止)	0	自动允许对一个正在驱动$\overline{\text{XHOLD}}$输入信号和$\overline{\text{XHOLDA}}$输出信号都为低电平的外设发送请求信号
		1	不允许对一个正在驱动$\overline{\text{XHOLD}}$输入信号为低电平而$\overline{\text{XHOLDA}}$输出信号保持高电平的外设发送请求信号

续表

位	名　称	值	功能描述
8	Reserved		保留
7、6	WLEVEL (反映当前写缓冲器中可检测到的正在写的数据个数)	00	写缓冲器为空
		01	写缓冲器中有一个数
		10	写缓冲器中有两个数
		11	写缓冲器中有 3 个数
5、4	Reserved		保留
3	CLKOFF (XCLKOUT 输出关闭模式,关闭 XCLKOUT 可节能和减少噪声)	0	XCLKOUT 输出使能(复位默认值)
		1	XCLKOUT 输出禁止
2	CLKMODE (设置 XCLKOUT 除 2 模式,无论使能哪种时序模式,所有总线时序都从 XCLKOUT 的上升沿开始,修改 CLKMODE 的程序代码必须在 XINTF 区域之外存储空间执行)	0	XCLKOUT 频率等于 XTIMCLK 频率
		1	XCLKOUT 频率等于 XTIMCLK 频率的 1/2(上电复位默认值)
1、0	WRBUFF (设置写缓冲器深度,允许 CPU 连续写缓冲器,不需要等待 XINTF 写完成后再写)	00	无写缓冲器,CPU 被阻塞到 XINTF 写完成为止(复位后默认值)
		01	写缓冲器深度为 1,CPU 第 2 次向 XINTF 写操作会阻塞,直至 XINTF 写周期开始(在此期间,XINTF 可能读周期有效)
		10	写缓冲器深度为 2,CPU 第 3 次向 XINTF 写访问会阻塞,直至 XINTF 第 1 个写周期开始
1~0		11	写缓冲器深度为 3,CPU 第 4 次向 XINTF 写操作会阻塞,直至 XINTF 第 1 个写周期开始。执行顺序被保存,如写操作以可接受的顺序被执行。当处理器对 XINTF 读操作时,处理器会阻塞,直至所有悬挂的写操作完成和读操作完成。当缓冲器满时,任何悬挂的读或写操作都会阻塞处理器。可修改写缓冲器深度,但只有在写缓冲器为空时(通过读 WLEVEL 位检测是否空)时,才能修改写缓冲深度。当写缓冲器不为空时,修改缓冲器深度会产生无法预料的后果

　　XBANK(XINTF 阵列寄存器)用来设置 CPU 从 XINTF 一个区域(区 0/区 6/区 7)切换到另一个区域的 XTIMCLK 等待周期数,以便让 XINTF 所接的慢速外设有足够时间释放总线。

　　XBANK 是 EALLOW 写保护寄存器,位域变量数据格式如图 2-12 所示,位域变量功能描述如表 2-24 所示。

15～6	5～3	2～0
Reserved	BCYC	BANK
R-0	R/W-1	R/W-1

图 2-12 XBANK 位域变量数据格式

表 2-24 XBANK 寄存器位域变量功能描述

位	名称	值	描述
15～6	Reserved		保留
5～3	BCYC (该位决定跨区域连续存取中所需增加的 XTIMCLK 周期数。跨区域连续存取指进入或退出某个特定区域的程序、数据空间读、写操作)	000	增加 0 个 XTIMCLK 周期
		001	增加 1 个 XTIMCLK 周期
		010	增加 2 个 XTIMCLK 周期
		011	增加 3 个 XTIMCLK 周期
		100	增加 4 个 XTIMCLK 周期
		101	增加 5 个 XTIMCLK 周期
		110	增加 6 个 XTIMCLK 周期
		111	增加 7 个 XTIMCLK 周期(上电复位默认值，14 个 SYSCLKOUT 周期)
2～0	BANK (指定区域 0～7 中，哪一个 XINTF 区域切换功能被使能)	000	选择区域 0
		001～101	保留
		110	选择区域 6
		111	选择区域 7(复位后默认值)

XINTF 的配置代码调用流程图如图 2-13 所示。精确配置取决于 F28335 的 CPU 时钟、XINTF 的开关特性以及外设时序要求。

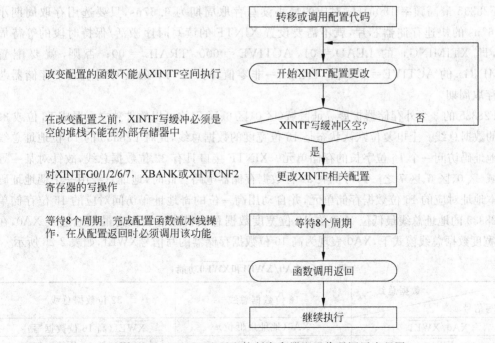

改变配置的函数不能从XINTF空间执行

在改变配置之前，XINTF写缓冲必须是空的堆栈不能在外部存储器中

对XINTFG0/1/2/6/7，XBANK或XINTCNF2寄存器的写操作

等待8个周期，完成配置函数流水线操作，在从配置返回时必须调用该功能

转移或调用配置代码

开始XINTF配置更改

XINTF写缓冲区空？　　否

是

更改XINTF相关配置

等待8个周期

函数调用返回

继续执行

图 2-13 XINTF 配置和控制寄存器配置代码调用流程图

XINTF 配置期间,要求不能通过 XINTF 接口进行任何读写访问。配置 XINTF 和控制寄存器应注意以下 4 点。

(1) 配置函数不能从 XINTF 接口执行,要从 DSP 内部存储器执行。

(2) XINTF 写缓冲器在配置前必须为空。用 XINTCNF2 寄存器来配置 XINTF 写缓冲器的深度。

(3) C 堆栈不能用外部存储器。

(4) 配置函数返回前必须等待 8 个时钟周期。

XTIMING 寄存器中配置的参数与脉冲持续时间之间的关系如表 2-25 所示。

表 2-25 **XTIMING**x($x=0,6,7$)中配置的参数和脉冲持续时间之间的关系

XINTF 时序	持续时间	
时段	X2TIMING＝0 (XTIMING 周期×1)	X2TIMING＝1 (XTIMING 周期×2)
引导时间读：LR	XRDLEAD×$t_{c(XTIM)}$ [(1)]	(XRDLEAD×2)×$t_{c(XTIM)}$
激活时间读：AR	(XRDACTIVE＋WS＋1)×$t_{c(XTIM)}$	(XRDACTIVE×2＋WS＋1)×$t_{c(XTIM)}$ [(2)]
保持时间读：TR	XRDTRAIL×$t_{c(XTIM)}$	(XRDTRAIL×2)×$t_{c(XTIM)}$
引导时间写：LW	XWRLEAD×$t_{c(XTIM)}$	(XWRLEAD×2)×$t_{c(XTIM)}$
激活时间写：AW	(XWRACTIVE＋WS＋1)×$t_{c(XTIM)}$	(XWRACTIVE×2＋WS＋1)×$t_{c(XTIM)}$
保持时间写：TW	XWRTRAIL×$t_{c(XTIM)}$	(XWRTRAIL×2)×$t_{c(XTIM)}$

注：(1) $t_{c(XTIM)}$：XTIMCLK 周期时间。

(2) WS 是指当使用 XREADY 时,由硬件插入的等待状态数。如果此区域被配置成忽略 XREADY(USEREADY=0),那么 WS=0。当配置每个区域的 XTIMING 寄存器时,必须满足最小等待状态要求。这些要求是器件数据表中指定的任一时序要求之外的要求。没有任何内部器件硬件来检测非法设置。

2.5.2 XINTF 的外存储器扩展

F28335 最高频率 150MHz 对应的最小读写存取周期为 6.67ns,只要选用存取周期小于 6.67ns 的快速存储器芯片,就不需要设置 XINTF 的读写时序激活/保持时段的等待周期数,即 XTIMINGx 的 LEAD＝01,ACTIVE＝000,TRAIL＝00；否则,就要配置 XTIMINGx 的 ACTIVE＝非零值,TRAIL＝非零值,使 XINTF 的读写周期大于存储器芯片的存取周期。

F28335 的 3 个外存储器扩展寻址区域(区0、区6、区7)均可以软件独立配置成 16 位或 32 位宽的数据总线。上电复位默认状态是 16 位宽度的数据总线,此时 F28335 的 16 位地址总线每个地址码访问一个 16 位字长的存储单元。XINTF 接口具有 32 位数据总线,故针对某一寻址区域(区0、区6、区7 之一),可扩展 32 位数据存储器电路。此时,地址总线用一个偶地址码访问本地址对应的 16 位数据存储单元,并自动用高一位的奇地址码访问对应的 16 位存储单元,F28335 的地址总线最低位 XA0 在 16 位宽度数据总线模式下表现为最低地址线 XA0,在 32 位宽度数据总线模式下,XA0 表现为高 16 位数据存储器的写信号$\overline{XWE1}$,如表 2-26 所示。

表 2-26 **XA0/$\overline{XWE1}$和$\overline{XWE0}$功能**

数据总线 / 写信号	16 位数据总线	32 位数据总线
XA0/$\overline{XWE1}$	XA0(地址最低位)	$\overline{XWE1}$(高 16 位数据写)
$\overline{XWE0}$	$\overline{XWE0}$(写信号口)	$\overline{XWE0}$(低 16 位数据写)

XINTF 扩展一片 1M×16 位 RAM 芯片电路连接如图 2-14 所示。XINTF 扩展 512K×32 位 RAM 电路(由两片 512K×16 位 RAM 芯片组成)如图 2-15 所示。由于 F28335 的一个存储器地址对应一个 16 位字长的存储器单元,要用 32 位数据总线一次存取 32 位数据,就等价于用两个地址相邻的 16 位地址访问两个 16 位存储器单元,可用这两个 16 位存储单元的低地址单元对应的地址,即用一个偶地址访问一个 32 位的存储单元即可。用偶地址访问 32 位存储单元时,这个偶地址最低地址线 XA0 恒为 0,因此,XA0 在访问 32 位存储单元就不起作用了,故使用 XA[19..1] 与两片 512K RAM 芯片的 19 根地址总线 A[18..0]相连,而把 XA0 变换为高 16 位数据总线的 RAM 芯片的写信号 $\overline{XWE1}$。当传送低 16 位数据时,$\overline{XWE0}$＝"0"有效,$\overline{XWE1}/XA0$＝"1"无效,而当传送高 16 位数据时,$\overline{XWE0}$＝"1"无效,$\overline{XWE1}/XA0$＝"0"有效。

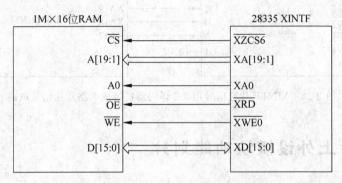

图 2-14　XINTF 扩展一片 1M×16 位 RAM 芯片电路连接

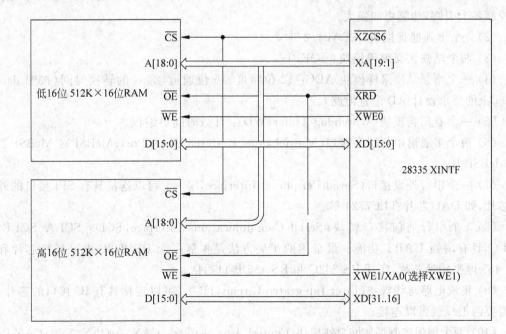

图 2-15　XINTF 扩展 512K×32 位 RAM 电路(两片 512K×16 位 RAM 芯片组成)

2.5.3 XINTF 扩展 I/O 外设

XINTF 接口不仅可扩展外存储器,还可采用统一编址方式扩展 I/O 外设,由于 XINTF 的 3 个片选信号线 $\overline{XZCS0}$、$\overline{XZCS6}$、$\overline{XZCS7}$ 寻址空间都很大,若扩展的 I/O 外设数量较多,则就必须把 XINTF 的任一片选信号线通过 3-8 译码器细分为更小的寻址空间,产生更多的片选信号。例如,在 16 位宽度数据总线模式下,采用 3-8 译码器对 $\overline{XZCS7}$ 细分,产生 8 个片选信号的扩展电路,如图 2-16 所示。根据 3-8 译码器 3 个地址输入,可计算出 8 个译码输出的寻址范围。

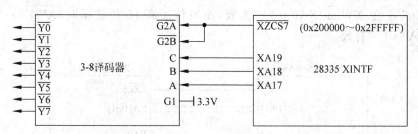

图 2-16 XINTF 片选信号用 3-8 译码器扩展成 8 路片选信号电路

2.6 片上外设模块功能划分

F28335 集成了控制系统中所必需的外设。主要片上外设模块共有 12 种。

(1) 6 个增强 PWM 模块:ePWM1/2/3/4/5/6,相对于 F2812 的两组 EV,这里可以单独控制各个引脚,功能更加强大。

(2) 4 个增强捕捉模块:eCAP1/2/3/4。

(3) 两个增强正交编码模块:eQEP1/2。

(4) 一个增强 AD 采样模块 ADC:12 位精度、16 位通道,80ns 的转换时间(按照 data sheet 上的要求设计 AD 配置电路)。

(5) 一个看门狗模块(Watchdog Timer,WD):计数时间可编程。

(6) 两个多通道串行缓存接口(Multichannel Buffered Serial Port,McBSP):McBSP-A 和 McBSP-B。

(7) 一个串行外设接口(Serial Peripheral Interface,SPI):可以连接具有 SPI 接口的外设芯片,如 DAC 芯片 TLC7724 等。

(8) 3 个串行通信接口模块(Serial Communications Interface,SCI):SCI-A、SCI-B、SCI-C,具有增强 UART 功能。最常用的扩展方法是扩展一个 RS-232C 电平转换芯片和 RS-485 电平转换芯片,实现 RS-232C 和 RS-485 接口通信。

(9) 集成电路总线模块(Inter-Integrated Circuit,I2C):可以连接具有 IC 接口的芯片,只需要两根线就可以连接。

(10) 两个增强控制局域网总线模块(Control Aear Network,CAN):eCAN-A 和 eCAN-B。

(11) 增强通用 I/O 接口模块(GPIO):通过 GPIO 复用功能选择寄存器,可以在一个引脚上分别切换到 3 种不同的信号模式。

（12）6通道直接存储器存取模块（Direct Memory Access，DMA）：不经过CPU，直接在外设、存储器间进行数据交换，减轻了CPU的负担，同时提高了数据传送效率。

由图2-1可以看出，外设模块通过外设总线挂接到内存总线，与CPU交换数据。有DMA功能的外设模块还可以通过DMA总线与片上RAM（包括存储器映射寄存器）交换数据。

按照功能划分，F28335的片上外设模块可分为系统初始化模块、CPU定时器模块、串行通信接口模块、数据采集与控制模块、直接存储器存取模块。

系统初始化模块是指DSP器件上电复位后，使DSP正常运行所必须初始化的模块，包括系统控制模块、GPIO模块（通用I/O模块）、PIE模块（中断扩展模块）。

串行通信接口模块是指DSP器件片上串行接口规范模块，包括SCI模块（串行通信接口模块）、SPI模块（串行外设接口模块）、McBSP模块（多通道缓冲串口模块）、eCAN模块（增强控制局域网模块）、I2C模块（两线式串行总线模块）。

数据采集与控制模块是指数据采集、电机控制等必须使用的模块，包括增强型ADC模块（A/D转换器模块）、ePWM模块（增强型脉宽调制模块）、eQEP模块（增强型正交编码模块）、eCAP模块（增强型捕获模块）。

2.7　系统初始化模块

2.7.1　系统控制模块

F28335的时钟模块用于产生DSP芯片运行所需CPU时钟频率。F28335的系统时钟频率由时钟模块产生。F28335的控制模块用于控制DSP的低功耗模式和监视CPU运行状态。TMS320F28335的时钟与系统控制模块包括振荡器（SOC）电路、锁相环（PLL）电路、低功耗控制电路、看门狗电路、系统时钟配置寄存器与外设模块时钟控制寄存器等，其中振荡器电路、锁相环电路组成时钟电路。系统控制模块功能在第4章有详细介绍。

系统控制模块的主要特性包括以下内容。

1. 时钟电路的振荡器频率（SOCCLK）配置模式

（1）内部振荡器模式。通过X1和X2引脚外接30MHz无源晶振。

（2）外部3.3V振荡器配置模式。通过XCLKIN引脚外接3.3V振荡器频率。X2引脚应留悬空、X1引脚应连接到低电平。

（3）外部1.9V振荡器配置模式。通过X1引脚外接1.9V振荡器频率。X2引脚应留悬空，XCLKIN引脚应连接到低电平。

2. 锁相环电路配置模式

（1）PLL关闭模式（PLL模块断电，在进入该模式前，应将PLLCR写入零值）。

（2）PLL旁路模式（上电复位默认状态）。

（3）PLL使能模式（向PLLCR写非零值后，自动进入该模式）。

3. 时钟信号检测电路

时钟信号检测电路用来检测振荡器频率是否丢失。若丢失，时钟信号检测电路将产生一个内部系统复位信号$\overline{\text{MCLKRES}}$，对CPU和片上外设复位。

4. 低功耗模式

(1) 空闲模式(时钟电路和系统时钟频率正常工作,唤醒方式主要是被使能的任何有效中断请求、系统复位信号、看门狗中断信号)。

(2) 备用模式(时钟电路正常工作,系统时钟频率关闭,唤醒方式主要是指定 GPIOA 端口符合低电平宽度的唤醒设备、系统复位信号、看门狗中断信号)。

(3) 暂停模式(时钟电路和系统时钟频率均关闭,唤醒方式主要是指定 GPIOA 端口符合低电平宽度的唤醒设备、系统复位信号)。

5. 看门狗电路

看门狗时钟频率 WDCLK 为振荡器频率 SOCCLK 固定分频 512 的基础上,通过可编程的看门狗预分频系数 $k=0\sim7$ 再分频,因此 WDCLK 为

$$WDCLK = \frac{SOCCLK}{\dfrac{512}{2^k-1}}$$

系统复位默认状态下,$k=0$,WDCLK $=$ SOCCLK/512/1。若 SOCCLK $=30$MHz,则 WDCLK $=0.058\,593\,75$MHz $=58.593\,75$kHz,溢出周期 $T=1/$WDCLK $=17.06\mu$s。

2.7.2　通用目的 I/O 模块

通用目的 I/O 模块(GPIO 模块)内部配有复杂逻辑多路开关控制电路和复用寄存器,将数字 I/O(GPIO)引脚、片上所有外设输入输出引脚、外部接口(XINTF)地址总线、数据总线、控制总线引脚在器件封装引脚上实现复用,使 F28335 最大限度地利用有限的封装引脚资源。GPIO 模块的主要特性如下。

(1) 88 个 GPIO 引脚,在系统复位默认状态下,这些引脚均为 88 个 GPIO 引脚。通过 GPIO 复用寄存器 GPIOxMUX($x=$A、B、C),可软件编程设置为片上外设引脚、XINTF 接口总线引脚之一。

(2) GPIO 引脚分成 3 组,每组用 32 个端口表示,A 端口对应 GPIO0~GPIO31(32 位),B 端口对应 GPIO32~GPIO63(32 位),C 端口对应 GPIO64~GPIO74(11 位)。

(3) 当被配置为通用输入引脚时,具有输入滤波功能,通过 GPIOSEL 资格寄存器设定采样窗口宽度,对输入电平的干扰脉冲进行滤波。

(4) 外部中断输入引脚 XINT1~XINT7、不可屏蔽中断输入引脚 XNMI 是可编程的 GPIO 复用引脚。

(5) XINTF(外部接口)的地址总线 XA19~XA0、数据总线 XD31~XD0 以及读写信号线 XR/$\overline{\text{XWE0}}$/$\overline{\text{XWE1}}$、寻址区 0/6/7 的片选信号线$\overline{\text{XZCS0/6/7}}$、外部接口 XREADY 等控制总线是可编程的 GPIO 复用引脚。

GPIO 模块软、硬件功能将在第 4 章中详细介绍。

2.7.3　外设中断扩展模块

F28335 的 CPU 内核可屏蔽中断请求输入线有 16 个,即 INT1~INT14、RTOSINT、DLOGINT。为了能对片上远远超过 16 个中断源进行中断响应和处理,F28335 片上有 12 组外设中断扩展模块(Peripheral Interrupt Expansion,PIE),每组 PIE 模块输入扩展 8 个外

设中断源,PIE 组 1 输出接在 CPU 中断输入线 INT1 上,PIE 组 2 输出接在 CPU 中断输入线 INT2 上。依此类推,PIE 组 12 输出接在 CPU 中断输入线 INT12 上。

PIE 组间的中断优先级就是 INT1～INT12 之间的固定中断优先级。PIE 组 x 内的固定优先级就是第一个中断源输入优先级最高,依次递减,第 8 个中断源输入优先级最低,即 $INTx.1 > INTx.2 > \cdots > INTx.8 (x=1～12)$。

PIE 模块的主要特性如下。

(1) 配有 16 位 PIE 中断标志寄存器,对扩展的 8 个外设中断源的有效中断请求脉冲进行中断标志位登记。16 位 PIE 中断标志寄存器低 8 位的每一位对应一个中断源输入请求标志,系统复位被全清 0,若某位为"1",表示该位对应的中断源发生过至少一次有效中断请求。

(2) 配有 16 位 PIE 中断使能寄存器,对扩展的 8 个外设中断源的有效中断请求进行软件使能或禁止。16 位 PIE 中断使能寄存器低 8 位的每一位对应一个中断源输入请求使能位。系统复位被全部清 0,禁止扩展的 8 个外设中断源的有效中断请求输出到 CPU 中断线上。若软件将 PIE 中断使能寄存器的某一位置"1",则允许该位对应的中断源在 PIE 中断标志寄存器对应位置"1"时,且在 PIE 中断仲裁逻辑电路仲裁为组内当前优先级最高时,就立即输出中断请求到 PIE 输出控制逻辑。

(3) 配有 16 位 PIE 中断应答寄存器,对 12 组 PIE 模块的输出控制逻辑进行使能控制。16 位 PIE 中断使能寄存器低 12 位的每一位对应一组 PIE 模块输出控制逻辑的使能控制端。系统复位被全置 1,禁止 12 组 PIE 模块输出控制逻辑输出中断请求到 CPU 中断线上。若软件将 16 位 PIE 中断应答寄存器的某一位清 0,表示允许该位对应的 PIE 组输出的中断请求信号传送到 CPU 中断线上。

PIE 模块软、硬件功能将在第 4 章中详细介绍。

2.8　CPU 定时器模块

F28335 内嵌 3 个结构完全相同的 32 位 CPU 定时器,即 CPUTimer0/1/2,其中用户可用 CPUTimer0/1,CPUTimer2 留给 DSP/BIOS 用,若用户应用系统不用 DSP/BIOS,CPUTimer2 可供用户使用。32 位 CPU 定时器不同于 ePWM 模块和 ADC 模块使用的事件管理器定时器,CPU 定时器仅能产生独立于事件的周期定时中断 TINT,用户可在 CPU 定时器中断服务程序中用软件触发某事件。

CPU 定时器模块的主要特性如下。

(1) 32 位减 1 计数寄存器和 32 位周期寄存器(存放定时计数常数,每当 32 位减 1 计数寄存器溢时,用定时计数常数重载 32 位减 1 计数寄存器)。

(2) 16 位分频减 1 计数寄存器和 16 位分频寄存器(存放分频计数常数,每当 16 位分频减 1 计数寄存器下溢时,用分频计数常数重载 16 位分频减 1 计数寄存器)。

(3) CPU 定时器模块的输入时钟是系统时钟频率 SYSCLKOUT,32 位减 1 计数寄存器的输入时钟频率是 16 位分频减 1 计数寄存器分频后的频率。分频计数常数范围为 $0～(2^{16}-1)$,对应分频系数为 $1～2^{16}$。因此,32 位减 1 计数寄存器的最大输入时钟频率为 SYSCLKOUT,最小值输入时钟频率为 $SYSCLKOUT/2^{16}$。因此,CPU 定时器定时周期可长可短。

(4) CPUTimer0 中断请求通过 PIE 组 1(连接到 INT1)扩展。CPUTimer1 不通过 PIE 扩展,与 XINT13(外部中断输入线)复用连接到 INT13。CPUTimer2 不通过 PIE 扩展,直接连接到 INT14。

CPU 定时器模块软、硬件功能在第 5 章中详细介绍。

2.9 串行通信接口模块

2.9.1 串行通信接口模块的特性

F28335 的串行通信接口模块(Serial Communication Interface,SCI)是一种支持标准不归零(NRZ)格式,具有标准 UART(Universal Asynchronous Receiver/Transmitter,异步收发传输器)模式和增强 UART 模式的异步串行通信接口。F28335 片上集成了 3 个独立 SCI 模块,即 SCIA/B/C。SCI 模块的主要特性如下。

(1) 传输字符格式可编程设置。1 位起始位。可编程字符长度 1~8 位,通常设置 8 位。可选的 1 位奇偶校验位或无奇偶校验位。可编程停止位 1~2 位,通常设置 1 位。

(2) 64KB 个不同的传输波特率可编程设置。

(3) 4 种出错检测标志位,即奇偶校验错、溢出错、帧格式错、间断检测错。

(4) 两种唤醒多处理器通信模式,即空闲线模式和地址位模式。

(5) 半双工或全双工通信模式。

(6) 双缓冲接收和发送功能。

(7) 发送器和接收器可以通过中断驱动或利用状态标志位查询算法完成一帧数据的收发。

(8) 发送和接收有单独的中断使能位,间断中断除外(BRKDT)。

(9) 异步数据传输格式为不归零码(NRZ)。

(10) 13 个 SCI 模块相关控制寄存器(都是 16 位字长寄存器的低 8 位有效,读高 8 位全零,写高 8 位无效),位于首地址为 7050H 的外设帧 2 区域。

(11) 增强功能。

① 增强 UART 通信模式:16 级发送 FIFO(First In First Out)和 16 级接收 FIFO。

② 自动波特率硬件检测功能(通常不使用该功能,而是制定通信协议,收发双方统一波特率设置)。

SCI 模块软、硬件功能将在第 6 章中详细介绍。

2.9.2 串行外设接口模块

F28335 片上集成一个串行外设接口(Serial Peripheral Interface,SPI),支持标准 SPI 模式和增强型 SPI 模式的高速同步串行通信接口。SPI 接口使用外同步信号线 SPICLK 使接收器与发送器严格同步,适用于短距离串行传输,广泛应用于微处理器之间或微处理器与具有 SPI 接口的显示驱动器、串行 A/D 和串行 D/A 转换器等外设之间的通信接口。

标准 SPI 接口有 4 根信号线引脚,即 SPICLK(SPI 串行时钟,由 SPI 主机发出)、SPISIMO(SPI 从机输入,主机输出)、SPISOMI(SPI 从机输出,主机输入)、$\overline{\text{SPISTE}}$(SPI 从机选通输入,低电平有效)。SPI 接口的主要特性如下。

（1）可编程为主机（产生 SPICLK）模式或从机模式（不产生 SPICLK）。

（2）可编程设置传输数据位数为 1～16 位。

（3）可编程设置 125 种波特率,最大波特率取决于 SPI 接口引脚的 I/O 缓冲器最大传输速率限制。

（4）可编程设置 4 种时钟边沿触发和相位控制模式。

① 无相位延迟的下降沿触发：SPICLK 有效高电平,主机在 SPICLK 下降沿发送数据,从机在 SPICLK 上升沿接收数据。

② 有相位延迟的下降沿触发：SPICLK 有效高电平,主机在 SPICLK 下降沿的前半个周期发送数据,从机在 SPICLK 上升沿接收数据。

③ 无相位延迟的上升沿触发：SPICLK 有效低电平,主机在 SPICLK 上升沿发送数据,从机在 SPICLK 下降沿接收数据。

④ 有相位延迟的上升沿触发：SPICLK 有效低电平,主机在 SPICLK 上升沿的前半个周期发送数据,从机在 SPICLK 上升沿接收数据。

（5）同步接收和同步发送（因为收发数据线是独立的两根,当然软件可屏蔽发送功能）。

（6）同步接收和同步发送通过查询或中断方式实现。

（7）12 个 SPI 模块相关控制寄存器（16 位字长寄存器,有的低 8 位使用,高 8 位未用,有的高低 8 位都用）,位于首地址 7040H 开始的外设帧 2 的区域。

（8）增强功能。

① 增强 SPI 通信模式：16 级发送 FIFO 和 16 级接收 FIFO。

② 延迟发送控制功能。

SPI 模块软、硬件功能将在第 6 章中详细介绍。

2.9.3　多通道缓冲串行接口模块

F28335 提供两路多通道缓冲串口（McBSP）,主要作为系统的视频编解码器和其他设备的接口。McBSP 的结构框图如图 2-17 所示。McBSP 由一个数据流通道和一个有 6 个引脚与外设连接的控制通道组成。每路 McBSP 有 6 个引脚：MFSRi（$i=$A,B）接收帧同步；MCLKRi（$i=$A,B）接收时钟；MDXi（$i=$A,B）发送数据；MDRi（$i=$A,B）接收数据,MCLKXi（$i=$A,B）发送时钟；MFSXi（$i=$A,B）发送帧同步。

1. McBSP 特性

（1）全双工通信方式。

（2）双缓冲发送器和三缓冲接收器,允许发送和接收的数据流操作。

（3）接收器有独立的时钟和帧同步。

（4）能向 CPU 请求中断,向 DMA 控制器发送 DMA 事件。

（5）具有 128 个收发通道。

（6）多通道选择模式,可以使能或禁止每个通道的块传送。

（7）与工业标准编解码器（CODEC）、模拟接口器件芯片（AIC）以及其他串行 A/D 和 D/A 器件提供直接接口。

（8）支持外时钟信号和帧同步信号。

（9）内嵌可编程采样速率发生器,提供内部的时钟信号和帧同步信号。

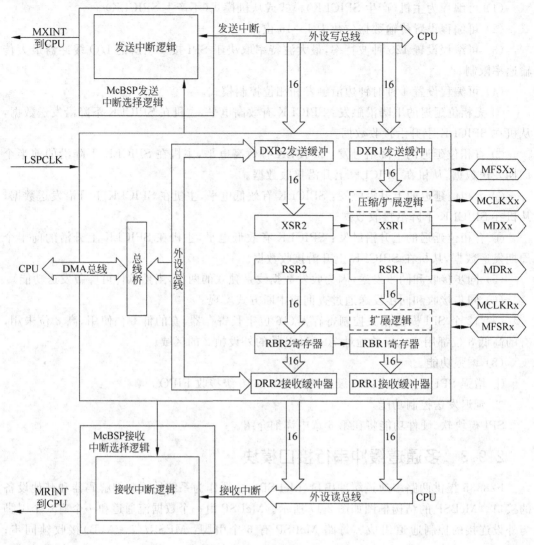

图 2-17 McBSP 模块结构框图

（10）帧同步脉冲和时钟信号的极性可软件编程配置。

（11）与下列器件提供直接接口：T1/E1 帧调节器；IOM-2 兼容设备；AC97 兼容设备（提供必要的多相位帧同步）；I2S 兼容设备；SPI 设备。

（12）数据字长选择范围宽：8 位、12 位、16 位、20 位、24 位和 32 位。

注意：所选的字长被称为 McBSP 串行字或字；否则一个字正常用来描述 16 位字长。

（13）μ 率和 A 率格式数据压缩扩展。

（14）先发送或接收 8 位数据的最低有效位是可选的。

（15）提供异常或出错条件的标志位或状态位。

（16）不支持 ABIS 接口模式。

2. McBSP 模块工作原理

F28335 内嵌两个 McBSP 模块，每个 McBSP 模块支持 128 个收发通道。一个 McBSP

通道是指移入或移出一个串行字所占的时隙。可见，McBSP可以连接发送多个通道的数据，大大提高了串行收发数据的效率。F28335的McBSP把128个收发通道分成8个块，每个块包含16个连续的通道，如表2-27所示。McBSP可以把接收块分成两个分组，即A组或B组，如表2-28所示。发送块可分成8个分组，即A～H，如表2-29所示。

表 2-27　McBSP块与通道分配

块　　号	通　　道	通　道　数
0	0～15	16
1	16～31	16
2	32～47	16
3	48～63	16
4	64～79	16
5	80～95	16
6	96～111	16
7	112～127	16

表 2-28　2分组模式（接收器）

分组	块号
A	0或2或4或6(偶号块)
B	1或3或5或7(奇号块)

表 2-29　8分组模式（发送器）

分　　组	块　　号	通　道　号
A	0	0～15
B	1	16～31
C	2	32～47
D	3	48～63
E	4	64～79
F	5	80～95
G	6	96～111
H	7	112～127

所以，McBSP是按块收发串行数据流的。多个串行字组成一帧，McBSP使用帧同步信号确定帧头，每当接收帧同步信号有效时，开始接收一帧串行数据。每当发送帧同步信号有效时，开始发送一帧数据。

2.9.4　控制局域网模块

CAN总线是一种抗干扰能力强、带有物理层和数据链路层协议的控制局域网总线。F28335片上eCAN模块遵循CAN总线协议版本2.0，具有以下特点。

（1）最高传输速率为1Mb/s。

（2）32个消息邮箱有下列特性：可灵活配置为接收或发送邮箱；可配置成标准标识符（11位）和扩展标识符（29位）；有可编程的接收滤波器屏蔽功能；支持数据帧和远程帧帧

格式；支持 0～8B 的发送长度；在接收和发送消息中使用 32 位的时间域(增强功能)；免除接收新消息的麻烦；允许动态编程配置发送消息的优先级(增强功能)；采用可编程的 2 级中断方案(增强功能)；可用编程的发送或接收超时中断(增强功能)。

(3) 低功耗模式。

(4) 可编程的总线活动唤醒机制。

(5) 自动回答远程请求信息(增强功能)。

(6) 在仲裁失效或故障情况下，自动重发一帧消息(增强功能)。

(7) 利用一个特殊的消息(与邮箱 16 连接通信)与 32 位时间戳计数器同步(增强功能)。

(8) 自检测模式(增强功能)。利用一个自闭环模式接收自发的消息，并提供一个"哑"应答，解决了需要另一个节点提供应答位的问题。

F28335 增强型 eCAN 模块结构框图如图 2-18 所示。

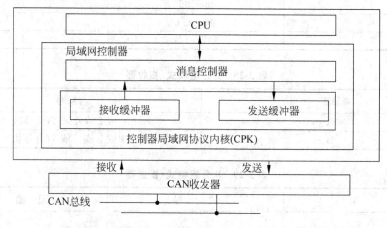

图 2-18   F28335 增强型 eCAN 模块结构框图

由图 2-18 可见，eCAN 模块由 32 个消息邮箱(占有 4×32 位的 RAM 单元)内存管理单元、CPU 接口、接收控制单元、定时器管理单元、32 位控制和状态寄存器组、通信缓冲器等组成。F28335 的 eCAN 引脚与 GPIO 引脚复用，需要使用 CAN 总线时，初始化 GPIO 复用寄存器，配置 CAN 总线发送引脚 CANTX 和接收引脚 CANRX，并且 CANTX 和 CANRX 还需要扩展 CAN 总线收发驱动器，如 SN65HVD23X 等。

增强型 eCAN 模块的接口电路如图 2-19 所示。

除了可以配置 CAN 总线的数据字节和仲裁域(标准 CAN 有 11 位标识符，扩展 CAN 有 29 位标识符)外，其他域的数据，包括 CRC 检验码均是 eCAN 模块硬件自动生成填写，形成一个完整的数据帧格式，如图 2-20 所示。

2.9.5   两线式串行总线模块

I2C 总线是内部集成电路(Inter-Integrated Circuit)的简称，即一种 2 线制的内部集成电路总线标准。F28335 内嵌的 I2C 模块提供 DSP 飞利浦半导体公司制定的 I2C 总线规范 2.1 和相兼容的设备之间的 I2C 接口。DSP 通过 I2C 总线可以与外接的设备进行 1～8 位的收发传输。

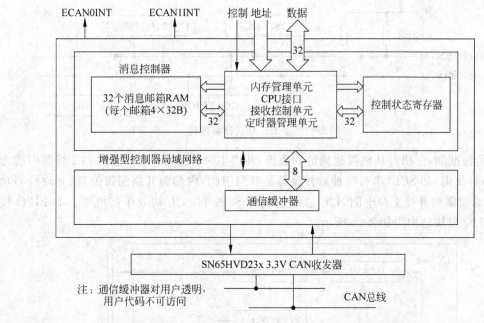

图 2-19 增强型 eCAN 模块结构和接口电路

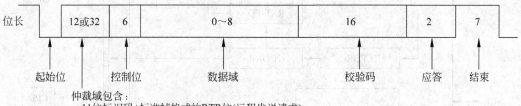

仲裁域包含:
——11位标识码+标准帧格式的RTR位(远程发送请求)
——29位标识码+扩展帧格式的SRR位(替代远程请求)+IDE位(标识符扩展)+RTR位

图 2-20 CAN 数据帧格式

1. I2C 模块的特性

(1) 兼容飞利浦半导体公司的 I2C V2.1 版本,具有以下特点:支持 8 位格式传送;7 位和 10 位寻址模式;全呼模式;启动字节模式;支持多主发送器和从接收器模式;支持多从发送器和主接收器模式;组合主发送/接收和接收/发送模式;数据传输率为 10～400kb/s (即飞利浦快速模式传输率)。

(2) 16 字(16 位字长)接收 FIFO 和 16 字发送 FIFO。

(3) 可被 CPU 始终使用的中断,中断产生条件如下:发送数据准备好,接收数据准备好,寄存器存取准备好,无应答接收,仲裁丢失,检测到停止条件,被寻址为从机。

(4) 当处于 FIFO 模式下时,可被 CPU 使用的附加中断。

(5) 模式启用/禁用功能。

(6) 自由数据格式模式。

(7) 不支持的特性:高速模式(HS 模式);CBUS 兼容模式。

2. I2C 模块工作原理

I2C 总线可以挂接多个 I2C 总线兼容设备,如图 2-21 所示。每个设备用唯一地址识别。每个设备既可工作在发送器模式(称为主机),也可工作在接收器模式(称为从机)。

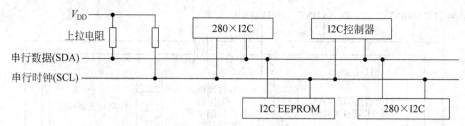

图 2-21 多 I2C 总线设备连接

在传输期间,主机向从机发送地址和数据,并产生时钟信号。I2C 总线和 2 线制引脚为 SDA(串行数据)和 SCL(串行时钟),并且都是双向引脚,内部为开路漏极配置,允许线与功能,I2C 总线需要外接上拉电阻,I2C 总线空闲时 SDA 和 SCL 均处于高电平。非 FIFO 模式下的 I2C 模块结构图如 2-22 所示。

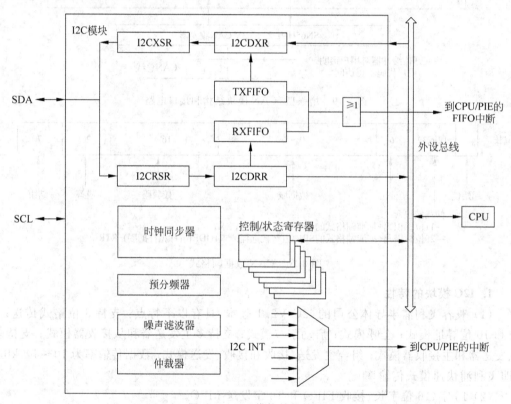

图 2-22 I2C 模块结构框图

I2C 模块有以下两种传输模式。

(1) 标准模式。发送 n 位数据,这里 n 是在 I2C 模块寄存器中编程设置的值(n 位包括从机地址位和数据位)。

(2) 重复模式。保持发送数据位,直到软件启动一个停止条件或一个新的启动条件。

I2C 模块发送和接收用的 4 个寄存器为数据发送寄存器 I2CDXR、数据接收寄存器 I2CDRR、发送移位寄存器 I2CXSR、接收移位寄存器 I2CRSR。CPU 写发送数据到 I2CDXR,I2CDXR 自动复制到 I2CXSR 通过 SDA 引脚移出。CPU 从 I2CDRR 读取从 SDA 引脚复制到 I2CRSR 再自动复制到 I2CDRR 的数据。

2.10 数据采集与控制模块

2.10.1 增强型A/D转换器

F28335片上集成一个单极性、分辨率为12位、带有流水线的A/D转换器。它的主要特性概括如下。

(1) 内嵌双采样-保持器(S/H)的12位ADC内核。

(2) 具有同时采样或顺序采样模式。

(3) 模拟输入电压量程：0～3V。

(4) ADC模块最大工作频率25MHz,即采样速率最大为12.5MSPS(每秒可采12.5M个采样值),即转换时间为80ns,属于高速ADC。

(5) 16通道模拟开关多路输入。

(6) 自动排序器在一次采样周期内能够按转换通道排序自动转换16个通道的模拟输入。每次转换可软件编程选择这16个通道的任一个,换句话说,这16个通道的转换顺序是可以任意编排的。

(7) 排序器可以工作在两个独立的8状态机排序器模式或一个16状态机的排序器模式(即两个8状态机排序器的级联)。

(8) 16个转换结果寄存器,每个可单独寻址读取转换结果。每个模拟输入电压U转换为数字量D的计算公式如下。

当$U_{in} \leqslant 0V$时,$D=0$。

当$0 < U_{in} < 3V$时,$D = 4096 \times \dfrac{U_{in} - \text{ADCLO}}{3}$。

当$U_{in} \geqslant 3V$时,$D = 4095$。

注意：A/D转换结果量化为整数,小数部分截断。

(9) A/D转换启动序列的触发源有多种模式,包括软件立即启动模式(S/W)、ePWM1～ePWM6启动模式、GPIO/XINT2启动模式(GPIOA. GPIO31～GPIO0之一被配置成XINT2的中断源)。

(10) 灵活的中断控制机制,允许每个转换通道序列转换结束产生A/D中断请求。或者每隔一个转换通道序列转换结束产生A/D中断请求。后者主要应用于两个转换序列之和不超过16个,CPU隔一次转换结束一次性读取两次转换序列的转换结果。可以提高CPU读取A/D转换结果的效率。

(11) 排序器可以工作在"启动/停止"模式,允许多个时间序列触发器同步触发转换。

(12) 在双排序器模式下,ePWM触发源可以独立触发A/D转换启动。

(13) 采样-保持(S/H)采集时间窗口可分别预定标控制。

2.10.2 增强型脉宽调制模块

F28335内嵌6个ePWM模块,每个ePWM模块有两个互补输出的PWM引脚,即ePWMxA($x=1\sim6$)和ePWMxB,即ePWMxA的电平与ePWMxB的电平互为相反。这两个互补 PWM 引脚主要用于 H 桥开关电路的一个桥臂的上、下两个开关管的开关控制，为了防止一个桥臂上的上、下两个开关管同时导通引发电源短路，上、下两个开关控制信号互补是必需的。

这些 ePWM 模块共用一个同步控制信号 xSYNCI，构成一个 PWM 控制系统。每个 ePWM 模块包含 7 个子模块，具体如下。

（1）时间基准子模块用于控制每个 ePWM 模块之间的同步。

（2）计数器比较子模块用于设置计数器的计数比较值。

（3）动作限定子模块用于控制 PWM 引脚的电平翻转，即占空比。

（4）死区控制子模块用于控制 H 桥臂上、下开关管通断交替之间的死区大小，防止上、下开关管同时导通造成电源短路。

（5）PWM 斩波控制子模块用于 PWM 波形的脉宽大小控制。

（6）事件触发器子模块用于产生 ADC 模块启动转换信号。

（7）故障区域控制子模块用于故障发生时，PWM 引脚的动作方式控制。

在实际应用中，正常产生 PWM 波形只需要配置（1）～（5）子模块即可。ePWMx($x=$1～6)模块的结构框图如图 2-23 所示。

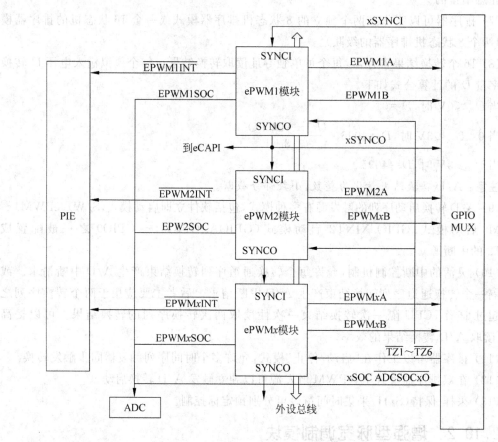

图 2-23　ePWMx($x=1\sim6$)模块结构框图

1. ePWM 模块的特性

(1) PWM 周期和频率可控的专用 16 位时基计数器。

(2) 两个 PWM 输出，即 EPWMxA 和 EPWMxB，可配置成以下形式。

① 两个独立的 PWM 输出，具有单沿操作模式。

② 两个独立的 PWM 输出，具有双沿对称操作模式。

③ 一个独立的 PWM 输出，具有双沿非对称操作模式。

(3) 用软件对 PWM 信号进行异步过载控制。

(4) 可编程相位控制，支持相对于其他 ePWM 模块的超前或滞后控制。

(5) 基于循环的硬件锁相关系(同步)。

(6) 带有独立上升沿和下降沿延迟控制的死区发生器。

(7) 对故障条件的循环动作和单次动作的可编程故障区域分配。

(8) 故障条件能强制 PWM 输出引脚的高电平、低电平或高阻态。

(9) PWM 的所有事件能够产生 CPU 中断和 ADC 启动转换(SOC)信号。

(10) 可编程事件的预定标能最大限度减少 CPU 对中断处理的开销。

(11) 用高频载波信号对 PWM 斩波，可用于脉冲变压器门级驱动。

2. ePWM 模块的工作原理

每个 ePWM 模块的两个 PWM 输出引脚 ePWMxA 和 ePWMxB($x=1\sim6$)和 F28335 的 GPIO 引脚复用，可通过初始化配置 GPIO 复用寄存器，将相应 GPIO 引脚配置为 ePWM 引脚。

F28335 的 6 个 ePWM 模块共用 6 个故障区域触发输入信号 $\overline{TZ1}\sim\overline{TZ6}$，每个 ePWM 模块可软件配置使用或禁用这些故障区域触发信号。$\overline{TZ1}\sim\overline{TZ6}$ 与 GPIO 引脚复用，可通过初始化配置 GPIO 复用寄存器，将相应 GPIO 引脚配置为 $\overline{TZi}$($i=1\sim6$)引脚。

ePWM 模块中，只有 ePWM1 模块有外部同步脉冲输入引脚 EPWMSYNCI 和外部同步脉冲输出引脚 EPWMSYNCO，这两个同步脉冲输入输出引脚与 GPIO 引脚复用，可通过初始化配置 GPIO 复用寄存器，将相应 GPIO 引脚配置为 ePWM 的外部同步脉冲输入输出引脚。ePWM1 的同步脉冲内部连接到 ePWM2 模块的同步脉冲输入 SYNCI 上，ePWM2 的同步脉冲输出 SYNCO 内部连接到 ePWM3 模块的同步脉冲输入 SYNCI 上，依此类推，直到 ePWM5 的 SYNCO 连接到 ePWM6 的 SYNCI 为止，多个 ePWM 同步脉冲连接关系如图 2-24 所示。

6 个 ePWM 模块的同步脉冲串联的目的是将每个 ePWM 模块的时间基准计数器与同步脉冲同步，以实现 6 个 ePWM 模块之间的时间基准自动同步，但每个 ePWM 的时间基准时钟应放置相同频率，并且 SYNCI 可作为下一个 ePWM 模块生成 PWM 波形的超前或滞后相位控制脉冲。不过，每个 ePWM 模块可以软件配置使用或禁用同步脉冲输入 SYNCI。同步脉冲把各 ePWM 连接成一个系统，而禁用同步脉冲输入 SYNCI 时，每个 ePWM 单独成一个子系统。

SYNCI 作为 PWM 波形超前相位或滞后相位的控制脉冲。时基计数器(CTR)工作在递增计数器模式下，发生 SYNCI 同步脉冲有效，则 CTR 立即被时基相位寄存器(TBPHS)的值自动装载，CTR 立即从 TBPHS 开始继续递增计数，CTR 的相位发生滞后改变，如图 2-25 所示。

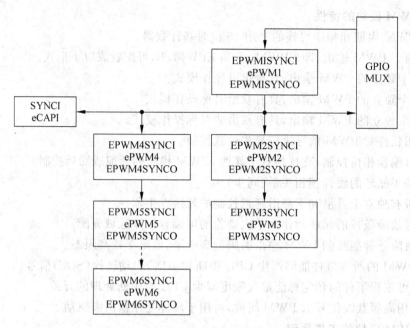

图 2-24 多个 ePWM 同步脉冲连接关系

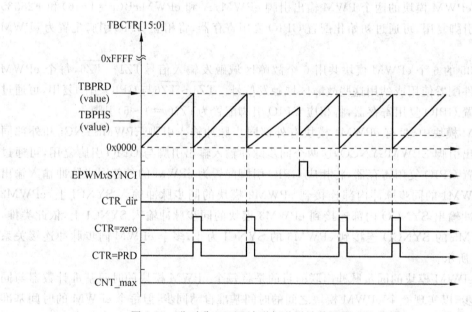

图 2-25 非对称 PWM 波形与递增计数器模式的关系

CTR 工作在递减计数器模式下,当 CTR<TBPHS 时,出现第 1 个 SYNCI 同步脉冲有效,则 CTR 立即被 TBPHS 的值自动装载,CTR 从 TBPHS 开始继续递减计数,CTR 的相位发生滞后改变。当 CTR>TBPHS 时,出现第 2 个 SYNCI 同步脉冲有效,则 CTR 立即被 TBPHS 的值自动装载,CTR 立即从 TBPHS 开始继续递减计数,CTR 的相位发生超前改变,如图 2-26 所示。

CTR 工作在递增/减计数器模式下,当 CTR 处于递增计数阶段且 CTR<TBPHS 时,出现第 1 个 SYNCI 同步脉冲有效,则 CTR 立即被 TBPHS 的值自动装载,CTR 立即从

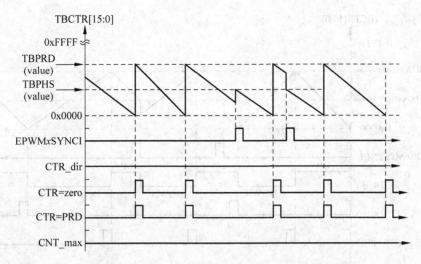

图 2-26　非对称 PWM 波形与递减计数器模式的关系

TBPHS 开始继续递增计数,CTR 的相位发生滞后改变。当 CTR 处于递减计数阶段,且 CTR>TBPHS 时,出现第 2 个 SYNCI 同步脉冲有效,则 CTR 立即被 TBPHS 的值自动装载,CTR 立即从 TBPHS 开始继续递减计数,CTR 的相位发生超前改变,如图 2-27 所示。

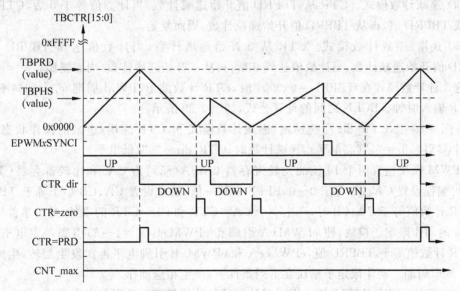

图 2-27　对称 PWM 波形与递增/减计数器模式关系(同步事件后递减计数)

如图 2-28 所示的前半段与图 2-27 类似,后半段不同:CTR 处于递增计数阶段且 CTR< TBPHS 时,出现第 2 个 SYNCI 同步脉冲有效,则 CTR 立即被 TBPHS 的值自动装载,CTR 立即从 TBPHS 开始继续递增计数,CTR 的相位发生滞后改变。

3. ePWM 模块生成 PWM 波形的工作原理

ePWM 模块产生 PWM 波形的原理是基于时基计数器的工作模式,ePWM 模块包含一个 16 位时基计数器(TBCTR 或简写成 CTR),可设置以下 3 种计数模式。

(1) 递增计数模式。CTR 从 0 开始递增计数,当计数值等于时基周期寄存器(TBPRD)

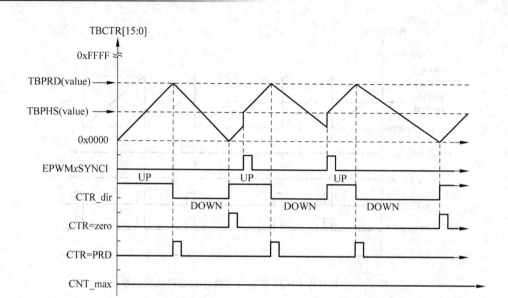

图 2-28 对称 PWM 波形与递增/递减计数器模式关系(同步事件后递增计数)

时,CTR 立即回零,再从 0 开始递增计数,周而复始。

(2) 递减计数模式。CTR 从 TBPRD 值开始递减计数,当计数值等于 0 后,CTR 立即被装载 TBPRD 值,再从 TBPRD 值开始递减计数,周而复始。

(3) 递增/递减计数模式。CTR 从 0 开始递增计数,当计数值达到 TBPRD 后,从 TBPRD 值开始递减计数,当计数值达到 0 后,再从 0 开始递增计数,周而复始。

这 3 种计数模式在 TBPRD=0x0004 时,CTR 计数波形、PWM 周期 T_{PWM} 和频率 f_{PWM} 与 CTR 输入时钟 TBCLK 之间的计算公式,如图 2-29 所示。

在图 2-29 中,CTR_dir 反映递增/递减计数模式下,CTR 递增/递减的操作状态,递增计数时,CTR_dir="1"(高电平),递减计数时,CTR_dir="0"(低电平)。

ePWM 模块包含两个 16 位的比较寄存器 CMPA(简写为 CA)和比较寄存器(简写为 CB),可编程设置 CA、CB 等于 0~0xFFFF 中某一值,通常设置 CA、CB 小于等于 TBPRD。当 CTR 计数值等于 CA、CB 时,产生一个 CA=CTR 和 CB=CTR 的事件,这个事件将送至 ePWM 的动作限定子模块,使 ePWMxA 引脚和 ePWMxB(x=1~6)引脚产生电平翻转。而 CTR 计数值等于 TBPRD 值,ePWMxA 和 ePWMxB 引脚电平再次发生翻转,生成一个 PWM 波形周期。动作限定子模块在下列条件下,产生相应动作。

(1) CTR=PRD(简写为 P),即时基计数器计数值等于时基周期寄存器值。

(2) CTR=Zero(简写为 Z),即时基计数器计数值等于 0。

(3) CTR=CMPA(简写为 CA),即 CTR 等于比较寄存器 A。

(4) CTR=CMPB(简写为 CB),即 CTR 等于比较寄存器 B。

时基计数器 TBCTR(简写为 CTR)在递增计数模式下,ePWMxA 和 ePWMxB 单独控制,并且 ePWMxA 和 ePWMxB 无效电平为高电平(即 PWM 波形生成周期的初始电平),当 CTR 等于 CA 和 CB 时,ePWMxA 和 ePWMxB 发生有效低电平翻转,当 CTR 等于 PRD 时,ePWMxA 和 ePWMxB 再发生电平翻转,产生一个非对称 PWM 波形(即单边不对称),如图 2-30 所示。

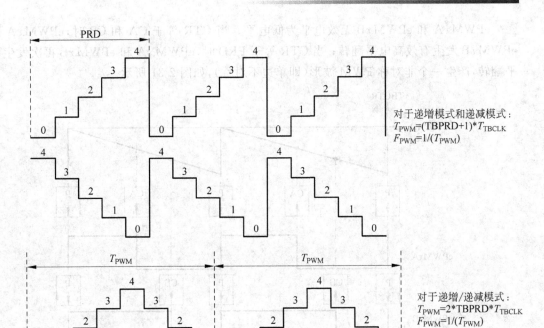

对于递增模式和递减模式：
$T_{PWM}=(TBPRD+1)*T_{TBCLK}$
$F_{PWM}=1/(T_{PWM})$

对于递增/递减模式：
$T_{PWM}=2*TBPRD*T_{TBCLK}$
$F_{PWM}=1/(T_{PWM})$

图 2-29 时间基准计数器频率和周期

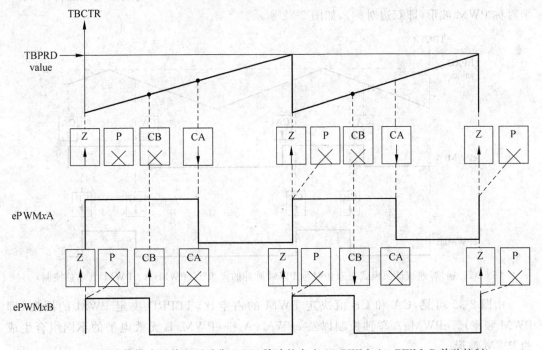

图 2-30 增计数模式下单边不对称 PWM 脉冲的产生 1(ePWMxA、ePWMxB 单独控制)

ePWMxA 和 ePWMxB 无效电平为低电平。当 CTR 等于 CA 和 CB 时,ePWMxA 和 ePWMxB 发生有效高电平翻转;当 CTR 等于 PRD 时,ePWMxA 和 ePWMxB 再次发生电平翻转,产生一个非对称 PWM 波形(即单边不对称),如图 2-31 所示。

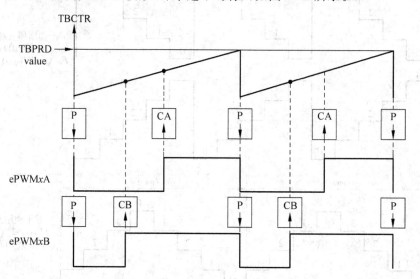

图 2-31 增计数模式下单边不对称 PWM 脉冲的产生 2(ePWMxA、ePWMxB 单独控制)

TBCTR 递增/递减计数模式下,ePWMxA 和 ePWMxB 单独控制,并且 ePWMxA 和 ePWMxB 无效电平为低电平,当 CTR 等于 CA 和 CB 时,ePWMxA 和 ePWMxB 发生有效高电平翻转,当 CTR 又等于 CA 和 CB 时,ePWMxA 和 ePWMxB 再发生电平翻转,产生一个对称 PWM 波形(即双边对称),如图 2-32 所示。

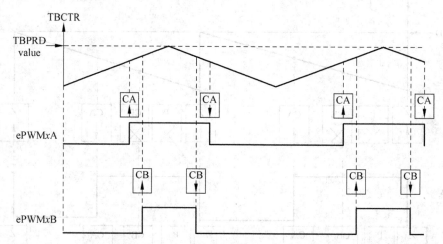

图 2-32 递增/递减计数模式下双边对称 PWM 脉冲的产生 1(ePWMxA、ePWMxB 单独控制)

由图 2-32 可见,CA 和 CB 值决定 PWM 的占空比,TBPRD 决定 PWM 的周期(即 PWM 频率)。ePWMxA 单独控制以及 ePWMxA 和 ePWMxB 无效电平的不同组合生成的 PWM 波形。

2.10.3 增强型正交编码模块

F28335 的正交编码模块作为电机等旋转机构轴上安装的编码器输出的两路相位互差 90°的正交脉冲的输入接口,用来测量电机的旋转方向(正转或反转)、位置、转速。通常圆形编码器经向刻有均匀的光槽,每旋转一周产生 n 个光脉冲,测量 1min 内产生的脉冲数就可以测量出电机的转速(=1min 测量总脉冲数/每周脉冲数 N)。两个相同的圆形编码的安装位置,即相位相差 90°,产生两路脉冲输出,QEP 也有两路输入,即 QEPA 和 QEPB。若 QEPA 超前 QEPB,则定义为顺时针旋转;若 QEPA 滞后 QEPB,则定义为逆时针旋转。故可以判定电机的旋转方向。其中,一个圆形编码器还有一个周圈上刻有一个光槽,码盘每旋转一周产生一个脉冲,称为门控位置索引脉冲(QEPI),用于判定电机的旋转位置。

QEPI 与两路正交编码脉冲中的一路的光槽经向位置一致,即 QEPI 与 QEPA 或 QEPB 之一是同相位的,且 QEPI 的脉宽可以等于 QEPA 或 QEPB 周期,或者周期的 1/2、1/4。两路编码的输出脉冲与正/反转的关系如图 2-33 所示。

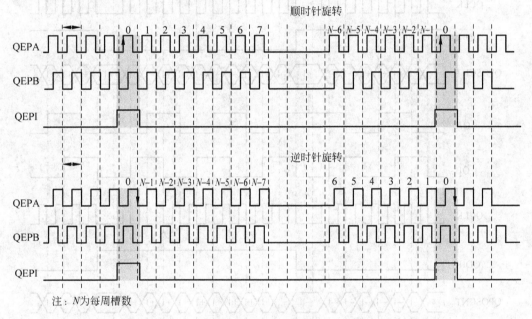

图 2-33 两路编码的输出脉冲与正/反转的关系

1. eQEP 模块的特性

(1) 有两路正交编码脉冲输入引脚,一路索引脉冲输入引脚 QEPI,一路选通输入引脚 QEPS。其中 QEPI 和 QEPS 均可以初始化或锁存位置计数器值,判定电机位置。但 QEPI 主要用于决定电机绝对起始位置。

(2) 位置计数器和控制单元(PCCU),用来测量和控制电机旋转位置。

(3) 正交边沿捕获单元(QCAP),用来测量电机低速度。

(4) 时基定时器(UTIME),用来测量电机速度或脉冲频率。

(5) 正交看门狗电路(EWDOG),用来监视正交时钟,若正交时钟不能循环喂狗复位,看门狗超时将产生看门狗中断,通知 CPU 处理正交时钟故障。

(6)正交解码单元(QDU)用于为位置计数器提供时钟频率和方向。

2. eQEP 模块提供测速与判定旋转方向的原理

两路正交编码信号送入 eQEP 的正交解码单元,在 QEPA 和 QEPB 的上升沿和下降沿都能产生 eQEP 内部的正交时钟频率 QCLK。QCLK 频率为输入正交编码脉冲频率的 4 倍,作为 eQEP 内部位置计数器的输入脉冲,这使得 EQEP 测速的精度提高 4 倍。

eQEP 内部的方向解码逻辑电路检测 QEPA 和 QEPB 谁超前,更新正交方向标志位 QDF,若 QDF=0,则为逆时针方向旋转,若 QDF=1,则为顺时针方向旋转。正交时钟频率 QCLK 与方向解码信号的关系如图 2-34 所示。

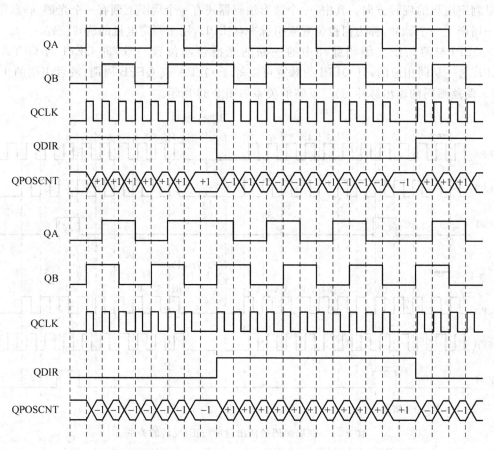

图 2-34 正交时钟频率 QCLK 与方向解码信号的关系

2.10.4 增强型捕获 eCAP 模块

F28335 共有 4 个捕获引脚,即 CAP1~CAP4,这些引脚与 GPIO 引脚复用,初始化配置 GPIO 复用寄存器可把 GPIO 引脚配置成 CAP 输入引脚。捕获模块的主要功能是对输入脉冲进行周期和占空比测量,通过捕获输入脉冲上升沿或下降沿时刻的计数器计数值,把一个脉冲周期的两个上升沿或两个下降沿捕获的计数值求差值,就可计算这个脉冲的周期。而正脉宽是捕获一个上升沿和紧接着的下降沿的计数值。eCAP 模块操作模式结构如图 2-35 所示。

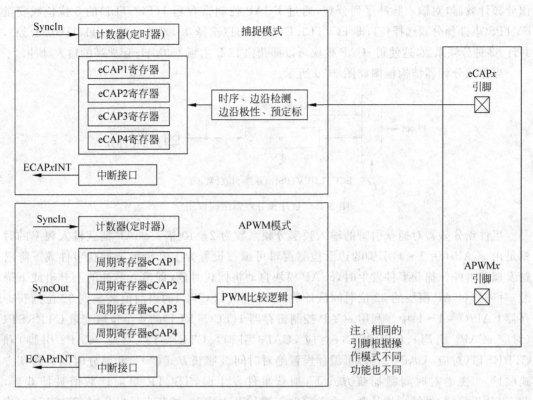

图 2-35 eCAP 模块操作模式结构

1. eCAP 模块的特性

(1) 32 位时间计数器,捕获脉冲边沿的分辨率在 DSP 主频 150MHz 时达到 6.67ns。换句话说,脉宽超过 6.67ns 的输入脉冲,eCAP 模块均能捕获。

(2) 4 个事件时间戳寄存器来存储捕获时刻的 32 位计数器值(即 4 个 32 位事件时间戳寄存器,针对 CAP1～CAP4 引脚)。

(3) 基于模 4 计数器(即逢 4 进 1 计数器,共 4 个状态)的 4 级定序器与外部事件同步,即与 eCAP 模块引脚输入脉冲上升沿或下降沿触发的事件同步。

(4) 所有 CAP1～CAP4 引脚的上升沿或下降沿触发事件均可以独立选择边沿极性,即上升沿或下降沿极性。

(5) 所有 CAP1～CAP4 引脚的捕获脉冲频率均可以预分频再捕获,软件可设置分频系数为 2～62,这使得捕获超过 150MHz 的输入脉冲成为可能。

(6) 一次性比较寄存器(2b,4 个状态)用于在 1～4 个时间戳发生后,终止捕获操作。

(7) 利用 4 级深度环形缓冲器控制 CAP1～CAP4 引脚连续捕获两个时间戳。

(8) 4 个捕获事件的任意一个均可以产生捕获中断。

(9) 绝对时间戳捕获和差分方式时间戳捕获。

(10) 捕获功能不用时,eCAP 模块可配置成单一通道的 PWM 输出引脚。

2. 增强型 eCAP 模块工作原理

eCAP 模块的 eCAP1～eCAP4 引脚用来输入脉冲序列捕获信号。eCAP 模块内部设有预分频计数器,对输入脉冲序列分频,通过 ECAP 控制寄存器 1(ECCTL1)的 5 位位域变量 EVTPS(事件预分频选择位),即 ECCTL1.EVTPS 可以选择 00000(1 分频)～11111(62 分频),共计 62 种分频系数,这使得 eCAP 模块可以捕获比 DSP 主频 150MHz 还要高的输入脉冲。

事件预分频器结构框图如图 2-36 所示。

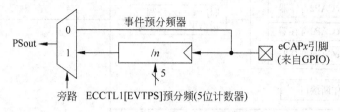

图 2-36　事件预分频器结构框图

事件预分频器对捕获引脚的输入频率分频系数为 2～10 倍。eCAP 捕获输入频率的时刻是由 eCAPi(i=1～4)引脚的边沿检测逻辑可编程设置为上升沿触发捕获事件或下降沿触发捕获事件。捕获事件发生时,eCAP 模块自动将捕获时刻(即输入脉冲的上升沿或下降沿)对应的 eCAP 模块的 32 位时间戳计数器寄存器(TSCTR)的当前值装载到 32 位捕获寄存器 CAPi(i=1～4)中。利用 eCAP 控制寄存器 1(ECCTRL1)的 4 个位域变量 CTRRST4 (对应 eCAP4 引脚)、CTRRST3(对应 eCAP3 引脚)、CTRRST2(对应 eCAP2 引脚)和 CTRRST1(对应 eCAP1 引脚)可编程设置绝对时间戳捕获方式("0")和差分时间戳捕获方式("1")。在绝对时间戳捕获方式下,捕获事件发生时,TSCTR 当前计数值被捕获后, TSCTR 不复位,继续递增计数。在差分时间戳捕获方式下,捕获事件发生时,TSCTR 与当前计数值被捕获后,TSCTR 值被复位到 0,从 0 继续递增计数。

eCAP 模块的 eCAP1～eCAP4 引脚共用一个 32 位时间戳计数器作为时基计数器,通过一个模 4 计数器(0～3 循环计数)输出与一个 2 位停止计数器(0～1)设置值相比较,若相等模 4(Mod4)计数器停止计数。而模 4 计数器的输入时钟为 eCAP1～eCAP4 接入的 4 或门的输出。捕获控制寄存器 2(ECCTL2)的停止循环计数控制位(STOP_WRAP=00～11b)来选择 eCAP1～eCAP4 引脚捕获事件时钟源(CEVT1～CEVT4)作为 Mod4 计数器的时钟输入。一旦有捕获事件发生,模 4 计数器就计数一次,模 4 计数器的双输出控制一个 4 选择 1 开关,产生 32 位时间戳计数的当前计数值装载到 4 个捕获值寄存器 CAP1～CAP4 之一的装载信号,即 LD1～LD4 之一。因此,欲测量一个脉冲的宽度和一个输入脉冲的周期,只需要两次捕获事件,记录两个边沿时刻的计数值,利用差分时间戳,再折算成时间值就能计算出脉宽事件和输入脉冲的周期。

Mod4 计数器可编程设置循环计数几次(1～4)停止计数,这与 Mod4 计数器的工作模式有关,可编程设置为连续控制模式(上电默认模式)和单次控制模式。单次控制模式指定 CAP1～CAP4 之一哪个引脚作为捕获事件源。连续控制模式指捕获事件源按 Mod4 计数器(0～3)循环计数方式连续写入 CAP1～CAP4 寄存器,直到 Mode4 计数器的值等于 2 位停止寄存器(即 ECCTL2.STOP_WRAP 设量 00～11 位)才停止循环计数操作。

eCAP 模块单次控制和连续控制模 4 计数器的结构框图如图 2-37 所示。

eCAP 模块单一 32 位时基计数器(TSTCR)与 4 个捕获时刻计数值装载寄存器(CAP1～ CAP4)的连接如图 2-38 所示。由图 2-38 可见,每个捕获引脚都有极性选择逻辑对捕获事

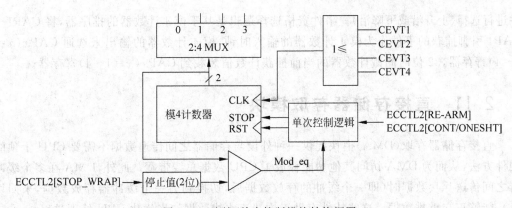

图 2-37 连续/单次控制模块结构框图

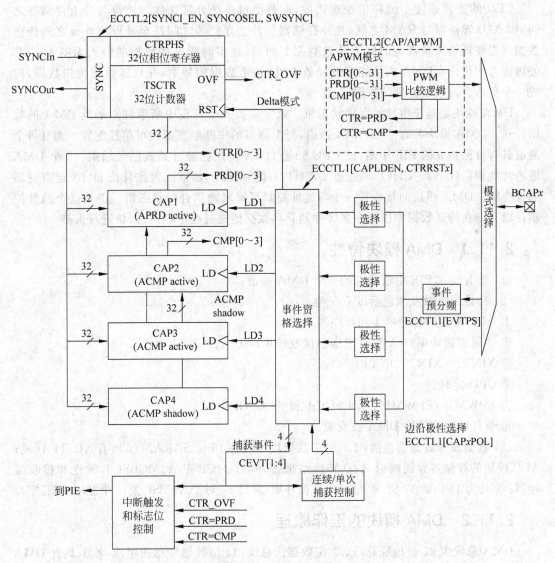

图 2-38 32 位时基计数器与 4 个捕获时刻计数值装载寄存器(CAP1~CAP4)连接

件进行选择(上升沿或下降沿)。事件资格选择逻辑是基于模 4 计数器的排序器,将 CAP1~CAP4 引脚捕获的事件作为模 4 计数器的输入时钟,模 4 计数器的输出来选通 CAPx(x=1~4)寄存器,32 位时间戳计数器的当前捕获计数值装载到 CAPx(x=1~4)寄存器。

2.11　直接存储器存取模块

直接存储器存取(DMA)模块提供一种外设与存储器之间传递数据不需要 CPU 干预的硬件方法,从而为 DMA 访问其他功能释放了 CPU 数据总线带宽。此外,DMA 在多个缓冲器之间传送乒乓数据时(即一个缓冲的存放数据后,切换到另一个缓冲器存放数据,来回切换),能够正交重排数据。这些特性有助于构造流水线数据块来优化 CPU 处理过程。

CPU 的处理速度不纯粹指处理速度,而是衡量系统处理速度。外设与片上存储器之间,如 A/D 转换器与 RAM 之间、片外存储器与片上存储器之间甚至外设与外设之间传送数据都需要耗费大量带宽时间去传送数据。而且,许多时候这些数据的格式无助于 CPU 处理能力的优化。DMA 模块能有效释放 CPU 传送数据的带宽,并且能重排传送数据,构成一个更适合流水线处理的数据格式。

DMA 模块是基于事件触发的状态机。通常需要一个外设中断事件来触发 DMA 的数据传送。DMA 模块共有 6 个 DMA 通道,每个通道的中断触发源均可单独配置。而且每个通道具有自己独立的 PIE 中断,使 CPU 知道 DMA 传送已经开始或已经结束。5 个 DMA 通道功能相同(CH2~CH6),而通道 1(CH1)有附加特性,能够配置比其他 DMA 通道更高的优先级。DMA 模块的核心是一个与地址控制逻辑紧密耦合的状态机。正是这个地址控制逻辑允许在传送数据中以及在多缓冲器乒乓数据传送过程中,对数据块进行重排。

2.11.1　DMA 模块特性

(1) 带有独立 PIE 中断请求的 6 个 DMA 通道。

(2) 外设中断触发源包括以下 6 种。

① ADC 模块的排序器 1 和排序器 2。

② 多通道缓冲串口 A 和 B 发送和接收(MCBSP-A、MCBSP-B)。

③ XINT1~XINT7,INT13。

④ CPU 定时器。

⑤ EPWM1~EPWM16,ADCSOCA 和 ADCSOCB。

⑥ 软件触发和清除 DMA 触发源。

(3) 数据源和数据宿包括:L4~L7 数据块(16K×16 位 SARAM);所有 XINTF 区域;ADC 模块的存储器总线映射 A/D 转换结果寄存器;MCBSP-A、MCBSP-B 发送和接收缓冲器;字长为 16 位或 32 位;吞吐量为 4 循环周期/每字(对于 MCBSP 读,5 个循环周期/字)。

2.11.2　DMA 模块的工作原理

DMA 总线由 22 位地址总线、32 位数据读总线,32 位数据写总线组成,片上具有 DMA 传送功能的存储器和外设均连接到 DMA 总线上。包含 CPU 总线与 DMA 总线的 DMA 模块结构框图如图 2-39 所示。

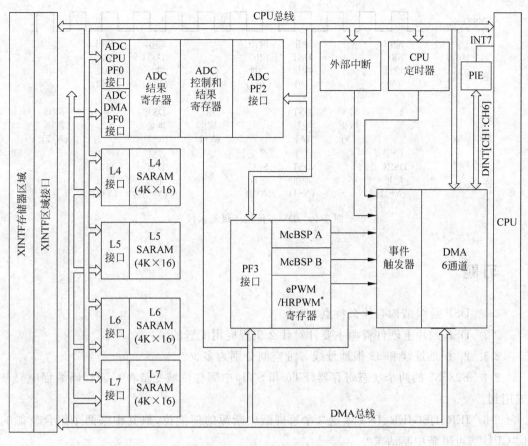

图 2-39　DMA 模块结构框图

注 *：ePWM/HRPWM 寄存器在被 DMA 存取前，必须被映射到 PF3（外设帧 3），可通过
对 MAPCNF 寄存器的第 0 位编程实现。

DMA 的传送是在外部事件触发下开始的，每个 DMA 通道可独立编程配置 18 个不同
的外设中断触发。DMA 模块的模式寄存器（MODE）中的位域变量 PERINTSEL（即外设
中断触发源选择）用来选择外设中断触发源。一旦 DMA 控制寄存器（CONTROL）的位域
变量 PERINTFLG（外设中断触发标志位）置 1，则 DMA 的分批次传送（burst transfer）就开始。

DMA 总线连接的外设包括以下 5 种。

（1）XINTF 扩展接口的区域 0、区域 6、区域 7 扩展的外设和存储器。

（2）L4～L7 SARAM 块。

（3）ADC 存储器映射 A/D 转换结果寄存器。

（4）MCBSP-A 和 MCBSP-B 数据接收寄存器（DRR2/DRR1）和数据发送寄存器
（DXR2/DXR1）。

（5）ePWM1～6/HRPWM1～6 被映射到外设帧 3 的寄存器。

DMA 每个通道是按块（burst）传送数据的，每个块最大为 32×16 位。每个 DMA 通道
包括源地址（SRC）和目的地址（DST）以及每个块（burst size）的字长度（0～31，对应 1～32
个字），均可通过 DMA 相关控制寄存器可编程设置。DMA 传送采用 4 级流水线作业，如
图 2-40 所示。

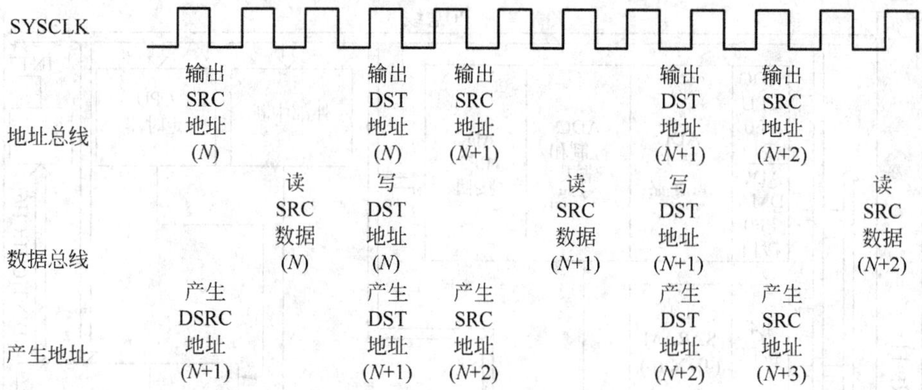

图 2-40 DMA 传输 4 级流水线

习题

2-1 DSP 总线结构有什么特点?

2-2 DSP 的片上硬件资源主要针对什么工程应用配置的?

2-3 22 根地址线和 32 根地址线寻址空间分别为多少?

2-4 F28335 的两个状态寄存器(ST0 和 ST1)中哪些位域变量在 C 源代码编程中要显式用到?

2-5 IER、DBGIER、INTM 这 3 个可屏蔽中断源的使能位,取其中哪两个组合就能响应 CPU 级可屏蔽中断请求?

2-6 DBGM 标志位有什么作用? 在什么调试模式下需要将 DBGM 初始化清零?

2-7 两种代码调试模式各有什么特点? 大部分用户采用哪一种调试模式?

2-8 CPU 响应中断时 INTM 标志位发生什么变化? 中断返回时 INTM 标志位又发生什么变化?

2-9 在上电复位后,EALLOW 写保护寄存器处于什么写保护状态?

2-10 F28335 的外设模块写保护寄存器初始化代码时,为什么开头要写 EALLOW 宏语句、结束要写 EDIS 宏语句?

2-11 F28335 执行中断服务程序(ISR)后,EALLOW 标志位发生什么变化?

2-12 F28335 外设模块中哪一个模块是 DSP 正常运行必须初始化的模块?

2-13 XINTF 接口可以扩展哪两类外设?

2-14 无缝连接或无缝接口的含义是什么?

2-15 XINTF 的片选信号$\overline{XZCS6}$寻址范围是 0x10 0000～0x1F FFFF,用 74HC138 译码器对$\overline{XZCS6}$扩展,细分为 8 个子寻址范围,如图 2-41 所示。试写出 Y1 的寻址范围。

2-16 试写出图 2-16 中,74HC138 输出$\overline{Y0}$～$\overline{Y7}$的译码地址范围是多少?

2-17 XINTF 时序设置等待周期数的目的是什么?

2-18 XINTF 的存取时序分为引导、激活、保持 3 个时段,哪个时段地址总线的地址开始有效? 哪个时段数据总线的数据开始有效?

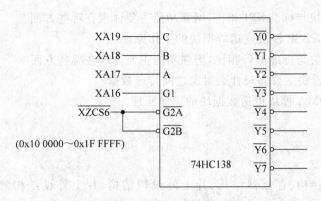

图 2-41 $\overline{XZCS6}$寻址空间的 3-8 译码器扩展细分

2-19 由于 IS61LV25616-10T 的存取周期为 10ns,而 F28335 工作在 150MHz 主频下,存取周期为 6.67ns,比 IS61LV25616-10T 的存取周期快,故 XINTF 接口扩展一片 IS61LV25616-10T 存取时序要等待若干个时钟周期,使 XINTF 区 6 的存取周期比 IS61LV25616-10T 的存取周期相匹配(慢一些即可)。XINTF 初始化函数 initXintf(void) 的初始化代码如下,试分析 XINTF 区 6 的存取时序要等待几个 XTIMCLK 个时钟周期? 计算 XINTF 区 6 的存取周期是多少 ns?

IS61LV25616-10T 初始化代码如下:

```
XintfRegs.XTIMING6.bit.X2TIMING = 1;        //XTIMING 周期×2
XintfRegs.XTIMING6.bit.USEREADY = 1;        //WS = 1
XintfRegs.XTIMING6.bit.XWRLEAD = 3;         //3×tc
XintfRegs.XTIMING6.bit.XWRACTIVE = 7;       //(7 + WS + 1)×tc
XintfRegs.XTIMING6.bit.XWRTRAIL = 3;        //3×tc
XintfRegs.XTIMING6.bit.XRDLEAD = 3;         //3×tc
XintfRegs.XTIMING6.bit.XRDACTIVE = 7;       //(7 + WS + 1)×tc
XintfRegs.XTIMING6.bit.XRDTRAIL = 3;        //3×tc
```

2-20 XINTF 与外部外设时序相匹配的原则是什么?

2-21 F28335 的控制类外设模块有哪些?主要针对什么被控对象?

2-22 GPIO 模块与外设功能引脚复用的原理是什么?

2-23 CPU 定时器的定时原理是什么?有什么显著特点?

2-24 PIE 级中断管理与 CPU 级中断管理相比有什么不同?

2-25 外设级中断管理与 PIE 级中断管理相比有什么不同?

2-26 SCI 模块与标准 UART 相比,增强功能主要体现在哪些方面?

2-27 SCI 的字符格式由几个部分组成?

2-28 简述 ePWM 模块生成 PWM 波形的工作原理。

2-29 简述 eCAP 模块测量脉冲周期和脉宽的工作原理。

2-30 简述 eQEP 模块测量电机转速和转向的工作原理。

2-31 eCAN 模块与标准 CAN 控制器相比,增强功能主要体现在哪些方面?

2-32 简述 ADC 模块的自动转换排序器工作原理。

2-33 ADC 模块同步采样模式和顺序采样模式有什么区别?

2-34   SPI 模块与标准 SPI 相比,增强功能主要体现在哪些方面?

2-35   简述 McBSP 模块发送数据块的工作原理。

2-36   I2C 模块与标准 I2C 相比,增强功能主要体现在哪些方面?

2-37   DMA 模块主要实现什么对象之间传送数据?

2-38   简述 DMA 模块传送数据块的工作原理。

小结

本章从 CPU 结构、存储器结构、片上外设帧结构、片上外设结构等方面详细介绍了 F28335 的 CPU 的内核特性、内存总线结构、外设总线结构、CPU 状态寄存器和 CPU 中断控制寄存器、片上外设帧的写保护特性、F28335 的片上所有外设模块的主要特性。详细介绍了外部接口(XINTF)扩展存储器和 I/O 外设的方法以及外寻址区域时序配置寄存器的配置方法。

重点难点如下。

(1) 片上存储器结构和片上存储器块特性。

(2) CPU 状态寄存器中 4 个状态位域变量 EALLOW、VMAP、INTM、DBGM 的功能和软件初始化语句(置 1 和清 0 语句)。

(3) CPU 中断控制寄存器(IER、IFR、DBGIER)功能和软件初始化语句(置 1 和清 0 语句)。

(4) XINTF 接口扩展外设方法和 XINTF 接口时序配置方法。

(5) 外设帧写保护特性以及写保护寄存器初始化解锁与加锁方法。

第 3 章

CHAPTER 3

DSP 软件开发基础

3.1 DSP 软件通用目标文件格式

通用目标文件格式（Common Object File Format，COFF）没有一个行业标准。COFF
首次出现在早期的 UNIX 系统中，TI 公司采纳了 UNIX 系统的通用目标文件格式，定制适
合 DSP 的目标文件格式，TI 和 Microsoft 都使用通用目标文件格式，但目标文件没有兼容性。

DSP 的 C 语言编译器在汇编和链接阶段以通用目标文件格式创建目标文件。这个
通用目标文件格式为管理代码段和目标系统内存提供强大而灵活的方法，并鼓励支持模
块化编程（modular programming）。通用目标文件格式允许在链接阶段定义系统内存，这
就使 C/C++语言代码和数据对象可链接到指定的内存空间。通用目标文件格式还支持源
代码级调试。

通用目标文件格式文件的元素用来描述文件的段和符号调试信息。这些元素包括文件
头（首部）、可选文件头信息、段头表、每个初始化段的原始数据、每个初始化段的重定位信
息、符号表、字符串表。COFF 文件结构如图 3-1 所示。

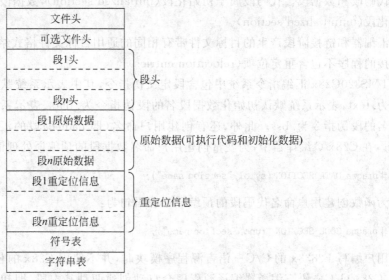

图 3-1　COFF 目标文件结构

一个典型 COFF 目标文件结构包含 3 个默认段(即.text、.data、.bss)和多个用户命名段,如图 3-2 所示。在默认条件下,编译工具按照.text、.data、初始化用户命名段、.bss 和未初始化用户命名段的次序放置这些段。注意,虽然未初始化用户命名段有段头,但没有原始数据、重定位信息或行号项。这是因为.bss、.usect 伪指令直接为未初始化数据名段保留空间,未初始化段不包含实际代码。

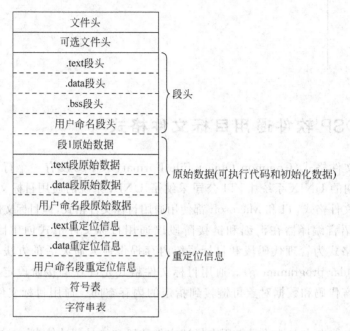

图 3-2 COFF 目标文件结构实例

通用目标文件格式把目标文件的最小单位定义为段(section),程序代码和数据分别定位在代码段和数据段。代码段属于初始化段(initialized section),数据段分为初始化段和未初始化段(uninitialized section)。

汇编器和链接阶段产生的目标文件带有相同的通用目标文件格式结构,然而,通常最终被链接的程序不包含重定位项(relocation entries)。

TMS320C28x 汇编指令系统中包含段定义伪指令,其中表示系统默认代码段名的段伪指令为.text,表示系统默认初始化数据段名的段伪指令为.data、表示系统默认未初始化数据段名的段伪指令为.bss。此外,还有创建用户命名(即 named)段的汇编伪指令.usect 和.sect。在 C28x C 编译器中,为变量创建用户命名数据段的预编译处理语句为:

```
# pragma DATA_SECTION (symol,"section name");
```

为函数创建用户命名代码段的预编译处理语句为:

```
# pragma CODE_SECTION (func,"section name");
```

用户编写 F2833x 的 C/C++语言源程序模块时,并不使用 C28x 的任何汇编段伪指令,但是,C28x C/C++语言编译器编译源程序会自动创建两种基本段,即初始化段和未初始化段,创建的初始化段如表 3-1 所示,创建的未初始化段如表 3-2 所示。

表 3-1　C/C++语言编译器创建的初始化段

段　　名	存 放 内 容	限 制 条 件
. cinit	显式初始化全局变量和静态变量表	程序空间
. const	显式初始化全局和静态常量表,包含字符串常量	低 64KB 数据空间
. econst	远常量	数据空间任何区域
. pinit	在启动时被调用的构造函数表	程序空间
. switch	大开关语句的跳转表	带有-mt 编译选项的程序空间
. text	可执行代码和常量	程序空间

表 3-2　C/C++语言编译器创建的未初始化段

段　　名	存 放 内 容	限 制 条 件
. bss	全局变量和静态变量	低 64KB 数据空间
. ebss	远全局变量和静态变量	数据空间任何区域
. stack	堆栈	低 64KB 数据空间
. sysmem	为 malloc 函数(内存堆)保留存储器	低 64KB 数据空间
. esysmem	为 far_malloc 函数保留存储器	数据空间任何区域

这些段是可重定位的代码段和数据段,可用不同方式重新定位在符合不同系统配置的存储器中。C/C++语言运行环境提供 far_malloc 例程,支持系统内存堆(.esysmem 段)被定位在远内存(far memory)。当程序被链接时,用户必须为各种段分配内存空间(即存储器地址范围)。通常,初始化段被定位到 ROM 或 RAM,未初始化段被定位到 RAM。除 .text 是例外,C/C++语言编译器创建的初始化段和未初始化段不能被分配到程序存储器空间。在链接时,链接器提供 MEMORY 和 SECTIONS 两条伪指令为初始化段和未初始化段分配内存空间。MEMORY 和 SECTIONS 伪指令要求存放在链接器命令文件(文件扩展名为 cmd 的文件)中编写。所以,C/C++语言编译器创建的初始化段和未初始化段虽然对用户来说是透明的,但是用户必须在链接器命令文件(文件扩展名为 cmd 的文件)为这些段分配与 DSP 芯片实际存储器物理地址相符的存储器块地址。链接器命令文件的编写内容在本章后续章节中介绍。

3.2　DSP 的工程文件目录结构

DSP 软件开发的顶层文件是工程文件,DSP 的工程文件的扩展名为 pjt,这是一个特殊的文本文件,由 CCS 集成开发环境创建工程文件命令执行后自动生成,不需要用户编辑和修改。工程文件是一个 DSP 应用软件开发容器或框架,它以树形结构文件管理器窗口的形式呈现给用户,分为 include 子目录、source 子目录、libray 子目录,分别存放头文件、源程序文件、库文件,而链接器命令文件存放在工程文件根目录下,这些不同类型的文件共同构成一个工程文件。CCS 集成开发环境对工程文件进行汇编、编译、链接后,产生 DSP 可执行文件,通过 DSP 仿真器 JTAG 接口与 DSP 用户板上 JTAG 接口相连,把 DSP 可执行文件下载到 DSP 用户板上仿真 RAM 中运行调试，或烧写到 DSP 片上 Flash 中，脱离 DSP 仿真器独立运行。

TI 提供 F2833x 的外设头文件、外设源例程文件、外设模块基本功能例程工程文件模板，使得构建 F28335 工程文件和编写 DSP C/C++ 代码更加简捷、便利。这些外设源例程文件可作为学习工具或作为当前用户按需开发基础平台。这些外设源例程文件演示初始化 DSP 片上外设和运用芯片外设资源所需的软件开发步骤。提供的外设例程可以在一个 CCS 平台上被复制和修改，使用户可快速完成不同外设的软件配置。这些工程文件模板还可通过在链接器命令文件中简单地改变内存分配被移植到其他外设应用软件开发中。

F2833x 的外设头文件(.h)模板提供 F2833x 片上所有外设寄存器位域变量结构体类型定义语句，外设寄存器一般包括控制与状态寄存器、数据寄存器。

外设例程源文件(.c)模板提供 F2833x 片上所有外设寄存器位域变量结构体类型变量分配用户命名段预编译处理语句、外设寄存器初始化原型函数定义语句、中断服务原型函数定义语句等。

F2833x 的链接器命令文件(.cmd)模板提供 C/C++ 语言编译器产生的系统默认段和 ♯pragma 预编译处理语句，为外设寄存器组创建的命名数据段在 DSP 片上存储器空间指定实际物理地址的定位信息。F2833x 的库文件(.lib)模板提供 CCS 所需的库文件和 F2833x 的浮点运算支持库等。

这些外设头文件模板、外设例程源文件模板、链接器命令文件模板、库文件模板共同构成 F2833x 的工程文件开发模板。利用 TI 的工程文件开发模板，用户可以快速开发 DSP 应用程序，开发周期比传统开发方法大大缩短。

F28335 的工程文件开发模板被存放在一个层次分明的目录结构下。通常存放在 CCS 3.3 安装目录下的 MyProjects 子目录下，即 C:\CCStudio_v3.3\MyProjects。例如，F28335 工程文件开发模板的主文件夹名为 dspdemo_F28335，dspdemo_F28335 主文件夹下设有 3 个子文件夹，文件夹图标如图 3-3 所示。第 1 个子文件夹名 DSP2833x_common 下存放 F2833x 各个外设模块的通用工程文件开发模板，第 2 个子文件夹名 DSP2833x_examples 下存放 F2833x 各个外设模块的工程文件开发例程模板，第 3 个子文件夹名 DSP2833x_headers 下存放 F2833x 各个外设模块的寄存器结构体类型定义头文件和变量定义源文件模板。

DSP2833x_common 文件夹的下一级文件夹下存放的文件类型与功能描述，如表 3-3 所示。DSP2833x_common 文件夹下一级共有 5 个子文件夹，如图 3-4 所示。

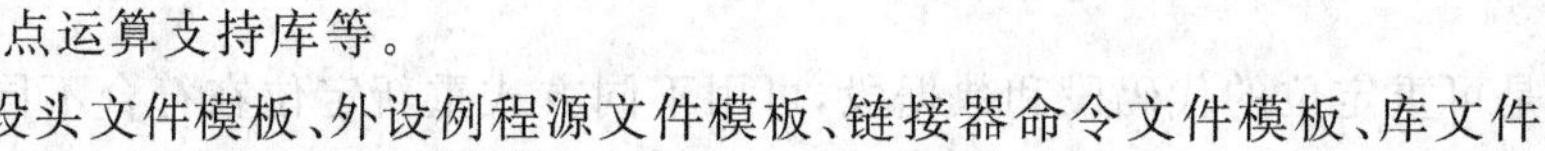

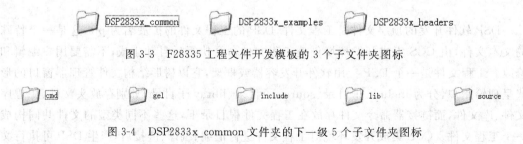

图 3-3　F28335 工程文件开发模板的 3 个子文件夹图标

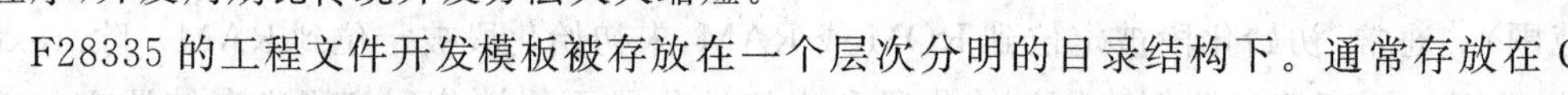

图 3-4　DSP2833x_common 文件夹的下一级 5 个子文件夹图标

表 3-3　DSP2833x_common 目录的下一级子目录下的文件类型

目　　录	说　　明
＜DSP2833x_common＞\cmd	仿真通用存储器链接器命令文件(.cmd)为 28332_RAM_lnk.cmd、28334_RAM_lnk.cmd、28335_RAM_lnk.cmd。烧写通用存储器链接器命令文件为 F28332.cmd、F28334.cmd、F28335.cmd
＜DSP2833x_common＜\gel	F2833x 软件开发环境通用 GEL 文件(.gel),这些都是可选的,包括 f28332.gel、f28334.gel、f28335.gel
＜DSP2833x_common＞\include	F2833x 的通用外设头文件(.h),开发一个项目(即建立一个工程文件)需要添加这些外设头文件。包括: DSP2833x_Device.h,主要包含了所有外设头文件; DSP2833x_GlobalPrototypes.h,包含各模块定义的对象(包括函数、变量)声明成全局对象的 extern 语句; DSP2833x_Examples.h,配置时钟频率、锁相环控制寄存器(PLLCR 和 DIVSEL)值,最大 SYSCLKOUT＝150MHz
＜DSP2833x_common＞\lib	通用常规库(.Lib)文件
＜DSP2833x_common＞\source	通用外设初始化 C 函数与汇编指令源文件(.asm、.c)

　　DSP2833x_examples 文件夹的下一级子文件夹是每个片上外设模块的应用程序工程文件实例子文件夹图标,如图 3-5 所示。每个片上外设模块的应用程序工程文件实例子文件夹下存放着该外设模块应用程序实例工程文件(.pjt)、主程序源文件(.c)及 Debug 子文件夹等,其中 Debug 子目录存放 CCS 编译成功后生成的 DSP 可执行文件(.out),如 cpu_timer 子文件夹存放 CPU 定时器工程文件 Example_2833xCpuTimer.pjt、主程序源代码文件模块 Example_2833xCpuTimer.c 以及 Debug 子文件夹,如图 3-6 所示。

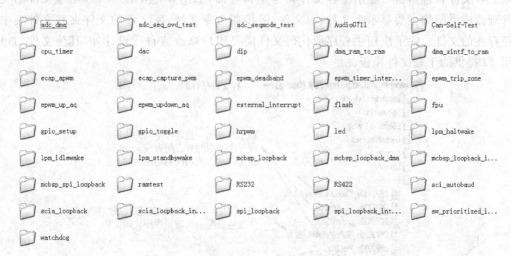

图 3-5　DSP2833x_examples 目录的下一级子文件夹图标

　　DSP2833x_headers 文件夹的下一级子文件夹共有 4 个子文件夹,除了没有 lib 子文件夹外,其他子文件夹名与 DSP2833x_common 文件夹的下一级子文件夹相同。这 4 个子文件夹下存放的文件类型与功能描述如表 3-4 所示。

图 3-6 cpu_timer 目录的下一级子文件夹图标

表 3-4 DSP2833x_headers 目录的下一级子目录下的文件类型

目　　录	说　　明
< DSP2833x_headers >\cmd	外设寄存器通用链接器命令文件 DSP2833x_Headers_nonBIOS.cmd（适用非 BIOS 配置） DSP2833x_Headers_BIOS.cmd（适用 BIOS 配置）
< DSP2833x_headers >\gel	F2833x 外设 GEL 文件（.gel），这是可选的，包括 DSP2833x_Peripheral.gel
< DSP2833x_headers >\include	F2833x 的各个外设寄存器位域结构体类型定义语句头文件（.h），开发一个项目（即建立一个工程文件）需要使用哪些外设，添加这些外设头文件
< DSP2833x_headers >\source	将头文件声明的外设寄存器位域结构体变量分配用户命名段预编译处理语句文件：DSP2833x_GlobalVariableDefs.c。一个任何工程文件都需要添加该文件

在 CCS 3.3 启动后的主界面中，执行主菜单 Project 中的 Open 命令，选择目录路径 C：\CCStudio_v3.3\MyProjects\dspdemo\DSP2833x_examples\cpu_timer\ 下的工程文件 Example_2833xCpuTimer.pjt，就可以打开 32 位 CPU 定时器周期中断工程文件，而且 CCS 左侧工程文件管理器窗口显示工程文件树形结构界面，如图 3-7 所示。CCS 工程文件的文件管理器树形结构主要显示头文件、源文件、链接器命令文件、库文件的文件夹和文件夹中已经存在的文件。除了应用主程序源代码文件需要用户修改或自行设计外，其他文件均可调用 TI 提供的工程文件模板。

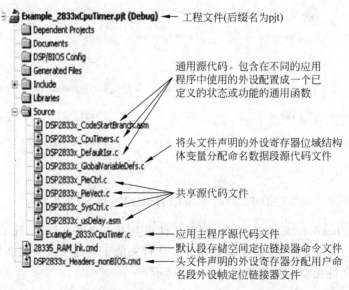

图 3-7 CCS 3.3 下 CPU 定时器周期中断实例工程文件组成结构

3.3 CCS 3.3 常用菜单命令

CCS 3.3 启动后,主界面和工具栏快捷图标如图 3-8 所示。

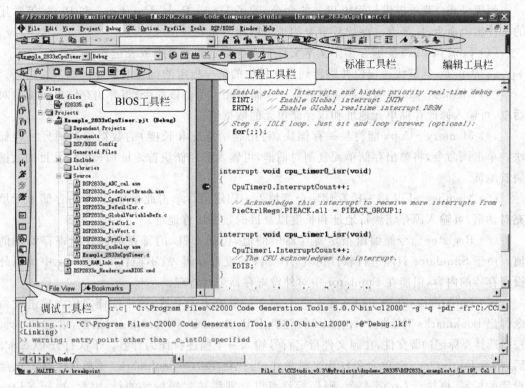

图 3-8 CCS 3.3 的主界面和工具栏快捷图标

主菜单命令从左到右依次是 File、Edit、View、Project、Debug、GEL、Option、Profile、Tools、DSP/BIOS、Window、Help。以下依次介绍前 10 个主菜单命令。

3.3.1 文件菜单命令

文件(File)菜单命令提供了与文件操作相关的命令,其中比较重要的下拉菜单操作命令如下。

(1) 执行 New→Source File 菜单命令,弹出文本编辑窗口,可建立一个新源文件,开始输入文本行代码。用户执行另存为命令,给源文件起主文件名和文件扩展名可选 *.c、*.asm、*.h、*.cmd、.gel、*.map 和 *.inc 等,存盘结束。

(2) 执行 New→DSP/BIOS Configuration 菜单命令,建立一个新的 DSP/BIOS 配置文件,在仿真器中使用,当调试器不能或没必要加载目标代码 COFF 文件时(如目标代码存放在 ROM 中),应用该命令只清除符号表,不更改存储器内容和设置程序入口。

(3) Load Program 将 DSP 可执行的目标代码文件 COFF(.out)载入仿真器(Simulator 或 Emulator)。

(4) Load Symbol 将符号信息载入 DSP 目标系统。这个菜单命令只在 Emulator 硬件仿真器中使用,当调试器不能或没必要加载目标代码 COFF 文件时(如目标代码存放在 ROM 中),应用该命令只清除符号表,不更改存储器内容和设置程序入口。

3.3.2 编辑菜单命令

编辑(Edit)菜单提供与编辑相关的命令,除了 Undo、Redo、Cut、Copy 和 Paste 等常用的文件编辑命令外,还有一些比较重要的子菜单命令如下。

(1) Find in Files 能够在多个文本文件中查找特定的字符串或表达式。

(2) Go To 能够快速定位并跳转到源文件中的某一指定的行或书签处。

(3) Memory→Edit 编辑存储器的某一存储单元。单击该命令,将弹出存储单元编辑对话框,可输入修改存储单元地址和该存储单元的数据值。

(4) Memory→Copy 能将某一存储块(利用起始地址和长度)的数据复制到另一存储块。单击该命令,将弹出存储单元复制对话框,可输入源存储块首地址和长度以及目的数据块首地址。

(5) Memory→Fill 将一段存储块全部填入一固定值。单击此命令,将弹出存储单元填充对话框,可输入源存储块首地址和长度以及目的数据块首地址。

(6) Register 命令能编辑指定寄存器中的值,包括 CPU 的寄存器和外围寄存器中的值。由于 Simulator 只能进行软件仿真,不支持外设寄存器,故不能在 Simulator 中编辑外设寄存器的内容,但能在 Emulator 中对外设寄存器进行管理。

(7) Bookmarks 命令可以在源文件中定义一个或多个书签,便于快捷定位。单击此命令弹出 Bookmarks 对话框,单击 Add 按钮弹出 Bookmarks Properties 对话框,单击 Browse 按钮选择要标记的源文件,在源文件指定行号输入一个描述符作为标签。下次打开 CCS 3.3 后,执行 File→Open 菜单命令打开该源文件,再执行 Edit→Bookmarks 菜单命令选中已经设置的标签,再执行 Go to 命令,则光标就可以立即跳转到插标签的行,因此,执行 Edit→Bookmarks 菜单命令是一种可选的编辑源文件的辅助工具。

3.3.3 显示菜单命令

显示(View)菜单用于选择显示各种工具栏、各种窗口和各种对话框。几个常用的命令如下。

(1) View→Disassembly,打开反汇编窗口命令。

(2) View→Memory,打开内存窗口命令。

(3) View→ Registers,打开 DSP 寄存器窗口命令。

(4) View→Gragh,打开图形窗口命令(时频域图、星座图、眼图、图像)。

(5) View→Watch,打开观察窗口命令,用于检查和编辑变量及 C 表达式,配合断点调试很有用。

3.3.4 工程菜单命令

CCS 使用工程(Project)菜单来管理整个设计过程,它不允许直接对 DSP 汇编源代码或 C 语言源代码文件编译(Build 命令)生成 DSP 可执行代码。只有在建立工程文件的基础上,在菜单或工具栏上执行编译命令才会生成可执行代码。工程文件存盘文件后缀为 pjt 文件。在 Project 菜单命令下,除了 New、Open、Close 常用命令外,下面将重要的命令介绍如下。

（1）Add Files to Project，将文件加载到工程中命令。CCS 根据文件的扩展名将文件加到相应的子目录中。工程文件支持 C 语言源文件（＊．c）、C++语言源文件（＊．cpp）、汇编语言源文件（＊．a＊ or ＊．s＊）、库文件（＊．o or ＊．l＊）和链接命令（＊．cmd）文件。其中，C/C++语言源文件和汇编语言源文件可以被编译和链接。库文件和链接命令文件只能被链接，CCS 会自动将头文件添加到工程中。

（2）Compile File，编译 C 语言或汇编语言源代码文件命令。

（3）Build，编译和链接 C 语言或汇编语言源代码文件命令，对于没有修改的源文件，CCS 将不重新编译。

（4）Rebuild All，对工程中所有文件重新编译，并链接生成 DSP 可执行的 COFF 格式的文件命令。

（5）Build Options，设定编译器、汇编器和链接器的各种参数命令。编译器、汇编器和链接器的参数设置非常复杂，一般使用 CCS 默认参数即可。

3.3.5　调试菜单命令

调试（Debug）菜单中包含常用的调试命令，其中重要子菜单命令介绍如下。

（1）Breakpoints，断点对话框命令。CCS 3.3 断点对话框包含探针点设置功能，与低版本 CCS 相比，没有探针点（Probe Points）命令。断点对话框默认显示已设断点状态，包括断点所在源代码文件名、行号和程序运行到断点的动作是停止运行。当程序执行到断点时，停止运行，这时可以检查程序运行状态，查看变量、存储器和寄存器的值等，也可查看堆栈。设置程序断点时应注意下面两点。

① 不要将断点设置在任何延迟分支或调用指令的地方。

② 不要将断点设置在重复的块指令倒数第 1、2 行指令的地方。

（2）Probe Points，探测点设置命令。允许更新观察窗口并在算法的指定处（也就是设置探测点的地方）将主机文件的数据读到 DSP 目标系统的存储器，或将 DSP 目标系统的存储器的数据写入到主机上的文件中，此时应设置为 File 的 I/O 属性。

对每一个建立的窗口，默认情况是在每个断点处更新窗口显示。当使用探测点更新窗口时，目标程序将临时停止执行；当窗口更新后，程序将继续执行。因此，Probe Points 不能满足实时数据交换（RTDX）的需要。

（3）Step Into，单步执行命令。若运行到调用函数处，将跳入到函数中单步执行。

（4）Step Over，单步执行命令。与 Step Into 不同的是，为了保护处理器的流水线操作，该指令后的若干条延迟指令或调用指令将同时被执行，如果运行到函数调用处，将直接执行完整个函数的功能而不能跳入到函数内部单步执行，除非在函数内部设置了断点。

（5）Step Out，跳出函数或子程序执行命令。当使用 Step Into 或 Step Over 单步执行指令时，如果程序运行到一个子程序中，执行该命令将使程序执行完函数或子程序后，回到调用该函数或子程序的地方。在 C 语言源程序模式下，根据标准运行堆栈来推断返回地址；否则，根据堆栈顶的值来求得调用函数的返回地址。因此，如果汇编程序使用堆栈来存储其他信息，该指令有可能运行不正常。

（6）Run，从当前程序计数器（PC）全速执行程序，碰到断点时暂停执行命令。

（7）Halt，中止程序执行命令。

（8）Animate，动画运行程序命令。当遇到断点时程序暂时停止运行，在更新未与任何 Probe Point 相关联的窗口后程序继续执行。该命令的作用是在每个断点处显示处理器的状态，可以在 Option 菜单下选择 Animate Speed 命令来控制其速度。

（9）Run Free，从当前程序计数器（PC）处开始执行程序命令，将忽略所有的断点（包括 Breakpoints 和 Probe Points）。该命令在 Simulator 下无效，在使用 Emulator 进行仿真调试时，该命令将断开与目标系统板的连接，因此可以移走 JTAG 电缆。在运行 Run Free 指令时将对 DSP 目标系统复位。

（10）Run to Cursor，程序执行到光标处命令，光标所在行必须为有效的代码行。

（11）Multiple Operation，设置单步执行的次数命令。

（12）Reset CPU，复位 DSP 目标系统命令，初始化所有寄存器，中止程序的执行。

（13）Restart，将程序计数器（PC）的值恢复到程序的入口命令，但该命令不启动程序的执行。

（14）Connect/Disconnect，Connect 命令使 CCS 3.3 通过 USB 型 DSP 仿真器与 DSP 应用板进行 JTAG 接口信号连接操作，若连接成功，CCS 3.3 显示界面最左下方状态行由 CCS 3.3 启动的初始状态字 DISCONNECTED（HALTED）变为 HALTED。Disconnectt 命令是 Connect 命令的逆操作命令，使 CCS 3.3 通过 USB 型 DSP 仿真器与 DSP 应用板进行 JTAG 接口信号连接断开操作。

1. C 源程序断点设置

C 源程序语句行设置断点有两种方法，第一种方法是光标指向要设断点的语句行最左边双击，一个红色圆块断点标记出现在该行代码最左端，表示断点设置成功。这是最常用的断点设置法。

第二种方法，首先将光标定位到要设断点的 C 源程序代码行，然后单击编辑工具栏的小手图标（Debug：Toggle Breakpoints）按钮，在该行代码最左边出现一个红色圆块。

2. 探针点设置与删除

在源代码指定行设置探针点（Probe Points），允许更新观察窗口并在算法的指定处（也就是设置探针点的地方）将主机数据文件（.dat）的数据读到 DSP 目标系统的存储器，或将 DSP 目标系统的存储器的数据写入到主机上的数据文件（.dat）中。主机数据文件（.dat）的属性应设置为 I/O 属性。

对每一个建立的观察窗口，默认状态是在每个断点处更新窗口显示。当使用探针点更新窗口时，目标程序临时停止执行，当窗口更新后，程序将继续执行，因此，Probe Points 不能满足实时数据交换（RTDX）的需要。

CCS 3.3 的探测点设置在"断点"对话框命令中，即 CCS 3.3 的断点设置中包含探针点的设置功能。探针点能够停止当前程序的执行，使探针点与 I/O 文件或者 CPU 寄存器连接起来。与设置断点一样，在设置程序探测点时，应注意以下两点。

（1）不要将探针点设置在任何延迟分支或调用的指令的地方。

（2）不要将探针点设置在重复块指令倒数第 1、2 行指令的地方。

在没有设置探针点功能时，程序运行到断点，将停止在断点处，各寄存器更新的值是程序执行到断点时当前寄存器的值，对于其他窗口（如内存和图形窗口）也一样。若在该断点处设置了探针点功能后，程序运行到该断点时，程序并不在该断点停止，而是在该探针点之后的某行设置的断点停止，但各窗口的更新值却是程序运行到该探针点处的值，而不是程序运行到该探针点之后某个断点停止后的值。

CCS 3.3 探针点的设置方法：执行 Debug→Breakpoints 菜单命令，在弹出的"断点"对话框中，单击标签 Action 下方对应断点信息行的下拉菜单项，默认的下拉菜单选项是 Halt Target，表示 DSP 目标板(Targe)程序全速运行遇到断点停止运行。若想把断点改成探测点，在显示的下拉菜单项中选择其他选项。例如，若想设置探针点，并希望将探针点与输出文件连接，选择 Write Data To File 选项。若希望将探针点与输入文件连接，选择 Read Data From File 选项。

CCS 3.3 探针点的删除方法很简单，只需在"断点"对话框中，将标签 Action 下方对应断点信息行下拉菜单的选项恢复成 Halt Target 即可。

3. 探针点与 CPU 寄存器观察窗口连接

将探针点连接到内核寄存器观察窗口的步骤如下：

(1) 执行 View→Registers→Core Registers 命令，打开内核寄存器观察窗口。执行 Debug→Assembly/Source Setting→Assembly Step Into 命令，将 C 源程序编辑窗口切换成汇编语言源程序编辑窗口，记录想设置探针点的 C 语句行对应汇编语言源程序编辑窗口下的行号和 PC 值，便于观察探针点处 PC(程序计数器)显示值。

(2) 在想要设置探针点的源代码行，设置一个断点，出现红色实圆块。

(3) 执行 Debug→Breakpoints 命令，打开"断点"对话框，在标签 Action 下拉菜单下，选择 Refresh a Windows 选项，弹出 Parameter 对话框。单击 Parameter 对话框中的下拉按钮，选择"Registers Windows ＜ 0 ＞"选项，单击 OK 按钮退出 Parameter 对话框，完成探针点与 CPU 寄存器观察窗口连接设置。

(4) 在探针点之后的适当语句行，再设置一个断点。然后全速运行，遇到断点停止后，寄存器显示窗口更新为探针点所在行对应的寄存器值。

4. 探针点与文件 I/O 连接

探针点可以与 PC 硬盘上 I/O 文件相连，把 DSP 目标板或软件模拟器数据存储器指定地址范围的存储单元数据写入指定文件(输出数据文件)，或从指定文件读取数据写入 DSP 目标板或软件模拟器数据存储器的指定地址范围的存储单元中(输入数据文件)。一旦所连接的文件更新完毕，程序继续执行。将探针点设置在 C 程序的任意语句位置，当程序执行到探针点语句时，CCS 暂停程序运行，将探针点所连接的 I/O 文件与 DSP 系统的数据存储器之间进行输入输出(I/O)操作。这为 CCS 调试 DSP 实现数字信号处理算法提供一种便捷、高效的调试手段。

例如，为了仿真 N 点 FFT 算法对不同幅值、不同频率的正弦输入信号的采样值的运算结果，传统调试方法是用不同的采样值数组替换到源程序中，每次替换后都要经历工程文件的编译、下载、执行等调试步骤，比较耗时。若把 N 点不同幅值、不同频率的正弦输入信号 N 点采样值事先制作成不同的 I/O 文件，利用探针点设置对话框将探针点与不同的 I/O 文件的相连接，CCS 全速遇到探针点后，就能将 I/O 文件中的采样数据自动传送到 DSP 目标板上指定地址范围的数据存储器单元中，作为 FFT 算法的输入数据，节省了反复更换源程序的采样数据、再编译、下载的繁琐过程，提高了调试效率。

利用探针点对一个数据文件进行 I/O 操作的步骤如下。

(1) 在 PC 硬盘指定文件夹下，创建文件名后缀为 dat 的 I/O 文本文件名，在文件第一行中输入 1651 按 Enter 键并保存(即新建文本文档之后将扩展名改为 dat)。

(2) 把光标移至指定语句或指令,设置一个断点(包含探针点功能),此时,探针点尚处于未触发(未)连接状态。

(3) 设置 I/O 文件与探针点相关联。执行 Debug→Breakpoints 菜单命令,在弹出的"断点"对话框中,单击标签 Action 下方对应断点行的下拉菜单,默认选项是 Halt Target,若希望将探针点与输出文件连接,选择 Write Data To File 选项,立即弹出 Parameter 对话框,单击 File 标签右边的按钮,选择用户创建的 .dat 文件。在 Start Address 标签右边的文本框输入 DSP 内存首地址(通常是十六进制数)。在 Length 标签右边的文本框输入内存数据单元长度(通常是十六进制数)。单击 OK 按钮退出 Parameter 对话框,完成探针点与输出文件的连接设置,并自动弹出文件 I/O 控制窗口。

若希望将探针点与输入文件连接,选择 Read Data From File 选项,立即弹出 Parameter 对话框,单击 File 标签右边的按钮,选择用户创建的 .dat 文件。在 Start Address 标签右边的文本框输入 DSP 内存首地址(通常是十六进制数)。在 Length 标签右边的文本框输入内存数据单元长度(通常是十六进制数)。单击 OK 按钮退出 Parameter 对话框,完成探针点与输入文件的连接设置,并自动弹出文件 I/O 控制窗口。

(4) 在探针点之后适当语句行,再设置一个断点。然后,全速运行遇到探针点后,对于探针点连接的输入文件,CCS 3.3 自动将指定的输入数据文件中的数据自动读取到数据存储器指定地址范围的存储单元中。对于探针点连接的输出文件,CCS 3.3 自动将数据存储器指定地址范围的存储单元中的数据自动写到指定输出文件中,然后在断点停止,可以查看外部文件数据流与 DSP 算法程序代码交换并执行结果等情况。

5. 探针点连接的数据文件格式

探针点连接的 I/O 文件有两种文件格式。第一种是 CCS 规定的 COFF(通用目标文件格式)格式二进制文件(.out),就是执行 File→Load Program 菜单命令加载的文件格式。第二种是 CCS 规定的数据文件(.dat),要求第一行为文件头信息,第二行起每行写一个数据样本,按 Enter 键结束。数据文件的头信息行格式为:

```
M F S P L
```

其中,M=MagicNumber,魔术号,固定为 1651。F=Format,数据样本格式,为 1~4 的数,1 表示十六进制数;2 为整数;3 为长整数;4 为浮点数,通常选用 1。S=Start Address,数据块被存放的起始地址。通常设置为 0。今后由探针点连接的 File I/O 对话框自动改写。P=PageNum,数据块所位于的页号,通常 0 页代表程序存储器,1 页代表数据存储器。L=Length,数据块中的样本长度。通常设置为 0。今后由探针点连接的 File I/O 对话框自动改写。例如,数据文件 sine.dat 输入的数据格式如下所示。

```
1651 1 0 0 0
0x30
0x31
...
```

3.3.6 GEL 菜单命令与通用扩展语言

1. GEL 文件

GEL 语言是一种类似于 C 语言的通用扩展语言,在实际使用中,按照 GEL 语法创建

GEL 函数,并将其加载到 CCS 中,以扩展 CCS 的 GEL 菜单的下拉菜单功能。CCS 安装后,默认 GEL 菜单命令的下拉菜单是空的(即没有下拉菜单)。TI 提供 DSP 芯片的 GEL 文件模板,如 CCS 启动时可自动执行的 F28335 的 GEL 文件,即 f28335.gel。只需在 CCS Setup 设置过程中,通过处理器属性对话框选择 f28335.gel 文件,加载到 CCS 启动项中即可。

f28335.gel 中包含 6 个 GEL 内置函数,具体如下。

```
StartUp()                    /* 每当调用 CCS 时,该语句被执行 */
OnReset()                    /* 在 Debug 命令执行后,该语句被执行,用来复位 CPU */
OnRestart()                  /* 在 Debug 命令执行后,该语句被执行,用来重新启动 */
OnPreFileLoaded()            /* 在 File 命令执行前,该语句被执行,用来装载程序 */
OnFileLoaded()               /* 在 File 命令执行后,该语句被执行,用来装载程序 */
OnTargetConnect()            /* 在 Debug 后,该语句被执行,用来连接仿真器 */
```

其中,StartUp()是当 CCS 启动时自动调用对目标 DSP 芯片进行适当初始化的启动函数,TI 只提供 StartUp()的空函数体,没有填写 F28335 片上存储器初始化等 GEL 内置函数,由用户决定是否填写。

可见,系统默认状态下,在 CCS Setup 设置对话框中加载 TI 提供的 f28335.gel 模板,没有起到初始化目标 DSP 芯片的作用。

使用 GEL 语言可以访问真实的或者模拟的目标 DSP 存储器,还可以在 GEL 菜单增加新的功能选项。GEL 函数可在任何能输入表达式的地方调用,甚至还可以将 GEL 函数添加到 Watch 窗口。

2. GEL 文件加载方法

加载 GEL 文件有两种方法,第一种加载方法：执行 File→Load GEL 菜单命令,弹出 Load GEL File 对话框,选择目标文件夹下的 GEL 文件(.gel)。

第二种加载方法：右击 CCS 工程文件管理器窗口 GEL File 文件夹图标,弹出快捷菜单,执行 Load GEL 命令,弹出 Load GEL File 对话框,选择目标文件夹下的 GEL 文件(.gel)。

CCS 的 GEL 主菜单命令默认下拉菜单是空的(即没有下拉菜单),可以通过调用常用 GEL 函数,在 CCS 3.3 的 GEL 菜单下添加 1、2 级菜单名。

使用下列有两条语句或两个 GEL 函数,就能在 GEL 主菜单命令下添加 1、2 级菜单命令。

在 GEL 文本文件(.gel)中,编写第一条语句使用"menuitem 1 级菜单名",当 GEL 文件被加载后,在 GEL 菜单下创建一个一级下拉菜单名"。第二条语句,使用"hotmenu 2 级菜单名",当 GEL 文本文件被加载后,可在该一级菜单名下创建一个二级下拉菜单名。

在 GEL 文本文件(.gel)中,编写第一条语句使用"menuitem 1 级菜单名",第二条语句使用"dialog 2 级菜单名(形参表)"编写"dialog(对话框)"GEL 函数语句,当 GEL 文件文本被加载后,可在该一级菜单名下创建一个二级下拉菜单名(对话框)。当从 GEL 菜单下选择该二级菜单名命令时,将自动弹出一个输入对话框,提示用户输入 GEL 函数定义的参数。

若第三条语句使用"slider 2 级菜单名(形参表)"编写"slider(滚动条)"GEL 函数语句,当 GEL 文件文本被加载后,可在该一级菜单名下,创建一个二级下拉菜单名(滚动条)。当从 GEL 菜单下选择该二级菜单名命令时,将自动弹出一个可滑动指针位置的滚动条,当移动滑杆位置时,将滑杆位置对应的值传递给 GEL 函数的定义参数。

3. Dialog GEL 函数

Dialog(对话框)关键字引导的 GEL 函数被加载到 CCS 后,将在 GEL 菜单下创建一个

以 GEL 函数命名的对话框命令(二级菜单名),提示用户输入参数。Dialog GEL 函数的语法格式如下:

```
Dialog funcName(参数 1"参数 1 说明",参数 2"参数 2 说明",…)
{    (在当前项目文件中,有关全局变量的赋值语句等)
}
```

其中,funcName 是用户命名的对话框 GEL 函数名,即对话框命令名。参数 1、参数 2 等是 GEL 函数内使用的变量名,参数说明则是在对话框中相应输入域的提示信息。通过对话框最多能向 GEL 函数传递 6 个参数。下面的例子是使用 dialog GEL 函数在 GEL 菜单下创建两个对话框菜单命令选项。

```
Menuitem "My Functions";
Dialog InitTarget(startAddress "Starting Addess",EndAddress "End Address")
{    (输入起始地址和结束地址等有关参数,赋给当前项目文件中的全局变量的赋值语句等)}
dialog LoadMyProg()
{    (输入有关装载参数,赋给当前项目文件中的全局变量的赋值语句等)}
```

4. Slider GEL 函数

Slider(滚动条)关键字引导的 GEL 函数被加载到 CCS 后,将在 GEL 菜单下创建一个以 GEL 函数命名的滚动条命令(二级菜单),当从 GEL 菜单下选择此函数时,将出现一个滚动条,移动滑杆位置,将滑杆位置对应的值传递给 GEL 函数的参数值。每次移动滚动条上的滑杆时,将调用 GEL 函数,其参数值由滑杆的位置决定。Slider GEL 函数上有 5 个参数,但使用时只能向 Slider GEL 函数传递一个参数,即在函数内部定义使用的参数名 ParamName。Slider GEL 函数的格式如下:

```
Slider param_definition(min Val,max Val,increment pageIncrement,paramName)
{(statements)}
```

其中,param_definition:GEL 函数名,在 Slider 对象旁显示的参数提示。

min Val:当滚动条在最低位置时,传递给函数的整数常量值。

max Val:当滚动条在最高位置时,传递给函数的整数常量值。

increment:每次移动一个滚动位置时,传递给函数的整数常量值。

pageIncrement:每次移动一页(page)滚动时,增加的整数常量值。

paramName:在函数内部使用的参数名定义。

【例 3-1】 设计一个 GEL 文本文件 volume. gel,在 GEL 菜单命令下产生一个一级菜单名为 Application Control、两个二级菜单分别为对话框 GEL 函数名 Load 和滚动条 GEL 函数名 Gain。volume. gel 代码列表如图 3-9 所示。

说明:

(1) 用户设计的 GEL 函数 Load(),前面加 dialog 关键字,说明该函数创建一个对话框,同时该函数名也是下一级子菜单名。该函数中的参数是对话框输入值传递的对象。注意:GEL 函数中的参数类型不需要事先定义,由对话框输入的值自动决定数据类型。loadParm 是 Load()的函数参数,在对话框中占用一个输入框。双引号引用的字符串"Load"是对话框左边的标签说明。函数体中的赋值语句"processingLoad = loadParm;"的

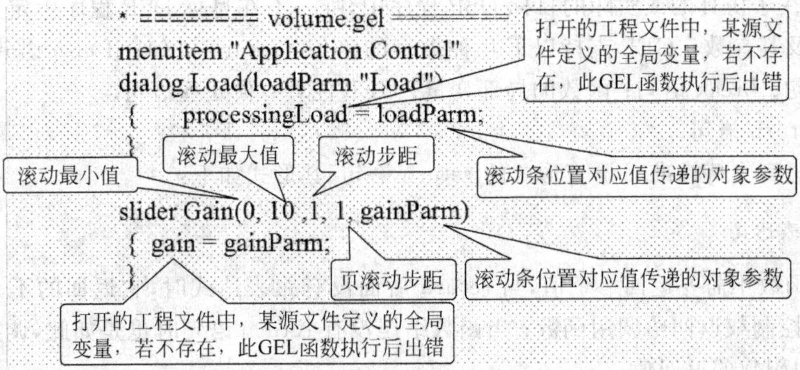

图 3-9　GEL 菜单下添加对话框和滚动条下拉菜单命令的 volume. gel 函数设计实例

processingLoad 变量不是 Load 函数的参数，而是在工程文件中某源文件定义的全局变量，若未定义则调用出错。可见，对话框功能是把输入参数 loadParm 传送给工程文件某源文件的全局变量。

（2）关键字 slider 向 GEL 菜单添加创建滚动条 GEL 函数。当从 GEL 菜单选择此函数时，将出现一个滚动条，控制 GEL 函数的参数值 gainParm 的大小。每次移动滚动条上的滑杆时，将调用 GEL 函数，其参数值由滑杆的位置决定。GEL 函数的参数值 gainParm 通过赋值语句传送给当前工程文件中的全局变量 gain。

5. GEL 函数定义

GEL 函数的形式如下：

函数名([参数 1],[参数 2]…[参数 6])
{
语句
}

说明：

（1）GEL 函数在扩展名为 gel 的文本文件中定义，一个 GEL 文件可以包含很多 GEL 函数定义。而且 GEL 函数定义非常宽松，GEL 函数不标明任何返回值类型，也不需要头文件来定义函数中使用的参数类型。这些类型信息可自动从数据值中获得。

与标准 C 语言一样，GEL 函数定义不能嵌入在其他的 GEL 函数定义中。定义一个求平方的函数形式如下：

```
square(a)              //a 是 GEL 函数的参数,通常是数字常量或数字表达式或字符
{
return a * a;
}
```

（2）GEL 函数最多能定义 6 个参数，不需要定义数据类型，不需要在被调用的 DSP 项目文件中定义。通常通过 GEL 函数体中的赋值语句将 GEL 参数值赋给 DSP 项目文件中全局变量。

6. GEL 语法

GEL 语言是 C 语言的一个子集，但它不能声明主机变量，所有的变量必须在 DSP 程序

中定义,存在于仿真的或实际的目标 DSP 程序中,唯一不在目标 DSP 程序中定义的标识是 GEL 函数及其参数。GEL 支持以下几种类型的语句:return 语句;if-else 语句;while 语句;for 语句;break 语句;函数的局部变量;GEL 注释;预处理语句。

(1) return 语句。

GEL 语言支持标准 C 语言形式的 return 语句,其形式如下:

```
return 表达式;
```

GEL 函数不需要返回一个值,当 return 后面没有跟表达式时,它返回的不是一个有效值,而是将控制权返回给调用函数;当函数结尾没有 return 语句时也是如此,调用函数可以忽略被调用函数的返回值。

与 C 语言不一样的是,GEL 函数不指定返回类型,返回类型可根据运行情况自动确定。

(2) if-else 语句。

GEL 语言支持标准 C 语言的 if-else 语句,其形式如下:

```
if (expression)
    statement1(执行语句 1);
else
    statement2(执行语句 2);
```

当表达式为真时,执行语句 1;否则执行语句 2。每个语句可以是单条语句,也可以是大括号括起来的多条语句。例如:

```
If (a == 25)
    b = 30;
If (b == 20)
    {a = 30;
    c = 30;
    }
Else
{d = 20;
}
```

(3) while 语句。

GEL 语言的 while 语句与标准 C 语言的 while 语句相似,但 GEL 语言不支持嵌入式的 continue 和 break 语句,其形式如下:

```
while (expression)
 statement;
```

当表达式为真时,执行下面的语句,并重新判断表达式是否为真,由于 GEL 语言不支持 continue 语句,因此当且仅当表达式为假时才能跳出循环。当 while 后跟几条语句时,需要用大括号括起来,例如:

```
while(a!count)
{
    Dataspace[a] = 0;
    a -- ;
}
```

(4) GEL 注释语句.

GEL 语言支持标准 C 语言的注释,"/ ＊ "为开始标记," ＊ /"为结束标记,中间的一行或多行为注释行,以"//"开头的注释行,注释持续到行末,例如:

/ ＊ 该注释跨越两行 ＊ /
//该注释持续到本行末

(5) 预处理语句。

与标准 C 语言一样,GEL 语言支持标准 ♯ define 预处理语句, ♯ define 是 GEL 支持的唯一的一个预处理关键字。使用 ♯ define 可以定义一个宏。下面的控制语句:

♯ define identifier token − sequence

让 CCS 3.3 预处理器用后面的符号序列替代前面的号,token-sequence 符号前面和后面的空格将被忽略。

7. GEL 函数调用

GEL 函数可以在任何能输入 C 表达式的地方调用,既可以在任何可输入 C 表达式的对话框中调用,也可在其他 GEL 函数中调用,但递归的 GEL 函数是不被支持,当一个 GEL 函数被执行时,不能再运行它的另一个实例。传递给 GEL 函数的参数是可选的,如果传入的参数被忽略,则假设该参数取其默认值。下面是一个 GEL 函数定义的例子:

```
Initialize (a,filename.b)
    {targVar = b;
     a = 0;
    GEL_Load (filename);
    Return b ＊ b;
    }
```

对此 GEL 函数的正确调用方法是:

```
Initialize (targersymbol,"c:\\myfile.out",23 ＊ 5 + 1.22);
```

当函数执行时,DSP 符号 targetsymbol 传递给参数 a,字符串常量"c:\\myfile.out"传递给参数 filename,而常量值 116.22 则传递给参数 b。

如果传递给参数 a 的不是一个 DSP 符号,运行中当执行到第二条语句时,a＝0 会出现错误。例如,如果将一个常量值 20 传递给 a,则第二条语句将变为 20＝0,这显然是一条非法赋值语句。同样,包含声明 targVar 的代码必须在执行这个函数前加载;否则在执行到声明 targvar＝b 时会出现执行错误。如果 targetsymbol 已定义,则上面的函数调用将会赋0 值给 targetsymbol。

8. CCS 系统默认的 GEL 函数

CCS 系统默认的 GEL 函数即启动时自动执行的 GEL 函数。CCS 允许用户按其需要使用 GEL 函数配置开发环境。要使用 GEL 函数,通常的方法是先执行菜单命令 File→Load GEL,找指定目录下的 GEL 文件来加载。如果每次设置环境都采用这种方法就很繁琐。要设置启动环境,方便的方法是在 CCS 启动后自动执行 GEL 函数,可以在 CCS 启动时将 GEL 文件名传给 CCS 扫描并加载指定的 GEL 文件。

仅设置环境自动加载 GEL 文件是不够的,还要求能自动执行 GEL 函数,方法是将某个

GEL 函数命名为 starup()。这样,当 GEL 加载到 CCS 时自动搜索一个名为 startup()的 GEL 函数并自动执行。例如,在桌面的 setup CCStudiov 3.3 快捷方式上右击,从弹出窗口 对系统配置图中的 F28335 图标右击,从弹出的快捷菜单中选择 Properties 命令,将出现 F28335 处理器属性窗口,加载 GEL 配置文件为 f28335.gel,并在 f28335.gel 为 starup()编 写对 F28335 微处理器进行必要的初始化的 GEL 函数。每当 CCS 3.3 启动时,自动加载 f28335.gel,并自动执行。

9. 内嵌 GEL 函数

CCS 3.3 提供的内建函数可以完成下列功能:①项目文件的打开、编译、加载;②控制 DSP 程序在指定地址运行;③在指定地址设置或清除断点;④创建(即打开)和关闭一个输 出窗口;⑤将信息串输出到指定输出窗口;⑥存储器块读写属性使能;⑦存储器块填充数 据;⑧加载数据文件与存储器块之间的双向存取;⑨添加表达式到观察窗口;⑩其他功能 (参见 CCS 3.3 的 Help 菜单)。

3.3.7 选项菜单命令

选项(Option)菜单用于设置字体、颜色和键盘等。Option 菜单命令如下。

(1) Font,设置字体命令。单击该命令后,将出现字体设置对话框,在该对话框中可以 设置字体、大小及显示样式等。

(2) Disassembly Style,设置反汇编窗口的显示模式命令。单击该命令,将出现反汇编 风格设置选项对话框。在对话框中,可以设置反汇编的显示为助记符或者代数符号,直接寻 址与间接寻址显示为十进制、二进制或十六进制等。

(3) Memory Map,定义存储器映射命令。存储器映射指明了 CCS 调试器能否访问哪 段存储器映射寄存器。通常情况下,存储器映射与链接器命令文件(*.cmd)定义相一致。 第一次运行 CCS 时,存储器映射是禁用状态(没选中 Enable Memory Mapping),即 CCS 调 试器可以存取 DSP 目标板上所有的可寻址的 RAM 存储器。当使能存储器映射后,CCS 调 试器将根据存储器映射的设置,检查其可以访问的存储器。如果要存取的是未定义或保护 区的数据,则调试器将显示默认值而不是存取 DSP 目标系统的数据。

① 执行存储器映射设置命令。单击 Memory Map 命令,弹出 Memory Map 对话框。 在该对话框中选中 Enable Memory Mapping(使能存储器映射)。选择修改的页面 (Program,Data 或 IO),如果程序中只使用了一个存储器页面,则可以跳过这一步。

按照链接命令文件(*.cmd)的存储器定义,在 Starting Address 区域输入起始地址,在 Length 区域输入存储器长度,在 Attributes 区域选择存储器的读写属性,再单击 Add 按钮, 就可以添加一个新的存储器映射范围。

② 删除一个存储器映射范围命令。将一个已经存在的存储器映射属性设置为 None_ No Meory/Protected,可将此存储器映射范围删除。也可以在 Memory Map 列表框中选中 需要删除的存储器映射范围,单击 Delete 按钮将其删除。

③ 存取一个非法的存储器地址命令。当读取一个被存储器映射保护的存储空间时,调 试器不是从 DSP 目标系统板读取数据,而是读取一个保护数据,通常是 0。因此,一个非法 的存储地址通常显示为 0。可以在 Protected Value 区域输入一个值,如 0x1234。这样,当 试图读取一个非法存储地址时将清楚地给予提示。在判断一个存储地址是否合法时,CCS

调试器并不是根据硬件结构作出比较结果,因此,调试器不能防止程序存取一个不存在的存储地址。定义一个非法的存储器映射范围的最好办法是使用 GEL 嵌入函数,在运行 CCS 时能自动执行。

3.3.8　剖析菜单命令

剖析点(Profile Point)是 CCS 的一个重要功能,它可以在调试程序时统计某一块程序执行所需要的 CPU 时钟周期数、程序分支数、子程序被调用数和中断发生次数等统计信息。Profile Point 和 Profile Clock 作为统计代码执行的两种机制,常常配合使用。Profiler 菜单下的主要下拉菜单命令如下。

(1) Enable Clock,使能剖析时钟(Profile Clock)命令,以便获得时钟周期数及事件的统计数据。当剖析时钟被禁止时,只能计算到达每个剖析点的次数,不能计算统计数据。

指令周期的计算方式与 DSP 的驱动程序有关,对使用 JTAG 扫描路径进行通信的驱动程序,指令周期通过处理器的片上分析功能进行计算,其他的驱动程序则可以使用其他类型的定时器。Simulator 使用模拟的 DSP 片上分析接口来统计剖析数据。当时钟使能时,CCS 调试器将占用必要的资源实现指令周期的计数。

剖析时钟作为一个变量(CLK)通过 Clock 窗口被访问。CLK 变量可在 Watch 窗口观察,并可以在 Edit Variable 对话框中修改其值。CLK 还可以在用户定义的 GEL 函数中使用。Instruction Cycle Time 区域的作用是在显示统计数据时将指令周期数转化成时间或频率。

(2) Clock Setup,时钟设置命令。单击该命令将出现 Clock Setup 对话框。在 Count 区域内选择剖析的事件。对某些驱动程序而言,CPU Cycle 可能是唯一的选项。对于使用片上分析功能的驱动程序而言,可以剖析其他事件,如中断次数、子程序或中断返回次数、分支数或子程序调用次数等。

(3) Clock View,打开 Clock 窗口命令,以显示 CLK 变量的值。双击 Clock 窗口的内容可直接复位 CLK 变量(使 Clock=0)。

3.3.9　工具菜单命令

工具(Tools)菜单提供了常用的工具集,比较重要的下拉菜单命令介绍如下。

(1) Data Converter Support,数据转换支持命令,能快速配置与 DSP 芯片相连接的数据转换器。

(2) Emulator Analysis,模拟器分析命令,能设置、监视事件和硬件中断点的发生。有的 DSP 器件有一个片上分析模块,使用该模块,可以计算特定的硬件功能发生的次数或设置相应的硬件断点。选择 Tool→Simulator Analysis 菜单命令打开模拟器分析窗口,将弹出观察窗口。在窗口中右击,选择快捷菜单中的 Analysis Setup 命令,弹出 Analysis Setup 对话框,选择事件选择框为硬件断点(Break),以设置监视的事件或硬件中断点。全速运行在断点处停下来,在观察窗口将显示模拟器分析结果。

(3) Command Window,命令窗命令,单击此命令,将打开命令输入对话框,能在命令输入对话框输入可执行的命令,输入的命令遵循 T1 调试器的命令语法格式。单击此命令,将弹出命令输入对话框。例如,在命令输入栏中输入 run 命令,就可以直接运行程序。

(4) Port Connect,端口连接命令。该命令将主机文件与存储器(端口)地址相连,从而可以从文件中读出数据或将数据从寄存器写入主机文件中。单击此命令,将弹出 Port Connect 对话框,单击 Connect 按钮,弹出设置存储器地址(包括程序、数据)对话框,在该对话框中选择文件属性(write 或 read),设置存储器首地址和长度后,单击 OK 按钮,弹出端口文件输入对话框,选择主机硬盘下的文本文件(.txt),把数据写(write 属性)到存储器首地址开始、指定长度的存储区或从存储器首地址开始、指定长度的存储区的数据读(read 属性)到主机硬盘下的文本文件(.txt)中。

(5) Pin Connect,引脚连接命令,用于指定外部中断发生的时间间隔,可以用 Simulator 来仿真和模拟外部中断信号。该命令设置的步骤如下。

① 创建一个数据文件来指定中断间隔时间,该文件是用 CPU 的时钟参数表示的。例如,10(+5+20)rpt EOS 表示中断在第 10 个时钟周期被仿真,然后分别在第 15 个时钟周期(10+5)、第 35 个时钟周期(15+20)、第 40 个时钟周期(35+5)、第 60 个时钟周期(40+20)、第 65 个时钟周期(60+5)和第 85 个时钟周期(65+20)被仿真……按照此模式一直到仿真结束(End Of Simulation,EOS)。

② 单击 Tool→Pin Connect 菜单命令,将弹出器件外部中断输入引脚窗口,默认该窗口中所有外部引脚都没有连接(not connected)。

③ 单击 Connect 按钮,将弹出外部中断引脚数据文件对话框,选择创建好的数据文件,将其连接到所需要的外部中断引脚。

④ 加载并运行程序。

(6) RTDX,实时数据交换命令。RTDX 是实时数据交换模块的简称,CCS 内含 RTDX 主机库,能使数据在主机和目标系统之间实时交换,同时在主机端能进行显示和分析,如图 3-10 所示。

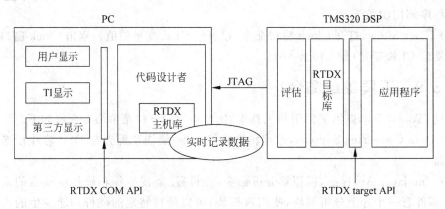

图 3-10 PC 与 DSP 通过 RTDX 实时交换数据示意图

RTDX 由目标板和主机两部分组成。其工作机理是:在目标 DSP 系统上运行一个小的 RTDX 软件库;而用户的应用程序在主机中运行,它调用 RTDX 软件库的 API 函数,从而能够在目标 DSP 系统和主机之间接收和发送数据。RTDX 软件库使用 DSP 器件内部的仿真硬件模块,通过增强的 JTAG 接口与主机通信,数据的传输是实时的,不影响目标 DSP 系统的程序运行。

RTDX 提供的实时和连续的可视环境,使开发者能看到 DSP 应用程序运行的真实过程,它允许开发者在不停止目标应用程序运行的情况下,在主机和 DSP 目标系统之间实时传输数据,同时还可以在主机上利用对象链接和嵌入(OLE)技术观察和分析数据。这样,可以提供给开发者一个真实的系统运行过程,缩短开发时间。

主机平台提供一个 RTDX 库配合 CCS 3.3 的工作。主机上的显示和分析工具可以通过一个 COM API 与 RTDX 通信,从 DSP 目标系统获得数据或将数据发送到 DSP 目标系统。开发者可以使用标准的软件显示包显示,如 National Instrments 的 LabView、Quinn-Curtis 的实时图形工具或者 Microsoft Excel 等,也可以使用 VB 或 VC 编写的显示程序。

RTDX 非常适合在控制系统、伺服系统和语音处理中应用。比如,数字信号处理系统设计者可以采集一个原始数字信号和一个经 FIR 滤波器滤波后的数字信号,通过 RTDX 送到主机中,用 LabView 将这两个信号的两个功率谱显示出来,即可判断 FIR 滤波器算法的正确性。无线电应用开发者可以捕获声码器的输出,检查语音处理算法是否正确;对硬盘驱动器设计者而言,可以在无须向伺服电机加上不正确的信号而损坏硬盘的情况下测试硬盘产品;发动机控制设计者可以控制其正常运行时分析温度及其他环境变化带来的影响等。在这些应用中,设计者可以选择可视化工具,显示对调试和分析有用的信息。未来的 DSP 芯片将增加 RTDX 的带宽,提供对大型程序的可视化控制和管理。

RTDX 有 3 条下拉子菜单命令,介绍如下。

① Diagnostics Control,RTDX 诊断控制命令。单击 Diagnostics Control 命令后,弹出 Diagnostics Control 对话框,有 Internet Test、Target-To-Host Test、Host-To-Target 这 3 个单选项可供选择,默认 Internet Test 被选择。

② Configuration Control,RTDX 配置控制命令。单击 Configuration Control 命令后,弹出"Configuration Control 属性"对话框,可配置 DSP 器件型号、硬件引脚模式、RTDX 连接模式、包含路径的日志文件名等。

③ Channel Viewer Control,RTDX 通道显示控制命令。单击 Channel Viewer Control 命令后,弹出 Channel Viewer Control 对话框,有 Output Channels 和 Input Channels 选项卡可供选择,默认 Output Channels 被选择。

3.3.10 DSP/BIOS 菜单命令

DSP/BIOS 的下拉菜单命令主要提供 DSP/BIOS 实时分析工具。

TRA Control Panel 命令:利用此面板使能对各种 DSP/BIOS 功能块的记录和统计。

Execution Graph 命令:显示目标程序中各线程的执行情况。

Statistics View 命令:显示 STS(统计模块)、PIP(管道管理模块)、PRD(周期记录模块)、SWI(软件中断模块)、TSK(任务线程模块)、HWI(硬件中断模块)对象的统计信息。

Message Log 命令:显示 LOG 对象中记录的文本信息。

Kernel/Object View 命令:观察目标程序中当前 DSP/BIOS 对象的配置、状态等信息。

Host Channel Control 命令:把主机文件与 HST(主机 I/O 模块)对象连接起来,并开始数据传送。

CPU Load Graph 命令:显示目标 CPU 的负荷曲线图。

DSP/BIOS 是一个准实时操作系统,它作为 TI 公司 DSP 芯片的各种实时操作系统的底层软件,为嵌入式开发和应用提供了基本的操作服务。此外,DSP/BIOS 能实时捕获 DSP 目标系统的各种信息,并将这些信息传送给 PC 上的 BIOScope 分析工具,对应用程序进行实时分析。

DSP/BIOS 功能模块的详细配置方法可参考有关书籍和文献资料。

3.4 链接器命令文件

DSP 控制器采用软件模块化设计方法,以工程文件为应用程序设计框架,一个工程文件可包含根据工程应用需要设计的多个源文件(每个文件称为一个模块)、至少一个链接器命令文件。为了实现多个目标文件能链接成一个可执行文件,必须将目标文件的代码和数据按照 COFF 文件格式分别存放在代码段和数据段中,通过汇编、编译、链接产生与工程主文件名相一致、扩展名为 out 的可执行文件。但是在非操作系统(即非 OS 的前后台程序结构)的 DSP 软件模块化设计中,代码段和数据段的定位不是由链接器自动完成的,而是要编写链接器命令文件,规定代码段和数据段的定位信息,让编译器在编译时读取。汇编语言单模块设计方法与多模块设计方法在代码段定位上的区别如表 3-5 所示。

表 3-5 单模块设计方法与多模块设计方法在代码段定位上的区别

比 较 项	单模块设计方法	多模块设计方法
定位方式	ORG xxxx,绝对定位存储器地址	Section:相对定位存储器地址
实现方式	简单、直接写在程序中	灵活、要用段伪指令定位
编程方式	单模块	多模块

DSP 软件系统采用扩展名为 cmd 的链接器命令文件。链接器命令文件是一种文本文件,使用 DSP 汇编指令系统的两条段定位伪指令 MEMORY 和 SECTIONS 来描述 C 语言编译器自动生成的各种初始化段和未初始化段在物理存储器空间的地址定位信息。MEMORY 伪指令用来描述各种初始化段和未初始化段的组合段在 DSP 器件片上存储器或扩展存储器空间的存储器起始地址和占用长度的信息。SECTIONS 伪指令用来描述如何组合初始化段和未初始化段以及组合段在存储器何页(分程序存储器空间页和数据存储器空间页)存放。

3.4.1 MEMORY 伪指令表达式

```
MEMORY
{ PAGE 0: NAME[属性]:origin(起始地址) = J0(绝对地址),length = L0(长度)
...
PAGE 1: NAME[属性]:origin(起始地址) = J1(绝对地址),length = L1(长度)
...
}
```

其中,PAGE 0,页 0:表示程序存储器空间;PAGE1,页 1,表示数据存储器空间;NAME 表示 SECTIONS 伪指令中定义的存储器块名,可由 1~32 个合法字符组成。由 NAME 命名的每个存储器块名在 DSP 片上外存储空间的定位地址范围一定要有存在的物理存储空间,并且每个存储器块的边界不能重叠。每个存储器块的首地址由 origin=J0 决定,尾地址由 origin+length-1 决定。[属性]是可选项,通常省略,表示存储器同时具备可读

（R 属性）、可写（W 属性）、可被初始化（I 属性）、可放可执行代码（X 属性）。

3.4.2　SECTIONS 伪指令表达式

```
SECTIONS
  {   段名：[特性,特性,…]
      ⋮
      段名：[特性,特性,…]
  }
```

特性表达式常用形式：{ }> NAME

其中，NAME 是用户命名的存储器块名，并在 MEMORY 伪指令中，用此存储器块名为指定组合段名安排存储器定位空间。SECTIONS 伪指令的主要功能是将不同的段名与一个存储器块名逻辑上相关联，以便将不同的段名组合到一个大的存储器空间中定位。

用 SECTIONS 伪指令将不同代码段组合到一个存储器块存放，只要该存储器块足够大，则用户就不必关心不同代码段被生成的代码量大小，编译器总是将组合到同一个存储器块的不同代码段的代码数据从该存储器块的起始地址开始，首尾相连顺序存放，解决了不同代码段单独安排存储器带来的预留空间浪费问题。

3.4.3　F28335 仿真用链接器命令文件模板

TI 公司提供两个 F28335 仿真用链接器命令文件模板，即 28335_RAM_lnk. cmd（28335 RAM 链接器命令文件）和 DSP2833x_Headers_nonBIOS. cmd（2833x 头文件链接器命令文件，适用于非 BIOS 配置）。

1. 28335 RAM 链接器命令文件

28335_RAM_lnk. cmd 是 28335 RAM 链接器命令文件，功能是将系统默认初始化段和未初始化段定位到片上 SARAM，适用于 DSP 仿真器仿真 DSP 用户板使用，因为 DSP 仿真器自动使用"引导到 SARAM"模式。28335_RAM_lnk. cmd 的主要特征是系统默认初始化段和未初始化段全部定位在 F28335 片上存储器块（M0、M1、L0、L1、L2、L3、L4、L5、L6、L7）。例如，启动段 codestart 和系统默认代码段. text 在 28335_RAM_lnk. cmd 中的定位信息如下：

```
MEMORY
{   PAGE 0 :                                        /* 程序存储器 */
    BEGIN : origin = 0x000000, length = 0x000002     /* "引导到 M0"将引导这里 */
    RAML1 : origin = 0x009000, length = 0x001000
     ⋮
}
SECTIONS
{   codestart    : > BEGIN,     PAGE = 0
    .text        : > RAML1,     PAGE = 0
     ⋮
}
```

可见，F28335 工程文件使用 28335_RAM_lnk. cmd 时，启动代码段 codestart 从 F28335 的片上 M0 块开始启动，启动入口地址是 0x000000～0x000001。系统默认代码段. text 定

位在 F28335 的片上 L1 块(0x009000~0x009FFFF)。

2. 2833x 头文件链接器命令文件

DSP2833x_Headers_nonBIOS. cmd 是 2833x 头文件链接器命令文件,功能是将在头文件中定义的 2833x 每个片上外设模块寄存器组结构体变量所分配的命名数据段定位到片上外设帧空间。例如,CPUTimer0 寄存器组的数据存储器映射地址位于外设帧 0 的 0x000C00~0x000C007,则 DSP2833x_Headers_nonBIOS. cmd 中的定位信息如下:

```
MEMORY
{    PAGE 1:                                          /* 数据存储器 */
     CPU_TIMER0 : origin = 0x000C00, length = 0x000008 /* CPU 定时器 0 寄存器 */
      ⋮
}
SECTIONS
{
     CpuTimer0RegsFile : > CPU_TIMER0, PAGE = 1
      ⋮
}
```

可见,F28335 工程文件使用 DSP2833x_Headers_nonBIOS. cmd 时,CPU 定时器 0 寄存器组结构体变量所分配的命名数据段为 CpuTimer0RegsFile,被定位到 CPU 定时器 0 寄存器组原有的存储器映射地址 0x000C00~0x000C007。事实上,2833x 所有外设模块寄存器组结构体变量都通过编译预处理语句 ♯pragma 分配以_File 作为扩展名命名数据段名,在 DSP2833x_Headers_nonBIOS. cmd 中,均通过 SECTIONS 和 MEMORY 伪指令把这些命名数据段定位到这些外设模块寄存器组原来占用外设帧地址空间中。所以 DSP2833x_Headers_nonBIOS. cmd 是 F28335 仿真与烧写通用外设模块寄存器组结构体变量的命名数据段定位到片上外设帧链接器命令文件。

3.4.4 F28335 烧写用链接器命令文件模板

TI 公司提供两个 F28335 烧写用链接器命令文件模板,即 F28335. cmd(28335 Flash 链接器命令文件)和 DSP2833x_Headers_nonBIOS. cmd(28335 头文件链接器命令文件,适用于非 BIOS 配置)。其中,DSP2833x_Headers_nonBIOS. cmd 是 F28335 仿真与烧写通用外设模块寄存器组结构体变量的命名数据段定位到片上外设帧链接器命令文件。F28335. cmd 的主要特征是系统默认初始化段全部定位在 F28335 片上 Flash 存储器块(FlashA、FlashB、FlashC、FlashD、FlashE、FlashF、FlashG、FlashH),系统默认未初始化段全部定位在 F28335 片上 RAM 存储器块(M0、M1、L0、L1、L2、L3、L4、L5、L6、L7)。例如,启动段 codestart 和系统默认代码段. text 在 F28335. cmd 中的定位信息如下:

```
MEMORY
{
   PAGE 0 :                                          /* 程序存储器 */
   FlashH : origin = 0x300000, length = 0x008000     /* 片上 Flash */
   BEGIN : origin = 0x33FFF6, length = 0x000002       /* 占用 Flash 的一部分 */
                          /* 用于"引导到 Flash"的引导装载模式 */
    ⋮
}
SECTIONS
{    .text            :> FlashH    PAGE = 0
```

```
    codestart        :> BEGIN      PAGE = 0
    ⋮
}
```

可见,DSP 启动代码段 codestart 定位到 DSP 片上 Flash 的入口地址 0x33FFF6～0x33FFF7。上电引导模式是"引导到 Flash"。GPIO84～GPIO87 电平应设置成全高电平,执行跳转到 Flash 入口引导模式,以便运行片上 Flash 烧写代码。系统默认代码段.text 定位到 DSP 片上 Flash 扇区 H 的有效地址空间 0x330000～0x337FFF(32K)。其他初始化段也被定位在 Flash 扇区。

3.4.5 命名段定义♯pragma 编译预处理指令

♯pragma 指令通知编译器如何处理某个函数、变量或代码段。C28x 编译器的命名段定义♯pragma 编译预处理指令有 CODE_SECTION 和 DATA_SECTION。

1. CODE_SECTION 编译预处理指令

CODE_SECTION 编译预处理指令为 C 语句中的 func 在命名代码段名 section name 中分配存储空间。该编译预处理指令的语法格式为:

```
♯pragma CODE_SECTION(func,"section name");
```

CODE_SECTION 编译指令的主要功能是将代码对象 func 定位到与.text 段分离的命名代码段存储器空间中。

2. DATA_SECTION 编译预处理指令

DATA_SECTION 编译预处理指令为 C 语句中的 symbol 在命名数据段名 section name 中分配存储器空间。该编译预处理指令的语法格式为:

```
♯pragma DATA_SECTION(symbol,"section name");
```

DATA_SECTION 编译预处理指令的主功能是将数据对象 symbol 定位到与.bss 段分离的命名数据段存储器空间中。F28335 的外设寄存器组结构体变量(即一种数据对象)被定位到一个命名数据段存储器空间,就需要执行该条指令。例如,CPU 定时器 0 的控制寄存器组结构体变量名定义为 CpuTimer0Regs,在全局变量定义 C 源文件模板 DSP2833x_GlobalVariableDefs.c 中,可找到♯pragma 编译预处理指令如下:

```
♯pragma DATA_SECTION(CpuTimer0Regs,"CpuTimer0RegsFile");
```

该指令把 CPU 定时器 0 的控制寄存器组结构体变量名 CpuTimer0Regs 链接到命名数据段名"CpuTimer0RegsFile"中定位。

注意,DATA_SECTION 编译指令仅仅在逻辑意义上定义了一个对象在命名数据段中定位,物理上还没有为这个命名数据段分配实际存储器地址,要在链接器命令文件中为命名数据段规定存储器物理地址空间。

3.5 F2833x 软件开发模板

TI 提供的 F2833x 软件开发模板包括 F2833x 外设模块头文件模板、外设模块头文件包含文件模板、F2833x 实例包含文件模板、外设模块源文件模板、链接器命令文件模板、库文件模板等。

3.5.1 F2833x 外设模块头文件模板

F2833x 的头文件模板分为两类：一类是 F2833x 的各个外设寄存器位域结构体类型定义头文件模板，存放目录可参阅表 3-3 和表 3-4 的介绍；另一类是 F2833x 的通用外设模块头文件模板，通用是指工程文件中任何源文件都必须包含的头文件模板，包括外设模块头文件包含文件模板、函数原型全局声明头文件模板、F2833x 器件实例包含文件模板。

1. 外设模块寄存器组结构体类型和变量定义头文件模板

F2833x 器件内嵌十几个片上外设模块，每个外设模块配有若干个控制寄存器或状态寄存器或数据寄存器，这些寄存器组成一个外设模块寄存器组。虽然每个外设模块寄存器组包含的寄存器数量不尽相同，但共同点是每个外设模块寄存器组占用数据存储器连续独立的地址范围，这就为任一个外设模块寄存器组定义成结构体变量后，每个寄存器在结构体中的成员顺序与映射地址顺序一一对应奠定硬件基础。

一个 16 位或 32 位外设模块寄存器通常由多个不同位字段组成，每个位字段具有不同的功能。为了能对外设模块寄存器的不同位字段单独访问，C28x 编译器创建了位字段结构体类型，能对外设模块寄存器的不同位字段用不同的位域变量成员定义。这种结构体类型是 C28x 器件独有的，与标准 C 不通用，与 C24x C 编译器也不通用。

下面以 CPU 定时器模块寄存器组为例，介绍外设模块寄存器结构体类型定义方法。F2833x DSP 器件内嵌 3 个结构相同、寄存器组种类和功能相同的 32 位 CPU 定时器模块，即 CPU Timer0/1/2，仅仅是寄存器组名和定位地址不同。CPU 定时器 0/1/2 的寄存器组映射地址如表 3-6 所示。

表 3-6　CPU 定时器 0/1/2 寄存器组映射地址列表

名　　称	地　　址	长度(×16 位)	功　能　描　述
TIMER0TIM	0x0C00	1	CPU 定时器 0 计数器寄存器低位
TIMER0TIMH	0x0C01	1	CPU 定时器 0 计数器寄存器高位
TIMER0PRD	0x0C02	1	CPU 定时器 0 周期寄存器低位
TIMER0PRDH	0x0C03	1	CPU 定时器 0 周期寄存器高位
TIMER0TCR	0x0C04	1	CPU 定时器 0 控制寄存器
Reserved	0x0C05	1	保留寄存器
TIMER0TPR	0x0C06	1	CPU 定时器 0 预定标寄存器低位
TIMER0TPRH	0x0C07	1	CPU 定时器 0 预定标寄存器高位
TIMER1TIM	0x0C08	1	CPU 定时器 1 计数器寄存器低位
TIMER1TIMH	0x0C09	1	CPU 定时器 1 计数器寄存器高位
TIMER1PRD	0x0C0A	1	CPU 定时器 1 周期寄存器低位
TIMER1PRDH	0x0C0B	1	CPU 定时器 1 周期寄存器高位
TIMER1TCR	0x0C0C	1	CPU 定时器 1 控制寄存器
Reserved	0x0C0D	1	保留寄存器
TIMER1TPR	0x0C0E	1	CPU 定时器 1 预定标寄存器低位
TIMER1TPRH	0x0C0F	1	CPU 定时器 1 预定标寄存器高位
TIMER2TIM	0x0C10	1	CPU 定时器 2 计数器寄存器低位

续表

名　　称	地　　址	长度(×16位)	功　能　描　述
TIMER2TIMH	0x0C11	1	CPU定时器2计数器寄存器高位
TIMER2PRD	0x0C12	1	CPU定时器2周期寄存器低位
TIMER2PRDH	0x0C13	1	CPU定时器2周期寄存器高位
TIMER2TCR	0x0C14	1	CPU定时器2控制寄存器
Reserved	0x0C15	1	保留寄存器
TIMER2TPR	0x0C16	1	CPU定时器2预定标寄存器低位
TIMER2TPRH	0x0C17	1	CPU定时器2预定标寄存器高位
Reserved	0x0C18～0x0C3F	40	保留寄存器

由表 3-6 可见,每个 CPU 定时器拥有 7 个有效寄存器和一个保留寄存器,占用 8 个连续地址数据存储器单元。只要定义一个 32 位 CPU 定时器模块的寄存器组结构体类型,用这种结构体类型分别定义 3 个不同的 32 位 CPU 定时器模块寄存器组结构体变量即可。

在 TI 公司提供的 32 位 CPU 定时器模块寄存器组结构体类型定义头文件模板 DSP2833x_CpuTimers.h 中,可以找到 32 位 CPU 定时器模块寄存器组结构体类型的 3 级定义语句:第 1 级结构体类型定义语句,对 32 位 CPU 定时器模块的 7 个寄存器分别进行位字段结构体类型定义;第 2 级结构体类型定义语句,对每个寄存器位字段结构体类型用联合体类型重新定义,一个成员是寄存器整体类型 all,另一个成员是位域类型 bit;第 3 级结构体类型定义语句,将 32 位 CPU 定时器模块的 7 个寄存器和一个保留寄存器的联合体类型再定义成寄存器组结构体类型。

下面以 DSP2833x_CpuTimers.h 中,CPU 定时器控制寄存器(TCR)结构体类型定义为例,介绍 32 位 CPU 定时器模块寄存器组结构体类型的 3 级定义方法。

CPU 定时器 0/1/2 控制寄存器(TCR)的位域变量数据格式完全相同,如图 3-11 所示。

15	14	13	12	11	10	9	8	7	6	5	4	3	0
TIF	TIE	RSVD		FREE	SOFT	RSVD		RSVD		TRB	TSS	RSVD	

图 3-11　CPU 定时器控制寄存器(TCR)位域变量数据格式

根据 TCR 的位字段名称和分布顺序,TCR 位字段结构体类型定义语句取位域成员名称与位字段名称一致,保留位字段名称用 rsvd1、rsvd2 等表示,TCR 第 1 级位域变量结构体类型定义如下:

```
struct  TCR_BITS          // 位域描述
{   Uint16  rsvd1:4;      // 3:0 保留位
    Uint16  TSS:1;        // 4 定时器启动(0)/停止位(1)
    Uint16  TRB:1;        // 5 定时器重载位
    Uint16  rsvd2:4;      // 9:6 保留位
    Uint16  SOFT:1;       // 10 仿真模式位
    Uint16  FREE:1;       // 11 仿真模式位
    Uint16  rsvd3:2;      // 12:13 保留位
    Uint16  TIE:1;        // 14 中断输出使能位
    Uint16  TIF:1;        // 15 中断标志位
};
```

TCR 的第 2 级结构体类型定义,对第 1 级寄存器位域变量结构体类型用联合体类型重新定义,一个成员是寄存器整体类型 all,以便能对寄存器内容按整体存取;否则要对寄存器所有位域变量都一一存取才能实现整体存取,比较繁琐。另一个成员是寄存器位域结构体类型 bit,以便能对寄存器位域变量单独存取。TCR 的联合体类型定义语句如下:

```
union TCR_REG
{  Uint16 all;
   struct TCR_BITS bit;                    //第 1 级定义的 TCR 位字段结构体类型
};
```

32 位 CPU 定时器模块的 7 个寄存器都经过上述第 1、2 级结构体类型定义后,就可以把 32 位 CPU 定时器模块的 7 个寄存器和一个保留寄存器看成一个寄存器组,再定义成寄存器组结构体类型。32 位 CPU 定时器模块寄存器组的第 3 级结构体类型定义语句如下:

```
struct CPUTIMER_REGS
{  union TIM_GROUP TIM;                    // 定时器/计数器寄存器
   union PRD_GROUP PRD;                    // 周期寄存器
   union TCR_REG TCR;                      // 定时器控制寄存器
   Uint16 rsvd1;                          // 保留
   union TPR_REG TPR;                      // 定时器预定标计数器低 8 位
   union TPRH_REG TPRH;                    // 定时器预定标计数器高 8 位
};
```

用 32 位 CPU 定时器模块寄存器组结构体类型 CPUTIMER_REGS 再定义 3 个 CPU 定时器 0/1/2 模块寄存器组结构体变量的语句如下:

```
extern volatile struct CPUTIMER_REGS CpuTimer0Regs;
extern volatile struct CPUTIMER_REGS CpuTimer1Regs;
extern volatile struct CPUTIMER_REGS CpuTimer2Regs;
```

其中,volatile 是避免 C 语言编译器优化代码的关键字,extern 是声明 CPU 定时器结构体变量为全局变量的关键字,允许其他软件模块访问 32 位 CPU 定时器 0/1/2 模块寄存器组结构体变量的任何成员,即寄存器 32 位 CPU 定时器 0/1/2 模块的控制、计数、周期、预定标寄存器。

综上所述,C28x 编译器提供 3 级外设模块寄存器结构体类型定义方法,第 1 级,外设模块单个寄存器位域结构体类型定义,任一片上外设模块的所有寄存器都要用位域结构体类型定义。第 2 级,外设模块单个寄存器位域联合体定义,任一片上外设模块的所有寄存器都要用位域联合体类型定义,ALL 表示全体成员、BIT 表示位成员,位成员的全体与 ALL 成员占用相同的存储空间。第 3 级,把属于某一特定外设模块(如 3 个结构相同的 32 位 CPU 定时器模块)的所有寄存器成组到一个结构体类型中定义。先把属于某一特定外设的所有寄存器用第 2 级定义的位域联合体类型定义成联合体变量,如"union TCR_REG TCR;//这里 TCR 代表 CPU 定时器控制寄存器联合体变量"。然后把属于某一特定外设的所有寄存器联合体变量作为成员,并且成员定义顺序与这些寄存器存储器映射地址排列顺序一致,定义成某一特定外设模块的寄存器组结构体类型。

C28x 编译器支持外设模块寄存器结构体变量的位操作和位显示,使用寄存器组结构体变量的优点如下。

（1）可以对外设模块寄存器一位或几位进行按位操作。

（2）可在 CCS 的观察窗口（Watch 窗口）直观显示外设模块寄存器位域字段的变化状态。

外设模块寄存器结构体变量的缺点是成员访问语句表达式较长，没有 ♯define 语句定义寄存器宏常量访问语句表达式简洁。例如，对 CPU 定时器 0 控制寄存器的启动/停止位置 1 的初始化语句表达式如下：

```
CpuTimer0Regs.TCR.bit.TSS = 1;                    //将 TCR 的 TSS 位置 1,CPU 定时器 0 停止计数
```

当然，也可以对 CPU 定时器 0 控制寄存器 16 位整体赋值，但要全盘考虑每个位域变量的初始化值，然后合并成 16 位值。例如：

```
CpuTimer0Regs.TCR.all = 0x4C30;                   //对 TCR 的整个 16 位赋值
```

又如，对 CPU 定时器 0 周期寄存器初始化赋最大计数值语句表达式如下：

```
CpuTimer0Regs.PRD.all = 0xFFFFFFFF;               //32 位 CPU 定时器周期寄存器最大值
```

C28x 编译器支持传统 ♯define 语句定义的外设模块寄存器宏常量，使用外设模块寄存器宏常量有以下缺点。

（1）结构相同的外设，因地址不同要分别使用 ♯define 定义，不够简洁。

（2）不能直接对外设寄存器的一位或几位进行按位操作，需要用"与"逻辑操作语句间接实现按位清 0，用"或"逻辑操作语句间接实现按位置 1。

（3）在 CCS 的观察窗口无法直观显示外设模块寄存器位域字段的变化状态。

例如，用 ♯define 语句定义 CPU 定时器 0 控制寄存器端口地址的语句如下：

```
♯define uint16 unsigned int
♯define TIMER0TCR   (volatile uint16 * ) 0x0C04
```

对 CPU 定时器 0 控制寄存器的启动/停止位初始化置 1 的语句表达式如下：

```
* TIMER0TCR = ( * TIMER0TCR) or ♯0x0010;
```

或者

```
* TIMER0TCR = |0x4C30;
```

比较可发现，一条 ♯define 语句显式指定了某个外设模块寄存器的存储器映射地址绝对指针，对该外设寄存器访问表达式比较简单。外设模块寄存器结构体变量的定义语句并没有显式指定该寄存器变量存储器映射地址，还需要用 ♯pragma DATA_SECTION 编译预处理语句为每个外设模块寄存器组结构体变量定位命名数据段，同时还要在头链接器命令文件中为每个命名数据段分配与每个外设寄存器组占用外设帧地址空间相一致的存储地址范围，这才完成该外设模块寄存器组结构体变量中每个寄存器成员存储器映射地址的隐式指定。例如，在 C 源文件模板 DSP2833x_GlobalVariableDefs.c 中能找到给 CPU 定时器 0/1/2 寄存器组结构体变量分配命名数据段的 ♯pragma DATA_SECTION 预编译处理语句如下：

```
♯pragma DATA_SECTION(CpuTimer0Regs,"CpuTimer0RegsFile");
```

```
volatile struct CPUTIMER_REGS CpuTimer0Regs;

#pragma DATA_SECTION(CpuTimer1Regs,"CpuTimer1RegsFile");
volatile struct CPUTIMER_REGS CpuTimer1Regs;

#pragma DATA_SECTION(CpuTimer2Regs,"CpuTimer2RegsFile");
volatile struct CPUTIMER_REGS CpuTimer2Regs;
```

由上可见,CPU 定时器 0 的寄存器组结构体变量名被定义为 CpuTimer0Regs,定位到命名数据段名为 CpuTimer0RegsFile。CPU 定时器 1 的寄存器组结构体变量名被定义为 CpuTimer1Regs,定位到命名数据段名为 CpuTimer1RegsFile。CPU 定时器 2 的寄存器组结构体变量名被定义为 CpuTimer2Regs,定位到命名数据段名为 CpuTimer2RegsFile。这 3 个命名数据段可以在 F2833x 通用头链接器命令文件模板 DSP2833x_Headers_nonBIOS.cmd 找到以下存储器映射地址分配信息:

```
MEMORY
{...
CPU_TIMER0 : origin = 0x000C00, length = 0x000008        /* CPU 定时器 0 寄存器 */
CPU_TIMER1 : origin = 0x000C08, length = 0x000008        /* CPU 定时器 1 寄存器 */
CPU_TIMER2 : origin = 0x000C10, length = 0x000008        /* CPU 定时器 2 寄存器 */
...
}
SECTIONS
{...
CpuTimer0RegsFile : > CPU_TIMER0, PAGE = 1
CpuTimer1RegsFile : > CPU_TIMER1, PAGE = 1
CpuTimer2RegsFile : > CPU_TIMER2, PAGE = 1
...
}
```

从上述头链接器命令文件对 CPU 定时器 0/1/2 模块寄存器组结构体变量的存储器映射地址分配信息可以看出,定位地址与表 3-6 所示的 CPU 定时器 0/1/2 各个寄存器占用地址完全吻合。TI 提出的外设模块寄存器组结构体变量定义方法,要经历 3 个阶段才能把外设模块寄存器组结构体变量映射到外设帧 0 对应的数据存储器地址空间:从头文件模板的外设模块寄存器组结构体类型定义,到 C 语言源文件模板的外设模块寄存器组结构体变量定义和♯pragma DATA_SECTION 语句给外设模块寄存器组结构体变量定位命名数据段,再到头链接器命令文件模板给命名数据段分配外设帧 0 的数据存储器映射地址。

其他片上外设模块寄存器结构体变量定义、存储器映射地址定位方法与刚才介绍的 32 位 CPU 定时器模块寄存器组的完全相似,读者可以参阅 3.2 节介绍的 F2833x 工程模板相关文件夹下的外设模块文件模板。

2. F28335 外设模块头文件包含文件模板

F28335 片上外设模块有十几个甚至更多,若主程序模块要使用这些片上外设模块,就必须在主程序模块的语句开始部分用♯include 语句包含每个外设模块寄存器组结构体类型和变量定义头文件,使主程序模块的语句开始部分列表较长、不简洁。TI 公司提供 F2833x 外设模块头文件包含文件模板 DSP2833x_Device.h,用♯include 语句逐条包含每个外设模块寄存器组结构体类型和变量定义头文件,这样在主程序模块的语句开始部分,用一条♯include DSP2833x_Device 语句,就能包含所有外设模块寄存器组结构体类型和变量定义头文件,使主程序模块的语句开始部分包含语句列表很短,同时,DSP2833x_Device.h中还定义了 CPU 级中断全局使能位 INTM 的置 1 和清 0 的宏常量定义语句、CPU 中断使能寄存器 IER 每位置 1 对应立即数的宏常量定义语句、自定义数据类型语句等。例如,CPU 级中断全局使能位 INTM 的置 1 和清 0 的宏常量定义语句如下:

```
♯define EINT   asm(" clrc INTM")
♯define DINT   asm(" setc INTM")
```

CPU 中断使能寄存器 IER 的 B0 位和 B1 位置 1 对应立即数的宏常量定义语句如下:

```
♯define M_INT1   0x0001
♯define M_INT1   0x0002
```

16 位无符号整型数据类型自定义数据类型语句如下:

```
typedef unsigned int   Uint16
```

DSP2833x_Device.h 头文件主要实现以下 5 个功能。

(1) 用关键词 extern cregister volatile 定义了全局 CPU 中断标志寄存器 IFR 和 CPU 中断使能寄存器 IER。

(2) 用关键词♯define 定义了 CPU 状态寄存器 1(ST1)中 3 个控制位域变量 INTM、DBGM、EALLOW 的使能与禁止宏常量。

(3) 用关键词♯define 定义了 IER 每位使能对应的宏常量。例如,想要开放 CPU 级中断 INT1,初始化 IER 时,执行下列带宏常量 M_INT1(=0x0001)的复合赋值语句就能实现:

```
IER | = M_INT1;
```

想要同时开放 CPU 级中断 INT1 和 INT2,执行下列带宏常量 M_INT1 和 M_INT2(=0x0002)的 IER 复合赋值语句就能实现:

```
IER | = M_INT1| M_INT2;
```

由此可见,TI 提供的工程模板倡导一种语句书写简洁、阅读性好、易于移植的程序编写规范。

(4) 将 C 语言标准 16 位和 32 位整型有符号和无符号数据类型的重新定义为更简短的有符号和无符号数据类型,使 DSP 程序的书写格式更简洁。

(5) 用 18 条♯include 语句分别包含 F2833x 片上各个外设模块寄存器组结构体类型定义头文件模板,任何工程文件的主程序只要包含 DSP2833x_Device.h,就能把要启用的外设模块寄存器组结构体类型定义头文件包含在内了。可见,使用这种头文件包含文件的编程模板,大大简化了模块化编程的复杂性。

因此,♯include DSP2833x_Device 语句是各个源文件模块必须包含的头文件。

3. 函数原型全局声明头文件模板

函数原型又称为函数声明,由函数返回类型、函数名和形参列表组成。形参列表必须包括形参类型和形参名。软件模块化设计要求主调模块(即主调文件)在调用被调模块(即被调文件)中的函数前,应对被调函数进行函数原型全局声明。TI 提供 F2833x 函数原型全局声明头文件模板 DSP2833x_GlobalPrototypes. h,用 extern 关键字声明除 CPU 定时器以外的其他所有片上外设模块初始化函数,CPU 定时器初始化函数原型全局声明语句在 DSP2833x_CpuTimers. h 中单独声明。例如,在 DSP2833x_GlobalPrototypes. h 中,用下列两条语句对 PIE 控制寄存器和 PIE 中断向量表初始化函数进行全局声明,用 extern 修饰。

```
extern void InitPieCtrl(void);
extern void InitPieVectTable(void);
```

DSP2833x_GlobalPrototypes. h 头文件主要实现以下 5 个功能。

(1) 每个外设模块相关寄存器初始化函数用 extern 关键字全局声明,初始化函数名采用 Init 作为前缀符或后缀符。

(2) 每个外设模块相关寄存器配置函数全局声明,配置函数名采用 Config 作为后缀符。

(3) 看门狗电路的使能、禁止、喂狗函数用 extern 关键字全局声明。

(4) Flash 初始化函数用 extern 关键字全局声明。

(5) 由链接器命令文件创建的外部符号用 extern 关键字全局声明。

因此,♯include DSP2833x_GlobalPrototypes. h 语句是主函数源文件必须包含的头文件,被包含"DSP2833x_Device. h"头文件中。

4. F2833x 器件实例包含文件模板

F2833x 器件实例包含的文件 DSP2833x_Examples. h 是一个特殊的公共头文件,用来配置某款 F2833x DSP 器件(指 F28332、F28334、F28335 之一)CPU 系统时钟频率,实现方法是把对应某款 F2833x DSP 器件的 PLL 倍频系数值的宏常量语句注释符//去除,其他值的倍频系数宏常量语句保留注释即可(即加上//前缀,把语句变成注释行),确定锁相环控制寄存器 PLLCR 的倍频系数值。同时,使用♯include 包含语句把 DSP2833x_GlobalPrototypes. h 头文件包含进来:

```
♯ include "DSP2833x_GlobalPrototypes.h"          //在.c 文件中使用的全局函数原型头文件
```

可见,主函数源文件仅需要使用下列两条♯include 包含语句,即可包含片上外设的所有头文件。

```
♯ include "DSP2833x_Device.h"          // DSP2833x 包含文件
♯ include "DSP2833x_Examples.h"
```

DSP2833x 器件实例包含文件 DSP2833x_Examples. h 主要实现以下 3 个功能。

(1) 明确规定 PLL 倍频系数 $n(1\sim10)$ 和分频系数(/1、/2、/4 之一),确定 CPU 频率(系统时钟频率 SYSCLKOUT)。

(2) 除包含 DSP2833x_GlobalPrototypes. h 外,还包含在不配置 DSP/BIOS 条件下,用 interrupt 关键字修饰的片上各个外设模块默认中断服务函数全局声明头文件模板 DSP2833x_DefaultIsr. h。

(3) 一个精确延时带形参的 DSP 汇编延时子程序 DSP28x_usDelay 宏命令定义语句。由于延时 C 语言函数不能事先精确估计延时时间,而汇编指令延时子程序的延时时间是能被精确计算的,因为在已知 CPU 系统时钟频率下,每条指令的执行时间是精确已知的。所以,要想在 C 语言编程环境下实现软件精确延时,就可以调用宏命令 DELAY_US(A);。其中,A 是以 μs 为精确延时单位的宏调用实参数值。汇编延时子程序 DSP28x_usDelay 在精确延时汇编子程序源文件模板 DSP2833x_usDelay.asm 中被定义。

因此,♯include DSP2833x_Examples.h 语句是主函数源文件和 PIE 模块寄存器组结构体变量初始化函数 C 源文件必须包含的头文件。

3.5.2　片上外设模块 C 语言源文件模板

TI 提供的 F28335 外设模块源文件模板分为两类:一类是 F28335 片上外设模块通用源文件模板;另一类是 F28335 片上外设模块寄存器组结构体变量初始化函数 C 语言源文件模板。

F28335 片上外设模块通用源文件模板包括片上外设模块寄存器组结构体变量分配命名数据段 C 语言源文件模板、代码启动汇编转移指令源文件模板、精确延时汇编子程序源文件模板、ADC 模块转换精度校准汇编源文件模板等。这些通用源文件模板是任何工程文件设计中都需要添加的 C 语言源文件。

F28335 片上外设模块寄存器组结构体变量初始化函数 C 语言源文件模板包括片上各个外设模块的寄存器组结构体变量初始化函数 C 语言源文件模板。这些源文件模板可选择添加,所设计的工程文件使用到片上哪些外设模块,就添加对应这些片上外设模块的寄存器组结构体变量初始化函数 C 语言源文件。对于工程文件没有使用的片上外设模块,就不必添加对应这些片上外设模块的寄存器组结构体变量初始化函数 C 语言源文件。

1. 片上外设模块寄存器组结构体变量指定命名数据段 C 语言源文件模板

所有片上外设模块寄存器组结构体变量指定命名数据段 C 语言源文件模板名是 DSP2833x_GlobalVariableDefs.c。在该文件中,使用 ♯pragma DATA_SECTION 编译预处理语句把片上每个片上外设模块在头文件中定义的外设模块寄存器组结构体变量,指定唯一命名数据段名,以便在通用 2833x 头链接器命令文件模板(DSP2833x_Headers_nonBIOS.cmd)中为这些命名数据段分配外设帧空间的存储器定位地址范围。例如,CPU 定时器 0 的寄存器组结构体变量 CpuTimer0Regs 被指定唯一命名数据段名 CpuTimer0RegsFile 的 ♯pragma DATA_SECTION 编译预处理语句如下:

```
#pragma DATA_SECTION(CpuTimer0Regs,"CpuTimer0RegsFile");
//CPU 定时器 0 寄存器组结/构体变量定位到命名数据段"CpuTimer0RegsFile"
volatile struct CPUTIMER_REGS CpuTimer0Regs;        //
    //volatile 防止编译器优化 CPU 定时器 0 寄存器组结构体变量
```

DSP2833x_GlobalVariableDefs.c 源文件模板主要实现以下 3 个功能。

(1) 使用包含语句♯include "DSP2833x_Device.h"把 DSP2833x 外设模块头文件包含文件包含到该文件中,即把片上各个外设模块寄存器组结构体变量定义头文件添加到该源文件模板中。用 volatile 关键字修饰片上各个外设模块寄存器组结构体变量定义语句,防止编译器优化,保证对片上各个外设模块寄存器组结构体变量的稳定访问。

(2) 使用♯pragma DATA_SECTION 编译预处理语句将每个片上外设模块寄存器组结构体变量定位到唯一命名数据段。

（3）使用♯pragma DATA_SECTION 编译预处理语句将 PIE 中断向量表结构体变量定位到唯一命名数据段。

DSP2833x_GlobalVariableDefs. c 文件模板是任何工程文件都需要添加的 C 语言源文件。

2. 代码启动转移汇编源文件模板

代码启动汇编转移指令源文件模板 DSP2833x_CodeStartBranch. asm 包含系统上电复位后，程序跳转到启动入口的汇编转移指令。F28335 上电复位后，程序计数器（PC）跳转到 BROM 向量表，开始执行出厂固化在 DSP 器件引导 ROM 中的引导装载程序（BootLoader），在退出引导装载程序后，返回到 main()函数入口地址_c_int00（即主程序入口地址）。在 code_start（代码启动）入口，CPU 要执行一条 C28x 汇编转移指令，转移到_c_int00。例如，DSP2833x_CodeStartBranch. asm 中有以下一段核心代码：

```
    .sect "codestart"              ;用户命名代码段"codestart"
code_start:                        ;代码启动入口标号
    .if  WD_DISABLE = = 1
      LB wd_disable                ;转移到禁止看门狗运行代码(参考代码启动转移汇编源文件)
    .else
      LB _c_int00                  ;转移到实时支持库中目标文件 boot.asm 的起点
    .endif
```

DSP2833x_CodeStartBranch. asm 文件模板是任何工程文件都需要添加的汇编源文件。

3. 精确延时汇编子程序源文件模板

精确延时汇编源文件模板 DSP2833x_usDelay. asm 包含用 DSP 汇编语言实现带宏参设置的精确延时子程序 DSP28x_usDelay。由于 C 语言延时函数不能被精确估计延时时间，所以采用能够精确计算延时时间的汇编指令延时子程序，这是因为在已知 CPU 系统时钟频率的情况下，每条汇编指令的执行时间是可精确估计的。

要想在 C 语言环境下实现软件精确延时，就可调用汇编延时子程序。宏命令 DELAY_US(A)是一条带形参的 DSP 汇编延时子程序 DSP28x_usDelay 的宏定义语句，其中，A 是以 μs 为单位的宏调用实参数值，主要用于 μs 级的精确延时。

DELAY_US(A)宏定义语句在 DSP2833x_Examples. h 中能找到，定义语句如下：

```
♯define DELAY_US(A) DSP28x_usDelay(((((long double) A * 1000.0L) / (long double)CPU_RATE) - 9.0L) / 5.0L)
```

DSP2833x_usDelay. asm 文件模板是任何工程文件都需要添加的汇编源文件。

4. ADC 模块转换精度校准汇编源文件模板

F28335 片上 ADC 模块出厂前要对 ADC 的转换精度进行校正，校正原理是把校正数据写入 ADC 参考电压选择寄存器（ADCREFSEL）和 ADC 偏移量调整寄存器（ADCOFFTRIM）中。这个校正函数存放在汇编源文件模板 ADC_cal. asm 中。

ADC_cal. asm 文件模板是任何工程文件都需要添加的汇编源文件。

5. 系统控制模块初始化函数 C 源文件模板

系统控制模块包含时钟振荡器（OSC）电路、锁相环（PLL）电路、外设时钟控制电路、看门狗电路、低功耗控制电路等，是 F2833x DSP 器件中最基本的片上外设模块，因为 CPU 系统时钟频率和片上外设模块的时钟频率都要通过该模块相关控制寄存器初始化来决定；否则，上电复位默认状态下，所有片上外设时钟频率输入都被禁止（在系统控制模块章节有详细描述）。TI 提供系统控制模块初始化函数 C 语言源文件模板 DSP2833x_SysCtrl.c，实现系统控制模块相关控制寄存器初始化任务，是任何工程文件必须添加的基本源程序模块。

DSP2833x_SysCtrl.c 源文件模板主要实现以下 7 个功能。

(1) 定义系统控制初始化函数 void InitSysCtrl(void)，该函数调用看门狗禁止函数、SYSCLKOUT 频率设置函数、外设时钟初始化函数。

(2) 定义 Flash 初始化函数 void InitFlash(void)。

(3) 定义看门狗复位函数 void ServiceDog(void)。

(4) 定义看门狗禁止函数 void DisableDog(void)。

(5) 定义 SYSCLKOUT 频率设置函数 void InitPll(Uint16 val，Uint16 divsel)，即锁相环(PLL)初始化函数。

(6) 定义外设时钟初始化函数 void InitPeripheralClocks(void)。

(7) 定义代码安全模块解锁函数。

由此可见，在 DSP28335 器件实例头文件模板 DSP2833x_Examples.h 中，初始化设置了 PLLCR.DIV(3 位)和 PLLSTS.DIVSEL(2 位)的值，在 mian()主模块的初始化程序中，调用系统控制模块初始化 C 语言函数模板 DSP2833x_SysCtrl.c 中的系统控制模块初始化函数 InitSysCtrl()，就能初始化设置 DSP28335 的系统时钟频率(SYSCLKOUT)值。

6. PIE 模块寄存器组结构体变量初始化函数 C 语言源文件模板

中断扩展模块(Peripheral Interrupt Expansion，PIE)是 C28x 系列 DSP 芯片最具特色的硬件模块之一，每个 PIE 模块扩展 8 个中断源，具有独立设置中断优先权、使能可屏蔽中断源和标志(即登记)中断请求信号的功能。DSP2833x 器件采用 3 级中断管理机制，即外设级、PIE 级、CPU 级。PIE 级实现了以最小的延迟中断处理多个异步事件，而且中断处理程序结构清晰，易于移植。

DSP 的非 BIOS 软件架构属于前后台程序结构，前台程序泛指各种中断源的中断服务程序。后台程序指包含死循环结构的主程序。中断服务程序入口地址存放在 PIE 中断向量表中。PIE 中断扩展模块寄存器组结构体变量初始化函数 C 语言源文件成为任何工程文件最基本的组成模块之一。TI 公司提供两个 DSP2833x 器件 PIE 模块初始化 C 语言源文件模板：第一个模板是 PIE 模块寄存器组结构体变量初始化函数 C 语言源文件 DSP2833x_PieCtrl.c；第二个模板是 PIE 中断向量表结构体常量定义和复制函数 C 语言源文件模板 DSP2833x_PieVect.c。

DSP2833x_PieCtrl.c 文件模板定义了 PIE 模块两个初始化函数，一个是 PIE 模块控制寄存器组初始化函数 InitPieCtrl(void)，另一个是 PIE 模块中断向量表使能位(ENPIE)置 1 和 CPU 全局中断使能位(INTM)置 1 初始化函数 EnableInterrupts()。InitPieCtrl(void) 将 12 组 PIE 模块对应的 96 个中断使能寄存器和中断标志寄存器清零，完成上电复位后禁止所有 PIE 模块的中断源中断请求。EnableInterrupts()使能 PIE 中断向量表和开放 CPU 全局中断。注意：上电复位开始，系统默认使用 BROM 中断向量表，当初始化语句将 PIECTRL.ENPIE 置 1 后，系统才能使用 PIE 中断向量表。

7. PIE 中断向量表结构体常量定义和复制函数 C 语言源文件模板

PIE 中断向量表结构体常量定义和复制函数 C 语言源文件模板 DSP2833x_PieVect.c 主要实现以下两个功能。

（1）将 PIE 中断向量表定义为一个结构体常量，每个成员对应 PIE 中断向量表的一个中断向量，被填写一个中断源默认中断服务函数入口地址或保留中断服务函数指针。每个中断源默认中断服务函数定义语句能在默认断服务函数定义 C 语言源文件模板 DSP2833x_DefaultIsr.c 中找到。

（2）提供一个 PIE 中断向量表结构体常量复制函数 InitPieVectTable(void)，把存放在程序存储器空间以 PieVectTableInit 为首址、长度为 128 的 PIE 中断向量表结构体常量复制到数据存储器空间以 PieVectTable 为首地址的 PIE 向量表中。

在 C28x C 语言编译器环境中，PIE 中断向量表被定义成一个特殊的结构体常量，每个成员对应一个中断服务程序入口地址指针（参考 DSP2833x_PieVect.h 头文件中，PIE 中断向量表结构体类型定义语句）。

PIE 中断向量表结构体常量定义与传统微处理器中断向量表定义有两点不同：

（1）传统微处理器中断向量表是每个中断向量独立定义，而 PIE 中断向量表将所有中断向量放在一个结构体常量中一起定义。

（2）传统微处理器中断向量表的中断向量表项不是全部初始化为有效中断向量，不用的中断向量表项一般不填写，保持上电复位后的随机数。只有启用的中断源对应的中断向量表项才填写中断服务程序入口地址。而 PIE 中断向量表结构体常量中每个中断向量表项成员，均填写由默认中断服务函数定义源文件模板 DSP2833x_DefaultIsr.c 定义的对应默认中断服务函数指针。

使用 PIE 中断向量表结构体常量的主要优点是在用户已经开放某中断源各级中断使能开关情况下，若没有初始化更新 PIE 中断向量表对应中断向量表的内容项，则当该中断源产生有效中断请求时，跳转到 PIE 中断向量表取默认中断服务函数入口地址，执行默认中断服务函数，由于默认中断服务函数是执行一个空操作死循环，所以，当用户发现陷入中断服务函数体的死循环程序中，就能立即发现因没有装载中断服务函数指针到中断向量表导致的问题，避免了因未装载中断向量表而导致中断请求发生时程序跑飞的问题，节省用户需要花费较多时间查找程序跑飞原因带来的额外开销。

PIE 中断向量表结构体变量 PieVectTable 是结构体类型 PIE_VECT_TABL，在 DSP2833x_PieVect.h 头文件模板中定义。在 DSP2833x_GlobalVariableDefs.c 源文件模板中，用 #pragma DATA_SECTION 编译预处理语句将 PieVectTable 指定命名数据段名为 PieVectTableFile，然后在通用头文件链接器命令文件模板 DSP2833x_Headers_nonBIOS.cmd 中，为该命名数据段 PieVectTableFile 分配 PIE 向量表映射的数据存储器地址范围。可见，只要应用程序有中断处理任务，初始化程序就应有 InitPieCtrl() 和 InitPieVectTable() 函数调用语句。

DSP2833x_PieVect.c 文件模板是任何工程文件都需要添加的 C 语言源文件。

8. 默认中断服务函数定义 C 语言源文件模板

默认中断服务函数定义 C 语言源文件模板 DSP2833x_DefaultIsr.c 定义了 DSP2833x 所有中断源的默认中断服务函数。这些默认中断服务函数的入口地址作为 PIE 中断向量常量表的默认中断向量。例如,在 DSP2833x_DefaultIsr.c 中能找到 CPU 定时器 0 定时中断(TINT0)的默认中断服务函数定义语句如下:

```
//INT1.7
    interrupt void TINT0_ISR(void)                      // CPU - Timer 0 的 ISR
        { // 在这里插入 ISR 处理代码
        //为了从 PIE 组 1 接收更多的中断,需要应答这个中断
        // PieCtrlRegs.PIEACK.all = PIEACK_GROUP1;
        // 接下来的两行语句仅适用于调试,在这里暂停处理器
        // 在插入用户 ISR 代码后,删除这两行语句
        asm ("       ESTOP0");
        for(;;);
        }
```

可见,每当编写了某个中断源的用户中断服务函数,就必须将该用户中断服务函数入口地址装载到 PIE 中断向量表中对应的中断向量中,覆盖初始化时装载的默认中断服务函数入口地址。

DSP2833x_DefaultIsr.c 文件模板是任何工程文件都需要添加的 C 语言源文件。

3.6 DSP 应用程序开发方法

3.6.1 DSP 外设寄存器的访问表达式

对外设模块寄存器组结构体变量某个寄存器位域成员变量的访问表达式为

寄存器组结构体变量名.寄存器成员变量名.bit.位域成员变量名

对外设模块寄存器组结构体变量某个寄存器整体成员变量的访问表达式为

寄存器组结构体变量名.寄存器成员变量名.all

对于没有通过第 1、2 级结构体类型定义语句模板定义,直接在第 3 级结构体类型定义语句模板中定义为无符号数的寄存器,访问的表达式为

寄存器组结构体变量名.寄存器成员变量名

例如,系统控制模块的 PLLSTS 寄存器位域变量 DIVSEL 的赋值语句为:

SysCtrlRegs.PLLSTS.bit.DIVSEL = 00;   //对 PLLSTS.DIVSEL 置 00

3.6.2 DSP 应用程序开发流程

片上外设模块应用程序开发就是利用 TI 提供的外设模块软件开发模板,在用户创建的工程文件中,添加需要的外设模块控制寄存器组结构体类型定义与结构体变量声明语句头文件模板、命名数据段被定位到实际存储器地址的链接器命令文件模板、系统默认代码段、数据段定位到实际存储器地址的链接器命令文件模板、寄存器初始化函数定义源文件模板、实时支持库文件模板等,并在此基础上添加用户编写的应用主函数和应用中断函数源文件,就能快速创建一个工程文件所需使用的片上外设模块应用程序。

软件开发的主要任务是设计、编写、调试应用主函数和应用中断函数源文件模块代码，借助 TI 提供的 DSP28335 片上外设模块驱动程序库，可以大大加快 DSP 应用软件的开发速度，节省大量编程时间。

F28335 应用程序开发流程图主要包括向用户工程文件添加各种所需的片上外设模块软件开发文件模板，编写的 DSP 应用系统的主函数和中断服务函数源文件等，如图 3-12 所示。

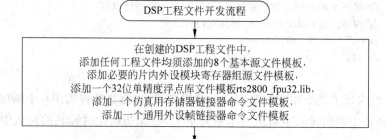

图 3-12　DSP 应用程序开发流程图

习题

3-1　创建工程文件有四大步骤，试写出有哪 4 步。

3-2　DSP C 编译器产生的初始化段和未初始化段名对用户来说是不透明的（即看不见的），但是用户为什么要了解初始化段名和未初始化段名？

3-3　DSP 的代码主要采用什么调试方法？

3-4　命名数据段与系统默认数据段在命名上有什么区别？

3-5　DSP 工程文件实际上是软件模块化设计的顶层文件，那么软件模块化的基本单位是什么？

3-6　软件模块化设计的基础是什么？

3-7　DSP 的片上外设寄存器采用结构体位域字段类型定义方法与采用 #define 定义方法相比，主要优点和缺点是什么？

3-8　DSP 的模块化编程方法带给编程者最大的好处是什么？

3-9　链接器命令文件(.cmd)中,伪指令 MEMORY 和 SECTIONS 各起什么作用?

3-10　在 GEL 命令菜单项中,增加对话框和滚动条命令的主要目的是什么?

3-11　GEL 对话框和滚动条命令是在 DSP 调试代码全速运行下执行的? 还是遇到断点停下来之后执行的?

3-12　在 CCS 下,当工程文件编译出现编译错误后,为什么 out 文件自动消失?

3-13　主调模块要访问被调模块中的函数,则主调模块要用什么关键字将该函数声明成什么函数?

3-14　GEL 对话框和滚动条命令使 DSP 调试代码全速运行下能够实时接收用户的设置参数,对调试什么代码特别有用?

3-15　探针点与断点是什么关系? 哪个不能单独存在?

3-16　CCS 遇到断点暂停程序执行,将探针点指定 I/O 文件与 DSP 内存建立传送连接是自动完成的还是人工完成的?

3-17　要求 GEL 对话框函数名为 InitMemory(),第一个参数名为 start address,通过第一个输入框输入参数自动赋值,该输入框左边的标签名为 start address。第二个参数名为 end address,通过第二个输入框输入参数自动赋值,该输入框左边的标签名为 end address。试设计这个 GEL 函数,使对话框中有上述两个输入框。函数体语句暂时空白。GEL 存盘文件名为 tx06_1.gel,在该文件开头使用 menuitem init 语句在 CCS 的 GEL 菜单栏下创建一个新的下拉菜单,名为 init。用 dialog 关键词前置 InitMemory()函数,自动在 init 下添加一个子菜单名,即 InitMemory。用手工加载 GEL 文件试验。

3-18　使用 CCS 3.3 加载数据文件内建函数 GEL_LOAD (filename)作为自定义 GEL 函数 myload()中的调用函数语句,将下列路径 Example_2833xCpuTimer.out 文件 C:\CCStudio_v3.3\Myproject\dspdemo_28335\DSP2833x_examples\cpu_timer\Debug\Example_2833xCpuTimer.out 加载到内存。GEL 存盘文件名为 tx06_2.gel,在该文件开头,使用 menuitem "Load.out"语句在 CCS 的 GEL 菜单栏下添加第一级子菜单名为 Load.out,再用 hotmenu 前置自定义 GEL 函数名 myload(),在子菜单名 Load.out 添加下一级子菜单为 myload。用手工加载 GEL 文件试验。

3-19　用 GEL 内建函数 gel_projectload(filename),打开 C:\CCStudio_v3.3\Myproject\dspdemo_28335\DSP2833x_examples\cpu_timer\Example_2833xCpuTimer.pjt 项目文件,并用 GEL 内建函数 gel_projectbuild()对 Example_2833xCpuTimer.pjt 进行编译。GEL 存盘文件名为 tx06_3.gel 在该文件开头,使用 menuitem "open project"语句在 CCS 的 GEL 菜单栏下添加第一级子菜单,名为 open project,再用 hotmenu 前置自定义 GEL 函数名 openpjt(),在子菜单名 Load.out 添加下一级子菜单,即 openpjt。用手工加载 GEL 文件试验。

3-20　使用 menuitem "ramtest"语句在 CCS 的 GEL 菜单栏下添加第一级子菜单名为 ramtest,再用 dialog 关键词添加下一级对话框子菜单为 filldata,对话框传递的对象参数为 dataParm,赋值给工程文件全局变量名为 ramdata。用 slider 关键词添加下一级滑动条菜单为 size,要求滑动条最小值为 1,最大值为 100,滑动步距为 1,页滑动步距为 1,滑动条位置对应值传递的对象参数为 lenParm,赋值给工程文件全局变量名为 ramlen。GEL 存盘文件名为 tx06_4.gel。用手工加载 GEL 文件试验。

3-21　TI 公司提供 F28335 仿真用 RAM 链接器命令文件模板,将系统默认代码段 .text 定位在片上 RAM 块的地址范围是 0x009000～0x009FFF,即 .text 在片上 RAM 的定位空间只有 4K。假如现在 F28335 通过 XINTF 扩展了一片 128K×16 位的 RAM 芯片,要将仿真程序代码加载到片外 RAM 中。已知 128K×16 位 RAM 芯片用 $\overline{XZCS6}$ 片选,寻址范围是 0x100000～0x11FFFF,问如何修改仿真用 RAM 链接器命令文件模板 28335_RAM_lnk.cmd 中 .text 的定位信息,使 .text 分配在 0x100000～0x11FFFF 空间中?

小结

本章从 DSP 软件开发使用的通用目标文件格式(COFF)、TI 公司提供的 F28335 工程文件开发模板以及 CCS 菜单命令、工程文件开发和调试方法等方面,主要介绍以下内容。

(1) CCS 的 C 编译器自动生成的各种初始化段(包括代码段和数据段)和未初始段(包括未初始化数据段和未初始化代码段)。

(2) 命名数据段的创建方法。

(3) 仿真用链接器命令文件和烧写用链接器命令文件。

(4) F28335 片上外设模块应用程序的工程文件开发模块和组成工程文件的源文件、头文件、链接器命令文件、库文件模板。

(5) 片上外设模块寄存器位域结构体类型和整体结构体类型的定义语句和寄存器变量定义语句。片上外设模块寄存器(且第 1、第 2、第 3 级结构体类型定义语句和变量定义语句,以及访问片上外设模块寄存器组中任一寄存器位域变量和整体变量的 C 语句表达式)。

(6) 借助 TI 公司提供的工程文件开发模板,开发 F28335 应用程序的流程图和应用实例。

重点和难点:CCS 常用菜单命令功能、DSP 工程文件开发方法、TI 工程文件模板的使用方法、外设模块寄存器组结构体变量成员访问方法。

## 第4章

系统初始化模块
应用程序开发

4.1 系统初始化模块概述

系统初始化模块是指上电复位后,保证 DSP 芯片能正常运行必须初始化的片上基本功能模块。本书将系统初始化模块定义为系统控制模块、GPIO 模块、PIE 模块。系统控制模块包括时钟电路、低功耗模式、看门狗电路。对系统控制模块初始化可决定 DSP 的系统时钟频率等,对 GPIO 模块初始化可决定启用哪些片上外设输入输出引脚等,对 PIE 模块初始化可决定 PIE 中断向量表的默认中断服务程序入口地址、决定启用哪些片上外设中断源等。

4.1.1 时钟电路

F28335 的时钟电路由 SOC(振荡器)电路和 PLL(锁相环)电路等组成。振荡器电路、锁相环电路结构框图如图 4-1 所示。

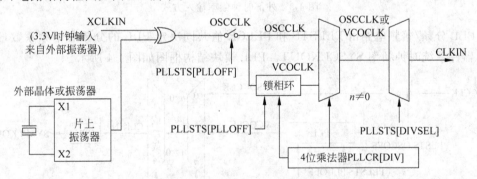

图 4-1 振荡器电路、锁相环电路结构框图

SOC 用来提供高精度振荡器频率(SOCCLK),作为 DSP 控制器器件内部的时钟基准频率。振荡器频率是晶振在振荡电路驱动下振荡产生的,不能调频,故需要通过 PLL 电路对 SOCCLK 进行高精度分频或倍频,以产生比 SOCCLK 更低或更高的系统时钟频率 SYSCLKOUT。F28335 的 PLL 倍频电路主要用来对 SOCCLK 的倍频,产生系统时钟频率。典型 SOCCLK 为 30MHz,PLL 倍频电路产生 5 倍频的输出,使 SYSCLKOUT 达到 F28335 规定的最高时钟频率 150MHz。

SOC 电路可分为内部 SOC 电路和外部时钟频率输入电路。F28335 的内部 SOC 电路如图 4-2 所示,其中 X_1 和 X_2 为 F28335 芯片的振荡器输入引脚,跨接一个无源晶振元件 Y,标称频率通常选用 30MHz,Y 跨接两个瓷片电容 C_1 和 C_2,典型值为 24pF,中间抽头接地。振荡器频入引脚 XCLKIN 须接地。这是最常用的内部 SOC 电路工作模式。

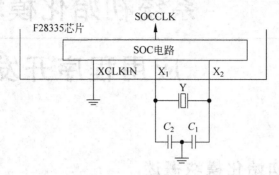

图 4-2　内部 SOC 电路

外部时钟频率输入工作模式有两种接入方式:方式 1 是从振荡器频入引脚 XCLKIN 接入,要求频率幅值为 3.3V,X_1 须接地,X_2 悬空,如图 4-3(a)所示;方式 2 是从 X_1 引脚接入,要求频率幅值为 1.9V,XCLKIN 须接地,X2 悬空,如图 4-3(b)所示。

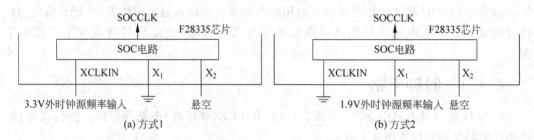

图 4-3　外部时钟频率输入方式

PLL 分频/倍频电路由 PLLSTS 和 PLLCR 值共同决定 PLL 的分频和倍频系数,产生 DSP 器件系统时钟频率 SYSCLKOUT。PLL 模块结构框图如图 4-4 所示。

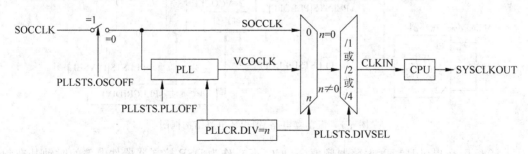

图 4-4　PLL 模块结构框图

PLLSTS. OSCOFF(1 位)控制 SOCCLK 频率是否接入 PLL 电路,当 PLLSTS. OSCOFF=0 时,使能 SOCCLK 接入 PLL 电路(上电复位默认状态)。

PLLSTS. PLLOFF(1 位)使能 PLL 电路是否工作,当 PLLSTS. PLLOFF=0 时,使能 PLL 处于工作状态(上电复位默认状态)。

PLLCR. DIV(4 位)配置 PLL 对 SOCCLK 的倍频系数 n,当 PLLCR. DIV=0000 时,

PLL 的倍频系数 $n=1$(上电复位默认状态)。有效值为 0001($n=1$)～1010($n=10$)。

PLLSTS. DIVSEL(2 位)用来配置 PLL 的分频系数,当 PLLSTS. DIVSEL＝00 时,PLL 的分频系数为/4(上电复位默认状态)。有效值为 00～11,00 和 01 对应分频系数为/4,10 对应分频系数为/2,11 对应分频系数为/1。

在 PLLSTS. PLLOFF＝0 的默认状态下,PLL 处于旁路模式,在此模式下,SOCCLK 绕过 PLL,接到 PLL 的分频电路输入端,PLL 的分频电路输出产生 CPU 时钟频率输入 CLKIN(即系统时钟频率 SYSCLKOUT)。在 PLL 旁路模式下,允许向 PLLCR. DIV 写非零值 n,设置 $n>1$ 的倍频系数。一旦 PLLCR. DIV 被写入非零值,则 PLL 自动转换为使能模式,SOCCLK 输入到 PLL 倍频后,再输出到 PLL 分频电路输入端,PLL 的分频电路输出产生 CPU 时钟频率输入 CLKIN。在系统复位默认状态下,允许对 PLLCR. DIV 写非零 n 倍频值,同时置 PLLSTS. DIVSEL＝10,则 CPU 的时钟频率 CLKIN 与晶体振荡器输出时钟频率 SOCCLK 的关系式为

$$CLKIN = (SOCCLK \times n)/2 \tag{4-1}$$

【例 4-1】 初始化设置 PLLCR. DIV＝1010,PLLSTS. DIVSEL＝10,若内部振荡器外接的无源晶振频率 SOCCLK＝30MHz 时,计算 F28335 的 CPU 时钟频率。

PLLCR. DIV＝1010 对应倍频系数 $n=10$,PLLSTS. DIVSEL＝10 对应分频系数为/2,所以 CLKIN＝30×10/2＝150(MHz)。

DSP 器件的时钟电路不仅产生自身器件所需的时钟频率,还可输出可编程的时钟输出频率 XCLKOUT,为 DSP 应用板使用 FPGA/CPLD 等可编程芯片提供工作频率。XCLKOUT 产生电路如图 4-5 所示。

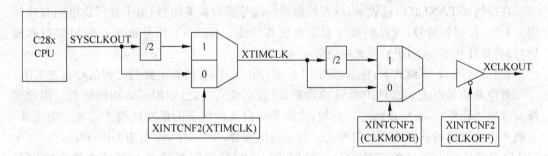

图 4-5 XCLKOUT 产生电路功能框图

由图 4-5 可见,XCLKOUT 最大值为 SYSCLKOUT,最小值为 SYSCLKOUT/4。上电复位后,XCLKOUT 的默认值为 SYSCLKOUT/4,该信号可作为外部检测 DSP 器件是否被正确配置的依据。XCLKOUT 输出引脚内部没有上拉或下拉电阻。若 XCLKOUT 没有被外部电路使用,可通过对 XINTCNF2 寄存器的位域变量 CLKOFF 置 1 来关闭(上电复位后,XINTCNF2. CLKOFF＝0)。

4.1.2 低功耗模式

F28335 的低功耗模式是通过低功耗模式控制寄存器(LPMCR0)编程设置的。F28335 有 3 种低功耗模式,每种低功耗模式对应不同的时钟源关闭和低功耗退出信号触发条件,如表 4-1 所示。低功耗模式是指 DSP 内核输入时钟 CLKIN 和输出时钟 SYSCLKOUT 全部

关闭或部分关闭，或 Flash 的电源被关闭，使内核和片上外设模块处于低功耗状态。

表 4-1　F28335 的 3 种低功耗模式和退出（唤醒）条件

低功耗模式	LPMCR0[1:0]	SOCCLK	CLKIN	SYSCLKOUT	退出（唤醒）条件[1]
空闲模式 （IDEL 默认）	00	on	on	on[2]	$\overline{XRS}$、看门狗中断 $\overline{WDINT}$，任何被使能的中断
待机模式 （STANDBY）	01	on （看门狗运行）	off	off	$\overline{XRS}$、看门狗中断 $\overline{WDINT}$、GPIOA 信号、仿真器信号[3]
暂停模式 （HALT）	1x	off （SOC 和 PLL 关闭，看门狗不运行）	off	off	$\overline{XRS}$，GPIOA 信号，仿真器信号[3]

注：（1）退出条件即唤醒条件，指在低功耗模式下退出低功耗模式的信号。这些信号必须保持低电平足够长以至于能被 DSP 器件识别为一次中断请求；否则不能退出 IDEL 低功耗模式，DSP 器件又返回指定的低功耗模式。

（2）28x 系列 DSP 器件的 IDEL 低功耗模式与 24x/240x 系列 DSP 器件的 IDEL 低功耗模式不同。对于 28x 系列 DSP 器件，在 IDEL 低功耗模式下，CPU 的时钟频率输出 SYSCLKOUT 仍然有效，而对于 24x/240x 系列 DSP 器件而言，SYSCLKOUT 是关闭的。

（3）对于 28x 系列 DSP 器件，即使 CPU 的输入时钟（CLKIN）被关闭，JTAG 接口仍然正常工作。

在空闲（IDLE）模式下，看门狗电路的有效中断信号 $\overline{WDINT}$ 将产生一次 CPU 中断请求，从而将 CPU 从 IDLE 模式中唤醒，看门狗中断信号连接到 PIE 模块中的 WAKEINT 中断信号线上。如果看门狗用来将器件从 IDLE 或 STANDBY 模式中唤醒，并且使器件再次进入 IDLE 或 STANDBY 模式，那么必须保证 $\overline{WDINT}$ 信号线已返回到高电平。$\overline{WDINT}$ 信号在触发中断后仍将持续保持 512 个 OSCCLK 周期长度的低电平时间。

在待机（STANDBY）模式下，所有外设时钟信号都将被关闭，但由于看门狗电路直接使用 OSCCLK 时钟信号，所以仍可处于正常工作状态。$\overline{WDINT}$ 信号被送入低功耗控制模块，可将器件从 STANDBY 模式中唤醒。

在暂停（HALT）模式下，振荡器与 PLL 都停止工作，看门狗电路的时钟信号也被关闭。

暂停低功耗模式下的 DSP 器件功耗最低，备用模式次之，空闲模式功耗最高。用户选择何种低功耗模式，视应用而定。例如，智能手机白天待机下的低功耗模式应选空闲模式，夜晚关机前设置闹钟应选择备用模式。若在备用或暂停模式下，希望用 GPIOA 口的 32 个 I/O 引脚的任一个引脚的有效信号来唤醒 DSP 器件，就需要将低功耗唤醒选择寄存器（GPIOLPINSEL）指定的 GPIO31～GPIO0 的某一位或若干位置 1，就能使 GPIO31～GPIO0 的指定引脚作为 STANDBY 和 HALT 低功耗模式的唤醒触发信号源。一旦 GPFOA.x（x 为 0～31 的位口号）引脚电平从"1"变为"0"，并维持 LPMCRO 规定的 SOCCLK 周期数，就能唤醒 DSP 器件。

外设时钟控制寄存器复位值为全 0，表明上电复位后，DSP 片上外设模块的时钟使能信号均处于无效电平，系统时钟频率 SYSCLKOUT 被禁止输出给片上外设。用户需要使用什么外设，通过设置外设时钟控制寄存器的对应外设时钟使能位，开放该外设的系统时钟输入。关闭时钟输入可降低 DSP 器件功能。

可见，DSP 器件退出低功耗方式是硬件触发方式，而进入低功耗方式是满足一定条件下执行"asm（"IDEL"）;"语句，使 DSP 器件以低功耗模式控制寄存器 0（LPMCR0）配置的 3 种低功耗模式之一，立即进入低功耗方式。

4.1.3　看门狗电路

看门狗电路内含一个 8 位加法计数器,每当计数值达到最大值溢出之后,产生一个脉宽为 512 个 OSCCLK 周期长的低电平输出信号。通过系统控制与状态寄存器(SCSR)可编程,可使该脉冲既可作为 DSP 器件内部的复位信号 $\overline{\text{WDRST}}$,使 DSP 器件系统复位,也可以作为看门狗中断信号 $\overline{\text{WDINT}}$,如图 4-6 所示。

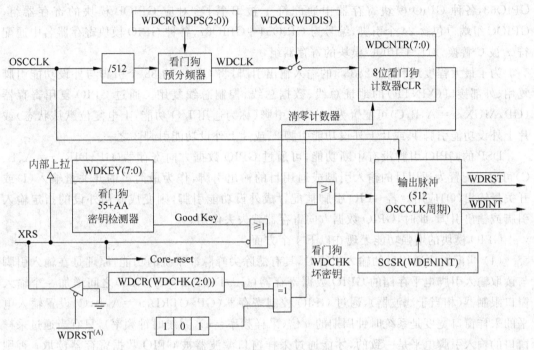

图 4-6　看门狗电路功能框图

看门狗模块的功能是监视主程序运行是否正常,若主程序死机,看门狗模块可产生复位信号使 DSP 器件重新启动,脱离死机。为了防止看门狗周期性产生复位信号 $\overline{\text{WDRST}}$,在主程序正常运行情况下,每循环一次(注意:主程序是一个死循环结构)应向看门狗模块密钥寄存器(WDKEY)按顺序写入 0x55 和 0xAA 密钥,对看门狗模块的 8 位加法计数器清零(俗称"喂狗"),防止看门狗模块产生复位信号。因为看门狗模块的 8 位加法计数器的溢出周期远远大于 DSP 主程序执行周期,只有当主程序死机,不再周期性对看门狗模块 8 位加法计数器清零,看门狗模块 8 位加法计数器才会溢出产生复位信号,使 DSP 器件重新启动,把 DSP 器件从死机状态拉回到正常运行状态。

通过看门狗控制寄存器(WDCR)可编程设置看门狗模块的溢出周期,其原理是对振荡器电路输出时钟 SOCCLK 预分频,产生更低的看门狗模块工作时钟 WDCLK。

$$\text{WDCLK} = \text{SOCCLK}/512/n/256 \tag{4-2}$$

【例 4-2】　设 $f_{\text{SOCCLK}} = 30\text{MHz}, 1/n = 1$。试计算看门狗模块的溢出周期为多少?

假设振荡器频率为 SOCCLK,看门狗模块预分频器分频系数为 $1/n$,则看门狗模块工作时钟频率 WDCLK,计算公式为 $\text{WDCLK} = \text{SOCCLK}/512/n/256$。因此,$T_{\text{WDCLK}} = 1/\text{WDCLK} = 1/(\text{SOCCLK}/512/1/256) = 4.3\text{ms}$。

4.1.4 GPIO 模块

1. GPIO 模块的复用和增强功能

F28335 的 88 个 GPIO 引脚被分成 3 组端口,分别命名为 GPIOA、GPIOB、GPIOC。其中 GPIOA 组端口包含 32 个引脚,编号为 GPIO0～GPIO31,各种 GPIO 寄存器名中通配符 x 被 A 替换,对应 GPIOA 模块的寄存器组;GPIOB 组端口包含 32 个引脚,编号为 GPIO32～GPIO63,各种 GPIO 模块寄存器中通配符 x 被 B 替换,对应 GPIOB 模块的寄存器组;GPIOC 组端口包含 24 个引脚,编号为 GPIO64～GPIO87,各种 GPIO 模块寄存器名中通配符 x 被 C 替换,对应 GPIOC 模块的寄存器组。

为了最大程度地利用 F28335 的输入输出引脚,将 GPIO 的 88 个引脚与外设功能引脚复用、外部接口(XINTF)的地址总线、数据总线、控制总线复用。通过 GPIO 复用寄存器(GPxMUX,x=A,B,C)可配置为:GPIO 引脚(称为通用 I/O 功能,上电复位默认状态)或片上外设功能引脚 1、或片上外设功能引脚 2、或片上外设功能引脚 3 之一。

DSP 的 GPIO 引脚没有中断功能,可通过 GPIO 数据方向寄存器(GPxDIR,x=A,B、C)可编程配置为通用目的输入引脚或通用目的输出引脚,作为最简单的开关量输入(I)或开关量输出(O)应用。若 GPIO 引脚被配置成外设功能引脚,则变成专用外设的指定输入引脚或输出引脚,此时,GPIO 数据方向寄存器就失去作用。

GPIO 模块的增强功能表现在以下 4 个方面。

(1) 当配置为通用目的输入引脚时,具有滤除尖峰脉冲干扰的功能,原理是在输入引脚与读取输入引脚电平存储的 GPIO 数据寄存器(GPxDAT,x=A,B,C)之间增加一个输入窗口限制器(相当于滤波器),通过 GPIO 控制寄存器(GPxCTRL,x=A,B,C)设置输入电平的采样窗口宽度是系统时钟周期的 n 倍(采样频率=n×系统时钟频率),只有当通过采样窗口的输入引脚电平是一致的,才能通过采样窗口滤波器被 GPIO 数据寄存器读取;否则 GPIO 数据寄存器读取的还是上一次读取的输入引脚电平。

(2) 当配置为通用目的输出引脚时,具有位置 1 或清 0 功能。换句话说,对通用目的的输出引脚位置 1 或清 0,可以通过 GPIO 置位寄存器(GPxSET,x=A,B,C)指定 GPIO 端口编号对应的成员位域变量来实现置 1 或通过 GPIO 清除寄存器(GPxCLEAR,x=A,B,C)指定 GPIO 端口对应的编号成员位域变量来实现清 0。

(3) GPIOA 和 GPIOB 两个端口的引脚可编程配置为外部中断输入引脚 XINT,不像 F281x 或 240x 等早一代 DSP 器件独立配置 XINT 引脚。F28335 可配置 7 个外部中断引脚,即 XINT1～XINT7。当不使用 XINT 功能引脚时,GPIOA 和 GPIOB 可配置成通用 I/O 引脚或其他外设模块的引脚,需要使用 XINT 功能引脚时,通过初始化配置 GPIO 外部中断源选择寄存器(GPIOxXINTiSEL,x=A,B,i=1,2)来选择 A 端口的 32 个 GPIO 引脚之一作为 XINT1、XINT2 之一的输入引脚,或 B 端口的 32 个 GPIO 引脚之一作为 XINT3～XINT7 之一的输入引脚。通过外部中断源控制寄存器(XINTnCR,n=1～7)可编程设置 XINTn(n=1～7)的有效触发极性(下降沿、上升沿、下降沿和上升沿,均可产生中断请求,上电复位后默认触发极性为下降沿)。

(4) GPIOA 端口的引脚可编程配置为外部不可屏蔽中断输入引脚 XNMI,不像 F281x 或 240x 等早一代 DSP 芯片独立设置 XINT 引脚。F28335 设置一个不可屏蔽中断源

XNMI。当不使用 XNMI 功能引脚时,GPIOA 可配置成通用 I/O 引脚或其他外设模块的引脚,当需要使用 XNMI 功能时,通过初始化配置 GPIO 外部不可屏蔽中断源选择寄存器(GPIOXNMISEL)来选择 A 端口的 32 个 GPIO 引脚之一作为 XNMI 输入引脚。通过外部不可屏蔽中断源控制寄存器(XNMICR)可编程设置 XNMI 的有效触发极性(下降沿、上升沿、下降沿和上升沿,均可产生中断请求,上电复位后默认触发极性为下降沿)。

2. GPIO 模块引脚复用功能原理框图

F28335 的 88 个 GPIO 引脚中,共有 80 个复用引脚。由于不同的片上外设模块有不同的控制使能信号,导致 GPIO 复用功能框图不是按 A,B,C 端口划分的,而是按片上外设模块,把 GPIO 引脚划分为 6 个复用功能框图:GPIO0～GPIO27 的复用功能框图、GPIO28～GPIO31 的复用功能框图、GPIO32～GPIO33 的复用功能框图、GPIO34～GPIO63 的复用功能框图、GPIO64～GPIO79 的复用功能框图、GPIO28～GPIO31 的复用功能框图。这 6 个复用功能框图的复用原理是相同的,这里通过图 4-7 所示的 GPIO0～GPIO27 引脚复用原理框图来介绍引脚复用原理,图左边是 28 个引脚名 GPIO0～GPIO27,图中间和右边是 F28335 器件内部的各种寄存器。当 GPIO 被配置为输入引脚功能时,数据传送方向是从左向右,被配置为输出引脚功能时,数据传送方向是从右向左。

在图 4-7 中:① x 代表接口,无论 A 还是 B,如 GPxDIR 指的是 GPADIR 还是 GPBDIR 寄存器取决于特定的 GPIO 引脚选择;②GPxDAT 锁存/读取是在相同的存储位置被访问;③这是一个通用的 GPIO 复用框图,不是所有的选项都可以适用于所有的 GPIO 引脚。

在 GPIO 模块引脚复用功能原理框图中,有以下 3 个上电复位后默认状态。

(1) 上电复位后,GPIO 复用寄存器(GPxMUXi,x=A,B,C,i=1,2)复位默认值为全 0,表示所有 GPIO 引脚均配置成通用目的输入输出引脚功能。

(2) 上电复位时,系统复位信号 $\overline{XRS}$ 有效低电平控制三态门输出为高阻态,阻止 GPxDAT(x=A,B,C)和复用外设输出引脚的输出电平通过三态门输出。上电复位结束后,GPxDIR(GPIO 数据方向寄存器,x=A、B、C)复位默认值为 0,继续替代 $\overline{XRS}$ 封锁三态门输出为高阻态,确保 GPIO 模块的 I/O 引脚上电复位后的默认状态为输入引脚。

(3) 上电复位后,GPIO 上拉禁用寄存器(GPIO Pull Up Disable Register,GPxPUD,x=A,B,C)的复位默认值,对于 GPAPUD 不是全 0,有一部分为 1,其中 GPAPUD. 0～. 11=1,GPAPUD. 12～. 31=0。GPxPUD 的某位复位值=0,表示该位对应的 GPIO 引脚内部上拉电阻被使能,则该引脚呈现内部上拉漏极结构。GPxPUD 的某位复位默认值为 1,表示该位对应的 GPIO 引脚内部上拉电阻被禁止,则该引脚呈现内部开路漏极结构。

GPIO 模块引脚复用原理:GPIO 复用寄存器 GPxMUXi(x=A,B,C,i=1,2)每两个位域变量控制一个 GPIO 引脚的复用功能:00=通用 I/O 引脚功能(上电默认状态),01=片上外设功能引脚 1,10=片上外设功能引脚 2,11=片上外设功能引脚 3,所以一个 32 位 GPIO 复用寄存器只能定义 16 个 GPIO 引脚的复用功能,所以 GPIOA、GPIOB、GPIOC 各组要安排两个 GPIO 复用寄存器,GPIOA 组:GPAMUX1 和 GPAMUX2;GPIOB 组:GPBMUX1 和 GPBMUX2;GPIOC 组:GPCMUX1 和 GPCMUX2;若希望将 GPIO 引脚配置成片上外设功能引脚 1/2/3 之一,需要在 DSP 初始化程序中编写 GPxMUXi(x=A,B,C,i=1,2)初始化语句,将对应指定引脚的位域变量设置成非零值(01/10/11)。

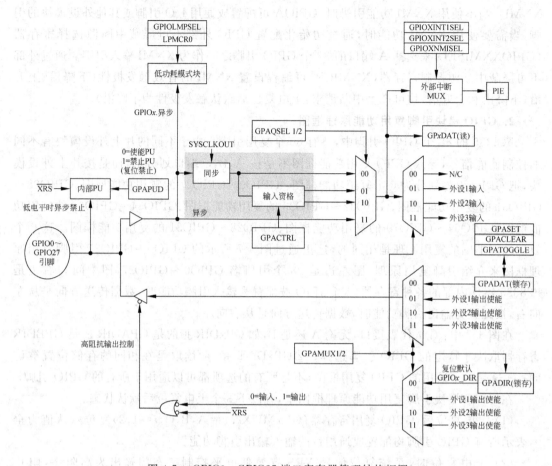

图 4-7   GPIO0~GPIO27 端口寄存器管理结构框图

注: (1) 当 GPIOINENCLK 位(PCLKCR3.13)被清 0 时,上述 GPIO 框图中的阴影区域被禁止,各个引脚被配置为输出引脚。当一个引脚被配置为输出引脚时,可以减少电能消耗。清除 GPIOENINCLK 位将复位同步和输入资格逻辑电路,以至于没有剩余值。

(2) GPxDAT 的锁存与读取操作都访问相同的存储单元。

4.1.5   PIE 模块

1. F28335 中断管理系统

F28335 的 CPU 内核共有 15 个中断请求输入线,包括一个不可屏蔽中断请求线 $\overline{\text{NMI}}$、14 个 CPU 级中断请求输入线 INT1 ~ INT14,其中,INT1 ~ INT12 采用 12 组 PIE (Peripheral Interrupt Expansion,外设中断扩展)模块扩展,每个 PIE 模块扩展 8 个外设中断源输入,可扩展 96 个外设中断源输入。F28335 外设中断源与 CPU 内核中断输入线的连接逻辑图如图 4-8 所示。

PIE 模块是集成中断标志、中断使能、中断优先权管理、中断应答管理等多功能于一体的中断控制器,故 PIE 模块又称为 PIE 控制器。

F28335 中断管理系统采用 3 级中断管理机构,分别为外设级中断管理机构、PIE 级中

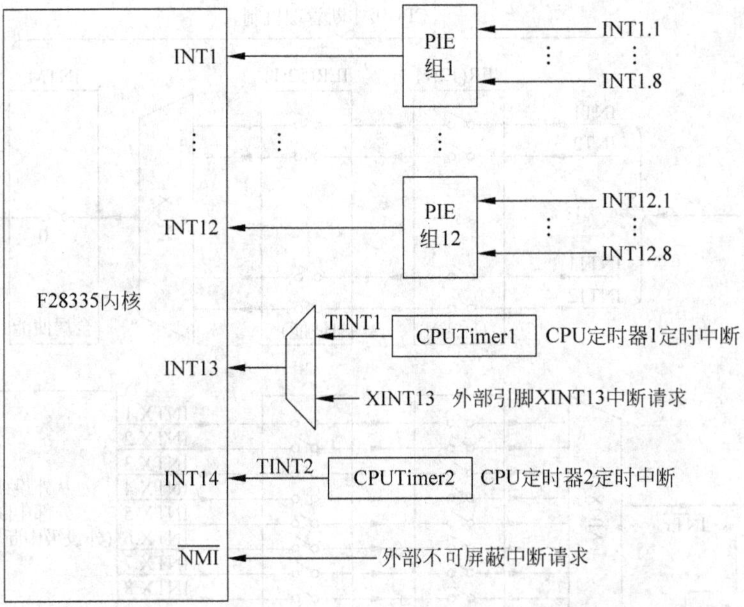

图 4-8 F28335 外设中断源与 CPU 内核中断输入线连接逻辑框图

断管理机构、CPU 级中断管理机构。其中 PIE 级中断管理机构在这 3 级管理机构中处于核心地位，体现在以下两个方面。

(1) 上电复位期间，使用 BROM 向量，上电复位后，统一使用 PIE 中断向量。F28335不使用 CPU 级中断向量。

(2) 有些外设级外设中断请求，不经过 PIE 级，直接连接到 CPU 级，虽然不需要 PIE 级中断管理，但是这些外设中断向量纳入 PIE 中断向量表管理。

F28335 的 3 级中断管理机制系统结构框图如图 4-9 所示。

在图 4-9 中，只画了一组外设级中断管理机制框图和一组 PIE 级中断管理机制框图，用变量 $INTx(x=1\sim12)$ 来表示 12 组 PIE 模块与 CPU 级中断管理机制框图之间的连接关系。

2. 外设级中断管理机制

外设产生中断时，该外设中断事件相关的中断标志位(IF)置 1。此时，如果该外设中断相应的中断使能寄存器(IE)也置为 1，外设就会向 PIE 控制器发出一个中断请求。如果外设级中断没有被使能(相应的使能位为 0)，那么外设就不会向 PIE 发出中断请求，相应的中断标志位会一直保持置位状态，除非用软件清除。当然，在中断标志位保持在 1 的时候，一旦该中断被使能了，那么外设立刻会向 PIE 发出中断申请。不管在什么情况下，外设寄存器中的中断标志位必须采用软件清除。

3. PIE 级中断管理机制

PIE 模块复用 8 个外设中断引脚向 CPU 申请中断，PIE 模块被分为 12 组，每组有一个中断信号向 CPU 申请中断。PIE 第 1 组复用 CPU 的中断 1(INT1)……PIE 第 12 组复用CPU 的中断 12(INT12)，其余不复用的中断则直接向 CPU 提出请求。对于复用中断，每组PIE 模块有一个中断标志寄存器($PIEIFRx.y,x=1\sim12,y=0\sim7,x$ 是 PIE 的中断组，y 是PIE 组内复用 8 个外设中断引脚)和一个中断使能寄存器($PIEIERx.y, x=1\sim12,$

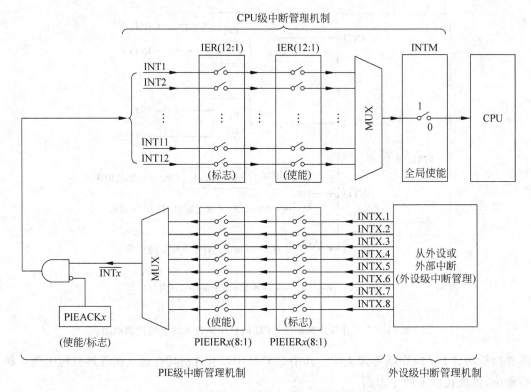

图 4-9 中断管理系统 3 级管理机制结构框图

$y=0\sim7$)。此外,每组 PIE 模块对应 CPU 中断线(INT1~INT12)有一个应答控制位
(PIEACK.$(x-1)$,$x=1\sim12$)。一旦 PIE 控制器有中断输入请求,相应的中断标志位被置
1(PIEIFRx.y,$x=1\sim12$,$y=0\sim7$);如果相应的 PIE 中断使能位(PIEIERx.y,$x=1\sim12$,
$y=0\sim7$)被置 1,则 PIE 检查相应的 PIEACK.$(x-1)$$(x=1\sim12)$位以确定 CPU 是否准备
应答该中断。如果 PIEACK.$(x-1)$$(x=1\sim12)$清零,则 PIE 向 CPU 发出中断请求。如果
PIEACK.$(x-1)$$(x=1\sim12)$置 1,则 PIE 将等待直到 PIEACK.$(x-1)$$(x=1\sim12)$被清 0
后,才能向 CPU 发出中断请求。

　　对于复用中断,PIE 只响应同时被使能和被触发的最高优先级的中断。如果没有任何
同时被使能和触发的中断,则使用 PIE 组内的最高优先级中断(即 PIE 组中最高优先级中
断是 INTx.1,最低优先级中断是 INTx.8,这里 x 是 PIE 中断组号,$x=1\sim12$,即在 PIE 组
内,INTx.1 高于 INTx.2,依此类推,INTx.7 高于 INTx.8)。可屏蔽中断在 CPU 的等级
取决于中断处理过程中所使用的要求。在标准过程中,大部分时间,DBGIER 寄存器是没
有用的。当 C28x 在时序仿真模式和 CPU 暂停的特殊情况下,DBGIER 寄存器才被使用,
同时 INTM 位被忽略。如果 DSP 在时序仿真模式和 CPU 运行情况下,标准的中断处理过
程被执行。

　　PIE 组间中断优先级是固定顺序优先级,与 PIE 组连接的 CPU 级中断优先级一致,即
PIE 组 1 高于 PIE 组 2,PIE 组 2 高于 PIE 组 3,顺序递减,依此类推,INT11 高于 INT12,
INT12 中断优先级最低。

4. CPU 级中断管理机制

一旦中断请求送入 CPU 后,CPU 级的中断标志寄存器(IFR)中的中断标志位就置 1。如果此时 CPU 中断使能寄存器(IER)或仿真中断使能寄存器(DBGIER)中的相应位为 1,且全局中断屏蔽位(INTM)为 0,则 CPU 就响应中断,执行中断服务程序。

对于经过 PIE 级送到 CPU 级的中断请求,中断服务程序返回前,需要对 PIEACK 对应位进行清 0 操作。对于某些不经过 PIE 级,直接连接到 CPU 级的可屏蔽外设中断请求,中断服务程序返回前不需要对 PIEACK 进行清 0 操作。

当采用标准调试模式时,由 IER、IFR、INTM 管理中断处理;当采用实时调试模式时,由 IER、IFR、DBGIER 管理中断处理。

CPU 级中断源的中断优先级是固定顺序优先级,RESET 高于 $\overline{\text{NMI}}$,$\overline{\text{NMI}}$ 高于 INT1,INT1 高于 INT2,顺序递减,依此类推,INT13 高于 INT14,INT14 中断优先级最低。

5. PIE 模块中断管理系统

F28335 共有 12 组 PIE 模块,每个 PIE 模块扩展 8 个外设中断请求输入线,分时输出一个中断请求信号。第 1 组 PIE 模块中断请求输出线连接到 CPU 级中断输入线 INT1 上,第 2 组 PIE 模块中断请求输出线连接到 CPU 级中断输入线 INT2 上,依此类推,第 12 组 PIE 模块中断请求输出线连接到 CPU 级中断输入线 INT12 上。

8 个外设中断源的中断请求信号被一个 PIE 模块扩展后,能被该 PIE 模块分时送到一个 CPU 级中断请求输入线上,CPU 分时响应每个 PIE 模块的中断请求。12 组 PIE 模块的中断输出,即 CPU 级 INT1~INT12 输入,有固定中断优先级,INT1 优先权最高,INT12 优先权最低。这 12 组 PIE 模块的中断请求不论同时有效还是单独有效,则首先在 CPU 中断标志寄存器(IFR)中标志为有效状态(使相应位域变量置 1),然后,CPU 只能响应当前优先级最高的中断请求。例如,INT1~INT12 同时有效,则只响应 INT1,INT2~INT12 同时有效,则只响应 INT2,依此类推,其他中断请求必须等待 CPU 完成当前优先级最高的中断请求服务后,才能继续响应中断标志寄存器中登记有效的其他最高优先权的中断请求服务。

每个 PIE 模块扩展的 8 个外设中断源组内设有固定中断优先级,组内 8 个外设中断源用符号 INTx.1~INTx.8 来表示($x=1$~12),INTx.1 中断优先权最高,INTx.8 中断优先权最低。PIE 模块的 8 个中断源请求输入不论同时有效还是单独有效,则首先在该组 PIE 模块内部的 PIE 中断标志寄存器 PIEIFRx.y($x=1$~12,$y=0$~7)中标志为有效状态(即相应位域变量被自动置 1),然后,当该组 PIE 模块的 PIE 中断使能寄存器 PIEIERx.y($x=$ 1~12,$y=0$~7)中对应 8 个外设中断源的使能位均被软件置 1(上电复位后,被硬件全部自动清零)的情况下,PIE 模块将 PIEIFRx.y($x=1$~12,$y=0$~7)当前标志(即登记)的中断请求中,优先级最高的中断请求作为 PIE 模块输出,送到 CPU 中断输入线上,一旦 CPU 响应 PIE 模块的中断请求,则 PIEIFRx.y($x=1$~12,$y=0$~7)中对应中断服务的标志位就被自动清零,当 CPU 从 PIE 中断向量表中读取中断向量后,PIEACK.$(x-1)$($x=1$~12)中对应该组 PIE 模块的位域变量被自动置 1,封锁该 PIE 模块不能继续把该组 PIEIFRx.y($x=1$~12,$y=0$~7)中含一位域变量中优先级最高的中断请求输出到 CPU 中断线上,直到 CPU 执行完中断服务程序中断,在中断返回前,执行 PIEACK.$(x-1)$($x=1$~12)中对应该组 PIE 模块中断服务的位域变量清零语句,才允许该组 PIE 模块把该组 PIEIFRx.y($x=1$~ 12,$y=0$~7)中其余含一位域变量中优先级最高的中断请求继续输出到 CPU 中断线上。

6. 中断向量映射

在 28x DSP 器件中,中断向量表可以被映射到内存中的 4 个不同的位置,如表 4-2 所示。

表 4-2　中断向量表映射地址

向 量 映 射	向量读取源	地 址 范 围	VMAP	M0M1MAP	ENPIE
M1 向量*	M1 SARAM 块	0x000000～0x00003F	0	0	x
M0 向量*	M0 SARAM 块	0x000000～0x00003F	0	1	x
BROM 向量	BROM 块	0x3FFFC0～0x3FFFFF	1	x	0 (复位)
PIE 向量	PIE 块	0x000D00～0x000DFF	1	x	1

注＊：M0 和 M1 向量是一个保留模式。在 28x 设备上,这些被作为 SARAM 使用。

在实际应用中,仅使用 PIE 向量表映射。这个向量映射是通过以下方式位/信号控制的,这些控制位/信号的描述如表 4-3 所示。

表 4-3　28x 向量映射控制方式位

控制方式位	描　　述
VMAP	VMAP 位于状态寄存器 ST1 第 3 位。器件复位时,该位被置 1,这个位的状态可以通过写入 ST1 加以修改,或使用 SETC/CLRC VMAP 指令设置为 1 或 0。对于正常运行,保持这个位为置 1 状态,中断向量表映射为 BROM 或 PIE 中断向量表如表 4-2 所示
M0M1MAP	M0M1MAP 位于状态寄存器 ST1 第 11 位。器件复位时,该位被置 1,这个位的状态可以通过写入 ST1 加以修改,或使用 SETC/CLRC VMAP 指令设置为 1 或 0。正常 28xx 器件运行,这个位应保留设置。M0M1MAP = 0 只被保留用于 TI 测试
ENPIE	ENPIE 位于 PIECTRL 寄存器第 0 位。器件复位时,该位的默认值被设置为 0(PIE 中断向量表被禁用)。此位的状态可以在复位后写入 PIECTRL 寄存器(地址 0x0000 0CE0),被修改为 1

M1 和 M0 向量表映射只保留给 T1 测试。当使用到其他向量映射时,M0 和 M1 的内存块被视为 SARAM 块,且可以被无限制地自由使用。DSP 器件复位操作之后,中断向量表被映射为 BROM 向量,如表 4-4 所示。

表 4-4　复位操作后向量表映射

向 量 映 射	复位后向量读取源	地 址 范 围	VMAP[1]	M0M1MAP[1]	ENPIE[1]
BROM 向量[2]	BROM 块	0x3FFFC0～0x3FFFFF	1	1	0

注：(1) 在 28x 设备中,VMAP 和 M0M1MAP 模式在复位时被置为 1。ENPIE 模式在复位后被强制清 0。
(2) 复位向量总是从 boot ROM 上被读取。

在复位和启动完成后,PIE 中断向量表应该被用户代码初始化,然后应用代码使能 PIE 中断向量表,即软件将 ENPIE 置 1,因为复位后 ENPIE 被强行清 0。从使能 ENPIE＝1 开始,CPU 从 PIE 中断向量表读取的中断向量。注意：当系统复位后,复位向量总是从 BROM 向量表中读取,PIE 向量表总是不可用的。系统复位时,中断向量表映射地址选择流程图如图 4-10 所示。

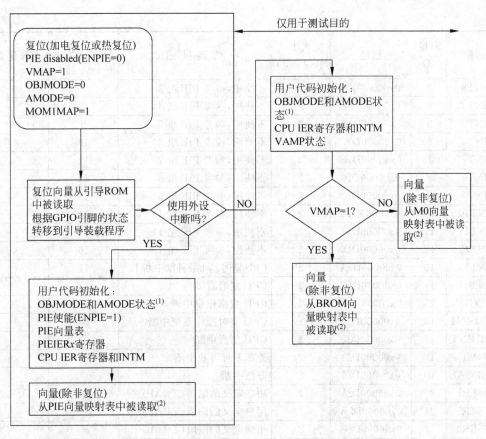

注：(1) 28x CPU兼容操作模式由状态寄存器1(ST1)OBJMODE、AMODE位组合决定：

Operating Mode	OBJMODE	AMODE
C28x Mode	1	0
24x/240x Source-Compatible	1	1
C27x Object-Compatible	0	0 （复位默认）

(2) 复位向量总是从Boot ROM中读取。

图 4-10　上电复位中断向量映射地址选择流程图

7. PIE 中断向量表

PIE 中断向量表是定位在 F28335 片上一个 256×16 位的 SARAM 区域,地址范围为 0x00D00～0x00DFF,PIE 中断向量表中每个表项的中断向量名称、映射地址、中断源名称、组间中断优先级、组内中断优先级等,如表 4-5 所示。

表 4-5　PIE 中断向量表

名称	向量 ID	地址	大小 (×16 位)	功 能 描 述	CPU 优先级	PIE 优先级
RESET	0	0x00000D00	2	复位中断,总是从 Boot ROM 或者 XINTF7 空间的 0x003FFFC0 地址获取	1(最高)	—
INT1	1	0x00000D02	2	不使用,参考 PIE 组 1	5	—
INT2	2	0x00000D04	2	不使用,参考 PIE 组 2	6	—

续表

名称	向量ID	地址	大小（×16位）	功能描述	CPU优先级	PIE优先级
INT3	3	0x00000D06	2	不使用,参考PIE组3	7	—
INT4	4	0x00000D08	2	不使用,参考PIE组4	8	—
INT5	5	0x00000D0A	2	不使用,参考PIE组5	9	—
INT6	6	0x00000D0C	2	不使用,参考PIE组6	10	—
INT7	7	0x00000D0E	2	不使用,参考PIE组7	11	—
INT8	8	0x00000D10	2	不使用,参考PIE组8	12	—
INT9	9	0x00000D12	2	不使用,参考PIE组9	13	—
INT10	10	0x00000D14	2	不使用,参考PIE组10	14	—
INT11	11	0x00000D16	2	不使用,参考PIE组11	15	—
INT12	12	0x00000D18	2	不使用,参考PIE组12	16	—
INT13	13	0x00000D1A	2	CPU定时器1或外部中断13	17	—
INT14	14	0x00000D1C	2	CPU定时器2	18	—
DLOGINT	15	0x00000D1E	2	CPU数据记录中断	19(最低)	—
RTOSINT	16	0x00000D20	2	CPU实时操作系统中断	4	—
EMUINT	17	0x00000D22	2	CPU仿真中断	2	—
NMI	18	0x00000D24	2	外部不可屏蔽中断	3	—
ILLEGAL	19	0x00000D26	2	非法中断	—	—
USER1	20	0x00000D28	2	用户定义的陷阱(TRAP)	—	—
USER2	21	0x00000D2A	2	用户定义的陷阱(TRAP)	—	—
USER3	22	0x00000D2C	2	用户定义的陷阱(TRAP)	—	—
USER4	23	0x00000D2E	2	用户定义的陷阱(TRAP)	—	—
USER5	24	0x00000D30	2	用户定义的陷阱(TRAP)	—	—
USER6	25	0x00000D32	2	用户定义的陷阱(TRAP)	—	—
USER7	26	0x00000D34	2	用户定义的陷阱(TRAP)	—	—
USER8	27	0x00000D36	2	用户定义的陷阱(TRAP)	—	—
USER9	28	0x00000D38	2	用户定义的陷阱(TRAP)	—	—
USER10	29	0x00000D3A	2	用户定义的陷阱(TRAP)	—	—
USER11	30	0x00000D3C	2	用户定义的陷阱(TRAP)	—	—
USER12	31	0x00000D3E	2	用户定义的陷阱(TRAP)	—	—
PIE组1向量,多路复用CPU中断INT1						
INT1.1	32	0x00000D40	2	SEQ1INT（ADC）	5	1(最高)
INT1.2	33	0x00000D42	2	SEQ2INT（ADC）	5	2
INT1.3	34	0x00000D44	2	保留	5	3
INT1.4	35	0x00000D46	2	XINT1	5	4
INT1.5	36	0x00000D48	2	XINT2	5	5
INT1.6	37	0x00000D4A	2	ADCINT(ADC)	5	6
INT1.7	38	0x00000D4C	2	TINT0(CPU定时器0)	5	7
INT1.8	39	0x00000D4E	2	WAKEINT(LPM/WD)	5	8(最低)
PIE组2向量,多路复用CPU中断INT2						
INT2.1	40	0x00000D50	2	EPWM1_TZINT（EPWM1）	6	1(最高)
INT2.2	41	0x00000D52	2	EPWM2_TZINT（EPWM2）	6	2

名称	向量ID	地址	大小(×16位)	功能描述	CPU优先级	PIE优先级
INT2.3	42	0x00000D54	2	EPWM3_TZINT（EPWM3）	6	3
INT2.4	43	0x00000D56	2	EPWM4_TZINT（EPWM4）	6	4
INT2.5	44	0x00000D58	2	EPWM5_TZINT（EPWM5）	6	5
INT2.6	45	0x00000D5A	2	EPWM6_TZINT（EPWM6）	6	6
INT2.7	46	0x00000D5C	2	保留	6	7
INT2.8	47	0x00000D5E	2	保留	6	8（最低）
PIE组3向量，多路复用CPU中断INT3						
INT3.1	48	0x00000D60	2	EPWM1_INT（EPWM1）	7	1（最高）
INT3.2	49	0x00000D62	2	EPWM2_INT（EPWM2）	7	2
INT3.3	50	0x00000D64	2	EPWM3_INT（EPWM3）	7	3
INT3.4	51	0x00000D66	2	EPWM4_INT（EPWM4）	7	4
INT3.5	52	0x00000D68	2	EPWM5_INT（EPWM5）	7	5
INT3.6	53	0x00000D6A	2	EPWM6_INT（EPWM6）	7	6
INT3.7	54	0x00000D6C	2	保留	7	7
INT3.8	55	0x00000D6E	2	保留	7	8（最低）
PIE组4向量，多路复用CPU中断INT4						
INT4.1	56	0x00000D70	2	ECAP1_INT(ECAP1)	8	1（最高）
INT4.2	57	0x00000D72	2	ECAP2_INT(ECAP2)	8	2
INT4.3	58	0x00000D74	2	ECAP3_INT(ECAP3)	8	3
INT4.4	59	0x00000D76	2	ECAP4_INT(ECAP4)	8	4
INT4.5	60	0x00000D78	2	ECAP5_INT(ECAP5)	8	5
INT4.6	61	0x00000D7A	2	ECAP6_INT(ECAP6)	8	6
INT4.7	62	0x00000D7C	2	保留	8	7
INT4.8	63	0x00000D7E	2	保留	8	8（最低）
PIE组5向量，多路复用CPU中断INT5						
INT5.1	64	0x00000D80	2	EQEP1_INT(EQEP1)	9	1（最高）
INT5.2	65	0x00000D82	2	EQEP2_INT(EQEP2)	9	2
INT5.3	66	0x00000D84	2	保留	9	3
INT5.4	67	0x00000D86	2	保留	9	4
INT5.5	68	0x00000D88	2	保留	9	5
INT5.6	69	0x00000D8A	2	保留	9	6
INT5.7	70	0x00000D8C	2	保留	9	7
INT5.8	71	0x00000D8E	2	保留	9	8（最低）
PIE组6向量，多路复用CPU中断INT6						
INT6.1	72	0x00000D90	2	SPIRXINTA(SPI-A)	10	1（最高）
INT6.2	73	0x00000D92	2	SPITXINTA(SPI-B)	10	2
INT6.3	74	0x00000D94	2	MRINTB(McBSP-B)	10	3
INT6.4	75	0x00000D96	2	MXINTB(McBSP-B)	10	4
INT6.5	76	0x00000D98	2	MRINTA(McBSP-A)	10	5
INT6.6	77	0x00000D9A	2	MXINTA(McBSP-A)	10	6
INT6.7	78	0x00000D9C	2	保留	10	7

续表

名称	向量 ID	地址	大小 (×16 位)	功能描述	CPU 优先级	PIE 优先级
INT6.8	79	0x00000D9E	2	保留	10	8(最低)
PIE 组 7 向量,多路复用 CPU 中断 INT7						
INT7.1	80	0x00000DA0	2	DINTCH1 DMA 通道 1	11	1(最高)
INT7.2	81	0x00000DA2	2	DINTCH2 DMA 通道 2	11	2
INT7.3	82	0x00000DA4	2	DINTCH3 DMA 通道 3	11	3
INT7.4	83	0x00000DA6	2	DINTCH4 DMA 通道 4	11	4
INT7.5	84	0x00000DA8	2	DINTCH5 DMA 通道 5	11	5
INT7.6	85	0x00000DAA	2	DINTCH6 DMA 通道 6	11	6
INT7.7	86	0x00000DAC	2	保留	11	7
INT7.8	87	0x00000DAE	2	保留	11	8(最低)
PIE 组 8 向量,多路复用 CPU 中断 INT8						
INT8.1	88	0x00000DB0	2	I2CINT1A (I2C-A)	12	1(最高)
INT8.2	89	0x00000DB2	2	I2CINT1A(I2C-A)	12	2
INT8.3	90	0x00000DB4	2	保留	12	3
INT8.4	91	0x00000DB6	2	保留	12	4
INT8.5	92	0x00000DB8	2	SCIRXINTC(SCI-C)	12	5
INT8.6	93	0x00000DBA	2	SCITXINTC(SCI-C)	12	6
INT8.7	94	0x00000DBC	2	保留	12	7
INT8.8	95	0x00000DBE	2	保留	12	8(最低)
PIE 组 9 向量,多路复用 CPU 中断 INT9						
INT9.1	96	0x00000DC0	2	SCIRXINTA(SCI-A)	13	1(最高)
INT9.2	97	0x00000DC2	2	SCITXINTA(SCI-A)	13	2
INT9.3	98	0x00000DC4	2	SCIRXINTB(SCI-B)	13	3
INT9.4	99	0x00000DC6	2	SCITXINTB(SCI-B)	13	4
INT9.5	100	0x00000DC8	2	ECAN0INTA(eCAN-A)	13	5
INT9.6	101	0x00000DCA	2	ECAN1INTA(eCAN-A)	13	6
INT9.7	102	0x00000DCC	2	ECAN0INTB(eCAN-B)	13	7
INT9.8	103	0x00000DCE	2	ECAN1INTB(eCAN-B)	13	8(最低)
PIE 组 10 向量,多路复用 CPU 中断 INT10						
INT10.1	104	0x00000DD0	2	保留	14	1(最高)
INT10.2	105	0x00000DD2	2	保留	14	2
INT10.3	106	0x00000DD4	2	保留	14	3
INT10.4	107	0x00000DD6	2	保留	14	4
INT10.5	108	0x00000DD8	2	保留	14	5
INT10.6	109	0x00000DDA	2	保留	14	6
INT10.7	110	0x00000DDC	2	保留	14	7
INT10.8	111	0x00000DDE	2	保留	14	8(最低)
PIE 组 11 向量,多路复用 CPU 中断 INT11						
INT11.1	112	0x00000DE0	2	保留	15	1(最高)
INT11.2	113	0x00000DE2	2	保留	15	2
INT11.3	114	0x00000DE4	2	保留	15	3

续表

名称	向量 ID	地址	大小 (×16 位)	功能描述	CPU 优先级	PIE 优先级
INT11.4	115	0x00000DE6	2	保留	15	4
INT11.5	116	0x00000DE8	2	保留	15	5
INT11.6	117	0x00000DEA	2	保留	15	6
INT11.7	118	0x00000DEC	2	保留	15	7
INT11.8	119	0x00000DEE	2	保留	15	8(最低)
PIE 组 12 向量,多路复用 CPU 中断 INT12						
INT12.1	120	0x00000DF0	2	XINT3	16	1(最高)
INT12.2	121	0x00000DF2	2	XINT4	16	2
INT12.3	122	0x00000DF4	2	XINT5	16	3
INT12.4	123	0x00000DF6	2	XINT6	16	4
INT12.5	124	0x00000DF8	2	XINT7	16	5
INT12.6	125	0x00000DFA	2	保留	16	6
INT12.7	126	0x00000DFC	2	LVF(FPU)	16	7
INT12.8	127	0x00000DFE	2	LUF(FPU)	16	8(最低)

由于 RAM 掉电数据易失,所以每次上电复位后要对 PIE 中断向量表初始化。TI 提供所有外设模块中断函数定义语句模板文件,即 DSP2833x_DefaultIsr.c,并提供 PIE 中断向量表每个表项默认存放每个外设模块中断服务程序函数模板名首地址指针的 PIE 中断向量表模板,即 DSP2833x_PieVect.c。用 PIE 中断向量表模板初始化 PIE 中断向量表后,保证每个 PIE 中断向量表中每个中断向量都存放有中断服务程序函数实体名,确保在用户没有编写某外设模块的中断函数,或者即使编写了某外设模块的中断函数,却忘了将该外设模块的中断函数首地址填写到对应中断向量表项时,使能了该外设模块的中断使能寄存器,一旦该中断源发出有效中断请求,就立即会跳转到该外设模块中断服务程序函数模板中,避免程序跑飞现象发生。而且外设模块中断服务程序函数定义模板的中断函数体中只有一个死循环语句"for(;;);",一旦用户暂停 CPU,仿真器断点停在外设模块中断服务程序函数体模板中,就能判断程序进入外设模块中断服务程序函数体模板的原因。可防止程序立即跑飞的现象发生,减少用户分析程序跑飞原因的开销。

8. PIE 级/CPU 级中断响应流程图

在 CPU 中断服务请求的准备过程中,CPU 级的 IFR 和 IER 相应位被清 0,EALLOW(仿真存取使能位为 0,禁止访问受保护寄存器)和 LOOP(循环指令状态位为 0,循环结束条件成立)被清 0,INTM 和 DBGM 被置 1,流水线被刷新、返回地址被保存,执行上下文被自动保存,然后 ISR(中断服务程序)的向量从 PIE 模块中被读取。如果中断请求来自一个复用中断,PIE 模块使用控制寄存器组 PIEIERx 和 PIEIFRx(x=1~12)译码哪个中断需要被服务。这个译码过程如图 4-11 所示的阶段 A 至阶段 J。

阶段 A:PIE 组内任何外设或外部中断产生一个有效中断,若外设模块内部使能该中断,则中断请求发送到 PIE 模块,PIE 模块识别该 PIE 组(INTx,x=1~12)内的中断请求 y (y=0~7),使中断标志锁存在 PIEIFRx.y 中:PIEIFRx.y=1。

阶段 B:等待 PIE 组内中断使能寄存器 PIEIERx.y 被置 1,这是 PIE 模块把外设中断请求传送到 CPU 级的必要条件之一。

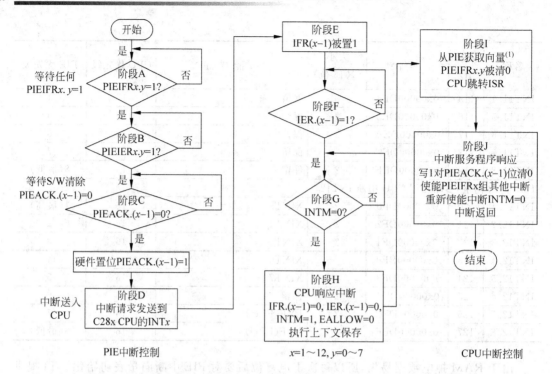

注：(1) 对于复用中断，PIE响应的中断是同时中断标志寄存器和中断使能寄存器均被置1的最高优先级中断请求。如果PIE组没有被标志和使能的任何中断，则使用PIE组内优先级最高的中断(INTx.1，x=1～12，x是PIE组)。

图 4-11　典型的 PIE 级/CPU 级的中断响应流程框图

阶段 C：等待软件清 0 该 PIE 组对应的 PIEACK.$(x-1)$ $(x=1\sim12)$，这是 PIE 模块把外设中断请求传送到 CPU 级的必要条件之二。

阶段 D：外设级中断请求传送到 CPU 级的两个必要条件都满足时，PIE 模块将外设中断请求传送到 CPU 的 INTx($x=1\sim12$)线上。同时，硬件自动将该 PIE 组对应的 PIEACK.$(x-1)$($x=1\sim12$)置 1。

阶段 E：CPU 级的中断标志寄存器对应位 IFR.$(x-1)$($x=1\sim12$)被硬件置 1，指示有一个中断请求被登记。

阶段 F：等待 CPU 级的中断使能寄存器对应位 IER.$(x-1)$($x=1\sim12$)被软件置 1。

阶段 G：等待 CPU 级的全局中断屏蔽位 INTM 被软件清 0。

阶段 H：CPU 响应 INTx 中断，IFR.$(x-1)$、IER.$(x-1)$、ELLOW 被硬件自动清 0，INTM 被硬件自动置 1，断点上下文保存被自动执行。

阶段 I：CPU 从 PIE 中断向量表读取中断向量，PIEIFRx.y 被硬件清 0，CPU 跳转到中断服务程序执行中断服务。

阶段 J：中断服务程序执行完毕返回前，软件写 1 到 PIEACK.$(x-1)$，使其清 0，使能该 PIE 组登记的其他中断 PIEIFRx，INTM 被硬件自动清 0，然后中断返回主程序。

要执行的中断服务程序的地址被直接从 PIE 中断向量表中读取。在 PIE 中 96 个可能中断的每个中断有一个 32 位中断向量。当中断向量被读取时，在 PIE 模块中的中断标志位(PIEIFRx.y)被自动清 0。然而，当准备从 PIE 组接收更多中断请求时，给定中断组的 PIE 应答位 PIEACK.$(x-1)$($x=1\sim12$)必须被手工清 0，这需要在 ISR 最后一条语句编写 PIEACK.$(x-1)$($x=1\sim12$)位清零语句。

使能 CPU 级的可屏蔽中断的要求取决于所使用中断处理过程。在标准中断处理过程中，大多数情况下，DBGIER 寄存器是不用的。当 C28x 处于时序仿真模式且 CPU 处于停机状态（仿真器 HALT 命令）时，才使用不同的中断处理过程。在这个特殊的中断处理过程中，DBGIER 寄存器被使用，INTM 位被忽略。如果 DSP 处于时序仿真模式并且 CPU 处于运行状态（仿真器 RUN 命令）时，使用标准中断处理过程，如表 4-6 所示。

表 4-6 使能可屏蔽中断的条件

中断处理过程	中断使能条件
标准中断处理过程	INTM=0, IER.$(x-1)$=1 $(x=1\sim12)$
处于时序仿真模式且 CPU 处于停机状态	IER.$(x-1)$=1, DBGIER.$(x-1)$=1 $(x=1\sim12)$

4.2 系统初始化模块寄存器组

系统初始化模块寄存器组包括系统控制模块寄存器组、GPIO 模块控制寄存器组、GPIO 模块数据寄存器组、GPIO 模块中断源和唤醒源选择寄存器组、PIE 模块寄存器组。

4.2.1 系统控制模块寄存器组

系统控制模块寄存器组包括 PLL 状态寄存器、PLL 控制寄存器、低功耗模式控制寄存器0、高/低速外设时钟预定标寄存器、外设时钟控制寄存器（PCLKCR0/1/3）、系统控制和状态寄存器、看门狗计数器寄存器、看门狗复位密钥寄存器、看门狗控制寄存器。系统控制模块寄存器组映射地址范围位于外设帧 2 的 0x007010～0x00702F，这些寄存器名称、映射地址、占用内存大小如表 4-7 所示。

表 4-7 系统控制模块寄存器组映射地址表

名称	地址	偏移地址	长度	功能描述
Reserved	0x00007010	0	1	保留寄存器
PLLSTS	0x00007011	1	1	PLL 状态寄存器
Reserved	0x00007012～0x00007019	2～9	9	保留寄存器
HISPCP	0x0000701A	10	1	高速外设时钟（HSPCLK）寄存器
LOSPCP	0x0000701B	11	1	低速外设时钟（LSPCLK）寄存器
PCLKCR0	0x0000701C	12	1	外设时钟控制寄存器 0
PCLKCR1	0x0000701D	13	1	外设时钟控制寄存器 1
LPMCR0	0x0000701E	14	1	低功耗模式控制寄存器 0
Reserved	0x0000701F	15	1	保留寄存器
PCLKCR3	0x00007020	16	1	外设时钟控制寄存器 3
PLLCR	0x00007021	17	1	PLL 控制寄存器
SCSR	0x00007022	18	1	系统控制与状态寄存器
WDCNTR	0x00007023	19	1	看门狗计数器寄存器
Reserved	0x00007024	20	1	保留寄存器
WDKEY	0x00007025	21	1	看门狗复位关键字寄存器
Reserved	0x0000702～0x00007028	22～24	3	保留寄存器
WDCR	0x00007029	25	1	看门狗控制寄存器
Reserved	0x0000702A～0x0000702F	26～31	6	保留寄存器

在外设模块寄存器组结构体变量定位命名数据段通用头链接器命令文件模板 DSP2833x_Headers_nonBIOS. cmd 中，系统控制模块寄存器组对应命名数据段名为 SysCtrlRegsFile。

1. PLL 控制和状态寄存器

16 位 PLL 控制寄存器(PLLCR)和 PLL 状态寄存器(PLLSTS)配置值决定 DSP 器件的 CPU 系统时钟频率。PLLCR 只有 4 位位域变量 DIV，用来确定 PLL 的倍频系数。PLLCR 位域变量数据格式如图 4-12 所示。

15~4	3~0
Reserved	DIV
R-0	R/W-0

图 4-12　PLLCR 位域变量数据格式

PLLSTS 共有 8 个位域变量，主要位域变量 SCOOFF 用来控制时钟振荡器的关闭(上电复位默认状态为 1，表示时钟振荡器接通)、位域变量 PLLOFF 用来控制 PLL 电路的关闭(上电复位默认状态为 1，表示 PLL 电路接通)、位域变量 DIVSEL 用来确定送往 CPU 的输入时钟振荡器频率 SOCCLK 的分频系数。16 位 PLLSTS 位域变量数据格式如图 4-13 所示。

15~9					8-7	
Reserved					DIVSEL	
R-0					R/W-0	

6	5	4	3	2	1	0
MCLKOFF	OSCOFF	MCLKCLR	MCLKSTS	PLLOFF	Reserved	PLLLOCKS
R/W-0	R/W-0	R/W-0	R-0	R/W-0	R-0	R-1

图 4-13　PLLSTS 位域变量数据格式

PLLCR. DIV(4 位)和 PLLSTS. DIVSEL(2 位)共同决定 CPU 系统时钟频率 SYSCLKOUT，配置表如表 4-8 所示。

表 4-8　PLLSTS 和 PLLCR 位域变量值与 SYSCLKOUT 配置表

PLLSTS. PLLOFF	PLLCR. DIV	CLKIN(DSP CPU 内核输入时钟)		
		PLLSTS. DIVSEL =00 或 01	PLLSTS. DIVSEL =10	PLLSTS. DIVSEL =11
0	0000(=0)	SOCCLK×1/4	SOCCLK×1/2	SOCCLK
0	0001(=1)	SOCCLK×1/4	SOCCLK×1/2	保留不用
0	0010(=2)	SOCCLK×2/4	SOCCLK×2/2	保留不用
⋮	⋮	⋮	⋮	⋮
0	1010(=10)	SOCCLK×10/4	SOCCLK×10/2	保留不用
0	1011~1111	保留不用	保留不用	保留不用

PLLCR 写操作流程框图如图 4-14 所示。

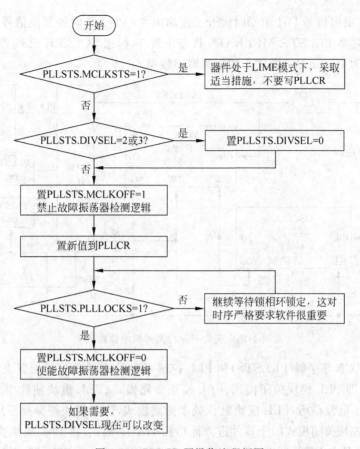

图 4-14 PLLCR 写操作流程框图

PLLCR 写操作的注意事项如下。

(1) 在写入 PLLCR 之前，PLLSTS. DIVSEL 必须置 0（即上电初始化状态），且仅当 PLLSTS. PLLOCKS=1（即 PLL 已经完成锁定，处于稳定状态）后，PLLCR 才能被改变。当 DSP 工作在 limp-mode（跛行模式，一种时钟丢状态下的 PLL 频率输出保护模式）的状态下，禁止写 PLLCR。

(2) 通过 $\overline{\text{XRS}}$ 信号或者看门狗复位信号能将 PLLCR 和 PLLSTS 复位到它们的默认值。调试器或丢失时钟检测逻辑发出的复位信号（missing clock reset）无效。F28335 的时钟源 SOCCLK 不仅可由内部振荡器产生，而且可由外部时钟源提供，这就有可能导致时钟丢失，即无时钟信号驱动 DSP 器件的情况发生。

为了能检测时钟信号丢失的情况，系统时钟和系统控制模块中设有一个丢失时钟检测逻辑电路，如图 4-15 所示，专门用来检测是否发生丢失时钟信号情况，一旦检测到时钟丢失就产生丢失时钟复位信号，对 CPU、外设等复位，丢失时钟检测逻辑电路的工作原理是：时钟源输入频率 SOCCLK 驱动 7 位 SOCCLK 加计数器计数，SOCCLK 经过 PLL 倍频后的频率 VCOCLK 驱动 13 位 VCOCLK 加计数器计数，显然，在 SOCCLK 不丢失的情况下，7 位 SOCCLK 加计数器比 13 位 VCOCLK 加计数器提前计满，产生溢出信号 Ovf，对 13 位 VCOCLK 加计数器清零，确保 13 位 VCOCLK 加计数器不会计满溢出。若 SOCCLK 丢失，PLL 自动进入 limp-mode 模式，产生一个低频时钟输出，驱动 13 位 VCOCLK 加计数器计满溢出,产生溢出信号 Ovf 驱动时钟开关逻辑电路产生丢失时钟复位信号($\overline{MCLKRES}$),复位 CPU,同时将 PLLSTS. MCLKSTS 状态位置 1,标志 SOCCLK 已经丢失,此时,CPU 系统时钟频率为 limp-mode 模式下的低频时钟频率。

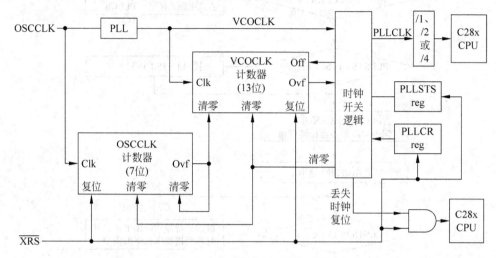

图 4-15 丢失时钟检测逻辑电路框图

(3) PLL 状态寄存器(PLLSTS)和 PLL 控制寄存器(PLLCR)的配置决定 PLL 模块的 3 种运行模式,即 PLL 模块关闭模式、PLL 模块旁路模式、PLL 模块使能模式,详细描述如表 4-9 所示。上电复位后,PLL 模块默认处于旁路模式,PLL 模块被旁路不用,但 PLL 没有被关闭。PLL 模块关闭模式用于器件进入低功耗 HALT 模式,将 PLL 模块关闭。PLL 模块使能模式用于器件在正常运行模式下对 SOCCLK 进行倍频,产生系统时钟频率 SYSCLKOUT。

表 4-9 PLL 模块 3 种运行模式

PLL 模式	描　　述	PLLSTS. DIVSEL	SYSCLKOUT/CLKIN
关闭模式	用户置 PLLSTS. PLLOFF＝1,将关闭 PLL 模块。此模式可减少系统噪声,使系统处于低功耗运行。在进入此模式前,PLLCR 必须被清为 0x0000(即 PLL 旁路)。在此模式下,CPU 的输入时钟 CLKIN 直接来自于 X1/X2 或 X1 或 XCLKIN 引脚。	0,1	SOCCLK/4
		2	SOCCLK/2
		3	SOCCLK
旁路模式	旁路模式是 PLL 模块在上电复位或外部 $\overline{XRS}$ 复位后的默认模式。PLLCR 被清为 0x0000 时或 PLLCR 已被修改后,PLL 模块锁定一个新频率时,进入此模式。在此模式下,PLL 模块自身被旁路,但 PLL 模块没有被禁止	0,1	SOCCLK/4
		2	SOCCLK/2
		3	SOCCLK
使能模式	写一个非零值 n 到 PLLCR. DIV,将使 PLL 模块进入使能模式。在对 PLLCR 写非零值锁定之前,PLL 一直处于旁路模式	0,1	SOCCLK×n/4
		2	SOCCLK×n/2

2. 高速/低速外设时钟预定标寄存器

F28335 系统时钟配置寄存器与外设模块时钟控制寄存器结构框图如图 4-16 所示。

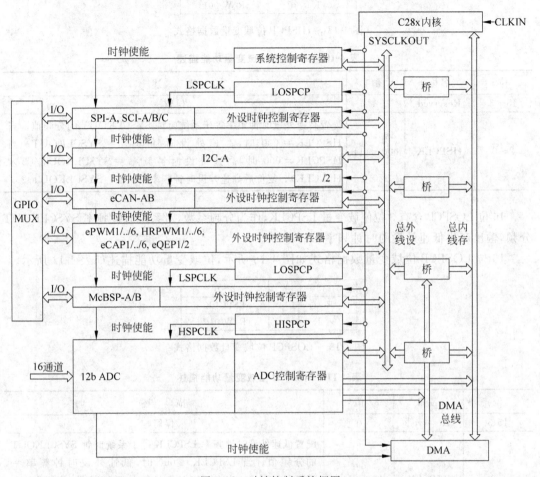

图 4-16 时钟控制系统框图

系统时钟信号 SYSCLKOUT 经过 HISPCP/LOSPCP(高/低速外设时钟预定标寄存器)分频产生 HSPCLK/LSPCLK(高/低速外设时钟频率)分别供给片上需要使用外设时钟频率的高/低速外设。高速外设时钟预定标寄存器(HISPCP)用来配置高速外设模块(ADC 模块)时钟频率。低速外设时钟预定标寄存器(LOSPCP)用来配置低速外设模块(SPI 模块、SCI-A/B/C 模块、McBSP-A/B 模块)的时钟频率。

系统复位默认状态下,各个外设时钟控制寄存器均被清 0,禁止片上外设使能 LSPCLK 和 HSPCLK。通过初始化配置外设时钟控制寄存器,置位需要使用高/低速外设时钟频率的外设模块时钟使能位。在实际应用时,为了降低系统功耗,不使用的外设时钟使能位继续保持清零状态。

16 位 HISPCP 含有 3 位位域变量 HSPCLK,作为分频系数,对系统时钟频率 SYSCLKOUT 分频,输出产生高速外设的时钟频率 HSPCLK。

16 位 HISPCP 位域变量数据格式如图 4-17 所示,位域变量功能描述如表 4-10 所示。

15～3	2～0
Reserved	HSPCLK
R-0	R/W-001

图 4-17　HISPCP 位域变量数据格式

表 4-10　HISPCP 位域变量功能描述

位	名称	值	描　　述
15～3	Reserved	0	保留
2～0	HSPCLK	000～111	配置高速外设时钟频率等于系统时钟 SYSCLKOUT 的分频值。当 HSPCLK = 000 时，高速外设时钟频率 = SYSCLKOUT；当 HSPCLK≠000 时，高速外设时钟频率 = SYSCLKOUT/(2× HSPCLK)。复位后高速外设时钟频率默认值＝SYSCLKOUT/2

16 位 LOSPCP 含有 3 位位域变量 LSPCLK，作为分频系数，对系统时钟频率 SYSCLKOUT 分频，输出产生低速外设的时钟频率 LSPCLK。

16 位 LOSPCP 位域变量数据格式如图 4-18 所示，位域变量功能描述如表 4-11 所示。

15～3	2～0
Reserved	LSPCLK
R-0	R/W-010

图 4-18　LOSPCP 位域变量数据格式

表 4-11　LOSPCP 位域变量功能描述

位	名称	值	描　　述
15-3	Reserved	0	保留
2-0	LSPCLK	000～111	配置低速外设时钟频率 LSPCLK 等于系统时钟 SYSCLKOUT 的分频值。当 LSPCLK = 000 时，低速外设时钟频率 = SYSCLKOUT；当 LSPCLK≠000 时，低速外设时钟频率 = SYSCLKOUT/(2× LSPCLK)。复位后低速外设时钟频率默认值＝SYSCLKOUT/4

3. 外设时钟控制寄存器 0/1/3

16 位外设时钟控制寄存器 0/1/3（PCLKCR0/1/3）用来控制片上外设模块的时钟使能信号，允许或禁止不同片上外设模块使用系统时钟。上电复位后，PCLKCR0/1/3 禁止所有片上外设模块使用系统时钟。用户通过初始化 PCLKCR0/1/3，允许指定片上外设模块使用系统时钟，对于不启用的外设模块，禁止使用系统时钟，可最大限度地减少系统能耗。

PCLKCR0 用来控制 eCAN-A 模块、McBSP-A/B 模块、SCI-A/B/C 模块、SPI-A 模块、I2C-A 模块、ADC 模块的时钟使能信号和 ePWM 模块与 TBCLK 同步使能信号。因为 eCANA 模块寄存器是 EALLOW 写保护寄存器，故 PCLKCR0 也是 EALLOW 写保护寄存器。

PCLKCR1 用来控制 EQEP1/2 模块、ECAP1/2/3/4/5/6 模块、EPWM1/2/3/4/5/6 模

块的时钟使能信号。因为 EPWM1/2/3/4/5/6 模块部分寄存器是 EALLOW 写保护寄存器，故 PCLKCR1 也是 EALLOW 写保护寄存器。

PCLKCR3 用来控制 GPIO 模块、XINTF 模块、DMA 模块、CPU 定时器 0/1/2 的时钟使能信号。因为 GPIO 模块、XINTF 模块寄存器是 EALLOW 写保护寄存器，故 PCLKCR3 也是 EALLOW 写保护寄存器。

16 位 PCLKCR0 的位域变量数据格式如图 4-19 所示，位域变量功能描述如表 4-12 所示。

15	14	13	12	11	10	9
ECANB ENCLK	ECANA ENCLK	McBSPB ENCLK	McBSPA ENCLK	SCIB ENCLK	SCIA ENCLK	Reserved
R/W-0	R/W-0	R/W-0	R/W-0	R/W-0	R/W-0	R-0
8	7~6	5	4	3	2	1~0
SPIA ENCLK	Reserved	SCIC ENCLK	I2CA ENCLK	ADC ENCLK	TBCLKSYNC	Reserved
R/W-0	R-0	R/W-0	R/W-0	R/W-0	R/W-0	R-0

图 4-19　PCLKCR0 位域变量数据格式

表 4-12　PCLKCR0 位域变量功能描述

位	名　称	值	描　述
15	ECANBENCLK（CAN-B 模块时钟使能位）	0	CAN-B 模块时钟未使能（复位后默认值）
		1	CAN-B 模块时钟使能，使用 SYSCLKOUT/2
14	ECANAENCLK（CAN-A 模块时钟使能位）	0	CAN-A 模块时钟未使能（复位后默认值）
		1	CAN-A 模块时钟使能，使用 SYSCLKOUT/2
13	McBSPBENCLK（McBSP-B 模块时钟使能位）	0	McBSP-B 模块时钟未使能（复位后默认值）
		1	McBSP-B 模块时钟使能，使用 LSPCLK
12	McBSPAENCLK（McBSP-A 模块时钟使能位）	0	McBSP-A 模块时钟未使能（复位后默认值）
		1	McBSP-A 模块时钟使能，使用 LSPCLK
11	SCIBENCLK（SCI-B 模块时钟使能位）	0	SCI-B 模块时钟未使能（复位后默认值）
		1	SCI-B 模块时钟使能，使用 LSPCLK
10	SCIAENCLK（SCI-A 模块时钟使能位）	0	SCI-A 模块时钟未使能（复位后默认值）
		1	SCI-A 模块时钟使能，使用 LSPCLK
9	Reserved	0	保留
8	SPIAENCLK（SPI-A 模块时钟使能位）	0	SPI-A 模块时钟未使能（复位后默认值）
		1	SPI-A 模块时钟使能，使用 LSPCLK
7~6	Reserved	00	保留
5	SCICENCLK（SCI-C 模块时钟使能位）	0	SCI-C 模块时钟未使能（复位后默认值）
		1	SCI-C 模块时钟使能，使用 LSPCLK
4	I2CAENCLK（I2C-A 模块时钟使能位）	0	I2C-A 模块时钟未使能（复位后默认值）
		1	I2C-A 模块时钟使能，使用 SYSCLKOUT
3	ADCENCLK（ADC 模块时钟使能位）	0	ADC 模块时钟未使能（复位后默认值）
		1	ADC 模块时钟使能，使用 HSPCLK

续表

位	名　　称	值	描　　述
2	TBCLKSYSC (ePWM 模块基准时钟 TBCLK 同步控制位,使能被使能的 ePWM 模块与 TBCLK 同步)	0	使能 ePWM 模块不与 TBCLK 同步(复位默认值),若 PCLKCR1. EPWMxENCLK=1,即使 TBCLKSYSC = 0,则 EPWMx(x=1~6)仍然使用 SYSCLKOUT
		1	使能 ePWM 模块与 TBCLK 的第 1 个上升沿同步,要求每个 EPWMx(x=1~6)的 TBCTL(基准时钟控制寄存器)预分频位域配置值一致
1~0	Reserved	00	保留

16 位 PCLKCR1 的位域变量数据格式如图 4-20 所示,位域变量功能描述如表 4-13 所示。

15	14	13	12	11	10	9	8
EQEP2 ENCLK	EQEP1 ENCLK	ECAP6 ENCLK	ECAP5 ENCLK	ECAP4 ENCLK	ECAP3 ENCLK	ECAP2 ENCLK	EQEP1 ENCLK
R/W-0	R/W-0	R/W-0	R/W-0	R/W-0	R/W-0	R/W-0	R/W-0

7~6	5	4	3	2	1	0
Reserved	EPWM6 ENCLK	EPWM5 ENCLK	EPWM4 ENCLK	EPWM3 ENCLK	EPWM2 ENCLK	EPWM1 ENCLK
R-0	R/W-0	R/W-0	R/W-0	R/W-0	R/W-0	R/W-0

图 4-20　PCLKCR1 位域变量数据格式

表 4-13　PCLKCR1 位域变量功能描述

位	名　　称	值	描　　述
15	EQEP2ENCLK (EQEP2 模块时钟使能位)	0	EQEP2 模块时钟未使能(复位后默认值)
		1	EQEP2 模块时钟使能,使用 SYSCLKOUT
14	EQEP1ENCLK (EQEP1 模块时钟使能位)	0	EQEP1 模块时钟未使能(复位后默认值)
		1	EQEP1 模块时钟使能,使用 SYSCLKOUT
13~8	ECAPxENCLK(x=6~1) (eCAPx 模块时钟使能位)	0	eCAPx 模块时钟未使能(复位后默认值)
		1	eCAPx 模块时钟使能,使用 SYSCLKOUT
7~6	Reserved	00	保留
5~0	EPWMxENCLK (x = 6 ~ 1)* (ePWMx 模块时钟使能位)	0	ePWMx 模块时钟未使能(复位后默认值)
		1	ePWMx 模块时钟使能,使用 SYSCLKOUT

注: * 若启动 ePWM 模块的 TBCLK 进行 ePWM 间的同步,还需要将 PCLKCR0 的 TBCLKSYNC 位置位。

16 位 PCLKCR3 的位域变量数据格式如图 4-21 所示,位域变量功能描述如表 4-14 所示。

15～14	13	12	11	10	9	8
Reserved	GPIOIN ENCLK	XINTF ENCLK	DMA ENCLK	CPUTIMER2 ENCLK	CPUTIMER1 ENCLK	CPUTIMER0 ENCLK
R-0	R/W-0	R/W-0	R/W-0	R/W-0	R/W-0	R/W-0

7～0
Reserved
R-0

图 4-21 PCLKCR3 位域变量数据格式

表 4-14 PCLKCR3 位域变量功能描述

位	名　称	值	描　　述
15～14	Reserved	0	保留
13	GPIOINENCLK（GPIO 输入时钟使能位）	0	GPIO 模块时钟未使能
		1	GPIO 模块时钟使能
12	XINTFENCLK（外部接口模块时钟使能位）	0	外部扩展接口模块时钟未使能
		1	外部扩展接口模块时钟使能
11	DMAENCLK（DMA 模块时钟使能位）	0	DMA 模块时钟未使能
		1	DMA 模块时钟使能
10	CPUTIMER2ENCLK（CPU 定时器 2 时钟使能位）	0	CPU 定时器 2 时钟未使能
		1	CPU 定时器 2 时钟使能
9	CPUTIMER1ENCLK（CPU 定时器 1 时钟使能位）	0	CPU 定时器 1 时钟未使能
		1	CPU 定时器 1 时钟使能
8	CPUTIMER0ENCLK（CPU 定时器 0 时钟使能位）	0	CPU 定时器 0 时钟未使能
		1	CPU 定时器 0 时钟使能
7～0	Reserved	0	保留

4. 低功耗模式控制寄存器 0

16 位低功耗模式控制寄存器 LPMCR0 用来设置 DSP 器件的低功耗模式,DSP 器件共有 3 种低功耗模式,即空闲模式(IDLE)、等待模式(STANDBY)、暂停模式(HALT)。上电复位后,DSP 器件默认低功耗模式被设置为空闲模式(IDLE)。3 种低功耗模式对应 3 种不同的低功耗节电程度和退出(即唤醒)低功耗信号触发类型和触发方式,参见表 4-1。

不论 DSP 器件被设置成何种低功耗模式,必须执行 IDLE 指令才能从运行状态进入低功耗状态。通常采用判断是否满足进入低功耗状态的条件,若满足条件才执行 IDLE 指令。在 C 语言编译器环境下,进入低功耗状态的 C 语句格式为:

```
asm ("IDLE");
```

LPMCR0 为 EALLOW 保护寄存器,这意味着 LPMCR0 属于重要控制寄存器,不能被干扰信号误修改。因此,在对 LPMCR0 初始化之前,要执行 EALLOW 宏命令,解除写保护,才能初始化 LPMCR0。初始化之后,执行 EDIS 宏命令,恢复 LPMCR0 的写保护。

16 位 LPMCR0 位域变量数据格式如图 4-22 所示,位域变量功能描述如表 4-15 所示。

15	14～8	7～2	1～0
WDINTE	Reserved	QUALSTDBY	LPM
R/W-0	R/W-0	R/W-0	R/W-0

图 4-22　LPMCR0 位域变量数据格式

表 4-15　LPMCR0 位域变量功能描述

位	名　称	值	描　述
15	WDINTE (看门狗中断使能位)	0	禁止看门狗中断将器件从等待模式唤醒(复位后默认值)
		1	使能看门狗中断将器件从等待模式中唤醒。在 SCSR 寄存器中要使能看门狗中断
14～8	Reserved		保留
7～2	QUALSTDBY	000000～111111	该 6 位用来设置 OSCCLK 周期数,分别对应 2～65 个 OSCCLK 周期。用来定限从 GPIO 口输入至少有效电平周期等于规定 OSCCLK 周期数才能将器件从等待模式唤醒。该 6 位只有在 STANDBY 模式下才使用。在 GPIOLPMSEL 寄存器中设定 GPIO 口的唤醒源引脚*
1～0	LPM (低功耗模式设置位)	00	设置低功耗模式为 IDLE(空闲)模式,复位后默认模式
		01	设置低功耗模式为 STANDBY(备用)模式
		1x	设置低功耗模式为 HALT(暂停)模式

注 *：若采用 GPIOA 口的 32 个 I/O 引脚任一个有效信号来唤醒 F28335,需要将 GPIOLPINSEL(低功耗唤醒选择寄存器)指定的 GPIO31、GPIO30 的某一位或若干位置 1,就使 GPIO31～GPIO0 之一的指定引脚作为 STANDBY 和 HALT 低功耗模式的唤醒触发信号源。一旦 GPFOA.x(x 为使 GPFOA 的位口,x=0～31)引脚电平从 1 变 0,并维持 LPMCRO 规定的 SOCCLK 周期数,就唤醒 DSP。

　　暂停模式功耗最低,备用模式次之,空闲模式功耗最高。至于用户选择何种低功耗模式,视应用而定。3 种低功耗模式的功能详细描述如表 4-16 所示。

　　尽可能禁止除了 HALT 模式唤醒中断以外的其他所有中断,在设备退出 HALT 模式后其他中断可以被重新使能。为使器件能退出 HALT 模式,还需要满足条件为 PIEIER1 寄存器的第 7 位必须为 1(INT1.8＝WAKEINT),IER 寄存器的第 0 位(INT1)必须为 1。在上述条件满足后,如果 INTM＝0,那么在执行 IDLE 指令后,器件进入低功耗模式。WAKEINT 中断将唤醒器件,然后再执行 IDLE 指令之后的程序。如果 INTM＝1,那么 WAKEINT 将不会被执行,IDLE 指令之后的程序也不会被执行。指定的用以唤醒设备的外部信号变低时,信号将以异步方式送至 LMP 模块(低功耗模式模块),之后振荡器将开始启动工作。为保证振荡器完全启动,信号低电平要维持足够的时间。振荡器稳定工作后,PLL 时序也将开始初始化;一旦 PLL 锁定后,其将 CLKIN 送至 CPU,若 WAKEINT 中断使能,CPU 将响应中断。

表 4-16 3 种低功耗模式功能描述

低功耗模式	低功耗功能描述
空闲模式(IDLE)	在空闲模式下,OSCCLK、CLKIN、SYSCLKOUT 时钟正常工作;CPU 可以通过任意一个使能的中断或 NMI 中断退出该模式,在该模式下 LPM 模块(低功耗模式模块)将不执行任何操作
备用模式 (STANDBY)	当 LPMCR0 寄存器的 LPM 位配置为 01 时,并执行 IDLE 指令后,进入暂停模式。该模式下,OSCCLK 时钟正常工作,CPU 的输入时钟 CLKIN 及 SYSCLKOUT 被关闭,这使所有来自 SYSCLKOUT 的时钟都被关闭,振荡器、PLL 和看门狗将一直工作。在进入备用模式之前,需要执行下列操作: (1) 在 PIE 模式中 WAKEINT(唤醒)中断被使能,该中断被连接到看门狗和低功耗模式模块中断上 (2) 根据需要,在 GPIOLPMSEL 寄存器中指定一个 GPIO A 端口信号作为器件的唤醒源。此外,$\overline{XRS}$ 输入信号和看门狗中断(如果在 LPMCR0 寄存器中被使能)也可以将器件从 STANDBY 模式中唤醒 (3) 在 LPMCR0 寄存器中选择唤醒源的低电平持续周期数。当选择的外部信号变为低电平时,其低电平宽度要维持 LPMCR0 寄存器中规定的 OSCCLK 周期数,如果在此期间,外部信号被采样为高电平,则低电平持续周期计数值被清零。若低电平宽度满足条件,PLL 将使能 CLKIN 送至 CPU,WAKEINT 中断将锁存至 PIE 模块;若 WAKEINT 中断已被使能,则 CPU 将响应 WAKEINT 中断
暂停模式(HATL)	当 LPMCR0 寄存器的 LPM 位配置为 10 或 11 时,执行 IDLE 指令后进入暂停模式。该模式下,所有的器件时钟,包括 PLL 和振荡器处于关闭状态。在进入暂停模式之前,需要执行以下操作: (1) 在 PIE 模块中 WAKEINT 中断使能,该中断被连接到看门狗和低功耗模式模块中断上 (2) 如果需要,在 GPIOLPMSEL 寄存器中指定一个 GPIO A 端口信号作为器件唤醒源。此外,$\overline{XRS}$ 输入信号和看门狗中断也可以将器件从暂停模式中唤醒 当器件工作在保护模式(limp mode,PLLSTS. MCLKSTS=1 指示的模式)时,不要进入 HALT 低功耗模式;否则,设备可能进入 STANDBY 模式或者出现死机而无法退出 HALT 模式。因此,在进入 HALT 模式之前需要检查确定 PLLSTS. MCLKSTS 位是否等于 0

5. 系统控制与状态寄存器

系统控制与状态寄存器(SCCR)包含控制看门狗溢出中断使能位、看门狗重写位、看门狗中断状态位。

16 位 SCCR 位域变量数据格式如图 4-23 所示,位域变量功能描述如表 4-17 所示。

15~3	2	1	0
Reserved	WDINTS	WDENINT	WDOVERRIDE
R-0	R-1	R/W-0	R/W1C-1

图 4-23 SCCR 位域变量数据格式

表 4-17　SCSR 位域变量功能描述

位	名　　称	值	功　能　描　述
15～3	Reserved		保留,读返回 0,写无效
2	WDINTS (看门狗中断状态位)	0	反映看门狗中断信号 $\overline{\text{WDINT}}$ 的当前为有效状态。在 $\overline{\text{WDINT}}$ 更新后接下来的 2 个 SYSCLKOUT 周期该位更新
		1	反映 $\overline{\text{WDINT}}$ 当前为无效状态。如果 $\overline{\text{WDINT}}$ 用来将器件从空闲(IDLE)或备用(STANDBY)模式中唤醒,则在再次回到 IDLE 或 STANDBY 模式之前,通过检测该位确保 $\overline{\text{WDINT}}$ 当前为无效状态,即 WDINTS=1
1	WDENINT (看门狗中断使能位)	0	看门狗复位 $\overline{\text{WDRST}}$ 输出信号被使能、看门狗中断 $\overline{\text{WDINT}}$ 输出信号被禁止(复位默认状态)。当 $\overline{\text{WDINT}}$ 产生时,$\overline{\text{WDRST}}$ 信号将维持 512 个 OSCCLK 周期的低电平。若 $\overline{\text{WDENINT}}$ ＝0 而 $\overline{\text{WDINT}}$ 为低时,立即产生复位。通过读取 WDINTS 位来判断 $\overline{\text{WDINT}}$ 信号的状态
		1	看门狗复位 $\overline{\text{WDRST}}$ 输出信号被禁止、看门狗中断 $\overline{\text{WDINT}}$ 输出信号被使能。当 $\overline{\text{WDINT}}$ 产生时,$\overline{\text{WDINT}}$ 信号将维持 512 个 OSCCLK 周期的低电平。如果 $\overline{\text{WDINT}}$ 用来将器件从空闲(IDLE)或备用(STANDBY)模式中唤醒,则在再次回到 IDLE 或 STANDBY 模式之前,通过检测该位确保 $\overline{\text{WDINT}}$ 当前为无效状态,即 WDINTS=1
0	WDOVERRIDE (看门狗重写位)	0	写 0 没有影响。若该位被清除,该位将保持 0 直到发生复位。该位的当前状态可以被用户读取
		1	该位为 1 时,可以修改看门狗控制寄存器 WDCR 中看门狗禁止位(WDDIS)的状态。如果通过写 1 清除了该位,则不可修改 WDDIS 位

6. 看门狗模块控制寄存器

看门狗模块有一个 16 位看门狗加计数器(WDCNTR),位域变量数据格式如图 4-24 所示。

15～8	7～0
Reserved	WDCNTR
R-0	R-0

图 4-24　WDCNTR 位域变量数据格式

每当 WDCNTR 计到最大值再加 1 溢出时,将产生一个溢出脉冲输出,若系统控制与状态寄存器 SCCR 的位域变量 WDENINT＝1,使能看门狗中断 $\overline{\text{WDINT}}$,则 WDCNTR 溢出脉冲不仅产生看门狗复位信号 $\overline{\text{WDRST}}$,而且产生看门狗中断信号 $\overline{\text{WDINT}}$。为了防止 WDCNTR 计到最大值后溢出,用户可以禁止 WDCNTR 计数或者允许 WDCNTR 计数,但在尚未计满之前的任何周期内,向 8 位看门狗密钥寄存器 WDKEY 的位域变量 WDKEY 顺序写密钥 0x55H＋0xAA,就能立即将 WDCNTR 计数值清零,其他密钥或未按先写 0x55 后写 0xAA 的顺序写,将不会使 WDCNTR 计数值清零。

7. 看门狗密钥寄存器

16 位看门狗密钥寄存器（WDKEY）用于对 16 位看门狗加计数器（WDCNTR）清零，向 WDKEY 顺序写两个字节的密钥 0x55H+0xAA，就能立即将 WDCNTR 计数值清为零，其他密钥或未按先写 0x55 后写 0xAA 的顺序写，将不会使 WDCNTR 计数值清零。

16 位 WDKEY 位域变量数据格式如图 4-25 所示。

15～8	7～0
Reserved	WDKEY
R-0	R/W-0

图 4-25　WDKEY 位域变量数据格式

8. 看门狗控制寄存器

看门狗控制寄存器（WDCR）包含看门狗模块使能位、看门狗禁止位、看门狗检测位、看门狗时钟预分频位。

16 位 WDCR 位域变量数据格式如图 4-26 所示，位域变量功能描述如表 4-18 所示。

15～8	7	6	5～3	2～0
Reserved	WDFLAG	WDDIS	WDCHK	WDPS
R-0	R/W1C-1	R/W-0	R/W-0	R/W-0

图 4-26　WDCR 位域变量数据格式

表 4-18　WDCR 位域变量功能描述

位	名　称	值	功能描述
15～8	Reserved		保留，读返回 0，写无效
7	WDFLAG（看门狗复位状态标志位）	0	表示复位是由外部 $\overline{XRS}$ 引脚复位或是上电复位引起。该位将一直锁存直至向其写 1 或清 0。写 0 没有影响
		1	表示复位由看门狗复位 $\overline{WDRST}$ 引起
6	WDDIS（看门狗禁止位）	0	复位后，看门狗模块被使能。仅当 SCSR 寄存器的 WDOVERRIDE 位被置 1 时才可修改 WDDIS 的值
		1	看门狗模块被禁止
5～3	WDCHK（看门狗检测位）	101	这些位必须写入 101，除非通过软件复位 DSP 时才写其他值。读这些位返回 000
		其他值	当看门狗使能后，写入其他值会使器件立即产生复位或看门狗中断。读这些位返回 000。这一特性可用于产生 DSP 软件复位
2～0	WDPS（看门狗时钟预分频位）	000	这一位域用于配置看门狗计数时钟频率 WDCLK 相对于（OSCCLK/512）的速率 WDCLK＝WDCLK＝OSCCLK/512/1（默认值）
		001～111	设 001～111 对应的十进制数为 k，则看门狗计数时钟频率 WDCLK＝OSCCLK/512/(2^k-1)

F28335 的看门狗电路具有一个 8 位的加计数器,当计数达到最大值后,看门狗模块将产生一个具有 512 个 OSCCLK 周期长度的低电平信号。为防止这种情况的发生,需周期性地复位计数器(即"喂狗")。通过配置 SCSR 寄存器,可选择计数器溢出时所执行的操作模式。一种为复位器件模式:如果看门狗电路用来复位器件,那么当计数器溢出时,$\overline{\text{WDRST}}$ 信号将把引脚 XRS 拉低到 512 个 OSCCLK 周期。另一种为看门狗中断模式:如果看门狗电路用来产生中断,那么当计数器溢出时,$\overline{\text{WDINT}}$ 信号将被拉低到 512 个 OSCCLK 周期,从而触发 WAKEINT 中断。看门狗中断是以 $\overline{\text{WDINT}}$ 信号的下降沿触发的,所以在 WDINT 信号返回高电平前再次使能 WEAKINT 将不会产生另一次中断。

当 $\overline{\text{WDINT}}$ 信号仍为低电平时,如果将看门狗电路从中断模式切换到复位器件模式,那么器件将立即被复位。SCSR 寄存器中 WDINTS 位反映 $\overline{\text{WDINT}}$ 信号的当前状态,在切换前可先读取此位来判断 $\overline{\text{WDINT}}$ 信号的当前状态。

在 STANDBY 模式下,所有外设时钟信号都将被关闭,但由于看门狗电路直接使用 OSCCLK 时钟信号,所以仍可处于正常工作状态。$\overline{\text{WDINT}}$ 信号被送入低功耗控制模块,可将器件从 STANDBY 模式中唤醒。

在 IDLE 模式下,看门狗电路的信号 $\overline{\text{WDINT}}$ 将产生一次 CPU 中断,从而将 CPU 从 IDLE 模式中唤醒,看门狗中断信号连接到 PIE 模块中的 WAKEINT 中断信号线上。如果看门狗用来将器件从 IDLE 或 STANDBY 模式中唤醒,并且使器件再次进入 IDLE 或 STANDBY 模式,那么必须保证 $\overline{\text{WDINT}}$ 信号线已返回到高电平。$\overline{\text{WDINT}}$ 信号在触发中断后仍将持续保持 512 个 OSCCLK 周期长度的低电平时间。

在 HALT 模式下,看门狗唤醒功能不起作用,此时振荡器与 PLL 都停止工作,看门狗电路时钟信号也被关闭。

4.2.2 GPIO 模块控制寄存器组

GPIO 模块控制寄存器组包括 GPIOA/B 资格控制寄存器、GPIOA/B 输入引脚电平资格(限制)选择寄存器、GPIOA/B/C 复用功能寄存器、GPIOA/B/C 方向寄存器、GPIOA/B/C 引脚内部上拉禁止寄存器,映射地址范围位于外设帧 1 的 0x6F80~0x6FAC。这些寄存器名称、映射地址、占用内存大小如表 4-19 所示。

表 4-19 GPIO 模块控制寄存器组

名　　称	地　　址	大小(×16)	寄存器描述
GPACTRL	0x6F80	2	GPIO A 资格控制寄存器(GPIO31~GPIO0)
GPAQSEL1	0x6F82	2	GPIO A 资格选择寄存器 1(GPIO15~GPIO0)
GPAQSEL2	0x6F84	2	GPIO A 资格选择寄存器 2(GPIO31~GPIO16)
GPAMUX1	0x6F86	2	GPIO A 复用控制寄存器 1(GPIO15~GPIO0)
GPAMUX2	0x6F88	2	GPIO A 复用控制寄存器 2(GPIO31~GPIO16)
GPADIR	0x6F8A	2	GPIO A 方向寄存器(GPIO31~GPIO0)
GPAPUD	0x6F8C	2	GPIO A 上拉禁止寄存器(GPIO31~GPIO0)
GPBCTRL	0x6F90	2	GPIO B 资格控制寄存器(GPIO63~GPIO32)
GPBQSEL1	0x6F92	2	GPIO B 资格选择寄存器 1(GPIO47~GPIO32)
GPBQSEL2	0x6F94	2	GPIO B 资格选择寄存器 2(GPIO63~GPIO48)

续表

名　称	地　址	大小(×16)	寄存器描述
GPBMUX1	0x6F96	2	GPIO B 复用控制寄存器 1(GPIO47~GPIO32)
GPBMUX2	0x6F98	2	GPIO B 复用控制寄存器 2(GPIO63~GPIO48)
GPBDIR	0x6F9A	2	GPIO B 方向寄存器(GPIO63~GPIO32)
GPBPUD	0x6F9C	2	GPIO B 上拉禁止寄存器(GPIO63~GPIO32)
GPCMUX1	0x6FA6	2	GPIO C 复用控制寄存器 1(GPIO79~GPIO64)
GPCMUX2	0x6FA8	2	GPIO C 复用控制寄存器 2(GPIO87~GPIO80)
GPCDIR	0x6FAA	2	GPIO C 方向寄存器(GPIO87~GPIO64)
GPCPUD	0x6FAC	2	GPIO C 上拉禁止寄存器(GPIO87~GPIO64)

1. GPIO A/B 资格控制寄存器

32 位 GPIOA/B 资格控制寄存器(GPACTRL/GPBCTRL)用来配置 GPIOA/B 的每 8 个输入端口为一组的采样周期数 T_s。采样周期以系统时钟周期 $T_{SYSCLKOUT}$ 为单位。GPACTRL/GPBCTRL 的位域变量数据格式如图 4-27 所示。

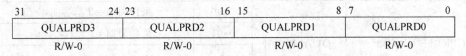

图 4-27　GPACTRL/GPBCTRL 位域变量数据格式

32 位 GPACTRL 位域变量功能描述如表 4-20 所示，32 位 GPBCTRL 位域变量功能描述如表 4-21 所示。

表 4-20　GPACTRL 位域变量功能描述

8 个 GPIOA 引脚为一组	8 位位域变量	取值	描　述
GPIO31~GPIO24	QUALPRD3	0x00	采样周期 $= T_{SYSCLKOUT}$
		0x01	采样周期 $= 2 \times T_{SYSCLKOUT}$
		⋮	⋮
		0xff	采样周期 $= 510 \times T_{SYSCLKOUT}$
GPIO23~GPIO16	QUALPRD2	0x00	采样周期 $= T_{SYSCLKOUT}$
		0x01	采样周期 $= 2 \times T_{SYSCLKOUT}$
		⋮	⋮
		0xff	采样周期 $= 510 \times T_{SYSCLKOUT}$
GPIO15~GPIO8	QUALPRD1	0x00	采样周期 $= T_{SYSCLKOUT}$
		0x01	采样周期 $= 2 \times T_{SYSCLKOUT}$
		⋮	⋮
		0xff	采样周期 $= 510 \times T_{SYSCLKOUT}$
GPIO7~GPIO0	QUALPRD0	0x00	采样周期 $= T_{SYSCLKOUT}$
		0x01	采样周期 $= 2 \times T_{SYSCLKOUT}$
		⋮	⋮
		0xff	采样周期 $= 510 \times T_{SYSCLKOUT}$

表 4-21　GPBCTRL 位域变量功能描述

8 个 GPIOB 引脚为一组	8 位位域变量	取　　值	描　　　述
GPIO63～GPIO56	QUALPRD3	0x00	采样周期 $= T_{\text{SYSCLKOUT}}$
		0x01	采样周期 $= 2 \times T_{\text{SYSCLKOUT}}$
		⋮	⋮
		0xff	采样周期 $= 510 \times T_{\text{SYSCLKOUT}}$
GPIO55～GPIO48	QUALPRD2	0x00	采样周期 $= T_{\text{SYSCLKOUT}}$
		0x01	采样周期 $= 2 \times T_{\text{SYSCLKOUT}}$
		⋮	⋮
		0xff	采样周期 $= 510 \times T_{\text{SYSCLKOUT}}$
GPIO47～GPIO40	QUALPRD1	0x00	采样周期 $= T_{\text{SYSCLKOUT}}$
		0x01	采样周期 $= 2 \times T_{\text{SYSCLKOUT}}$
		⋮	⋮
		0xff	采样周期 $= 510 \times T_{\text{SYSCLKOUT}}$
GPIO39～GPIO32	QUALPRD0	0x00	采样周期 $= T_{\text{SYSCLKOUT}}$
		0x01	采样周期 $= 2 \times T_{\text{SYSCLKOUT}}$
		⋮	⋮
		0xff	采样周期 $= 510 \times T_{\text{SYSCLKOUT}}$

2. GPIOA 资格选择寄存器 1/2

32 位 GPIOA 资格选择寄存器(GPAQSEL1/2)用来选择 GPIOA 被配置为输入引脚的输入资格类型,即采样窗口类型。每位输入引脚的输入资格类型由 GPAQSEL1/2 的对应 2 位位域变量控制,共分为 4 种输入资格类型,具体如下。

第 1 种输入资格类型是仅与系统时钟频率同步(同步是指在系统时钟的跳沿采样),对外设功能输入引脚和 GPIO 输入引脚均有效,采样窗口宽度为系统时钟周期。

第 2 种输入资格类型是使用 3 个采样点,对外设功能输入引脚和 GPIO 输入引脚均有效。采样周期由 GPACTRL 位域变量 QUALPRDn($n=0\sim3$)来确定。

第 3 种输入资格类型是使用 6 个采样点,对外设功能输入引脚和 GPIO 输入引脚均有效。采样周期由 GPACTRL 位域变量 QUALPRDn($n=0\sim3$)来确定。

第 4 种输入资格类型是与系统时钟频率异步(异步是指在系统时钟期间任何时刻均可采样),仅对外设功能输入引脚均有效,采样窗口宽度为系统时钟周期。

32 位 GPAQSEL1 位域变量数据格式如图 4-28 所示,位域变量功能描述如表 4-22 所示。

31	30 29	28 27	26 25　　～　　6 5	4 3	2 1	0
GPIO15	GPIO14	GPIO13	GPIO12～GPIO3	GPIO2	GPIOI	GPIO0
R/W-0	R/W-0	R/W-0	R/W-0	R/W-0	R/W-0	R/W-0

图 4-28　GPAQSEL1 的位域变量数据格式

表 4-22　GPAQSEL1 位域变量功能描述

GPIO 引脚	位域变量	值	描　述
GPIO15~ GPIO0	GPIO15~ GPIO0	00	仅与 SYSCLKOUT 同步。对外设功能引脚和 GPIO 引脚均有效
		01	使用 3 个采样点的采样窗宽度。对外设功能引脚和 GPIO 引脚均有效。采样点的采样周期在 GPACTRL 中确定
		10	使用 6 个采样点的采样窗限制。对外设功能引脚和 GPIO 引脚均有效。采样点的采样周期在 GPACTRL 中确定
		11	异步(没有同步或输入限制)。该选项只适用于配置成外设功能的引脚。如果引脚被配置成 GPIO 输入,那么该选项与 00 相同

32 位 GPAQSEL2 位域变量数据格式如图 4-29 所示,位域变量功能描述如表 4-23 所示。

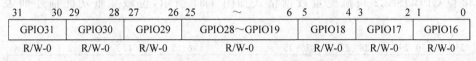

31	30 29	28 27	26 25　～　6 5	4 3	2 1	0
GPIO31	GPIO30	GPIO29	GPIO28~GPIO19	GPIO18	GPIO17	GPIO16
R/W-0	R/W-0	R/W-0	R/W-0	R/W-0	R/W-0	R/W-0

图 4-29　GPAQSEL2 的位域变量数据格式

表 4-23　GPAQSEL2 位域变量功能描述

GPIO 引脚	位域变量	值	描　述
GPIO31~ GPIO16	GPIO31~ GPIO16	00	仅与 SYSCLKOUT 同步。对外设功能引脚和 GPIO 引脚均有效
		01	使用 3 个采样点的采样窗宽度。对外设功能引脚和 GPIO 引脚均有效。采样点的采样周期在 GPACTRL 中确定
		10	使用 6 个采样点的采样窗限制。对外设功能引脚和 GPIO 引脚均有效。采样点的采样周期在 GPACTRL 中确定
		11	异步(没有同步或输入限制)。该选项只适用于配置成外设功能的引脚。如果引脚被配置成 GPIO 输入,那么该选项与 00 相同

3. GPIOB 资格选择寄存器 1/2

32 位 GPIOB 资格选择寄存器(GPBQSEL1/2)用来选择 GPIOB 被配置为输入引脚的输入资格类型,即采样窗口类型。每位输入引脚的输入资格类型由 GPBQSEL1/2 的对应 2 位位域变量控制,共分为 4 种输入资格类型,与 GPIOA 资格选择寄存器(GPAQSEL1/2)的 4 种输入资格类型完全一致。

32 位 GPBQSEL1 位域变量数据格式如图 4-30 所示,位域变量功能描述如表 4-24 所示。

31	30 29	28 27	26 25　～　6 5	4 3	2 1	0
GPIO47	GPIO46	GPIO45	GPIO44~GPIO35	GPIO34	GPIO33	GPIO32
R/W-0	R/W-0	R/W-0	R/W-0	R/W-0	R/W-0	R/W-0

图 4-30　GPBQSEL1 的位域变量数据格式

表 4-24 GPBQSEL1 位域变量功能描述

GPIO 引脚	位域变量	值	描　述
GPIO47～GPIO32	GPIO47～GPIO32	00	仅与 SYSCLKOUT 同步。对外设功能引脚和 GPIO 引脚均有效
		01	使用 3 个采样点的采样窗宽度。对外设功能引脚和 GPIO 引脚均有效。采样点的采样周期在 GPACTRL 中确定
		10	使用 6 个采样点的采样窗限制。对外设功能引脚和 GPIO 引脚均有效。采样点的采样周期在 GPACTRL 中确定
		11	异步(没有同步或输入限制)。该选项只适用于配置成外设功能的引脚。如果引脚被配置成 GPIO 输入,那么该选项与 00 相同

　　32 位 GPBQSEL2 位域变量数据格式如图 4-31 所示,位域变量功能描述如表 4-25 所示。

31	30 29	28 27	26 25 ～ 6	5 4	3 2	1 0
GPIO63	GPIO62	GPIO61	GPIO60～GPIO51	GPIO50	GPIO49	GPIO48
R/W-0	R/W-0	R/W-0	R/W-0	R/W-0	R/W-0	R/W-0

图 4-31 GPBQSEL2 的位域变量数据格式

表 4-25 GPBQSEL2 位域变量功能描述

GPIO 引脚	位域变量	值	描　述
GPIO63～GPIO38	GPIO63～GPIO38	00	仅与 SYSCLKOUT 同步。对外设功能引脚和 GPIO 引脚均有效
		01	使用 3 个采样点的采样窗宽度。对外设功能引脚和 GPIO 引脚均有效。采样点的采样周期在 GPACTRL 中确定
		10	使用 6 个采样点的采样窗限制。对外设功能引脚和 GPIO 引脚均有效。采样点的采样周期在 GPACTRL 中确定
		11	异步(没有同步或输入限制)。该选项只适用于配置成外设功能的引脚。如果引脚被配置成 GPIO 输入,那么该选项与 00 相同

　　32 位 GPACTRL 与 GPAQSEL1/2 共同决定 GPIOA 指定输入引脚电平的采样窗口宽度,只有在采样窗口中,GPIOA 指定输入引脚每个采样点的电平均保持一致,该输入引脚采样电平才被读入 GPIOA 数据寄存器对应位;否则 GPIOA 数据寄存器对应位不更新(即没有被读入资格,起到滤除输入电平干扰脉冲的作用)。

　　32 位 GPBCTRL 与 GPBQSEL1/2 共同决定 GPIOB 指定输入引脚电平的采样窗口宽度,只有在采样窗口中,GPIOB 指定输入引脚每个采样点的采样电平保持一致,该输入引脚采样电平才被读入 GPIOB 数据寄存器对应位;否则 GPIOB 数据寄存器对应位不更新(即没有被读入资格,起到滤除输入电平干扰脉冲的作用)。

GPIO0 ～ GPIO15 采样窗口宽度

$$= （GPACTRL 配置的采样周期数 T_s）×（系统时钟周期 T_{SYSCLKOUT}）×$$

$$（GPAQSEL1 配置的 GPIO0 ～ GPIO15 采样点数 -1） \tag{4-3}$$

GPOO16 ～ GPIO31 采样窗口宽度

$$= （GPACTRL 配置的采样周期数 T_s）×（系统时钟周期 T_{SYSCLKOUT}）×$$

$$（GPAQSEL2 配置的 GPIO16 ～ GPIO31 采样点数 -1） \tag{4-4}$$

GPIO32 ～ GPIO47 采样窗口宽度

$$= （GPBCTRL 配置的采样周期数 T_s）×（系统时钟周期 T_{SYSCLKOUT}）×$$

$$（GPBQSEL1 配置的 GPIO32 ～ GPIO47 采样点数 -1） \tag{4-5}$$

GPIO48 ～ GPIO63 采样窗口宽度

$$= （GPBCTRL 配置的采样周期数 T_s）×（系统时钟周期 T_{SYSCLKOUT}）×$$

$$（GPBQSEL2 设置的 GPIO48 ～ GPIO63 的采样点数 -1） \tag{4-6}$$

4. GPIOA 复用寄存器 1/2

32 位 GPIOA 复用寄存器 1/2(GPAMUX1/2)用来配置 GPIOA 32 个引脚的外设引脚复用功能,GPAMUX1/2 的每两个位域变量配置 GPIOA 端口的一个外设引脚复用功能。GPAMUX1 用于配置 GPIO0～GPIO15 外设引脚复用功能,GPAMUX2 用于配置 GPIO16～GPIO32 外设引脚复用功能。

32 位 GPAMUX1 位域变量数据格式如图 4-32 所示,位域变量功能描述如表 4-26 所示。

31	30	29	28	27	26	25	24	23	22	21	20	19	18	17	16
GPIO15		GPIO14		GPIO13		GPIO12		GPIO11		GPIO10		GPIO9		GPIO8	
R/W-0		R/W-0		R/W-0		R/W-0		R/W-0		R/W-0		R/W-0		R/W-0	
15	14	13	12	11	10	9	8	7	6	5	4	3	2	1	0
GPIO7		GPIO6		GPIO5		GPIO4		GPIO3		GPIO2		GPIO1		GPIO0	
R/W-0		R/W-0		R/W-0		R/W-0		R/W-0		R/W-0		R/W-0		R/W-0	

图 4-32 GPAMUX1 位域变量数据格式

表 4-26 GPAMUX1 位域变量功能描述

GPAMUX1 位域	复位后为通用 I/O	外设功能选择 1	外设功能选择 2	外设功能选择 3
	2 位位域值＝00	2 位位域值＝01	2 位位域值＝10	2 位位域值＝11
31～30	GPIO15(I/O)	$\overline{TZ4}$/XHOLDA(O)	SCIRXDB(I)	MFSXB(I/O)
29～28	GPIO14(I/O)	$\overline{TZ3}$/$\overline{XHOLDA}$(I)	SCITXDB(0)	MCLKXB(I/O)
27～26	GPIO13(I/O)	$\overline{TZ2}$(I)	CANRXB(I)	MDRB(O)
25～24	GPIO12(I/O)	$\overline{TZ1}$(I)	CANTXB(O)	MDXB(O)
23～22	GPIO11(I/O)	EPWM6B(O)	SCIRXDB(I)	ECAP4(I/O)
21～20	GPIO10(I/O)	EPWM6A(O)	CANRXB(I)	$\overline{ADCSOCBO}$(O)
19～18	GPIO9(I/O)	EPWM5B(O)	SCITXDB(0)	ECAP3(I/O)
17～16	GPIO8(I/O)	EPWM5A(O)	CANTXB(O)	$\overline{ADCSOCAO}$(O)
15～14	GPIO7(I/O)	EPWM4B(O)	MCLKRA(I/O)	ECAP2(I/O)

续表

GPAMUX1 位域	复位后为通用 I/O	外设功能选择 1	外设功能选择 2	外设功能选择 3
	2 位位域值＝00	2 位位域值＝01	2 位位域值＝10	2 位位域值＝11
13～12	GPIO6(I/O)	EPWM4A(O)	EPWMSYNCI(1)	EPWMSYNCO(O)
11～10	GPIO5(I/O)	EPWM3B(O)	MFSRA(I/O)	ECAP1(I/O)
9～8	GPIO4(I/O)	EPWM3A(O)	保留	保留
7～6	GPIO3(I/O)	EPWM2B(O)	ECAP5(I/O)	MCLKRB(I/O)
5～4	GPIO2(I/O)	EPWM2A(O)	保留	保留
3～2	GPIO1(I/O)	EPWM1B(O)	ECAP6(I/O)	MFSRB(I/O)
1～0	GPIO0(I/O)	EPWM1A(O)	保留	保留

32 位 GPAMUX2 位域变量数据格式如图 4-33 所示,位域变量功能描述如表 4-27 所示。

31 30	29 28	27 26	25 24	23 22	21 20	19 18	17 16
GPIO31	GPIO30	GPIO29	GPIO28	GPIO27	GPIO26	GPIO25	GPIO24
R/W-0	R/W-0	R/W-0	R/W-0	R/W-0	R/W-0	R/W-0	R/W-0
15 14	13 12	11 10	9 8	7 6	5 4	3 2	1 0
GPIO23	GPIO22	GPIO21	GPIO20	GPIO19	GPIO18	GPIO17	GPIO16
R/W-0	R/W-0	R/W-0	R/W-0	R/W-0	R/W-0	R/W-0	R/W-0

图 4-33　GPAMUX2 位域变量数据格式

表 4-27　GPAMUX2 位域变量功能描述

GPAMUX2 位域	复位后为通用 I/O	外设功能选择 1	外设功能选择 2	外设功能选择 3
	2 位位域值＝00	2 位位域值＝01	2 位位域值＝10	2 位位域值＝11
31～30	GPIO31(I/O)	CANTXA(O)	XA17(O)	XA17(O)
29～28	GPIO30(I/O)	CANRXA(I)	XA18(0)	XA18(0)
27～26	GPIO29(I/O)	SCITXDA(O)	XA19(O)	XA19(O)
25～24	GPIO28(I/O)	SCIRXDA(I)	$\overline{XZCS6}$(O)	$\overline{XZCS6}$(O)
23～22	GPIO27(I/O)	ECAP4(I/O)	EQEP2S(I/O)	MFSXB(I/O)
21～20	GPIO26(I/O)	ECAP3(I/O)	EQEP2I(I/O)	MCLKXB(I/O)
19～18	GPIO25(I/O)	ECAP2(I/O)	EQEP2B(I)	MDRB(I)
17～16	GPIO24(I/O)	ECAP1(I/O)	EQEP2A(I)	MDXB(O)
15～14	GPIO23(I/O)	EQEP1I(I/O)	MFSXA(I/O)	SCIRXDB(I)
13～12	GPIO22(I/O)	EQEP1S(I/O)	MCLKXA(I/O)	SCITXDB(O)
11～10	GPIO21(I/O)	EQEP1B(I)	MDRA(I)	CANRXB(I)
9～8	GPIO20(I/O)	EQEP1A(I)	MDXA(O)	CANTXB(O)
7～6	GPIO19(I/O)	$\overline{SPISTEA}$(I/O)	SCIRXDB(I)	CANTXA(O)
5～4	GPIO18(I/O)	SPICLKA(I/O)	SCITCDB(O)	CANRXA(I)
3～2	GPIO17(I/O)	SPISOMIA(I/O)	CANRXB(I)	$\overline{TZ6}$(I)
1～0	GPIO16(I/O)	SPISIMOA(I/O)	CANTXB(O)	$\overline{TZ5}$(I)

5. GPIOB 复用寄存器 1/2

32 位 GPIOB 复用寄存器 1/2（GPBMUX1/2）用来配置 GPIOB 32 个引脚的外设引脚复用功能，GPBMUX1/2 的每两个位域变量配置 GPIOB 端口的一个外设引脚复用功能。GPBMUX1 用于配置 GPIO32～GPIO47 外设引脚复用功能，GPAMUX2 用于配置 GPIO47～GPIO63 外设引脚复用功能。

32 位 GPBMUX1 位域变量数据格式如图 4-34 所示，位域变量功能描述如表 4-28 所示。

31 30	29 28	27 26	25 24	23 22	21 20	19 18	17 16
GPIO47	GPIO46	GPIO45	GPIO44	GPIO43	GPIO42	GPIO41	GPIO40
R/W-0	R/W-0	R/W-0	R/W-0	R/W-0	R/W-0	R/W-0	R/W-0
15 14	13 12	11 10	9 8	7 6	5 4	3 2	1 0
GPIO39	GPIO38	GPIO37	GPIO36	GPIO35	GPIO34	GPIO33	GPIO32
R/W-0	R/W-0	R/W-0	R/W-0	R/W-0	R/W-0	R/W-0	R/W-0

图 4-34 GPBMUX1 位域变量数据格式

表 4-28 GPBMUX1 位域变量功能描述

GPBMUX1 位域	复位后为通用 I/O	外设功能选择 1	外设功能选择 2	外设功能选择 3
	2 位位域值＝00	2 位位域值＝01	2 位位域值＝10	2 位位域值＝11
1～0	GPIO32(I/O)	SDAA(I/OC)	EPWMSYNCI(I)	$\overline{ADCSOCAO}$(O)
3～2	GPIO33(I/O)	SCLA(I/OC)	EPWMSYNCO(O)	$\overline{ADCSOCBO}$(O)
5～4	GPIO34(I/O)	ECAP1(I/O)	XREADY(I)	XREADY(I)
7～6	GPIO35(I/O)	SCITXDA(O)	XR/$\overline{W}$(O)	XR/$\overline{W}$(O)
9～8	GPIO36(I/O)	SCIRCDA(I)	$\overline{XZCS0}$(O)	$\overline{XZCS0}$(O)
11～10	GPIO37(I/O)	ECAP2(I/O)	$\overline{XZCS7}$(O)	$\overline{XZCS0}$(O)
13～12	GPIO38(I/O)	保留	$\overline{XWE0}$(O)	$\overline{XWE0}$(O)
15～14	GPIO39(I/O)	保留	XA16(O)	XA16(O)
17～16	GPIO40(I/O)	保留	XA0/$\overline{XWE1}$(O)	XA0/$\overline{XWE1}$(O)
19～18	GPIO41(I/O)	保留	XA1(O)	XA1(O)
21～20	GPIO42(I/O)	保留	XA2(O)	XA2(O)
23～22	GPIO43(I/O)	保留	XA3(O)	XA3(O)
25～24	GPIO44(I/O)	保留	XA4(O)	XA4(O)
27～26	GPIO45(I/O)	保留	XA5(O)	XA5(O)
29～28	GPIO46(I/O)	保留	XA6(O)	XA6(O)
31～30	GPIO47(I/O)	保留	XA7(O)	XA7(O)

32 位 GPBMUX2 位域变量数据格式如图 4-35 所示，位域变量功能描述如表 4-29 所示。

31	30	29	28	27	26	25	24	23	22	21	20	19	18	17	16
GPIO63		GPIO62		GPIO61		GPIO60		GPIO59		GPIO58		GPIO57		GPIO56	
R/W-0		R/W-0		R/W-0		R/W-0		R/W-0		R/W-0		R/W-0		R/W-0	
15	14	13	12	11	10	9	8	7	6	5	4	3	2	1	0
GPIO55		GPIO54		GPIO53		GPIO52		GPIO51		GPIO50		GPIO49		GPIO48	
R/W-0		R/W-0		R/W-0		R/W-0		R/W-0		R/W-0		R/W-0		R/W-0	

图 4-35 GPBMUX2 位域变量数据格式

表 4-29 GPBMUX2 位域变量功能描述

GPBMUX2 位域	复位后为通用 I/O	复位后为通用 I/O	外设功能选择 2 或 3
	2 位位域值＝00	2 位位域值＝01	2 位位域值＝10 或 11
1～0	GPIO48(I/O)	ECAP5(I/O)	XD31(I/O)
3～2	GPIO49(I/O)	ECAP6(I/O)	XD30(I/O)
5～4	GPIO50(I/O)	EQEP1A(I)	XD29(I/O)
7～6	GPIO51(I/O)	EQEP1B(I)	XD28(I/O)
9～8	GPIO52(I/O)	EQEP1S(I/O)	XD27(I/O)
11～10	GPIO53(I/O)	EQEP1I(I/O)	XD26(I/O)
13～12	GPIO54(I/O)	SPISIMOA(I/O)	XD25(I/O)
15～14	GPIO55(I/O)	SPISIMIA(I/O)	XD24(I/O)
17～16	GPIO56(I/O)	SPICLKA(I/O)	XD23(I/O)
19～18	GPIO57(I/O)	$\overline{\text{SPISTEA}}$(I/O)	XD22(I/O)
21～20	GPIO58(I/O)	MCLKRA(I/O)	XD21(I/O)
23～22	GPIO59(I/O)	MFSRA(I/O)	XD20(I/O)
25～24	GPIO60(I/O)	MCLKRB(I/O)	XD19(I/O)
27～26	GPIO61(I/O)	MFSRB(I/O)	XD18(I/O)
29～28	GPIO62(I/O)	SCIRXDC(I)	XD17(I/O)
31～30	GPIO63(I/O)	SCITXDC(O)	XD16(I/O)

6. GPIOC 复用寄存器 1/2

32 位 GPIOC 复用寄存器 1/2(GPCMUX1/2)用来配置 GPIOC 24 个引脚的外设引脚复用功能，GPCMUX1/2 的每两个位域变量配置 GPIOC 端口的一个外设引脚复用功能。GPCMUX1 用于配置 GPIO64～GPIO79 外设引脚复用功能，GPAMUX2 用于配置 GPIO80～GPIO87 外设引脚复用功能。

32 位 GPCMUX1 位域变量数据格式如图 4-36 所示，位域变量功能描述如表 4-30 所示。

31	30	29	28	27	26	25	24	23	22	21	20	19	18	17	16
GPIO79		GPIO78		GPIO77		GPIO76		GPIO75		GPIO74		GPIO73		GPIO72	
R/W-0		R/W-0		R/W-0		R/W-0		R/W-0		R/W-0		R/W-0		R/W-0	
15	14	13	12	11	10	9	8	7	6	5	4	3	2	1	0
GPIO71		GPIO70		GPIO69		GPIO68		GPIO67		GPIO66		GPIO65		GPIO64	
R/W-0		R/W-0		R/W-0		R/W-0		R/W-0		R/W-0		R/W-0		R/W-0	

图 4-36 GPCMUX1 位域变量数据格式

表 4-30　GPCMUX1 位域变量功能描述

GPCMUX1 位域	复位后为通用 I/O	外设功能选择
	2 位位域值＝00 或 01	2 位位域值＝10 或 11
1～0	GPIO64(I/O)	XD15(I/O)
3～2	GPIO65(I/O)	XD14(I/O)
5～4	GPIO66(I/O)	XD13(I/O)
7～6	GPIO67(I/O)	XD12(I/O)
9～8	GPIO68(I/O)	XD11(I/O)
11～10	GPIO69(I/O)	XD10(I/O)
13～12	GPIO70(I/O)	XD9(I/O)
15～14	GPIO71(I/O)	XD8(I/O)
17～16	GPIO72(I/O)	XD7(I/O)
19～18	GPIO73(I/O)	XD6(I/O)
21～20	GPIO74(I/O)	XD5(I/O)
23～22	GPIO75(I/O)	XD4(I/O)
25～24	GPIO76(I/O)	XD3(I/O)
27～26	GPIO77(I/O)	XD2(I/O)
29～28	GPIO78(I/O)	XD1(I/O)
31～30	GPIO79(I/O)	XD0(I/O)

　　32 位 GPCMUX2 位域变量数据格式如图 4-37 所示,位域变量功能描述如表 4-31 所示。

31							16
Reserved							
R-0							

15	14	13	12	11	10	9	8	7	6	5	4	3	2	1	0
GPIO87		GPIO86		GPIO85		GPIO84		GPIO83		GPIO82		GPIO81		GPIO80	
R/W-0		R/W-0		R/W-0		R/W-0		R/W-0		R/W-0		R/W-0		R/W-0	

图 4-37　GPCMUX2 位域变量数据格式

表 4-31　GPCMUX2 位域变量功能描述

GPCMUX2 位域	复位时默认值为通用 I/O	外设功能选择
	2 位位域值＝00 或 01	2 位位域值＝10 或 11
1～0	GPIO80(I/O)	XD8(I/O)
3～2	GPIO81(I/O)	XD9(I/O)
5～4	GPIO82(I/O)	XD10(I/O)
7～6	GPIO83(I/O)	XD11(I/O)
9～8	GPIO84(I/O)	XD12(I/O)
11～10	GPIO85(I/O)	XD13(I/O)
13～12	GPIO86(I/O)	XD14(I/O)
15～14	GPIO87(I/O)	XD15(I/O)
31～16	保留	保留

7. GPIOA 方向寄存器

当通过 32 位 GPAMUX1/2 将 GPIOA 任一引脚配置成通用 I/O 引脚后,还要用 32 位 GPIOA 方向寄存器(GPADIR)将该引脚配置成输入引脚或输出引脚。

GPADIR 位域变量数据格式如图 4-38 所示,位域变量功能描述如表 4-32 所示。

31	30	29	28	~	3	2	1	0
GPIO31	GPIO30	GPIO29	GPIO28~GPIO3			GPIO2	GPIO1	GPIO0
R/W-0	R/W-0	R/W-0	R/W-0			R/W-0	R/W-0	R/W-0

图 4-38　GPADIR 位域变量数据格式

表 4-32　GPADIR 位域变量功能描述

GPADIR 位域	位域变量名称	值	描　述*
31~0	GPIO31~GPIO0	0	配置 GPIO 引脚为输入(默认)
		1	配置 GPIO 引脚为输出

注*：GPADIR 是 EALLOW 保护寄存器。

8. GPIOB 方向寄存器

当通过 32 位 GPAMUX1/2 将 GPIOB 任一引脚配置成通用 I/O 引脚后,还要用 32 位 GPIOB 方向寄存器(GPBDIR)将该引脚配置成输入引脚或输出引脚。

GPBDIR 位域变量数据格式如图 4-39 所示,位域变量功能描述如表 4-33 所示。

31	30	29	28	~	3	2	1	0
GPIO63	GPIO62	GPIO61	GPIO60~GPIO35			GPIO34	GPIO33	GPIO32
R/W-0	R/W-0	R/W-0	R/W-0			R/W-0	R/W-0	R/W-0

图 4-39　GPBDIR 位域变量数据格式

表 4-33　GPBDIR 位域变量功能描述

GPBDIR 位域	位域变量名称	值	描　述*
31~0	GPIO63~GPIO32	0	配置 GPIO 引脚为输入(默认)
		1	配置 GPIO 引脚为输出

注*：GPBDIR 是 EALLOW 保护寄存器。

9. GPIOC 方向寄存器

当通过 GPCMUX1/2 将 GPIOC 任一引脚配置成通用 I/O 引脚时,还要用 32 位 GPIOC 方向寄存器(GPCDIR)将该引脚配置成输入引脚或输出引脚。

GPCDIR 位域变量数据格式如图 4-40 所示,位域变量功能描述如表 4-34 所示。

31	~	24	23	22	21	~	2	1	0
Reserved			GPIO87	GPIO86	GPIO85~GPIO66			GPIO65	GPIO64
R/W-0			R/W-0	R/W-0	R/W-0			R/W-0	R/W-0

图 4-40　GPCDIR 位域变量数据格式

表 4-34 GPCDIR 位域变量功能描述

GPCDIR 位域	位域变量名称	值	描 述
31～0	GPIO87～GPIO64	0	配置 GPIO 引脚为输入(默认)
		1	配置 GPIO 引脚为输出

10. GPIOA 引脚内部上拉禁止寄存器

32 位 GPIOA 引脚内部上拉禁止寄存器用来使能或禁止 GPIO31～GPIO0 引脚的内部上拉电阻,上电复位后,除 GPIO11～GPIO0 被内部上拉电阻禁止外,其他 GIPIO 均被内部上拉电阻使能,这种默认状态既适用于通用 I/O 引脚,也适用于复用外设功能引脚。

GPIOA 引脚内部上拉禁止寄存器(GPAPUD)位域变量数据格式如图 4-41 所示,位域变量功能描述如表 4-35 所示。

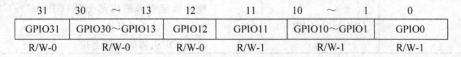

31	30	～	13	12	11	10	～	1	0
GPIO31	GPIO30～GPIO13			GPIO12	GPIO11	GPIO10～GPIO1			GPIO0
R/W-0	R/W-0			R/W-0	R/W-1	R/W-1			R/W-1

图 4-41 GPAPUD 位域变量数据格式

表 4-35 GPAPUD 位域变量功能描述

GPAPUD 位域	位域变量名称	值	描 述
31～0	GPIO31～GPIO0	0	使能指定引脚的内部上拉(GPIO12～GPIO31 复位后默认为此状态)
		1	禁止指定引脚的内部上拉(GPIO0～GPIO11 复位后默认为此状态)

11. GPIOB 引脚内部上拉禁止寄存器

32 位 GPIOB 引脚内部上拉禁止寄存器(GPBPUD)用来使能或禁止 GPIO63～GPIO32 引脚的内部上拉电阻。上电复位后,GPIO63～GPIO32 引脚均被内部上拉电阻使能,这种默认状态既适用于通用 I/O 引脚,也适用于复用外设功能引脚。

GPBPUD 位域变量数据格式如图 4-42 所示,位域变量功能描述如表 4-36 所示。

31	30	29	28	～	3	2	1	0
GPIO63	GPIO62	GPIO61	GPIO60～GPIO35			GPIO34	GPIO33	GPIO32
R/W-0	R/W-0	R/W-0	R/W-0			R/W-0	R/W-0	R/W-0

图 4-42 GPBPUD 位域变量数据格式

表 4-36 GPBPUD 位域变量功能描述

GPBPUD 位域	位域变量名称	值	描 述
31～0	GPIO63～GPIO32	0	使能指定引脚的内部上拉(GPIO63～GPIO32 复位后默认为此状态)
		1	禁止指定引脚的内部上拉

12. GPIOC 引脚内部上拉禁止寄存器

32 位 GPIOC 引脚内部上拉禁止寄存器(GPCPUD)用来使能或禁止 GPIO87～GPIO64 引脚的内部上拉电阻。上电复位后,GPIO87～GPIO64 引脚均被内部上拉电阻使能,这种默认状态既适用于通用 I/O 引脚,也适用于复用外设功能引脚。

32 位 GPCPUD 位域变量数据格式如图 4-43 所示,位域变量功能描述如表 4-37 所示。

31	～	24	23	22	21	～	2	1	0
	Reserved		GPIO87	GPIO86		GPIO85～GPIO66		GPIO65	GPIO64
	R/W-0		R/W-0	R/W-0		R/W-0		R/W-0	R/W-0

图 4-43 GPCPUD 位域变量数据格式

表 4-37 GPCPUD 位域变量功能描述

GPCPUD 位域	位域变量名称	值	描　　述
31～0	GPIO87～GPIO64	0	使能指定引脚的内部上拉(GPIO87～GPIO64 复位后默认为此状态)
		1	禁止指定引脚的内部上拉

4.2.3　GPIO 模块数据寄存器组

GPIO 模块数据寄存器组包含 GPIOA/B/C 数据寄存器、GPIOA/B/C 置 1 寄存器、GPIOA/B/C 清 0 寄存器、GPIOA/B/C 取反触发寄存器,位于外设帧 0 地址范围 0x6FC0～0x6FD6。这些寄存器的名称、映射地址、占用内存大小列表如表 4-38 所示。

在外设模块寄存器组结构体变量定位命名数据段通用头链接器命令文件模板 DSP2833x_Headers_nonBIOS.cmd 中,用 ♯ pragma 语句将 GPIO 模块数据寄存器组结构体变量名指定命名数据段名为 GpioDataRegsFile。

表 4-38 GPIO 模块数据寄存器组

名　　称	地址	大小(×16)	寄存器描述
GPADAT	0x6FC0	2	GPIOA 数据寄存器(GPIO0～GPIO31)
GPASET	0x6FC2	2	GPIOA 置位寄存器(GPIO0～GPIO31)
GPACLEAR	0x6FC4	2	GPIOA 清除寄存器(GPIO0～GPIO31)
GPATOGGLE	0x6FC6	2	GPIOA 取反触发寄存器(GPIO0～GPIO31)
GPBDAT	0x6FC8	2	GPIOB 数据寄存器(GPIO32～GPIO63)
GPBSET	0x6FCA	2	GPIOB 置位寄存器(GPIO32～GPIO63)
GPBCLEAR	0x6FCC	2	GPIOB 清除寄存器(GPIO32～GPIO63)
GPBTOGGLE	0x6FCE	2	GPIOB 取反触发寄存器(GPIO32～GPIO63)
GPCDAT	0x6FD0	2	GPIOC 数据寄存器(GPIO64～GPIO87)
GPCSET	0x6FD2	2	GPIOC 置位寄存器(GPIO64～GPIO87)
GPCCLEAR	0x6FD4	2	GPIOC 清除寄存器(GPIO64～GPIO87)
GPCTOGGLE	0x6FD6	2	GPIOC 取反触发寄存器(GPIO64～GPIO87)

1. GPIOA 数据寄存器

每一个 32 位端口（GPIOA/B/C）均配有一个 32 位数据寄存器（GPxDAT，$x=$A，B，C）。用 32 位数据寄存器来改变通用输出引脚电平时应格外小心，不要意外改变另一个引脚的电平，因为 32 位数据寄存器兼有读-修改-写（read-modify-write）指令的功能，当对一个输出引脚输出电平时，若另一个引脚电平正巧在指令的读-写阶段信号发生变化，就有可能影响另一个引脚的电平。为了避免这种情况发生，应使用 GPxSET（GPIO 置 1 寄存器，$x=$A，B，C），GPxCLEAR（GPIO 清 0 寄存器，$x=$A，B，C）和 GPxTOGGLE（GPIO 翻转寄存器，$x=$A，B，C）来装载输出锁存器。

32 位 GPIOA 数据寄存器（GPADAT）每一位对应 GPIO31～GPIO0 的一个 I/O 引脚。无论 GPIOA 的引脚被配置成通用 I/O 引脚还是外设功能引脚，GPADAT 的每位反映该引脚资格（限制）控制后当前引脚电平状态。32 位 GPADAT 的典型应用是读 GPIO31～GPIO0 引脚的电平状态。若 GPIOA 某引脚被配置成通用输出引脚，则对 GPADAT 的对应位域变量清 0 或置 1，将该位域值写入对应的输出锁存器，该输出引脚被驱动为低电平或高电平。若 GPIOA 某引脚未被配置成通用输出引脚，则写入 GPADAT 对应位域的值仅被锁存，不驱动引脚。仅当 GPIOA 某引脚被配置成通用输出引脚时，GPADAT 对应位域的值才驱动该输出引脚电平。

32 位 GPADAT 位域变量数据格式如图 4-44 所示，位域变量功能描述如表 4-39 所示。

31	30	29	28 ～ 3	2	1	0
GPIO31	GPIO30	GPIO29	GPIO28～GPIO3	GPIO2	GPIO1	GPIO0
R/W-x	R/W-x	R/W-x	R/W-x	R/W-x	R/W-x	R/W-x

图 4-44 GPADAT 位域变量数据格式

表 4-39 GPADAT 位域变量功能描述

位域	位域变量名称	值	描述
31～0	GPIO31～GPIO0	0	读为 0 时表明引脚当前状态为低电平；若引脚配置成通用 I/O 输出，写 0 将使引脚输出为 0；否则，该值被锁存但不被驱动到引脚上
		1	读为 1 时表明引脚的当前状态为高电平；若引脚配置成通用 I/O 输出，写 1 将使引脚输出为 1；否则，该值被锁存但不被驱动到引脚上

2. GPIOB 数据寄存器

32 位 GPIOB 数据寄存器（GPBDAT）每一位对应 GPIO63～GPIO32 引脚中的一个 I/O 引脚。

32 位 GPBDAT 位域变量数据格式如图 4-45 所示，位域变量功能描述如表 4-40 所示。

31	30	29	28 ～ 3	2	1	0
GPIO63	GPIO62	GPIO61	GPIO60～GPIO35	GPIO34	GPIO33	GPIO32
R/W-x	R/W-x	R/W-x	R/W-x	R/W-x	R/W-x	R/W-x

图 4-45 GPBDAT 位域变量数据格式

表 4-40　GPBDAT 位域变量功能描述

位域	位域变量名称	值	描　述
31～0	GPIO63～GPIO32	0	读为0时表明引脚的当前状态为低电平；若引脚配置成通用 I/O 输出,写0将使引脚输出为0;否则,该值被锁存但不被驱动到引脚上
		1	读为1时表明引脚的当前状态为高电平；若引脚配置成通用 I/O 输出,写1将使引脚输出为1;否则,该值被锁存但不被驱动到引脚上

3. GPIOC 数据寄存器

32 位 GPIOC 数据寄存器(GPCDAT)低 24 位的每一位对应 GPIO87～GPIO64 引脚中的一个 I/O 引脚。

32 位 GPCDAT 位域变量数据格式如图 4-46 所示,位域变量功能描述如表 4-41 所示。

31	～	24	23	22	21	～	2	1	0
Reserved			GPIO87	GPIO86	GPIO85～GPIO66			GPIO65	GPIO64
R/W-0			R/W-0	R/W-0	R/W-0			R/W-0	R/W-0

图 4-46　GPCDAT 位域变量数据格式

表 4-41　GPCDAT 位域变量功能描述

位域	位域变量名称	值	描　述
31～0	GPIO87～GPIO64	0	读为0时表明引脚当前状态为低电平；若引脚配置成通用 I/O 输出,写0将使引脚输出为0;否则,该值被锁存但不被驱动到引脚上
		1	读为1时表明引脚的当前状态为高电平；若引脚配置成通用 I/O 输出,写1将使引脚输出为1;否则,该值被锁存但不被驱动到引脚上

4. GPIOA 置 1 寄存器

若 GPIOA 端口某引脚被配置成通用输出引脚,则写 1～32 位 GPIOA 置 1 寄存器(GPASET)对应位,该位输出锁存器锁存高电平,并驱动该引脚输出高电平,而不会干扰其他引脚。32 位 GPIOA 置 1 寄存器(GPASET)每一位对应 GPIO31～GPIO0 引脚中的一个输出引脚。读 GPASET 总是返回 0。若 GPIOA 端口某引脚没有被配置成通用输出引脚,则写 1 值被锁存但该引脚没有被驱动为高电平。写 0 到 GPASET 任何位不起作用。

32 位 GPASET 位域变量数据格式如图 4-47 所示,位域变量功能描述如表 4-42 所示。

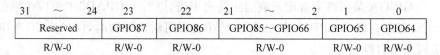

31	30	29	28	～	3	2	1	0
GPIO31	GPIO30	GPIO29	GPIO28～GPIO3			GPIO2	GPIO1	GPIO0
R/W-0	R/W-0	R/W-0	R/W-0			R/W-0	R/W-0	R/W-0

图 4-47　GPASET 位域变量数据格式

表 4-42　GPASET 位域变量功能描述

位域	名　　称	值	描　　述
31～0	GPIO31～GPIO0	0	写 0 被忽略,读总返回 0
		1	如果某引脚被配置成通用输出引脚,写 1 迫使相应输出数据锁存为高电平。如果某引脚未被配置成通用输出引脚,则锁存值置高,但引脚不被驱动成高电平

5. GPIOB 置 1 寄存器

32 位 GPIOB 置 1 寄存器(GPBSET)的每一位对应 GPIO63～GPIO32 引脚中的一个 I/O 引脚,用来对 GPIO63～GPIO32 引脚的每位输出锁存器置高电平,而不会干扰其他引脚。读 GPBSET 总是返回 0。若 GPIOB 端口某引脚被配置成通用输出引脚,则写 1 到 GPBSET 对应位,该位输出锁存器锁存高电平,并驱动该引脚输出高电平。若 GPIOB 端口某引脚没有被配置成通用输出引脚,则写 1 值被锁存但该引脚没有被驱动为高电平。仅当一个引脚被配置成通用输出引脚,该锁存值才会驱动该引脚。写 0 到 GPBSET 任何位不起作用。

32 位 GPBSET 位域变量数据格式如图 4-48 所示,位域变量功能描述如表 4-43 所示。

31	30	29	28	～	3	2	1	0
GPIO63	GPIO62	GPIO61		GPIO60～GPIO35		GPIO34	GPIO33	GPIO32
R/W-0	R/W-0	R/W-0		R/W-0		R/W-0	R/W-0	R/W-0

图 4-48　GPBSET 位域变量数据格式

表 4-43　GPBSET 位域变量功能描述

位域	名　　称	值	描　　述
31～0	GPIO63～GPIO32	0	写 0 被忽略,读总返回 0
		1	如果某引脚被配置成通用输出引脚,写 1 迫使相应输出数据锁存为高电平。如果某引脚未被配置成通用输出引脚,则锁存值置高,但引脚不被驱动成高电平

6. GPIOC 置 1 寄存器

32 位 GPIOC 置 1 寄存器(GPCSET)低 24 位的每位对应 GPIO87～GPIO64 引脚中的一个 I/O 引脚,用来对 GPIO63～GPIO32 引脚的每位输出锁存器置高电平,而不会干扰其他引脚。读 GPCSET 总是返回 0。若 GPIOB 端口某引脚被配置成通用输出引脚,则写 1 到 GPCSET 对应位,该位输出锁存器锁存高电平,并驱动该引脚输出高电平。若 GPIOC 端口某引脚没有被配置成通用输出引脚,则写 1 值被锁存但该引脚没有被驱动为高电平。仅当一个引脚被配置成通用输出引脚,该锁存值才会驱动该引脚。写 0 到 GPCSET 任何位不起作用。

32 位 GPCSET 位域变量数据格式如图 4-49 所示,位域变量功能描述如表 4-44 所示。

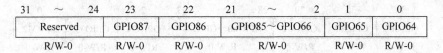

31	～	24	23	22	21	～	2	1	0
Reserved			GPIO87	GPIO86		GPIO85～GPIO66		GPIO65	GPIO64
R/W-0			R/W-0	R/W-0		R/W-0		R/W-0	R/W-0

图 4-49　GPCSET 位域变量数据格式

表 4-44　GPCSET 位域变量功能描述

位域	名　　称	值	描　　述
31~0	GPIO63~GPIO32	0	写 0 被忽略,读总返回 0
		1	如果某引脚被配置成通用输出引脚,写 1 迫使相应输出数据锁存为高电平。如果某引脚未被配置成通用输出引脚,则锁存值置高,但引脚不被驱动成高电平

7. GPIOA 清 0 寄存器

32 位 GPIOA 清 0 寄存器(GPACLEAR)的每一位对应 GPIO31~GPIO0 引脚中的一个 I/O 引脚,用来将 GPIO31~GPIO0 引脚的每位输出锁存器置低电平,而不会干扰其他引脚。读 GPACLEAR 总是返回 0。若 GPIOA 端口某引脚被配置成通用输出引脚,则写 1 到 GPACLEAR 对应位,该位输出锁存器锁存低电平,并驱动该引脚输出低电平。若 GPIOA 端口某引脚没有被配置成通用输出引脚,则写 1 值被锁存但该引脚没有被驱动为低电平。仅当一个引脚被配置成通用输出引脚,该锁存值才会驱动该引脚。写 0 到 GPACLEAR 任何位不起作用。

32 位 GPACLEAR 位域变量数据格式如图 4-50 所示,位域变量功能描述如表 4-45 所示。

31	30	29	28　　　~　　　3	2	1	0
GPIO31	GPIO30	GPIO29	GPIO28~GPIO3	GPIO2	GPIO1	GPIO0
R/W-0	R/W-0	R/W-0	R/W-0	R/W-0	R/W-0	R/W-0

图 4-50　GPACLEAR 位域变量数据格式

表 4-45　GPACLEAR 位域变量功能描述

位域	名　　称	值	描　　述
31~0	GPIO31~GPIO0	0	写 0 被忽略,读总返回 0
		1	如果某引脚被配置成通用输出引脚,写 1 迫使相应输出数据锁存为低电平。如果某引脚未被配置成通用输出引脚,则锁存值置低,但引脚不被驱动成低电平

8. GPIOB 清 0 寄存器

32 位 GPIOB 清 0 寄存器(GPBCLEAR)的每一位对应 GPIO63~GPIO32 引脚中的一个 I/O 引脚,用来将 GPIO63~GPIO32 引脚的每位输出锁存器置低电平,而不会干扰其他引脚。读 GPBCLEAR 总是返回 0。若 GPIOB 端口某引脚被配置成通用输出引脚,则写 1 到 GPBCLEAR 对应位,该位输出锁存器锁存低电平,并驱动该引脚输出低电平。若 GPIOB 端口某引脚没有被配置成通用输出引脚,则写 1 值被锁存但该引脚没有被驱动为低电平。仅当一个引脚被配置成通用输出引脚,该锁存值才会驱动该引脚。写 0 到 GPBCLEAR 任何位不起作用。

32 位 GPBCLEAR 位域变量数据格式如图 4-51 所示,位域变量功能描述如表 4-46 所示。

31	30	29	28　　　~　　　3	2	1	0
GPIO63	GPIO62	GPIO61	GPIO60~GPIO35	GPIO34	GPIO33	GPIO32
R/W-0	R/W-0	R/W-0	R/W-0	R/W-0	R/W-0	R/W-0

图 4-51　GPBCLEAR 位域变量数据格式

表 4-46　GPBCLEAR 位域变量功能描述

位域	名　　称	值	描　　述
31～0	GPIO63～GPIO32	0	写 0 被忽略,读总返回 0
		1	如果某引脚被配置成通用输出引脚,写 1 迫使相应输出数据锁存为低电平。如果某引脚未被配置成通用输出引脚,则锁存值置低,但引脚不被驱动成低电平

9. GPIOC 清 0 寄存器

32 位 GPIOC 清 0 寄存器(GPCCLEAR)低 24 位的每位对应 GPIO87～GPIO64 引脚中的一个 I/O 引脚,用来对 GPIO63～GPIO32 引脚的每位输出锁存器置低电平,而不会干扰其他引脚。读 GPCCLEAR 总是返回 0。若 GPIOC 端口某引脚被配置成通用输出引脚,则写 1 到 GPCCLEAR 对应位,该位输出锁存器锁存低电平,并驱动该引脚输出低电平。若 GPIOC 端口某引脚没有被配置成通用输出引脚,则写 1 值被锁存但该引脚没有被驱动为低电平。仅当一个引脚被配置成通用输出引脚,该锁存值才会驱动该引脚。写 0 到 GPCCLEAR 任何位不起作用。32 位 GPCCLEAR 位域变量数据格式如图 4-52 所示,位域变量功能描述如表 4-47 所示。

31	～	24	23	22	21	～	2	1	0
	Reserved		GPIO87	GPIO86		GPIO85～GPIO66		GPIO65	GPIO64
	R/W-0		R/W-0	R/W-0		R/W-0		R/W-0	R/W-0

图 4-52　GPCCLEAR 位域变量数据格式

表 4-47　GPCCLEAR 位域变量功能描述

位域	名　　称	值	描　　述
31～0	GPIO87～GPIO64	0	写 0 被忽略,读总返回 0
		1	如果某引脚被配置成通用输出引脚,写 1 迫使相应输出数据锁存为低电平。如果某引脚未被配置成通用输出引脚,则锁存值置低,但引脚不被驱动成低电平

10. GPIOA 翻转寄存器

32 位 GPIOA 翻转寄存器(GPATOGGLE)的每一位对应 GPIO31～GPIO0 引脚的一个 I/O 引脚,用来将 GPIO31～GPIO0 引脚电平取反,而不会干扰其他引脚。读 GPATOGGLE 总是返回 0。若 GPIOA 端口某引脚被配置成通用输出引脚,则写 1 到 GPATOGGLE 对应位,该位输出锁存器锁存电平翻转,并驱动该引脚输出电平翻转,即若输出引脚被驱动为低电平,则对 GPATOGGLE 对应位写 1,将使该引脚上拉为高电平,同样,若输出引脚为高电平,则对 GPATOGGLE 对应位写 1,将使该引脚上拉为低电平。若 GPIOA 端口某引脚没有被配置成通用输出引脚,则对 GPATOGGLE 对应位写 1 值被锁存,但该引脚没有被驱动为翻转电平。仅当一个引脚后来被配置成通用输出引脚,该锁存值才会被驱动到该引脚使电平翻转。写 0 到 GPATOGGLE 任何位不起作用。

32 位 GPATOGGLE 位域变量数据格式如图 4-53 所示,位域变量功能描述如表 4-48 所示。

31	30	29	28	~	3	2	1	0
GPIO31	GPIO30	GPIO29		GPIO28~GPIO3		GPIO2	GPIO1	GPIO0
R/W-0	R/W-0	R/W-0		R/W-0		R/W-0	R/W-0	R/W-0

图 4-53　GPATOGGLE 位域变量数据格式

表 4-48　GPATOGGLE 位域变量功能描述

位域	名　称	值	描　述
31~0	GPIO31~GPIO0	0	写 0 被忽略,读总返回 0
		1	如果该引脚被配置成通用输出引脚,写 1 迫使相应输出数据锁存发生翻转。如果引脚没有被配置成通用输出引脚,则锁存值翻转,但引脚不被驱动成翻转电平

11. GPIOB 翻转寄存器

32 位 GPIOB 翻转寄存器(GPBTOGGLE)的每一位对应 GPIO63~GPIO32 引脚的一个 I/O 引脚,用来将 GPIO63~GPIO32 引脚电平取反,而不会干扰其他引脚。读 GPBTOGGLE 总是返回 0。若 GPIOB 端口某引脚被配置成通用输出引脚,则写 1 到 GPBTOGGLE 对应位,该位输出锁存器锁存电平翻转,并驱动该引脚输出电平翻转,即若输出引脚被驱动为低电平,则对 GPBTOGGLE 对应位写 1,将使该引脚上拉为高电平,同样,若输出引脚为高电平,则对 GPBTOGGLE 对应位写 1,将使该引脚上拉为低电平。若 GPIOB 端口某引脚没有被配置成通用输出引脚,则对 GPBTOGGLE 对应位写 1 值被锁存,但该引脚没有被驱动为翻转电平。仅当一个引脚后来被配置成通用输出引脚,该锁存值才会被驱动到该引脚使电平翻转。写 0 到 GPBTOGGLE 任何位不起作用。

32 位 GPBTOGGLE 位域变量数据格式如图 4-54 所示,位域变量功能描述如表 4-49 所示。

31	30	29	28	~	3	2	1	0
GPIO63	GPIO62	GPIO61		GPIO60~GPIO35		GPIO34	GPIO33	GPIO32
R/W-0	R/W-0	R/W-0		R/W-0		R/W-0	R/W-0	R/W-0

图 4-54　GPBTOGGLE 位域变量数据格式

表 4-49　GPBTOGGLE 位域变量功能描述

位域	名　称	值	描　述
31~0	GPIO63~GPIO32	0	写 0 被忽略,读总返回 0
		1	如果该引脚被配置成通用输出引脚,写 1 迫使相应输出数据锁存发生翻转。如果引脚没有被配置成通用输出引脚,则锁存值翻转,但引脚不被驱动成翻转电平

12. GPIOC 翻转寄存器

32 位 GPIOC 翻转寄存器(GPCTOGGLE)低 24 位每位对应 GPIO87~GPIO64 引脚中的一个 I/O 引脚,用来对 GPIO87~GPIO64 引脚的每位输出锁存器电平取反,而不会干扰其他引脚。读 GPCTOGGLE 总是返回 0。若 GPIOC 端口某引脚被配置成通用输出引脚,则写 1 到 GPCTOGGLE 对应位,该位输出锁存器锁存电平翻转,并驱动该引脚输出电平翻转,即若输出引脚被驱动为低电平时,则对 GPCTOGGLE 对应位写 1,将使该引脚上拉为高电平,同样,若输出引脚为高电平,则对 GPCTOGGLE 对应位写 1,将使该引脚上拉为低电平。若 GPIOC 端口某引脚没有被配置成通用输出引脚,则对 GPCTOGGLE 对应位写 1 值被锁存,但该引脚没有被驱动为翻转电平。仅当一个引脚后来被配置成通用输出引脚,该锁存值才会被驱动到该引脚使电平翻转。写 0 到 GPCTOGGLE 任何位不起作用。

32 位 GPCTOGGLE 位域变量数据格式如图 4-55 所示,位域变量功能描述如表 4-50 所示。

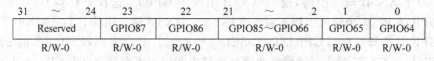

31	~	24	23	22	21	~	2	1	0
	Reserved		GPIO87	GPIO86		GPIO85~GPIO66		GPIO65	GPIO64
	R/W-0		R/W-0	R/W-0		R/W-0		R/W-0	R/W-0

图 4-55　GPCTOGGLE 位域变量数据格式

表 4-50　GPCTOGGLE 位域变量功能描述

位域	名　　称	值	描　　　　述
31~0	GPIO87~GPIO64	0	写 0 被忽略,读总返回 0
		1	如果该引脚被配置成通用输出引脚,写 1 迫使相应输出数据锁存发生翻转。如果引脚没有被配置成通用输出引脚,则锁存值翻转,但引脚不被驱动成翻转电平

4.2.4　GPIO 模块中断源和唤醒源选择寄存器组

GPIO 模块中断源和唤醒源选择寄存器组包括 8 个外部中断源(7 个外部中断输入引脚 XINT1~XINT7 和一个不可屏蔽中断输入引脚 XNMI)的 GPIOA/B 输入端口选择寄存器、低功耗模式唤醒源的 GPIOA 选择寄存器。外部中断源 XINT1~XINT/7 和 XNMI 的 GPIOA/B 输入端口选择是指选择 GPIOA/B 指定输入引脚为外部中断源输入引脚复用功能。低功耗模式唤醒源的 GPIOA 输入端口选择是指选择 GPIOA 指定输入引脚为唤醒源输入引脚复用功能。

GPIO 模块中断源和唤醒源选择寄存器组映射地址范围位于外设帧 1 的 0x006FE0~0x006FE8,这些寄存器名称、映射地址、占用内存大小如表 4-51 所示。

表 4-51　GPIO 模块中断和低功耗唤醒源选择寄存器组

名　　称	地　　址	大小(×16)	寄存器描述
GPIOXINT1SEL	0x6FE0	1	XINT1 中断源 GPIOA 选择寄存器(GPIO0~GPIO31)
GPIOXINT2SEL	0x6FE1	1	XINT2 中断源 GPIOA 选择寄存器(GPIO0~GPIO31)
GPIOXNMISEL	0x6FE2	1	XNMI 中断源 GPIOA 选择寄存器(GPIO0~GPIO31)
GPIOXINT3SEL	0x6FE3	1	XINT3 中断源 GPIOB 选择寄存器(GPIO32~GPIO63)
GPIOXINT4SEL	0x6FE4	1	XINT4 中断源 GPIOB 选择寄存器(GPIO32~GPIO63)
GPIOXINT5SEL	0x6FE5	1	XINT5 中断源 GPIOB 选择寄存器(GPIO32~GPIO63)
GPIOXINT6SEL	0x6FE6	1	XINT6 中断源 GPIOB 选择寄存器(GPIO32~GPIO63)
GPIOXINT7SEL	0x6FE7	1	XINT7 中断源 GPIOB 选择寄存器(GPIO32~GPIO63)
GPIOLPMSEL	0x6FE8	1	LPM 唤醒源 GPIOA 选择寄存器(GPIO0~GPIO31)

在外设模块寄存器组结构体变量定位命名数据段通用头链接器命令文件模板 DSP2833x_Headers_nonBIOS. cmd 中,用♯pragma 语句将 GPIO 模块中断源和唤醒源选择寄存器组结构体变量名定位到命名数据段 GpioIntRegsFile。

1. XINT1 中断源 GPIOA 选择寄存器

F28335 芯片上没有外部中断源 XINT1～ XINT7 和不可屏蔽中断源 XNMI 的独立输入引脚,而是利用 GPIOA/B 端口引脚的复用功能来实现。对于 XINT1 /2 输入引脚,通过 XINT1 /2 中断源 GPIOA 选择寄存器 GPIOXINTnSEL(n=1、2)来选择 GPIOA 的 32 个输入引脚。对于 XNMI 输入引脚,通过 XNMI 中断源 GPIOA 选择寄存器 GPIOXNMISEL 来选择 GPIOA 的 32 个输入引脚。对于 XINT3～XINT7 输入引脚,通过 XINT3～XINT7 中断源 GPIOB 选择寄存器 GPIOXINTnSEL(n=3、4、5、6、7)来选择 GPIOB 的 32 个输入引脚。XINT1～XINT7 的中断触发极性通过外部中断控制寄存器 XINTnCR(n=3、4、5、6、7)来配置,XNMI 的中断触发极性通过不可屏蔽中断控制寄存器 XNMICR 来配置。

16 位 XINT1 中断源 GPIOA 选择寄存器位域变量数据格式如图 4-56 所示,位域变量功能描述如表 4-52 所示。

图 4-56　GPIOXINT1SEL 位域变量数据格式

表 4-52　GPIOXINT1SEL 位域描述

位域	位域变量名称	值	描　　述
15～5	Reserved		保留
4～0	GPIOXINT1SEL	00000	选择 GPIO0 作为 XINT1 的中断源
		00001	选择 GPIO1 作为 XINT1 的中断源
		⋮	⋮
		11111	选择 GPIO31 作为 XINT1 的中断源

2. XINT2 中断源 GPIOA 选择寄存器

16 位 GPIOXINT2SEL 位域变量数据格式如图 4-57 所示,位域变量功能描述如表 4-53 所示。

```
 15              ~            5 4        ~         0
┌─────────────────────────────┬──────────────────────┐
│          Reserved           │     GPIOXINT2SEL     │
└─────────────────────────────┴──────────────────────┘
            R-0                        R/W-0
```

图 4-57　GPIOXINT2SEL 位域变量数据格式

表 4-53　GPIOXINT2SEL 位域描述

位域	位域变量名称	值	描　　述
15～5	Reserved		保留
4～0	GPIOXINT2SEL	00000	选择 GPIO0 作为 XINT2 的中断源
		00001	选择 GPIO1 作为 XINT2 的中断源
		⋮	⋮
		11111	选择 GPIO31 作为 XINT2 的中断源

3. XINT3 中断源 GPIOB 选择寄存器

16 位 XINT3 中断源 GPIOB 选择寄存器 GPIOXINT3SEL 位域变量数据格式如图 4-58 所示,位域变量功能描述如表 4-54 所示。

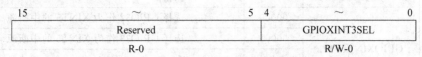

图 4-58 GPIOXINT3SEL 位域变量数据格式

表 4-54 GPIOXINT3SEL 位域描述

位域	位域变量名称	值	描 述
15~5	Reserved		保留
4~0	GPIOXINT3SEL	00000	选择 GPIO32 作为 XINT3 的中断源
		00001	选择 GPIO33 作为 XINT3 的中断源
		⋮	⋮
		11111	选择 GPIO63 作为 XINT3 的中断源

4. XINT4 中断源 GPIOB 选择寄存器

16 位 XINT4 中断源 GPIOB 选择寄存器 GPIOXINT4SEL 位域变量数据格式如图 4-59 所示,位域变量功能描述如表 4-55 所示。

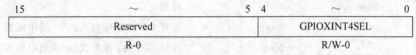

图 4-59 GPIOXINT4SEL 位域变量数据格式

表 4-55 GPIOXINT4SEL 位域描述

位域	位域变量名称	值	描 述
15~5	Reserved		保留
4~0	GPIOXINT4SEL	00000	选择 GPIO32 作为 XINT4 的中断源
		00001	选择 GPIO33 作为 XINT4 的中断源
		⋮	⋮
		11111	选择 GPIO63 作为 XINT4 的中断源

5. XINT5 中断源 GPIOB 选择寄存器

16 位 XINT5 中断源 GPIOB 选择寄存器 GPIOXINT5SEL 位域变量数据格式如图 4-60 所示,位域变量功能描述如表 4-56 所示。

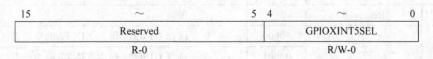

图 4-60 GPIOXINT5SEL 位域变量数据格式

表 4-56　GPIOXINT5SEL 位域描述

位域	位域变量名称	值	描　述
15～5	Reserved		保留
4～0	GPIOXINT5SEL	00000	选择 GPIO32 作为 XINT5 的中断源
		00001	选择 GPIO33 作为 XINT5 的中断源
		⋮	⋮
		11111	选择 GPIO63 作为 XINT5 的中断源

6. XINT6 中断源 GPIOB 选择寄存器

16 位 XINT6 中断源 GPIOB 选择寄存器 GPIOXINT6SEL 位域变量数据格式如图 4-61 所示,位域变量功能描述如表 4-57 所示。

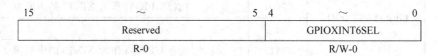

15	～	5	4	～	0
Reserved			GPIOXINT6SEL		
R-0			R/W-0		

图 4-61　GPIOXINT6SEL 位域变量数据格式

表 4-57　GPIOXINT6SEL 位域描述

位域	位域变量名称	值	描　述
15～5	Reserved		保留
4～0	GPIOXINT6SEL	00000	选择 GPIO32 作为 XINT6 的中断源
		00001	选择 GPIO33 作为 XINT6 的中断源
		⋮	⋮
		11111	选择 GPIO63 作为 XINT6 的中断源

7. XINT7 中断源 GPIOB 选择寄存器

16 位 XINT7 中断源 GPIOB 选择寄存器(GPIOXINT7SEL)位域变量数据格式如图 4-62 所示,位域变量功能描述如表 4-58 所示。

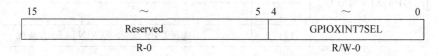

15	～	5	4	～	0
Reserved			GPIOXINT7SEL		
R-0			R/W-0		

图 4-62　GPIOXINT7SEL 位域变量数据格式

表 4-58　GPIOXINT7SEL 位域描述

位域	位域变量名称	值	描　述
15～5	Reserved		保留
4～0	GPIOXINT7SEL	00000	选择 GPIO32 作为 XINT7 的中断源
		00001	选择 GPIO33 作为 XINT7 的中断源
		⋮	⋮
		11111	选择 GPIO63 作为 XINT7 的中断源

8. XNMI 中断源 GPIOA 选择寄存器

XNMI 中断源 GPIOA 选择寄存器(GPIOXNMISEL)位域变量数据格式如图 4-63 所示,位域变量功能描述如表 4-59 所示。

15	~	5	4	~	0
Reserved			GPIOXINT8SEL		
R-0			R/W-0		

图 4-63　GPIOXNMISEL 位域变量数据格式

表 4-59　GPIOXNMISEL 位域描述

位域	位域变量名称	值	描　　述
15~5	Reserved		保留
4~0	GPIOXNMISEL	00000	选择 GPIO0 作为 XNMI 的中断源
		00001	选择 GPIO1 作为 XNMI 的中断源
		⋮	⋮
		11111	选择 GPIO31 作为 XNMI 的中断源

9. 低功耗模式唤醒源 GPIOA 选择寄存器

F28335 芯片处于低功耗暂停模式(HALT)和低功耗待机模式(STANDBY),可以通过低功耗模式唤醒源 GPIOA 选择寄存器(GPIOLPMSEL)选择 GPIOA 的 32 个 I/O 引脚中任一输入引脚作为唤醒源,触发电平为高电平。

GPIOLPMSEL 位域变量数据格式如图 4-64 所示,位域变量功能描述如表 4-60 所示。

31	30	29	28	~	3	2	1	0
GPIO31	GPIO30	GPIO29	GPIO28~GPIO3			GPIO2	GPIO1	GPIO0
R/W-0	R/W-0	R/W-0	R/W-0			R/W-0	R/W-0	R/W-0

图 4-64　GPIOLPMSEL 位域变量数据格式

表 4-60　GPIOLPMSEL 位域变量功能描述

位域	位域变量名称	值	描　　述*
31~0	GPIO31~GPIO0	0	若该位被清零,则相应引脚不能将器件从低功耗 HALT 模式和低功耗 STANDBY 模式中唤醒
		1	若该位被置位,则相应引脚能够将器件从低功耗 HALT 模式和低功耗 STANDBY 模式中唤醒

注 *：GPIOLPMSEL 是 EALLOW 保护寄存器。

4.2.5　PIE 模块寄存器组

PIE 模块寄存器组包括 PIE 控制寄存器、PIE 应答寄存器、PIE 组 1 使能寄存器、PIE 组 1 标志寄存器、PIE 组 2 使能寄存器、PIE 组 2 标志寄存器,……,PIE 组 12 使能寄存器、PIE 组 12 标志寄存器。PIE 模块寄存器组映射地址范围位于外设帧 0 的 0x000CE0～0x000CF9,这些寄存器名称、映射地址、占用内存大小如表 4-61 所示。

在外设模块寄存器组结构体变量定位命名数据段通用头链接器命令文件模板 DSP2833x_Headers_nonBIOS.cmd 中,用 #pragma 语句将 PIE 模块寄存器组结构体变量名指定命名数据段名为 PieCtrlRegsFile。

表 4-61　PIE 模块寄存器组

名　称	地　址	大小(×16 位)	功能描述
PIECTRL	0x00000CE0	1	PIE 控制寄存器
PIEACK	0x00000CE1	1	PIE 应答寄存器
PIEIER1	0x00000CE2	1	PIE 组 1 使能寄存器
PIEIFR1	0x00000CE3	1	PIE 组 1 标志寄存器
PIEIER2	0x00000CE4	1	PIE 组 2 使能寄存器
PIEIFR2	0x00000CE5	1	PIE 组 2 标志寄存器
PIEIER3	0x00000CE6	1	PIE 组 3 使能寄存器
PIEIFR3	0x00000CE7	1	PIE 组 3 标志寄存器
PIEIER4	0x00000CE8	1	PIE 组 4 使能寄存器
PIEIFR4	0x00000CE9	1	PIE 组 4 标志寄存器
PIEIER5	0x00000CEA	1	PIE 组 5 使能寄存器
PIEIFR5	0x00000CEB	1	PIE 组 5 标志寄存器
PIEIER6	0x00000CEC	1	PIE 组 6 使能寄存器
PIEIFR6	0x00000CED	1	PIE 组 6 标志寄存器
PIEIER7	0x00000CEE	1	PIE 组 7 使能寄存器
PIEIFR7	0x00000CEF	1	PIE 组 7 标志寄存器
PIEIER8	0x00000CF0	1	PIE 组 8 使能寄存器
PIEIFR8	0x00000CF1	1	PIE 组 8 标志寄存器
PIEIER9	0x00000CF2	1	PIE 组 9 使能寄存器
PIEIFR9	0x00000CF3	1	PIE 组 9 标志寄存器
PIEIER10	0x00000CF4	1	PIE 组 10 使能寄存器
PIEIFR10	0x00000CF5	1	PIE 组 10 标志寄存器
PIEIER11	0x00000CF6	1	PIE 组 11 使能寄存器
PIEIFR11	0x00000CF7	1	PIE 组 11 标志寄存器
PIEIER12	0x00000CF8	1	PIE 组 12 使能寄存器
PIEIFR12	0x00000CF9	1	PIE 组 12 标志寄存器
Reserved	0x00000CFA~ 0x00000CFF	6	保留

1. PIE 控制寄存器

16 位 PIE 控制寄存器(PIECTRL)有两个位域变量,即 PIEVECT 和 ENPIE。

(1) CPU 从 PIE 向量表中读取 32 位中断向量的 32 位存放地址的有效低 16 位地址(高 16 位地址全为 0)位域变量:PIEVECTPIE,占用 PIECTRL 的最高 15 位,所以读取 PIEVECT 后,该软件将最低位清零,这是因为 32 位中断向量首地址总存放在 32 位数据存储器偶地址的缘故。例如,PIECTRL=0x0000 0D27,则读取的 32 位中断向量的 32 位存放地址的有效低 16 位地址应为 0x0000 0D26。用户通过读取 PIEVECT 值,可以确定哪个中断产生中断请求,由于 CPU 响应中断会自动跳转中断服务函数入口,因此,读取 PIECTRL. PIEVECT 的操作很少用。

(2) PIE 向量表使能位域变量 ENPIE,占用 PIECTRL 的最低 1 位。由于 ENPIE 上电复位值为 0,禁止使用 PIE 向量表,所以用户应用程序在初始化 PIE 向量表后,要软件置 ENPIE=1 才能使用 PIE 向量表,同时启用 PIE 模块和中断管理系统。所以,初始化程序总要初始化 ENPIE 为 1。

16 位 PIECTRL 位域变量数据格式如图 4-65 所示。PIECTRL 位域变量功能描述如表 4-62 所示。

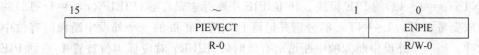

图 4-65　PIECTRL 位域变量数据格式

表 4-62　PIECTRL 位域变量功能描述

位域	位域变量名称	值	描　述
15～1	PIEVECT		这 15 位指示从 PIE 向量表中读取中断向量的存放 32 位首地址的有效 16 位地址的高 15 位
4～0	ENPIE	0	PIE 模块被禁止。上电复位后,CPU 从 BROM 向量表读取复位向量。PIE 模块被禁止期间,仍可读取 PIEACK、PIEIFR、PIEIER
		1	PIE 模块被使能。除复位向量外,其他所有中断向量均从 PIE 向量表读取

2. PIE 应答寄存器

16 位 PIE 应答寄存器(PIEACK)只有一个位域变量,PIEACK 占用 PIEACK 的最低 12 位。PIEACK 的每一位对应一个 PIE 分组,具体来说,PIEACK 最低位 PIEACK.D0 对应 PIE 组 1,PIEACK.D1 对应 PIE 组 2,依此类推,PIEACK.D11 对应 PIE 组 12。12 位位域变量 PIEACK 复位值为全 1,表示禁止 12 个 PIE 组的中断请求输出到 CPU 级(参考图 4-8 可知,PIEACK 输出还要经过反相器反相)。

16 位 PIEACK 位域变量数据格式如图 4-66 所示,PIEACK 位域变量功能描述如表 4-63 所示。

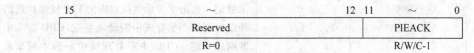

图 4-66　PIEACK 位域变量数据格式

表 4-63　PIEACK 位域变量功能描述

位域	位域变量名称	值	描　述
15～12	Reserved		保留
11～0	PIEACK	bit $x=0^*$ ($x=0～11$)	写 1 无效。读 0 表示该位对应的 PIE 分组被允许向 CPU 级输送中断请求信号,故 PIEACK 也是 PIE 级的一个使能开关
		bit $x=1$ ($x=0～11$)	写 1 到某位,该位被清 0,表示位对应的 PIE 分组被允许向 CPU 级输送中断请求信号,如果该 PIE 组有外设中断请求登记(PIEIFR 对应位为 1),则该组 PIE 模块向 CPU 级中断请求线上产生一个中断请求脉冲。读 1 表示该位对应的 PIE 分组已经向 CPU 级输送一个中断请求信号,该 PIE 分组的其他登记中断请求目前被封锁

注 *：bit x=PIEACK.0～PIEACK.11,对应 CPU 级 INT1～INT2。

3. PIE 中断标志寄存器

共有 12 组 PIE 中断标志寄存器(PIEIFRx, $x=1\sim12$),每组对应一个扩展 CPU 中断输入线 INTx($x=1\sim12$)的 PIE 模块。16 位 PIE 中断标志寄存器(PIEIFRx, $x=1\sim12$)共有 8 个位域变量 INTx.1~INTx.8,分别登记该 PIE 模块扩展的 8 个外设中断源的有效中断请求脉冲。当一个外设中断源的中断请求有效时,PIEIFRx 对应标志位被置 1,直到 PIE 模块将此外设中断源的中断请求送至 CPU 级,并 CPU 响应中断进入中断服务函数后,该标志位才能被自动清零。

16 位 PIEIFRx($x=1\sim12$)位域变量数据格式如图 4-67 所示,位域变量功能描述如表 4-64 所示。

15				~			8
			Reservd				
			R-0				
7	6	5	4	3	2	1	0
INTx.8	INTx.7	INTx.6	INTx.5	INTx.4	INTx.3	INTx.2	INTx.1
R/W-0	R/W-0	R/W-0	R/W-0	R/W-0	R/W-0	R/W-0	R/W-0

图 4-67 PIEIFRx($x=1\sim12$)位域变量数据格式

表 4-64 PIEIFRx($x=1\sim12$)位域变量功能描述

位域	位域变量名称	值	描 述
15~8	Reserved		保留
7~0	INTx.bit ($x=1\sim12$) (bit=1~8)	0	写 0 到 bit 位,该位被清 0。读 0 表示该位对应的 PIE 模块扩展的外设中断源无有效中断请求登记
		1	写 1 到 bit 位,该位被置 1,软件模拟该位对应的 PIE 模块扩展的外设中断源产生一次有效中断请求登记。读出 1 表示该位对应的 PIE 模块扩展的外设中断源产生有效中断请求登记,CPU 尚未中断响应处理。CPU 中断处理该中断源中断请求后,该位被自动清 0。硬件比 CPU 访问 PIEIFRx 的优先权高

4. PIE 中断使能寄存器

共有 12 组 PIE 中断使能寄存器(PIEIERx, $x=1\sim12$),每组对应一个扩展 CPU 中断输入线 INTx($x=1\sim12$)的 PIE 模块。16 位 PIE 中断使能寄存器(PIEIERx, $x=1\sim12$)共有 8 个位域变量 INTx.1~INTx.8,分别使能/禁止该 PIE 模块扩展的 8 个外设中断源。INTx.bit(bit=0~7)=1,允许该 PIE 模块在 PIEIFRx 对应标志位被置 1 情况下根据 PIE 模块组内固定优先权仲裁,判定该外设中断源的有效中断请求是否是组内当前优先级最高的,若最高则在 PIEACK 对应该组 PIE 模块开放的情况下,立即送往 CPU 中断请求请求线上,若 PIE 组内还有更高优先级的外设中断源中断请求同时有效,则 PIE 模块先送最高优先级中断请求,等到 CPU 中断处理后,把 PIEACK 对应该 PIE 模块的应答位清 0,回送中断应答信号,PIE 模块再送被该组中断使能寄存器 PIEIERx($x=1\sim12$)使能的其他外中断源中断请求到 CPU 中断请求线上。

　　假如 PIE 模块组内扩展的 8 个外设中断源的中断请求同时有效,在中断标志寄存器 (PIEIERx,x＝1～12)的对应位中置 1。在中断使能寄存器 PIEIERx(x＝1～12)均使能这 8 个外设中断源的情况下,该 PIE 模块根据这 8 个外设中断源组内的固定中断优先级,将最高优先级的外设中断源中断请求传送 CPU 中断线,其余 7 个外设中断源中断请求信号被登记在中断标志寄存器(PIEIFRx,x＝1～12)的对应位中,等待 CPU 处理完前一个中断服务程序之后,由 PIE 模块中断优先级仲裁,将下一个最高优先级中断请求送到 CPU 级中断线上。因此,下一个最高优先级中断请求被响应的周期为前面所有中断源中断服务函数执行时间之和。

　　16 位 PIE 中断使能寄存器(PIEIERx,x＝1～12)位域变量数据格式如图 4-68 所示,位域变量功能描述如表 4-65 所示。

15				~			8
			Reservd				
			R-0				
7	6	5	4	3	2	1	0
INTx.8	INTx.7	INTx.6	INTx.5	INTx.4	INTx.3	INTx.2	INTx.1
R/W-0	R/W-0	R/W-0	R/W-0	R/W-0	R/W-0	R/W-0	R/W-0

图 4-68　PIEIERx(x＝1～12)位域变量数据格式

表 4-65　PIEIERx(x＝1～12)位域变量功能描述

位域	位域变量名称	值	描　　述
15～8	Reserved		保留
7～0	INTx.bit (x＝1～12) (bit＝1～8)	0	写 0 到 bit 位,该位被清 0,表示该位对应的 PIE 模块扩展的外设中断源请求被禁止。读出 0 表示该位对应的 PIE 模块扩展的外设中断源请求被屏蔽。上电复位默认值为 0
		1	写 1 到 bit 位,该位被置 1,该位对应的 PIE 模块扩展的外设中断源被使能。一旦该 PIE 模块的 PIE 中断标志寄存器(PIEIFRx,x＝1～12)对应位被置 1,则该 PIE 模块就利用组内固定优先权仲裁机制,确定组内外设中断源有效中断是实时还是延时送到 CPU 中断请求线上

5. CPU 中断标志寄存器

　　CPU 级可屏蔽中断源共有 16 个,故 16 位 CPU 中断标志寄存器(IFR)每位对应一个 CPU 级中断源的有效中断请求标志,若标志位为 1,表示该位对应的 CPU 级中断源产生一个有效中断请求标志。除了软件可写 0 清除中断标志位和写 1 设置中断标志位外,有两个事件可以自动清除中断标志位。

　　事件 1：CPU 响应中断请求时,对应中断标志位被自动清 0。

　　事件 2：F28335 器件被复位时,所有 16 位中断标志位被自动清 0。

INTR(软件中断指令)指令可以将中断标志位自动置1,但CPU响应软件中断后,硬件不能自动清除相应的中断标志位,需要软件指令清0。

16位IFR位域变量数据格式如图4-69所示,IFR位域变量功能描述如表4-66所示。

15	14	13	12	11	10	9	8
RTOSINT	DLOGINT	INT14	INT13	INT12	INT11	INT10	INT9
R/W-0	R/W-0	R/W-0	R/W-0	R/W-0	R/W-0	R/W-0	R/W-0
7	6	5	4	3	2	1	0
INT8	INT7	INT6	INT5	INT4	INT3	INT2	INT1
R/W-0	R/W-0	R/W-0	R/W-0	R/W-0	R/W-0	R/W-0	R/W-0

图 4-69　IFR 位域变量数据格式

表 4-66　IFR 位域变量功能描述

位域	位域变量名称	值	描　　述
15	RTOSINT 实时操作系统中断标志位	0	无实时操作系统中断源请求等待
		1	至少有一个有实时操作系统中断源请求等待
14	DLOGINT 数据记录中断标志位	0	无数据记录中断源请求等待
		1	至少有一个数据记录中断源请求等待
13～0	INTx(x=1～14) CPU 级中断源 x 标志位	0	无 INTx(x=1～14)中断源请求等待
		1	至少有一个 INTx(x=1～14)中断源请求等待

6. CPU 中断使能寄存器

16 位 CPU 中断使能寄存器(IER)每位对应一个 CPU 级可屏蔽中断源的有效中断请求屏蔽位,若屏蔽位为1,表示该位对应的 CPU 级中断源产生一个有效中断请求被允许,按中断优先级顺序送到全局屏蔽控制开关 INTM 的输入端,若 IER 的某屏蔽位为0,表示该位对应的 CPU 级中断源产生一个有效中断请求被禁止送到全局屏蔽控制开关 INTM 的输入端(参考图 4-8 中断管理系统 3 级管理机制结构图)。通过读 IER 可软件识别使能和禁止了哪些 CPU 级可屏蔽中断源。除软件可写 0 清除中断使能位和写 1 设置中断使能位外,还有两个事件可以自动清除中断使能位。事件 1:当 CPU 执行中断服务程序或 INTR(软件中断指令)指令时,对应中断使能位被自动清 0。注意,中断返回时,该中断使能位自动恢复 1。事件 2:F28335 器件被复位时,所有 16 位中断使能位被自动清 0。

16 位 IER 位域变量数据格式如图 4-70 所示,IER 位域变量功能描述如表 4-67 所示。

15	14	13	12	11	10	9	8
RTOSINT	DLOGINT	INT14	INT13	INT12	INT11	INT10	INT9
R/W-0	R/W-0	R/W-0	R/W-0	R/W-0	R/W-0	R/W-0	R/W-0
7	6	5	4	3	2	1	0
INT8	INT7	INT6	INT5	INT4	INT3	INT2	INT1
R/W-0	R/W-0	R/W-0	R/W-0	R/W-0	R/W-0	R/W-0	R/W-0

图 4-70　IER 位域变量数据格式

表 4-67 IER 位域变量功能描述

位域	位域变量名称	值	描 述
15	RTOSINT	0	禁止实时操作系统中断源请求
	实时操作系统中断标志位	1	开放至少一个实时操作系统中断源请求
14	DLOGINT	0	禁止数据记录中断源请求
	数据记录中断标志位	1	开放至少一个数据记录中断源请求等待
13～0	INTx(x=1～14)	0	禁止 INTx(x=1～14)中断源请求
	CPU 级中断源 x 标志位	1	开放一个 INTx(x=1～14)中断源请求

7. CPU 调试中断使能寄存器

16 位 CPU 调试中断使能寄存器(DBGIER)仅用于 CPU 运行在实时仿真模式的暂停时间。DBGIER 各位使能的中断源被定义时间紧要中断源。当 CPU 运行在实时模式被暂停,只有被 DBGIER 和 IER 相应位同时使能的中断源才能被 CPU 中断响应服务。如果 CPU 运行在实时仿真模式,则使用标准中断处理过程,而 DBGIER 被忽略。CPU 在实时仿真模式下运行时,IER 使能的可屏蔽中断源,在 CPU 暂停时间,对应中断服务程序被停止。而 IER 和 DBGIER 同时对应的可屏蔽中断源被使能后,则在 CPU 暂停时间,对应的中断服务程序仍然继续执行。

通过读 DBGIER 可软件识别使能和禁止了哪些 CPU 级可屏蔽调试中断源。除软件可写 0 清除调试中断使能位和写 1 设置调试中断使能位外,还有 F28335 器件被复位时,可以自动清除所有 16 位调试中断使能位。

16 位 DBGIER 位域变量数据格式如图 4-71 所示,DBGIER 位域变量功能描述如表 4-68 所示。

15	14	13	12	11	10	9	8
RTOSINT	DLOGINT	INT14	INT13	INT12	INT11	INT10	INT9
R/W-0	R/W-0	R/W-0	R/W-0	R/W-0	R/W-0	R/W-0	R/W-0
7	6	5	4	3	2	1	0
INT8	INT7	INT6	INT5	INT4	INT3	INT2	INT1
R/W-0	R/W-0	R/W-0	R/W-0	R/W-0	R/W-0	R/W-0	R/W-0

图 4-71 DBGIER 位域变量数据格式

表 4-68 DBGIER 位域变量功能描述

位域	位域变量名称	值	描 述
15	RTOSINT	0	禁止实时操作系统中断源请求
	实时操作系统中断标志位	1	开放至少一个实时操作系统中断源请求
14	DLOGINT	0	禁止数据记录中断源请求
	数据记录中断标志位	1	开放至少一个数据记录中断源请求等待
13～0	INTx(x=1～14)	0	禁止 INTx(x=1～14)中断源请求
	CPU 级中断源 x 标志位	1	开放一个 INTx(x=1～14)中断源请求

8. 外部中断控制寄存器

16 位外部中断控制寄存器(XINTnCR,n=1～7)用来配置 F28335 的外部中断源 XINT1～XINT7 的有效触发沿极性(上升沿和下降沿)和使能/禁止外部中断源。这些可屏蔽外部中断源无独立引脚,与 GPIO 引脚复用,XINT1/2 内部包含一个 16 位循环加法计数器(XINT1/2CTR),当检测到有效触发沿时被自动复位到 0。

16 位 XINTnCR(n=1~7)的位域变量数据格式如图 4-72 所示,位域变量功能描述如表 4-69 所示。

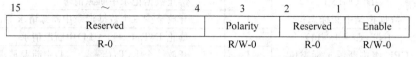

图 4-72　XINTnCR(n=1~7)位域变量数据格式

表 4-69　XINTnCR(n=1~7)位域变量功能描述

位域	位域变量名称	值	描　　述
15~4	Reserved	0	保留
3~2	Polarity (外部中断触发沿位)	00	下降沿产生 XINTn(n=1~7)有效中断请求
		01	上升沿产生 XINTn(n=1~7)有效中断请求
		10	下降沿产生 XINTn(n=1~7)有效中断请求
		11	下降沿和上升沿都产生 XINTn(n=1~7)有效中断请求
1	Reserved	0	保留
0	Enable	0	开放一个外部中断源 XINTn(n=1~7)
		1	禁止一个外部中断源 XINTn(n=1~7)

9. 外部不可屏蔽中断控制寄存器

16 位外部不可屏蔽中断控制寄存器(XNMICR)用来配置外部不可屏蔽中断源 XNMI 的有效触发沿极性(上升沿和下降沿)、使能/禁止不可屏蔽中断源,还指示 CPU 级中断源 INT13 的输入源是 XNMI 还是 CPU_Timer1 周期中断。XNM 引脚与 GPIO 引脚复用。XNMI 内部包含一个 16 位循环加法计数器(XNMICTR),能精确检测到 XNMI 有效触发沿的时间戳,可在 XNMI 中断服务程序中读取 XNMICTR 的值。当检测到有效触发沿时被自动复位到 0。

16 位 XNMICR 位域变量数据格式如图 4-73 所示,XNMICR 位域变量功能描述如表 4-70 所示。

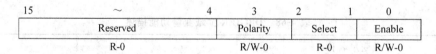

图 4-73　XNMICR 位域变量数据格式

表 4-70　XNMICR 位域变量功能描述

位域	位域变量名称	值	描　　述
15~4	Reserved	0	保留
3~2	Polarity 外部中断触发沿位	00	下降沿产生 XNMI 有效中断请求
		01	上升沿产生 XNMI 有效中断请求
		10	下降沿产生 XNMI 有效中断请求
		11	下降沿和上升沿都产生 XNMI 有效中断请求

续表

位域	位域变量名称	值	描　述
1	Select	0	指示 CPU_Timer1 周期中断连至 INT13
		1	指示 XNMI 连至 INT13
0	Enable	0	开放 XNMI
		1	禁止 XNMI

10. 外部中断 1 计数器/外部中断 2 计数器

16 位外部中断 1/2 计数器（XINT1CTR/XINT2CTR）用来精确记录外部中断 1/2（XINT1/XINT2）有效触发沿发生时刻，即精确检测到 XINT1/XINT2 有效触发沿的时间戳，可在 XINT1/XINT2 中断服务程序中读取 XINT1CTR/XINT2CTR 的值。每当检测到有效触发沿时，XINT1CTR/XINT2CTR 被自动复位到 0。

16 位外部中断 1 计数器（XINT1CTR）位域变量数据格式如图 4-74 所示，位域变量功能描述如表 4-71 所示。

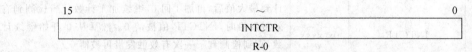

图 4-74　XINT1CTR 位域变量数据格式

表 4-71　XINT1CTR 位域变量功能描述

位域	位域变量名称	值	描　述
15～0	INTCTR	0x xxxx	以 SYSCLKOUT 为输入时钟频率的 16 位增计数器，当计到最大值后，再加 1 回 0，继续加 1 计数。当检测到有效触发沿时，INTCTR 值被清 0。然后从 0 开始继续计数，直到检测到下一次有效触发沿再被清 0 当中断被禁止时，计时器停止计数。计时器是只读的，只能通过中断有效触发沿或复位信号复位到 0

16 位 XINT2CTR 位域变量数据格式如图 4-75 所示，位域变量功能描述如表 4-72 所示。

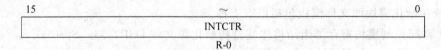

图 4-75　XINT2CTR 位域变量数据格式

表 4-72　XINT2CTR 位域变量功能描述

位域	位域变量名称	值	描　述
15～0	INTCTR	0x xxxx	以 SYSCLKOUT 为输入时钟频率的 16 位增计数器，当计到最大值后，再加 1 回 0，继续加 1 计数。当检测到有效触发沿时，INTCTR 值被清 0。然后从 0 开始继续计数，直到检测到下一次有效触发沿再被清 0。 当中断被禁止时，计时器停止计数。计时器是只读的，只能通过中断有效触发沿或复位信号复位到 0

11. 不可屏蔽中断计数器

16 位不可屏蔽中断计数器（XNMICTR）用来精确记录 XNMI 有效触发沿的时间戳。可在 XNMI 中断服务程序中读取 XNMICTR 的值。每当检测到有效触发沿时，XNMICTR 被自动复位到 0。

XNMICTR 位域变量数据格式如图 4-76 所示，XNMICTR 位域变量功能描述如表 4-73 所示。

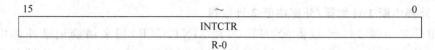

图 4-76　XNMICTR 位域变量数据格式

表 4-73　XNMICTR 位域变量功能描述

位域	位域变量名称	值	描　　述
15～0	INTCTR	0x xxxx	以 SYSCLKOUT 为输入时钟频率的 16 位增计数器，当计到最大值后，再加 1 回 0，继续加 1 计数。当检测到有效触发沿时，INTCTR 值被清 0。然后从 0 开始继续计数，直到检测到下一次有效触发沿再被清 0。当中断被禁止时，计时器停止计数。计时器是只读的，只能通过中断有效触发沿或复位信号复位到 0

4.3　系统初始化模块应用程序开发

4.3.1　系统初始化模块应用程序开发流程

F28335 系统初始化模块应用程序开发流程，实际上就是在新建工程文件中添加 TI 提供的 4 种系统初始化模块源文件模板、4 种公共源文件模板、两种仿真用链接器命令文件模板、一种浮点支持库文件模板、一个片上外设模块主程序例程源文件模板，并在主程序例程源文件模板基础上修改和编写初始化程序、应用主函数和应用中断服务函数。

系统初始化模块源文件模板包括以下 4 种。

（1）系统控制模块寄存器组结构体变量初始化源文件 DSP2833x_SysCtrl.c。

（2）PIE 模块寄存器组结构体变量初始化源文件模板 DSP2833x_PieCtrl.c。

（3）所有中断源默认中断服务函数定义源文件模板 DSP2833x_DefaultIsr.c。

（4）PIE 中断向量表初始化源文件模板 DSP2833x_PieVect.c。

公共源文件模板包括以下 4 种。

（1）ADC 模块转换精度校准源文件 SP2833x_ADC_cal.asm。

（2）代码启动汇编转移指令源文件 DSP2833x_CodeStartBranch.asm。

（3）精确延时汇编子程序源文件模板 DSP2833x_usDelay.asm。

（4）函数原型全局声明头文件模板 DSP2833x_GlobalVariableDefs.c。

仿真用链接器命令文件模板包括以下两种。

（1）仿真用存储器链接器命令文件模板 28335_RAM_lnk.cmd。

(2) 通用头链接器命令文件模板 DSP2833x_Headers_nonBIOS.cmd。

浮点支持库文件模板包括 rts2800_fpu32.lib。

一个片上外设模块例程主程序源文件模板包含♯include 语句、全局对象声明语句、main()函数(主程序)、一个或多个中断服务函数(根据需要编写)。main()函数开始部分编写初始化程序代码,包括全局对象的初始化语句和初始化函数调用语句。然后编写具有死循环结构的主程序。

初始化程序应包含系统初始化模块的 4 种基本初始化函数调用语句。

(1) InitSysCtrl();//系统控制模块初始化函数,在系统控制模块寄存器组结构体变量初始化源文件模板 DSP2833x_SysCtrl.c 中能找到该原型函数定义语句。

(2) InitGpio();　// GPIO 模块初始化函数,在 GPIO 模块寄存器组结构体变量初始化源文件模板 DSP2833x_Gpio.c 中能找到该原型函数定义语句。

(3) InitPieCtrl();//PIE 模块初始化函数,在 PIE 模块寄存器组结构体变量初始化源文件模板 DSP2833x_PieCtrl.c 中能找到该原型函数定义语句。

(4) InitPieVectTable();//PIE 中断向量表初始化函数调用语句,在 PIE 中断向量表初始化源文件模板 DSP2833x_PieVect.c 中能找到该原型函数定义语句。

此外,还要编写 CPU 级中断使能寄存器 IER 和中断标志寄存器 IFR 清零语句:IER = 0x0000 和 IFR = 0x0000。保证系统上电复位后,禁止所有 CPU 级可屏蔽中断请求,清除所有 CPU 级可屏蔽中断请求标志。

main()函数的初始化程序调用的 4 种基本系统初始化模块初始化函数语句完成以下功能。

(1) InitSysCtrl()设置系统时钟频率、禁止片上外设模块系统时钟频率输入、禁止看门狗工作。

(2) InitGpio()将 GPIO 模块初始化设置成 GPIO 引脚,即器件复位后的默认状态。

(3) InitPieCtrl()将总中断屏蔽位 INTM 置 1(禁止所有 CPU 级可屏蔽中断)、所有 12组 PIE 中断使能寄存器清零(禁止所有 PIE 级可屏蔽中断)、12 组 PIE 模块中断标志寄存器清零、PIE 中断向量表使能位 ENPIE 清零,即器件复位后的默认状态。

(4) InitPieVectTable()将 PIE 中断向量表结构体常量从程序存储器复制到数据存储器的 PIE 中断向量表。

main()函数的死循环体语句应根据应用需求修改和编写,最简洁的主程序死循环体语句是空操作,常用 C 语句形式为 for(;,;){;},这种语句一般仅用于测试中断服务函数是否有中断发生的实验程序中,在实际应用程序中很少用。

系统初始化模块应用程序开发流程框图如图 4-77 所示。

若应用程序有中断处理任务,则应在 main()函数的初始化程序中编写开放 PIE 级和CPU 级的各个中断使能寄存器的赋值语句,还要编写中断源的中断服务函数代码,还要编写将中断服务函数首地址装载到 PIE 中断向量表对应中断向量的赋值语句,替换中断向量中原来存放的由默认中断服务函数定义源文件模板 DSP2833x_DefaultIsr.c 定义的中断服务函数首地址。用户也可以在 TI 提供的片上外设模块应用程序工程文件模板基础上,修改或添加系统初始化模块应用程序需要的开发模板。

图 4-77   系统初始化模块应用程序开发流程框图

4.3.2   GPIO 通用 I/O 引脚翻转应用例程开发

　　F28335 器件共有 88 个 GPIO(通用目的数字量 I/O)引脚,这些引脚绝大部分是多功能复用引脚,可通过 GPIO 复用寄存器可编程配置成片上外设模块的 I/O 引脚。本例程是 GPIO 模块通用 I/O 引脚 GPIO12 被设置成数字输出引脚,可选择通过 GPIO 数据寄存器、置 1/清 0 寄存器、翻转寄存器来翻转 GPIO12 的输出电平状态。最简单的实现方法是通过翻转寄存器来翻转 GPIO12 输出电平。

　　GPIO 模块通用 I/O 引脚应用例程开发,就是在系统初始化模块应用程序开发流程图的基础上,将主程序源文件模板改为 TI 公司提供的 DSP2833x 器件 GPIO 通用 I/O 引脚翻转主程序源文件模板 Example_2833xGpioToggle.c。

　　GPIO 通用 I/O 引脚翻转应用例程工程文件模板 Example_2833xGpioToggle.pjt 的工程文件管理树下包含:任何工程文件都必须添加的 8 个基本源文件模板。即 4 种系统初始化模块源文件模板和 4 种公共源文件模板;两个仿真用链接器命令文件模板由于 GPIO 模块通用 I/O 引脚应用例程不涉及浮点数运算,没有包含浮点支持库文件模板 rts2800_

fpu32. lib,一个主程序源文件模板 Example_2833xGpioToggle. c,一般存放在与工程文件名
Example_2833xGpioToggle. pjt 相同的文件夹下.

Example_2833xGpioToggle. c 主要功能是测试 GPIO12 输出引脚电平的翻转,可用示
波器观察 GPIO12 引脚的电平状态每隔一段时间后翻转一次。主函数核心代码如下:

```
void main(void)
{ InitSysCtrl();              //系统控制模块初始化,在 DSP2833x_SysCtrl.c 文件中定义该函数
  Gpio_select();              //将 GPIO12 配置成通用输出引脚函数,在本 main(void)函数后定义
  DINT;                       //禁止 CPU 内核所有中断
  InitPieCtrl();              //PIE 控制寄存器初始化,在 DSP2833x_PieCtrl.c 文件中定义该函数
  IER = 0x0000;               //禁止 CPU 级中断
  IFR = 0x0000;               //清除所有 CPU 级中断标志
  InitPieVectTable();         //PIE 中断向量表初始化,在 DSP2833x_PieVect.c 文件中定义该函数
  for(;;)
    {
  GpioDataRegs.GPATOGGLE.bit.GPIO12 = 1;
  delay_loop();               //软件延时函数,在本 main(void)函数后定义
    }
}
```

4.3.3　外部中断源应用例程开发

F28335 支持 7 个外部中断(XINT1~XINT7)和 1 个不可屏蔽外部中断 XNMI,这 8 个
外部中断信号与 GPIOA/B 端口 I/O 引脚可编程复用。其中,XINT1/2 与 GPIOA 端口的
32 个 I/O 引脚可编程复用,XINT3~XINT7 与 GPIOB 端口的 32 个 I/O 引脚可编程复用,
XNMI 与 GPIOA 端口的 32 个 I/O 引脚可编程复用。同时,XNMI 与 CPU_Timer1 周期中
断 TINT1 可编程复用 CPU 级中断源 INT13。

7 个外部中断和 1 个不可屏蔽外部中断都可以编程设置成上升沿或者下降沿触发,也
可以被设置成使能或者禁止。

TI 公司提供一个 DSP2833x 器件外部中断源应用例程工程文件模板,该工程文件与
GPIO 通用 I/O 引脚翻转测试应用例程工程文件一样,包含:任何工程文件都必须添加的
8 个基本源文件模板,即 4 种系统初始化模块源文件模板和 4 种公共源文件模板;两个仿真
用链接器命令文件模板;一个外部中断源应用例程主程序源文件模板 Example_
2833xExternalInterrupt. c。没有包含浮点支持库文件模板 rts2800_fpu32. lib。

外部中断源应用例程主程序源文件模板 Example_2833xExternalInterrupt. c 实现的主
要功能是将 GPIO0 配置为外部中断输入引脚 XINT1,将 GPIO30 配置为数字输出引脚,要
求将 GPIO30 与 GPIO0 连接到一起,用 GPIO30 的输出电平模拟触发 XINT1。将 GPIO1
配置为外部中断输入引脚 XINT2,将 GPIO31 配置为数字输出引脚,要求将 GPIO31 与
GPIO1 连接到一起,用 GPIO31 的输出电平模拟触发 XINT2。将 GPIO34 配置为数字输出
引脚,用示波器观察 GPIO34,在中断函数外,GPIO34 为高电平状态,在中断函数内部为低
电平状态。

Example_2833xExternalInterrupt. c 的主函数核心代码如下:

```
void main(void)
    { InitSysCtrl();          //系统控制模块初始化,在 DSP2833x_SysCtrl.c 文件中定义该函数
    DINT;                     //禁止 CPU 内核所有中断
    InitPieCtrl();            // PIE 控制寄存器初始化,在 DSP2833x_PieCtrl.c 文件中定义该函数
    IER = 0x0000;             //禁止 CPU 级中断
    IFR = 0x0000;             //清除所有 CPU 级中断标志
    InitPieVectTable();       //PIE 中断向量表初始化,在 DSP2833x_PieVect.c 文件中定义该函数
    //填写 PIE 向量表
    EALLOW;                                   // 开放写受 EALLOW 写保护寄存器
    PieVectTable.XINT1 = &xint1_isr;          //XINT1 中断服务函数地址,在本主函数后定义
    PieVectTable.XINT2 = &xint2_isr;          //XINT2 中断服务函数地址,在本主函数后定义
    EDIS;                                     // 禁止写受 EALLOW 写保护寄存器
    PieCtrlRegs.PIECTRL.bit.ENPIE = 1;        // 使能 PIE 向量表
    PieCtrlRegs.PIEIER1.bit.INTx4 = 1;        // 使能 PIE 组 1 的中断 4(PIE 级 XINT1 中断使能)
    PieCtrlRegs.PIEIER1.bit.INTx5 = 1;        // 使能 PIE 组 1 的中断 5(PIE 级 XINT2 中断使能)
    IER | = M_INT1;                           // 使能 CPU 级 INT1(对应 PIE 组 1 的输出)
    EINT;                                     // 使能全局中断
    //设置 GPIO30 和 GPIO31 是输出引脚,GPIO30 输出高电平,GPIO31 输出低电平
    EALLOW; //GPIO 模块寄存器组均为受 EALLOW 写保护寄存器,初始化前要解锁
    (代码省略)
    EDIS;
    // 设置 GPIO0 和 GPIO1 是输入引脚
    EALLOW;
    (代码省略)
    EDIS;
    // 设置 GPIO0 为 XINT1, 设置 GPIO1 为 XINT2
    EALLOW;
    (代码省略)
    EDIS;
    // 配置 XINT1,XINT2 的中断触发极性
    (代码省略)
    // 使能 XINT1 和 XINT2
    (代码省略)
    // 设置 GPIO34 为通用 I/O 输出引脚,在 XINT1 中断期间变低电平,用示波器观察
    EALLOW;
    (代码省略)
    EDIS;
    // 主程序死循环:
    for(;;)
      {
      (代码省略)
      }
//在这里插入所有本地中断服务函数(ISRs):
interrupt void xint1_isr(void)                    //XINT1 中断服务函数定义
{    (代码省略)
      //应答 PIE 组 1 的中断请求,以便从 PIE 组 1 获得更多的中断请求
      PieCtrlRegs.PIEACK.all = PIEACK_GROUP1;     //PIEACK_GROUP1 = 0x0001
//在 DSP2833x_PieCtrl.h 能找到宏常量定义语句"＃define PIEACK_GROUP1 0x0001"
}
interrupt void xint2_isr(void)                    //XINT2 中断服务函数定义
{    (代码省略)
```

```
//应答 PIE 组 1 的中断请求,以便从 PIE 组 1 获得更多的中断请求
PieCtrlRegs.PIEACK.all = PIEACK_GROUP1;
}
```

习题

4-1　F28335 芯片上电复位后,锁相环(PLL)电路默认输出频率 CLKIN 是晶体振荡器电路输出频率 SOCCLK 的多少分频?

4-2　写出 F28335 时钟电路的两种工作模式名称,常用哪一种工作模式?

4-3　F28335 的 PLL(锁相环)有 3 种配置模式,写出每种配置模式的名称。PLL 的主要作用是什么?

4-4　F28335 低功耗进入方式是软件还是硬件方式? 28335 低功耗退出方式是软件方式还是硬件方式? 手机白天待机模式属于 3 种低功耗模式的哪一种?

4-5　F28335 有 3 种低功耗模式,哪一种最常用? 哪一种功耗最低?

4-6　在什么情况下看门狗起复位作用? 在何种情况下,怎样抑制看门狗起复位作用?

4-7　若使能看门狗模块工作,但没有喂狗,程序运行会发生什么情况?

4-8　GPIO 模块的 I/O 引脚的内部上拉电阻起什么作用?

4-9　GPIO 模块增强功能有哪些? 能同时配置多少外部中断引脚?

4-10　GPIOx 某 I/O 引脚被配置为通用 I/O 的输入引脚,则通过哪个寄存器可读取该输入引脚的电平状态?

4-11　GPIO 引脚共有几种复用选择功能? 最基本的功能是什么?

4-12　GPIOx 某 I/O 引脚被配置为通用 I/O 的输出引脚,则通过哪些寄存器可以改变该输出引脚的输出值?

4-13　F28335 的中断管理系统采用硬件级、PIE 级、CPU 级 3 级管理机制,这 3 级中断机制是串联中断系统还是并联中断系统? 哪几级中断管理是应用程序初始化程序必须初始化的?

4-14　F28335 的向量表分为 BROM 向量表和 PIE 向量表,上电复位向量使用哪一个向量表? 用户使用哪一种向量表?

4-15　DSP 应用系统最基本外设初始化程序应包括什么外设模块的初始化?

4-16　有些外设不经过 PIE 级,直接向 CPU 级发送中断请求,则 CPU 级中断服务程序与 PIE 级中断服务程序相比有什么区别?

4-17　DSP 的 Boot ROM 主要功能是什么?

4-18　上电复位后,DSP 直接跳转到 Flash 存储器运行代码由什么程序决定?

4-19　DSP 的中断服务函数名与普通函数名的区别特征是什么?

4-20　系统上电复位后,GPIO 模块的所有引脚默认被配置为通用数字输入引脚功能,为什么不能被配置为通用数字输出引脚功能?(提示: 假如 GPIO 模块某引脚被配置为输出引脚,就能控制某开关量的闭合与断开)

4-21　F28335 外部中断输入 XINT1~XINT7 是可屏蔽中断还是不可屏蔽中断?

4-22　假如 PIE 模块没有 PIE 中断标志寄存器,则 PIE 模块扩展的 8 个中断源同时请求中断,CPU 能服务几个中断源的中断请求。

4-23 PIE 模块为什么要接收中断应答寄存器的中断应答信号,才能传送下一个扩展的中断源的中断请求信号到 CPU 内核中断线上? 假如没有中断应答信号,PIE 模块扩展的 8 路中断源能分时送到一个 CPU 中断请求线上吗?

4-24 CPU 响应 PIE 复用中断后,该 PIE 组对应的 PIEACK.$(x-1)(x=1\sim12)$被硬件系统自动置 1 的目的是什么?

4-25 简述 PIE 中断向量表初始化函数的执行过程。

4-26 简述 PIE 同一组 8 个外设中断源优先级与共计 12 组中断优先级的关系。

4-27 用户代码主要在什么函数中编写? 包括几个部分?

4-28 比较 TI 提供的外部中断源应用程序主程序源文件模板和 GPIO 通用 I/O 引脚翻转应用程序主程序源文件,在 main() 函数初始化程序步骤上的不同点和中断控制寄存器初始化的不同点。

小结

本章主要介绍了 F28335 上电复位后必须初始化的 3 个模块(系统控制模块、GPIO 模块、PIE 模块)的工作模式和软件配置方法。

详细介绍了 F28335 的时钟工作模式、PLL 工作模式、低功耗模式、GPIO 的复用引脚功能、输入引脚限制功能、3 级中断管理机构以及 PIE 中断向量表的使用方法。

详细介绍了系统控制模块、GPIO 模块、PIE 模块的应用程序工程文件模块,总结了片上外设模块应用程序工程文件的开发流程和开发方法。

重点和难点:

(1) 系统控制模块寄存器初始化函数使用方法。

(2) GPIO 模块寄存器初始化函数使用方法。

(3) PIE 模块寄存器和 PIE 中断向量表初始化函数使用方法。

(4) 用户中断服务函数中断向量装载 PIE 中断向量表的方法。

第5章

CHAPTER 5

CPU 定时器模块

应用程序开发

5.1 CPU 定时器模块结构与原理

为了满足公共事务定时需要,F28335 器件内部集成 3 个 32 位 CPU 定时器,命名为 CPUTimer0/1/2。其中 CPUTimer0/1 提供给用户使用,CPUTimer2 留给 DSP/BIOS 使用,当 DSP/BIOS 不用时,CPUTimer2 也可供用户使用。32 位 CPU 定时器结构框图如图 5-1 所示。CPU 定时器有以下 3 个主要特点。

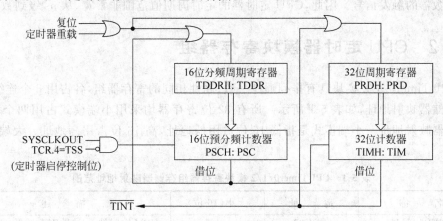

图 5-1　CPU 定时器结构框图

(1) 32 位计数器是减 1 计数器,而且减到 0 后,再减 1 产生借位,发生下溢时才产生定时中断信号。CPUTimer0/1/2 定时中断信号连接到不同的 CPU 中断线上,如图 5-2 所示。CPUTimer0 定时中断信号 TINT0 通过 PIE 级扩展连接到 CPU 级的 INT1 输入线上。CPUTimer1 定时中断信号 TINT1 与外部中断输入 XINT13 复用,直接连接到 CPU 级的 INT13 输入线上。CPUTimer2 定时中断信号 TINT2 直接连接到 CPU 级的 INT14 输入线上。

(2) CPU 定时器一旦启动,产生周期定时中断,并且定时时间常数不需要软件指令每次装载,只需要初始化装载 CPU 定时器的 32 位周期寄存器即可。每当 32 位计数器计数值减到 0,再减到 1 产生借位脉冲时,不仅产生周期定时中断,而且该借位脉冲又作为 32 位周期寄存器存放的定时时间常数重载 32 位计数器的触发信号。可见,32 位周期寄存器的时间常数是通过硬件系统自动重载到 32 位计数器中的,不需要编写软件指令装载。因此,CPU 定时器产生的定时周期值非常准确。

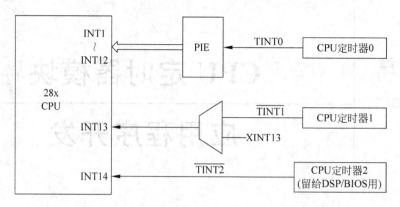

图 5-2　CPUTimer0/1/2 定时中断信号与 CPU 中断线的连接方式

（3）32 位计数器的输入时钟要经过一个 16 位预分频计数器的分频，该 16 位预分频计数器是一个减 1 计数器，而且减到 0 后，再减 1 产生的借位脉冲作为分频脉冲输出。初始化将 16 位预分频计数器的计数初值装载到 16 位预分频寄存器中，时间常数为 0～0xFFFF（65 535），对应分频系数为 1～2^{16}＝65 536。每当 16 位预分频计数器计数值减到 0，再减到 1 产生借位脉冲时，该借位脉冲作为 16 位分频周期寄存器分频定时时间常数重载 16 位预分频计数器的触发信号。因此，CPU 定时器的定时周期值范围非常宽，从 ns 级到数天级。

5.2　CPU 定时器模块寄存器组

CPUTimer0/1/2 模块具有排列顺序一致、属性相同的寄存器组，各占用 8 个连续 16 位字宽存储器映射地址，如表 5-1 所示。所有 32 位寄存器均采用小端模式占用两个相邻 16 位存储器映射地址。小端模式是指低 16 位占用低地址，高 16 位占用高地址。大端模式则相反。

表 5-1　CPUTimer0/1/2 模块寄存器组存储器映射地址范围

名　称	地　址	大小(16 位)	描　述
TIMER0TIM	0x0C00	1	CPU 定时器 0，计数寄存器低 16 位
TIMER0TIMH	0x0C01	1	CPU 定时器 0，计数寄存器高 16 位
TIMER0PRD	0x0C02	1	CPU 定时器 0，周期寄存器低 16 位
TIMER0PRDH	0x0C03	1	CPU 定时器 0，时间寄存器高 16 位
TIMER0TCR	0x0C04	1	CPU 定时器 0，16 位控制寄存器
Reserved	0x0C05	1	保留单元
TIMER0TPR	0x0C06	1	CPU 定时器 0，预分频寄存器高 16 位
TIMER0TPRH	0x0C07	1	CPU 定时器 0，预分频寄存器高 16 位
TIMER1TIM	0x0C08	1	CPU 定时器 1，计数寄存器低 16 位
TIMER1TIMH	0x0C09	1	CPU 定时器 1，计数寄存器高 16 位
TIMER1PRD	0x0C0A	1	CPU 定时器 1，周期寄存器低 16 位
TIMER1PRDH	0x0C0B	1	CPU 定时器 1，周期寄存器高 16 位
TIMER1TCR	0x0C0C	1	CPU 定时器 1，16 位控制寄存器
Reserved	0x0C0D	1	保留单元
TIMER1TPR	0x0C0E	1	CPU 定时器 1，预分低 16 位

续表

名　称	地　址	大小(16位)	描　述
TIMER1TPRH	0x0C0F	1	CPU定时器1,预分频寄存器高16位
TIMER2TIM	0x0C010	1	CPU定时器2,计数寄存器低16位
TIMER2TIMH	0x0C011	1	CPU定时器2,计数寄存器高16位
TIMER2PRD	0x0C012	1	CPU定时器2,周期寄存器低16位
TIMER2PRDH	0x0C013	1	CPU定时器2,周期寄存器高16位
TIMER2TCR	0x0C014	1	CPU定时器2,16位控制寄存器
Reserved	0x0C015	1	保留单元
TIMER2TPR	0x0C016	1	CPU定时器2,预分频寄存器低16位
TIMER2TPRH	0x0C017	1	CPU定时器2,预分频寄存器高16位
Reserved	0x0C18-0x0C3F	40	保留单元

5.2.1　32位计数寄存器

32位计数寄存器是32位减1计数器,每经历一个输入时钟周期,计数值被减1,直到计数值递减1到0后,再经历一个输入时钟周期,产生借位脉冲时(发生下溢),产生定时中断请求信号TINT。这个借位脉冲同时将32位周期寄存器存放的定时时间常数重载32位计数器,使32位计数寄存器能产生周期定时中断请求信号。

32位计数寄存器输入时钟频率是系统时钟频率经过16位预分频寄存器(TDDRH:TDDR)决定的分频系数(分频周期数)后产生的分频频率。假设系统时钟频率为SYSCLKOUT,32位计数器的输入时钟频率为TIMCLK,则

$$TIMCLK = \frac{SYSCLKOUT}{TDDRH:TDDR} \tag{5-1}$$

32位计数寄存器分为高16位计数寄存器TIMERxTIMH($x=0,1,2$,对应CPUTimer0/1/2,以下同)和低16位计数寄存器TIMERxTIM($x=0,1,2$)。

高16位计数寄存器TIMERxTIMH($x=0,1,2$)位域变量数据格式如图5-3所示,位域变量功能描述如表5-2所示。

15	～	0
	TIMH	
	R/W-0	

图 5-3　TIMERxTIMH($x=0,1,2$)位域变量数据格式

表 5-2　TIMERxTIMH($x=0,1,2$)位域变量功能描述

位	名称	值	描　述
15～0	TIMH	0x0000～0xFFFF	TIMH保持32位计数寄存器的高16位当前计数值,系统时钟频率SYSCLKOUT每经历16位分频寄存器(TDDRH:TDDR)规定的分频周期,使32位计数寄存器(TIMH:TIM)减1。当(TIMH:TIM)减1到0后,再经历一个分频周期,产生借位脉冲和周期定时中断信号TINT,同时借位脉冲将32位周期寄存器(PRDH:PRD)的定时时间常数值重载到32位计数寄存器(TIMH:TIM)中

低 16 位计数寄存器 TIMERxTIM($x=0,1,2$)位域变量数据格式如图 5-4 所示,位域变量功能描述如表 5-3 所示。

15	~	0
	TIM	
	R/W-0	

图 5-4 TIMERxTIM($x=0,1,2$)位域变量数据格式

表 5-3 TIMERxTIM($x=0,1,2$)位域变量功能描述

位	名称	值	描 述
15~0	TIM	0x0000~0xFFFF	TIM 保持 32 位计数寄存器的低 16 位当前计数值,其他描述同表 5-2

32 位计数寄存器的定时时间常数由输入时钟频率和定时时间决定。假设定时时间为 T,输入时钟频率为 TIMCLK,则 32 位定时时间常数 y 的计算公式为

$$y = T \times \text{TIMCLK} - 1 \tag{5-2}$$

将式(5-1)代入式(5-2),得到式(5-3),即

$$y = T \times \frac{\text{SYSCLKOUT}}{(\text{TDDRH:TDDR})} - 1 \tag{5-3}$$

其中,(TDDRH:TDDR)为分频系数值。

注意:

(1) T 与 TIMCLK 的单位要换算统一后计算结果才正确。

(2) 32 位计数寄存器的定时时间常数不能由软件方式直接装载到 32 位计数寄存器中,要由软件方式装载到 32 位周期寄存器中,每当软件指令启动 32 位计数寄存器计数,CPU 定时器模块硬件系统立即将 32 位周期寄存器存放的 32 位定时时间常数自动装载到 32 位计数寄存器中。

【例 5-1】 已知 TIMCLK$=100$kHz,$T=10$ms,则 32 位计数寄存器的定时时间常数 $y = T \times \text{TIMCLK} - 1 = 100 \times 10 - 1 = 999$。

计数器定时时间常数与计数器计数方式存在内在关系,不论计数器采用减 1 计数器还是加 1 计数器模式,最基本的计数器定时时间常数计算公式为

$$\text{定时时间常数} = \frac{\text{定时时间}}{\text{输入时钟周期}} = \text{定时时间} \times \text{输入时钟频率} \tag{5-4}$$

但对于计数器定时时间到的界定不同,时间常数计算公式也有所不同,下面讨论 3 种最常见的定时时间到界定标准。

(1) 计数器递减到 0 再减 1 产生借位脉冲(下溢)定时时间到。

定时时间常数计算公式就是在式(5-4)基础上再减 1,即

$$\text{定时时间常数} = \frac{\text{定时时间}}{\text{输入时钟周期}} - 1 = \text{定时时间} \times \text{输入时钟频率} - 1$$

(2) 计数器递增到溢出(上溢)定时时间到。

定时时间常数计算公式是 0 一式(5-4),即

$$\text{定时时间常数} = 0 - \frac{\text{定时时间}}{\text{输入时钟周期}} = 0 - \text{定时时间} \times \text{输入时钟频率}$$

（3）计数器从 0 递增到等于周期寄存器预设值定时时间到。

定时时间常数＝周期寄存器预设值就是式(5-4)。

5.2.2　32 位周期寄存器

32 位周期寄存器用于存放 32 位计数寄存器的定时时间常数，并在 32 位计数寄存器递减 1 到产生借位时，32 位周期寄存器的定时时间常数自动重载 32 位计数寄存器，实现 CPU 定时器的周期定时中断。

32 位周期寄存器分为高 16 位周期寄存器 TIMERxPRDH(x＝0,1,2)和低 16 位周期寄存器 TIMERxPRD(x＝0,1,2)，可分拆单独使用。

高 16 位周期寄存器 TIMERxPRDH(x＝0,1,2)位域变量数据格式如图 5-5 所示，位域变量功能描述如表 5-4 所示。

15	～	0
	PRDH	
	R/W-0	

图 5-5　TIMERxPRDH(x＝0,1,2)位域变量数据格式

表 5-4　TIMERxPRDH(x＝0,1,2)位域变量功能描述

位	名称	值	描　述
15～0	PRDH	0x0000～0xFFFF	PRDH 保持 32 位计数器的高 16 位定时时间常数值，当 32 位计数器(TIMH:TIM)减 1 到 0 后，再经历一个分频周期，产生借位脉冲和周期定时中断信号 TINT，同时借位脉冲将 32 位周期寄存器(PRDH:PRD)的定时时间常数值重载到 32 位计数器(TIMH:TIM)中

低 16 位周期寄存器 TIMERxPRD(x＝0,1,2)位域变量数据格式如图 5-6 所示，位域变量功能描述如表 5-5 所示。

15	～	0
	PRD	
	R/W-0	

图 5-6　TIMERxPRD(x＝0,1,2)位域变量数据格式

表 5-5　TIMERxPRD(x＝0,1,2)位域变量功能描述

位	名称	值	描　述
15～0	PRD	0x0000～0xFFFF	PRD 保持 32 位计数器的低 16 位定时时间常数值，其他描述同表 5-4

如果 32 位周期寄存器存放的定时时间常数没有重载 32 位计数器，则 32 位计数器减 1 到 0 再减 1 产生借位脉冲后的当前计数值是 0xFFFF FFFF，不是 32 位计数器被初始化装载的定时时间常数值。可见，32 位计数器的定时时间常数被硬件方式自动重载，实现重载定时时间常数延时最小化，比采用软件方式重载定时精度更高。

5.2.3 16 位定时器控制寄存器

16 位定时器控制寄存器(TIMERxTCR,x=0,1,2)用于控制 32 位计数器计数启停、控制 32 位计数器定时时间到中断使能位(设备级中断管理机制下的中断使能寄存器)、指示 32 位计数寄存器定时时间到中断标志位(相当于设备级中断管理机构下的外设级中断标志寄存器)。

16 位定时器控制寄存器(TIMERxTCR,x=0,1,2)位域变量数据格式如图 5-7 所示，位域变量功能描述如表 5-6 所示。

15	14	13 12	11	10	9~6	5	4	3~0
TIF	TIE	Reserved	FREE	SOFT	Reserved	TRB	TSS	Reserved
R/W-0	R/W-0	R-0	R/W-0	R/W-0	R-0	R/W-0	R/W-0	R/W-0

图 5-7 TIMERxTCR(x=0,1,2)位域变量数据格式

表 5-6 TIMERxTCR(x=0,1,2)位域变量功能描述

位	名 称	值	功 能 描 述
15	TIF (CPU 定时器中断标志位)	0	写 0 无效，读 0 指示 32 位计数器尚未递减到 0
		1	写 1 清除为 0。读 1 指示 32 位计数器已递减到 0
7	TIE (CPU 定时器中断使能位)	0	禁止 CPU 定时器定时中断。复位后默认状态
		1	使能 CPU 定时器定时中断。当 32 位计数器递减到 0 并产生借位时，CPU 定时器产生中断请求
13~12	Reserved		保留位
11~10	FREE SOFT (CPU 定时器仿真模式位)	00	这两位决定高级语言调试器中遇到断点 CPU 定时器的状态。遇到断点，在(TIMH:TIM)下次减 1 后，CPU 定时器硬停机。这是复位后默认状态
		01	遇到断点，在(TIMH:TIM)减 1 到 0 后，CPU 定时器软停机
		1x	遇到断点，自由运行。在软停机模式下，CPU 定时器停机前产生一个定时器中断(因为减 1 到 0 再减 1 是产生中断的时刻)
9~6	Reserved		保留位
5	TRB (CPU 定时器重载使能位)	0	CPU 定时器重载禁止。复位后默认状态
		1	CPU 定时器重载使能。即 32 位计数器减 1 到 0,0 再减 1 产生借位脉冲作为 32 位周期寄存器(PRDH:PRD)存放的定时时间常数重载 32 位计数寄存器(TIMH:TIM)、16 位预分频寄存器(TDDRH:TDDR)存放的分频周期常数重载 16 位预分频计数寄存器(PSCH:PSC)
4	TSS (CPU 定时器启停位)	0	启动 CPU 定时器计数。复位后默认状态
		1	停止 CPU 定时器计数
3~0	Reserved		保留位

5.2.4　32位预分频周期寄存器

32位预分频周期寄存器(TIMERxTPRH：TIMERxTPR)被分为高16位预分频周期寄存器 TIMERxTPRH($x=0,1,2$)和低16位预分频寄存器 TIMERxTPR($x=0,1,2$)。32位预分频周期寄存器(TIMERxTPRH：TIMERxTPR)包含一个16位预分频计数寄存器和一个16位预分频寄存器。

高16位预分频周期寄存器 TIMERxTPRH($x=0,1,2$)高8位定义为16位预分频计数寄存器的高8位 PSCH,低8位定义为16位预分频寄存器的高8位 TDDRH。

低16位预分频寄存器 TIMERxTPR($x=0,1,2$)高8位定义为16位预分频计数寄存器的低8位 PSC,低8位定义为16位预分频寄存器的低8位 TDDR。

可见,16位预分频计数寄存器(PSCH：PSC)占用 TIMERxTPRH 高8位(PSCH)和 TIMERxTPR($x=0,1,2$)高8位(PSC)。16位预分频寄存器(TDDRH：TDDR)占用 TIMERxTPRH($x=0,1,2$)低8位(TDDRH)和 TIMERxTPR($x=0,1,2$)低8位(TDDR)。

高16位预分频周期寄存器 TIMERxTPRH($x=0,1,2$)位域变量数据格式如图5-8所示,位域变量功能描述如表5-7所示。

15	~	8	7	~	0
	PSCH			TDDRH	
	R-0			R/W-0	

图 5-8　TIMERxTPRH($x=0,1,2$)位域变量数据格式

表 5-7　TIMERxTPRH($x=0,1,2$)位域变量功能描述

位	名称	值	描　述
15~8	PSCH	0x00~0xFF	CPU 定时器16位预分频计数器高8位。16位预分频计数器(PSCH：PSC)在时钟输入频率 SYSCLKOUT 的每个时钟周期减1,在减到0后的下一个时钟周期减1产生借位脉冲时,PSCH：PSC 输出分频频率脉冲,同时当16位控制寄存器 TIMERxTCR($x=0,1,2$)的 TRB=1时,16位预分频寄存器(TDDRH：TDDR)存放的分频周期常数重载16位预分频计数器 PSCH：PSC。PSCH：PSC 的计数值可读取,但不能直接写设置。必须从16位预分频寄存器(TDDRH：TDDR)装载计数初值。复位后默认状态 PSCH：PSC=0
7~0	TDDRH	0x00~0xFF	CPU 定时器16位预分频寄存器高8位。16位预分频寄存器(TDDRH：TDDR)存放系统时钟频率 SYSCLKOUT 的预分频系数值。每经过(TDDRH：TDDR+1)个系统时钟周期(1/SYSCLKOUT),32位计数器(TIMH：TIM)减1。复位后默认状态(TDDRH：TDDR)=0

低16位预分频周期寄存器 TIMERxTPR($x=0,1,2$)位域变量数据格式如图5-9所示,位域变量功能描述如表5-8所示。

15	8	7	0
PSC		TDDR	
R-0		R/W-0	

图 5-9 TIMERxTPR(x=0,1,2)位域变量数据格式

表 5-8 TIMERxTPR(x=0,1,2)位域变量功能描述

位	名称	值	描述
15~8	PSC	0x00~0xFF	CPU 定时器 16 位预分频计数器低 8 位。其他描述同表 5-7
7~0	TDDR	0x00~0xFF	CPU 定时器 16 位预分频寄存器低 8 位。其他描述同表 5-7

16 位预分频计数寄存器用于对系统时钟频率 SYSCLKOUT 进行分频。16 位预分频计数寄存器(PSCH:PSC)是一个 16 位减 1 计数器,每经历一个系统时钟周期减 1,当 16 位计数值减到 0 后,再经过一个系统时钟周期产生借位脉冲,该借位脉冲作为分频器输出频率脉冲。利用这个借位脉冲将 16 位预分频寄存器存放的预分频系数值重载到 16 位预分频计数器中,使 16 位预分频计数器输出连续的分频频率。

16 位预分频计数寄存器(PSCH:PSC)是一个 16 位二进制分频器,16 位分频系数计算公式为

$$16 \text{ 位分频系数} = 16 \text{ 位预分频计数器定时时间常数} + 1 \tag{5-5}$$

已知 16 位预分频计数器(PSCH:PSC)输入时钟频率为 SYSCLKOUT,输出分频频率为 TIMCLK,则 16 位预分频计数器(PSCH:PSC)预分频时间常数为 x 的计算公式为

$$x = \frac{\text{SYSCLKOUT}}{\text{TIMCLK}} - 1 \tag{5-6}$$

16 位预分频计数器(PSCH:PSC)不能被直接设置预分频时间常数 x,必须把预分频时间常数 x 设置给 16 位预分频寄存器(TDDRH:TDDR)。由式(5-5)可得,16 位分频系数与16 位预分频时间常数的对照表如表 5-9 所示。

表 5-9 16 位分频系数与 16 位预分频时间常数的对照表

序 号	16 位分频系数(x+1)	16 位预分频时间常数
1	1	0x0000 (0)
2	2	0x0001 (1)
⋮	⋮	⋮
65 536	65 536	0xFFFF (65 535)

由表 5-9 可知,16 位预分频时间常数取值范围为 0~65 535,对应分频系数取值范围为 1~65 536。当 16 位预分频时间常数 x 被设置为 0 时,对应分频系数为最小值 1,则16 位预分频计数器输出频率为最大值 SYSCLKOUT,即 32 位计数器输入时钟频率为 SYSCLKOUT。当 16 位预分频时间常数 x 被设置为 65 535 时,对应分频系数为最大值 65 536,则 16 位预分频计数器输出频率为最小值 SYSCLKOUT/65 536,即 32 位计数器的输入时钟频率为 SYSCLKOUT/65 536。

【例 5-2】 已知 SYSCLKOUT 为 150MHz,分频系数为 65 536,则 16 位分频器的输出时钟频率=SYSCLKOUT/65 536=150MHz/65 536=2 288.818 359 375Hz。

5.3 CPU定时器周期中断应用例程开发

TI公司提供CPU定时器周期中断应用例程工程文件模板,该工程文件Example_2833xCpuTimer.pjt包含:任何工程文件都必须添加的8个基本源文件模板,即4种系统初始化模块源文件模板和4种公共源文件模板;两个仿真用链接器命令文件模板;一个CPUTimer0/1/2寄存器组初始化函数定义语句C源文件模板DSP2833x_CPUTimers.c;1个CPU定时器周期中断应用例程主程序源文件模板Example_2833xCPUTimer.c。没有包含浮点支持库文件模板rts2800_fpu32.lib。

CPU定时器周期中断应用例程主程序源文件Example_2833xCPUTimer.c实现的主要功能是配置CPU定时器0、1、2在CPU频率150MHz时,每1s产生定时中断。

CPU定时器0/1/2用于产生周期性定时中断请求信号,CPUTimer0产生的定时中断请求线TINT0连接PIE组1的第7个扩展线上(INT1.7),由PIE组1送到CPU级中断线INT1上。CPUTimer1的定时中断请求线TINT1不经过PIE级,与外部中断输入线XINT13可编程复用后,直接连接到CPU级中断线INT13上。CPUTimer2的定时中断请求线TINT2不经过PIE级,直接单独连接到CPU级中断线INT14上。

Example_2833xCPUTimer.c的主函数核心代码如下:

```
void main(void)
{ InitSysCtrl();                          //系统控制模块初始化,在DSP2833x_SysCtrl.c文件中定义该函数
DINT;                                     //禁止CPU内核所有中断
InitPieCtrl();                            // PIE控制寄存器初始化,在DSP2833x_PieCtrl.c文件中定义该函数
IER = 0x0000;                             //禁止CPU级中断
IFR = 0x0000;                             //清除所有CPU级中断标志
InitPieVectTable();                       //PIE中断向量表初始化,在DSP2833x_PieVect.c文件中定义该函数
                                          //填写PIE向量表
EALLOW;                                   // 对EALLOW保护寄存器的允许写,需要此指令解锁
PieVectTable.TINT0 = &cpu_timer0_isr;     //CPU定时器0中断函数地址,本主函数后定义
PieVectTable.XINT13 = &cpu_timer1_isr;    //CPU定时器1中断函数地址,本主函数后定义
PieVectTable.TINT2 = &cpu_timer2_isr;     //CPU定时器2中断函数地址,本主函数后定义
EDIS;                                     //对EALLOW保护寄存器的禁止写,需要此指令封锁
InitCpuTimers();                          // CPU定时器初始化,在DSP2833x_CpuTimers.c文件
中定义该函数
// 配置CPU定时器0、1、2在CPU频率150MHz时,每1s产生定时中断
ConfigCpuTimer(&CpuTimer0, 150, 1000000);
ConfigCpuTimer(&CpuTimer1, 150, 1000000);
ConfigCpuTimer(&CpuTimer2, 150, 1000000);
// 启动CPU定时器0、1、2计数
CpuTimer0Regs.TCR.all = 0x4001;           //用只写指令设置CpuTimer0启停位TSS = 0,启动计数
CpuTimer1Regs.TCR.all = 0x4001;           //用只写指令设置CpuTimer1启停位TSS = 0,启动计数
CpuTimer2Regs.TCR.all = 0x4001;           //用只写指令设置CpuTimer2启停位TSS = 0,启动计数
    IER |= M_INT1;                        //使能CPU级INT1
    IER |= M_INT13;                       //使能CPU级INT13
    IER |= M_INT14;
// 使能PIE组1的第7个输入中断(INT1.7)
    PieCtrlRegs.PIEIER1.bit.INTx7 = 1;
```

```
// 使能全局中断和较高优先级实时调试事件:
    EINT;                                    // 使能全局中断 INTM
    ERTM;                                    // 使能全局实时中断 DBGM
    // 主程序死循环:
      for(;;);
}
interrupt void cpu_timer0_isr(void)
{
    (代码省略)
    // CPU 应答此中断,以便从 PIE 组 1 接收更多的中断请求
    PieCtrlRegs.PIEACK.all = PIEACK_GROUP1;
}

interrupt void cpu_timer1_isr(void)
{
    (代码省略)
}

interrupt void cpu_timer2_isr(void)
{
    (代码省略)
}
```

由于 CPUTimer0 产生的定时中断请求线 TINT0 连接 PIE 组 1 的第 7 个扩展线上 (INT1.7),所以 CPUTimer0 中断服务函数 cpu_timer0_isr()在中断返回前应将 PIEACK 的第 0 位(对应 INT1)清零。而 CPUTimer1 定时中断请求线 TINT1 和 CPUTimer2 定时中断请求线 TINT2 没有不经过 PIE 级扩展,直接接到 CPU 级中断线 INT13 和 INT14 上,所以 CPUTimer1 中断服务函数 cpu_timer1_isr()和 CPUTimer2 中断服务函数 cpu_timer2_isr()在中断返回前无 PIEACK 清零语句。

习题

5-1   CPU 定时器 32 位计数器和 16 位预分频计数器的计数初值是采用什么方式被初始化赋值的?

5-2   CPU 定时器配置函数 ConfigCpuTimer(struct CPUTIMER_VARS * Timer, float Freq, float Period)在源文件模板 DSP2833x_CpuTimers.c 中能找到,观察该函数中将定时周期 Period 转换为 32 位周期寄存器时间常数初值的算法与式(5-3)有什么差别?若有差别该如何修正?

5-3   CPU 定时器通过一个 32 位减 1 计数器对输入时钟周期计数,则最大值对应的时钟周期计数值是多少?若 32 位减 1 计数器的输入时钟为 150MHz,则定时 $10\mu s$,32 位定时周期寄存器的初值应设置为多少?

5-4   CPU 定时器的 32 位减 1 计数器的输入时钟等于 DSP 系统时钟频率 SYSCLKOUT 经过 16 位预分频减 1 计数器的分频输出,则分频系数最小值是多少?对应的分频值是多少?

5-5   CPU 定时器定时中断是连续的周期中断,这个定时中断信号能不能直接作为其

他外设的启动信号？如何开发和利用这个 CPU 定时中断？

5-6　假设系统时钟频率 SYSCLKOUT=150MHz，欲使 CPU 定时器的输入时钟频率等于 1MHz，则 CPU 定时器的 16 位分频寄存器应装载分频值为多少？对应的分频系数是多少？

5-7　设 16 位预分频寄存器的时间常数为 x，16 位预分频计数器输入频率为 SYSCLKOUT，输出频率为 TIMCLK，则 x 的计算公式是什么？

5-8　设 32 位周期寄存器的时间常数为 y，32 位计数器的输入频率为 TIMCLK，定时时间为 T，则 y 的计算公式是什么？

5-9　CPU 定时器定时时间到后，计数初值是通过什么方式加载到 32 位计数器中的？

5-10　CPU 定时器定时中断服务函数与普通函数在函数名表达式上有什么区别？

5-11　cpu_timer0 的中断服务函数（isr）和 cpu_timer1/2 的中断服务函数在中断返回处理上有什么区别？

5-12　DSP2833x_CpuTimers.c 文件中定义了一个 CPU 定时器定时周期配置函数 void ConfigCpuTimer(struct CPUTIMER_VARS * Timer，float Freq，float Period)，该函数有 3 个形参，第 1 个是 CPU 定时器寄存器组首地址形参（&CPUTIMER0/1/2），第 2 个是 CPU 系统时钟频率形参（单位为 MHz），第 3 个是定时周期形参（单位为 μs）。试根据调用语句"ConfigCpuTimer(&CpuTimer0，150，25)；"计算 CpuTimer0 定时周期是多少？

小结

本章详细介绍了 CPU 定时器的结构、工作原理、定时/计时器时间常数和分频器时间常数及其计算方法。详细介绍了 TI 公司提供的 CPU 定时器周期中断应用程序工程文件模板和 CPU 定时器定时周期配置函数模板的主要特点。

重点和难点：

(1) CPU 定时器 32 位周期寄存器定时时间常数计算公式。

(2) CPU 定时器 16 位分频寄存器计数时间常数计算公式。

(3) CPU 定时器 0/1/2 中断服务函数编写方法。

## 第6章

常用串行接口模块

应用程序开发

6.1 常用串行接口模块概述

F28335片上常用串行接口模块是指串行通信接口(Serial Communication Interface, SCI)模块和串行外设接口SPI(Serial Peripheral Inferface,SPI)模块。SCI模块是一个可编程设置标准UART模式或SCI FIFO模式的异步串行通信接口模块,收发双方共有3根通信线,即发送线、接收线和公共地线,没有公用的时钟信号线。SPI模块是一个可编程设置标准SPI模式或增强型SPI FIFO模式的同步高速串行接口,收发双方共有5根通信线,即发送线、接收线、使能线、公用时钟信号线和公共地线。这两种串行接口是嵌入式系统中最常用的串行接口。SCI接口适用于中短距离传输,SPI接口适用于短距离传输。

6.2 SCI模块概述

F28335共有3个片上SCI模块,分别称为SCI-A、SCI-B和SCI-C。这3个SCI模块不仅有常规UART的基本特性,而且增加两个16级的先进先出缓冲FIFO,分别为发送FIFO(TXFIFO)和接收FIFO(RXFIFO)。使CPU可以向TXFIFO连续写入最多16个要发送的字节,只产生一次发送缓冲器空中断信号。RXFIFO可以连续接收最多16个字符,只产生一次接收缓冲器满中断信号。可见,F28335的增强型SCI模块比常规的UART的功能更强,CPU访问SCI模块的效率更高,能实现半双工或全双工异步串行通信。

SCI模块的标准SCI FIFO只有一个发送缓冲器(TXBUF)和接收缓冲器(RXBUF),若要发送由 n 个字符组成的一帧数据时,就要在发送每个字符后判发送缓冲器是否为空,若为空才能向TXBUF写一个发送字符。

SCI模块的SCI FIFO模式的发送缓冲器(TXBUF)和接收缓冲器(RXBUF)还是一个,但增加了16级深度×16位发送FIFO缓冲器(TXFIFO)和16级深度×16位接收FIFO缓冲器(RXFIFO)。

SCI的标准UART模式和SCI FIFO模式发送数据流程框图如图6-1所示。

SCI模块标准UART模式和SCI FIFO模式的收发器结构框图如图6-2所示。

可见,SCI FIFO模式的发送FIFO缓冲器,能缓存CPU循环写入TXBUF的最多16个发送字符。SCI FIFO模式的接收FIFO缓冲器,能缓存连续接收最多16个发送字符,供

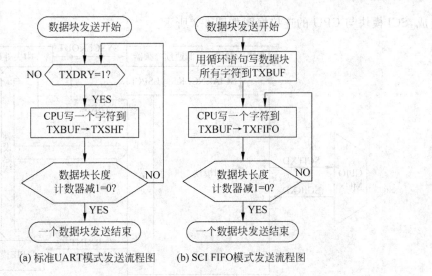

(a) 标准UART模式发送流程图　　(b) SCI FIFO模式发送流程图

图 6-1　SCI 标准 UART 模式和 SCI FIFO 模式发送数据流程框图

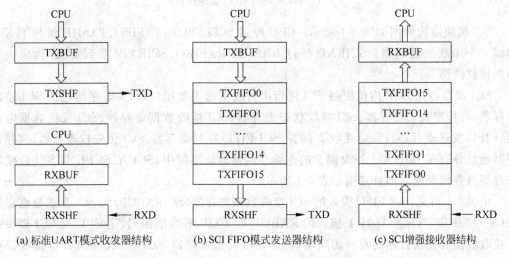

(a) 标准UART模式收发器结构　　(b) SCI FIFO模式发送器结构　　(c) SCI增强接收器结构

图 6-2　SCI 模块标准 UART 模式和 SCI FIFO 模式的收发器结构框图

CPU 循环读出。

　　SCI 模块的 SCI FIFO 模式可以使 CPU 访问 SCI 模块的次数减少,既不需要每发送一个字符产生一次发送空中断(TXINT),也不需要每接收一个字符产生一次接收满中断(RXINT),可以通过软件编程设置发送 n 个字符($1 \leqslant n \leqslant 16$)产生一次发送空中断(TXFFINT),以及接收 m 个字符($1 \leqslant m \leqslant 16$)字符产生一次接收满中断(RXFFINT),大大提高了 CPU 访问 SCI 模块的效率。

6.3　SCI 模块结构与原理

　　增强型 SCI 模块的接口信号包括发送引脚 SCITXD、接收引脚 SCIRXD、SCI 串行时钟使能信号(SCIxENCLK,$x=$A、B、C)低速外设时钟源 LSPCLK、系统复位信号 SYSRS、外设数据总线 PDB 以及发送空中断 TXINT 和接收满中断 RXINT、中断扩展模块 PIE 等组成,SCI 模块与 CPU 的连接框图如图 6-3 所示。

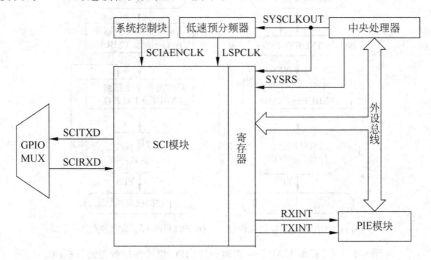

图 6-3 SCI 模块与 CPU 的连接框图

SCI 模块结构框图如图 6-4 所示。CPU 经过 SCITXBUF、TXFIFO、TXSHF 到 SCITXD,构成一个串联发送链路。SCIRXD 经过 RXSHF、RXFIFO、SCIRXBUF 到 CPU 构成一个串联接收链路。

SCI 寄存器是 DSP 内核控制 SCI 进行串行通信的主要接口,SCI 寄存器包括 SCI 控制寄存器、波特率设置寄存器、SCI 接收状态寄存器、SCI 接收数据寄存器、SCI 发送数据寄存器、FIFO 发送寄存器、FIFO 接收寄存器、SCI FIFO 控制寄存器、SCI 优先权寄存器,这些寄存器地址分布在 DSP 片上外设帧 2 的连续存储器地址空间中,SCI-A、SCI-B 和 SCI-C 模块寄存器组存储器映射地址范围如表 6-1 所示。

由表 6-1 可见,SCI FIFO 模式的 SCI 接收数据寄存器(SCIRXBUF)和 SCI 发送数据寄存器(SCITXBUF)与标准 UART 模式的 RXBUF 和 TXBUF 功能相同,是 CPU 对 SCI 模块进行接收数据和发送数据的唯一访问端口。FIFO 发送寄存器(SCIFFTX)和 FIFO 接收寄存器(SCIFFRX)是 CPU 不能直接访问的寄存器。

SCI 模块发送中断逻辑结构框图如图 6-5 所示。由图 6-5 可以看出,发送中断信号由 1 位发送准备好标志(TXRDY)和 4 位可编程发送中断级数控制位(TXFFIL)组合产生。当设置 $0 < (TXFFIL=n) \leq 16$ 且 TXFFST $\leq$ TXFFIL 条件为真时,产生 TXFIFO 空中断请求信号(TXFFINT),即 TXFIFO 中连续写入的 n 个发送字节全部发送空,才产生发送空中断 TXINT。当设置 TXFFIL=1 时,TXFIFO 蜕变为一个 SCITXBUF,即每发送一个字符,产生一次发送中断信号 TXINT。

SCI 模块接收中断逻辑结构框图如图 6-6 所示。由图 6-6 可以看出,接收中断信号由 1 位接收准备好标志(RXRDY)和 4 位可编程接收中断级数控制位(RXFFIL)组合产生。当设置 $0 < (TXFFIL=n) \leq 16$ 且 TXFFST $\leq$ TXFFIL 条件为真时,产生 RXFIFO 接收满中断请求信号 RXFFIL,即 RXFIFO 连续接收到 n 个字符后,才产生接收满中断 RXINT。当设置 RXFFIL=1 时,RXFIFO 蜕变为一个 SCIRXBUF,即每接收到一个字符,产生一次接收中断信号 RXINT。

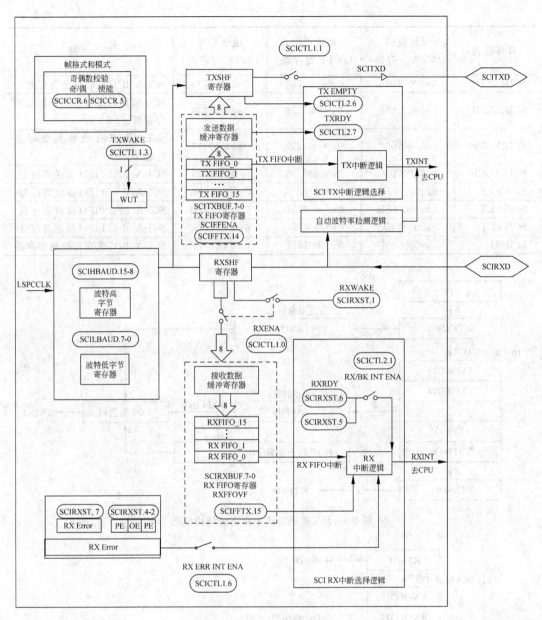

图 6-4 SCI 模块结构框图

表 6-1 3 个 SCI 模块寄存器组存储器映射地址范围

寄存器名	地址范围 （SCI-A 寄存器）	地址范围 （SCI-B 寄存器）	地址范围 （SCI-C 寄存器）	说　　明
SCICCR	0x00007050	0x00007750	0x00007770	SCI-A/B/C 通信控制寄存器
SCICTL1	0x00007051	0x00007751	0x00007771	SCI-A/B/C 控制寄存器 1
SCIHBAUD	0x00007052	0x00007752	0x00007772	SCI-A/B/C 波特率寄存器高位
SCILBAUD	0x00007053	0x00007753	0x00007773	SCI-A/B/C 波特率寄存器低位
SCICTL2	0x00007054	0x00007754	0x00007774	SCI-A/B/C 控制寄存器 2

寄存器名	地址范围 (SCI-A 寄存器)	地址范围 (SCI-B 寄存器)	地址范围 (SCI-C 寄存器)	说　明
SCIRXST	0x00007055	0x00007755	0x00007775	SCI-A/B/C 接收状态寄存器
SCIRXEMU	0x00007056	0x00007756	0x00007776	SCI-A/B/C 接收仿真数据缓冲寄存器
SCIRXBUF	0x00007057	0x00007757	0x00007777	SCI-A/B/C 接收数据缓冲寄存器
SCITXBUF	0x00007059	0x00007759	0x00007779	SCI-A/B/C FIFO 发送寄存器
SCIFFTX	0x0000705A	0x0000775A	0x0000777A	SCI-A/B/C FIFO 接收寄存器
SCIFFRX	0x0000705B	0x0000775B	0x0000777B	SCI-A/B/C FIFO 接收寄存器
SCIFFCT	0x0000705C	0x0000775C	0x0000777C	SCI-A/B/C FIFO 控制寄存器
SCIPRI	0x0000705F	0x0000775F	0x0000777F	SCI-A/B/C 优先权控制寄存器

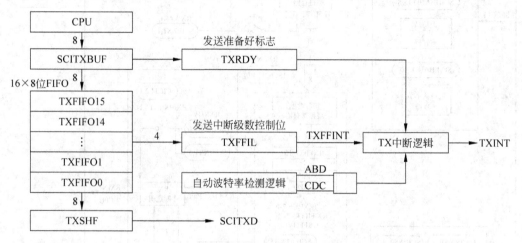

图 6-5　SCI 模块发送中断逻辑结构框图

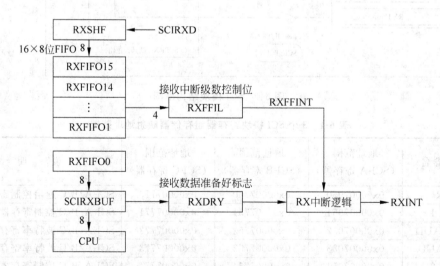

图 6-6　SCI 模块接收中断逻辑结构框图

6.3.1 SCI 模块异步通信模式

SCI 模块提供常用外设串行接口的 UART(Universal Asynchronous Receiver/Transmitter，通用异步接收器/发送器)模式，即异步通信模式，要求 3 根串行数据线(发送线、接收线、地线)与标准 RS-232C 设备(如终端与打印机)进行串行通信。UART 异步通信数据传输帧格式由下列位域组成。

① 1 位起始位。

② 1~8 位可编程数据位，最常用设置 8 位数据位。

③ 1 位可编程奇偶校验位或无偶校验位。

④ 1 位或 2 位可编程停止位。

标准异步通信模式(正常非多处理器通信模式)帧格式如图 6-7 所示。

起始位	LSB	2	3	4	5	6	7	MSB	奇偶校验位	停止位

图 6-7 标准异步通信模式(正常非多处理器通信模式)帧格式

在标准异步通信模式中，1~8 位数据位称为 1 个字符。SCI 模块利用 SCI 通信控制寄存器(SCCCR)来设置字符的长度，常用字符长度是 8 位。SCCCR 的位域变量 SCICCR.7-5、SCICCR.2-0 用于设置标准异步通信可编程帧格式，如表 6-2 所示。

表 6-2 SCI 通信控制寄存器(SCICCR)各位功能描述

位	名　称	值	描　述
7	STOP BITS (定义 SCI 停止位个数)	0	1 个停止位
		1	2 个停止位
6	EVEN/ODD PARIYY (SCI 奇偶校验选择位，奇偶校验使能位 SCICCR.5 被置位时有效)	0	奇校验
		1	偶校验
5	PARITY ENABLE (SCI 奇偶校验使能位，若发送无奇偶校验位，接收不奇偶校验)	0	奇偶校验禁止
		1	奇偶校验使能
4	LOOP BACK ENA (自回馈模式使能位，SCITXD 和 SCIRXD 引脚将在内部短接)	0	自回馈模式被禁止
		1	自回馈模式被使能
3	ADDR/IDLE MODE (SCI 多处理器模式控制位，该位在两种多处理器通信协议(空闲线模式和地址位模式)中，选择一种多处理器通信协议，多处理器协议不同于其他通信模式在于分别使用 SCICTL1.3-2 定义的发送唤醒方法位 TXWAKE 和休眠模式使能位 SLEEP。空闲线模式通常与 RS-232 类型通信兼容，常用于正常通信，地址位模式需要附加 1 位地址位，常用于微控制器的多机通信)	0	选择空闲线模式协议
		1	选择地址位模式协议
2~0	SCI CHAR2~0 (字符长度控制位，少于 8 位的字符在 SCIRXBUF 和 SCIRXEMU 中是右对齐的，并且在 SCIRXBUF 中字符前导空余位由 0 填充。SCITXBUF 前面的位不需要填 0)	000~111	000 字符长度为 1 位~111 字符长度为 8 位

6.3.2 SCI 模块多机通信模式

多机(即多处理器)通信模式是指在一条通信总线上,一台处理器作为发送主机,多台处理器作为接收从机,主机向总线的任何一台从机发送报文(又称为数据块)。一个主机发送的一个报文多台从机都能收到。多台从机如何判断报文是发给指定从机的,同时还要解决从机能检测到一个接收报文的帧头问题。这两个问题采用地址字节和 SCI 休眠控制位(SLEEP)来解决。

1. 数据块的地址字节帧头

多机通信模式要求一个数据块的第 1 帧(帧头)是地址字节,当发送器发送一个数据块的地址字节后,同一串行总线上的所有接收器都产生接收地址字节的接收中断请求,只有接收的地址字节与本机设置的地址码比较相一致的接收器才继续开放该数据块地址字节后续数据字节的接收中断请求,地址码比较不一致的其他接收器禁止该数据块地址字节后续数据字节的接收中断请求,即不接收该数据块地址字节后续数据字节。多机通信模式数据块帧格式如图 6-8 所示。

图 6-8 多机通信模式数据块帧格式

2. SCI 休眠控制位(SLEEP)

DSP 利用 SCI 休眠控制位 SLEEP(SCI 控制寄存器 1 的休眠位 SCICTL1.2)来控制 SCI 模块在接收到地址字节后,是否继续产生数据字节接收中断请求。当 SLEEP＝1 时,只有接收到第 9 数据位为 1 时,才产生接收中断请求。在数据传输开始,所有接收器的 SLEEP 位均被置为 1,都产生接收一个块的第 1 个地址字节的接收中断请求,只有地址相匹配的微处理器才将 SLEEP 位清为 0,其他地址不匹配的微处理器继续保持 SLEEP 位为 1。只有 SLEEP 位为 0 接收器允许在接收到地址字节后续所有数据字节第 9 数据位均为 0 时,产生接收中断请求信号,而 SLEEP 位为 1 接收器接收到所有数据字节第 9 数据位为 0 时,不产生接收中断请求信号。

地址位模式的帧格式是在标准异步通信模式基础上增加第 9 数据位,称为地址/数据位,如图 6-9 所示。地址位模式在接收器未检测到地址位为 1 时,处于休眠状态,不产生接收中断。当接收器检测到地址位为 1 的地址字节时,被立即唤醒并产生接收中断,接收器在接收中断服务程序中读取发送器发送的一个数据块(由多个字符帧组成)的第 1 帧地址字节。接收器的唤醒标志位(RXWAKE)位于 SCIRXST.1。

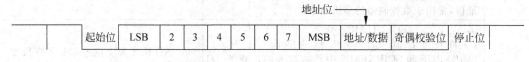

图 6-9 地址位模式帧格式

6.3.3　地址字节识别方法

处理器识别地址字节(数据块帧头)的方法取决于所用的不同的多处理器(即多机)通信模式。SCI 模块使用两种多机通信模式,即空闲线模式和地址位模式。

1. 空闲线模式的地址字节识别

SCI 空闲线模式的帧格式是在标准异步通信模式基础上,规定一个数据块块内第 1 帧(地址帧)与第 2 帧(数据帧)之间最小空闲时间是 10 位以上空闲位,第 2 帧(数据帧)至最后一帧(数据帧)各帧之间最大空闲时间是 10 位以下空闲位。两个数据块块间(前一个数据块帧尾与后一个数据块帧头)的最小空闲时间是 10 位以上空闲位。空闲时间是指发送器发送线(SCITXD)处于空闲高电平的时间。一个空闲位等于通信波特率的倒数。接收器处理器利用块间空闲时间大于块内各帧之间空闲时间的机制,就能正确接收和识别发送器发送的一个数据块的前导地址字节。SCI 模块空闲线多处理器通信模式帧格式如图 6-10 所示。

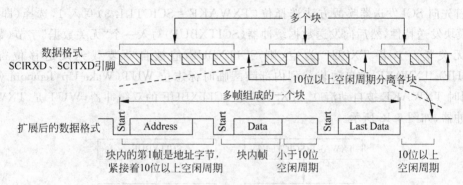

图 6-10　SCI 空闲线多处理器通信模式帧格式

2. 地址位模式的地址字节识别

地址位模式要求多机通信模式数据块帧格式第 1 帧是地址字节且第 9 数据位为 1,第 2 帧到帧尾是数据字节且第 9 数据位为 0。SCI 地址位多机通信模式帧格式如图 6-11 所示。

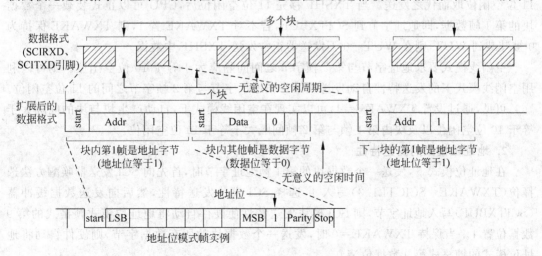

图 6-11　SCI 地址位多微处理器通信模式帧格式

不像空闲线模式,地址位模式没有块间空闲时间至少应在 10 位以上空闲周期的要求,也没有块内第 1 帧(地址帧)与第 2 帧(数据帧)之间至少应在 10 位以上空闲周期的要求,允许发送器以更短空闲周期发送数据,但是发送器的最短空闲周期受限于处理器的程序处理时间。

6.3.4 SCI 模块发送特性

SCI 模块发送特性是指用 SCI 发送器唤醒方法选择位 TXWAKE(SCICTL1.3)来控制 SCI 发送器在空闲线模式和地址位模式自动产生地址识别位所需的特征位,这取决于所选择的多机通信模式。

1. 空闲线模式的发送特性

在空闲线模式下,发送一个数据块的第 1 帧数据(即地址字节)时,为了保证该数据块与已发送上一个数据块的间隔大于等于 11 位空闲位,利用空闲线模式下的发送特性可以自动发送块前的 11 位空闲位,具体方法如下。

首先向 SCI 发送器唤醒方法选择位(TXWAKE=SCICTL1.3)写入 1,选择(即激活) SCI 模块发送特性,然后向发送数据缓冲器(SCITXBUF)写入一个"无关数据"字节(数据什么值无关紧要),若 TXBUF 为空,则 SCITXBUF 值被自动装载到发送移位寄存器 (TXSHF),TXWAKE 被自动装载到内部唤醒临时标志位 WUT(Wake-Up Temporary flag) 中,同时 TXWAKE 被自动清 0。TXSHF 是 SCITXBUF 的双缓冲器,WUT 是 TXWAKE 双缓冲器,如图 6-12 所示。

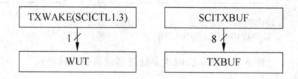

图 6-12 带双缓冲器的 WUT 和 TXBUF

当 WUT=1 时,SCI 模块发送特性使 TXSHF 抑制"无关数据"字节帧格式的发送,用 11 位空闲位取而代之发送。当 TXSHF 移完 11 位空闲位后,CPU 可以正式装载一个数据块的第 1 帧数据,即地址字节到 SCITXBUF,若不对 TXWAKE 置 1,则 TXWAKE 保持为 0 被装载到 WUT,则在 WUT=0 下发送器正常发送 TXSHF 中数据。

空闲线模式要求地址字节与第 2 帧字节之间间隔应大于等于 10 位空闲位。则可以利用空闲线模式下的发送特性自动发送块第 1 帧地址字节与第 2 帧字节之间的 11 位空闲位。

可见,通过设置 TXWAKE=1,可以实现在空闲线模式下,自动产生块与块的间隔大于等于 10 位空闲位以及块内第 1 帧与第 2 帧间隔大于等于 10 位空闲位。

2. 地址位模式的发送特性

在地址位模式下,发送一个数据块的第 1 帧地址字节时,首先向 SCI 发送器唤醒方法选择位(TXWAKE=SCICTL1.3)写入 1,选择 SCI 模块发送特性,然后向发送数据缓冲器 (SCITXBUF)写入地址字节,则 SCI 模块发送特性使硬件自动将地址位模式帧格式的第 9 数据位置 1。当保持 TXWAKE=0 时,发送一个数据块的所有数据字节,则硬件自动将地址位模式的帧格式第 9 数据位清 0。

6.3.5 SCI 模块接收特性

在空闲线模式和地址位模式两种多机通信模式下,用接收器唤醒检测标志位(RXWAKE=SCIRXST.1)和接收器休眠位标志(SLEEP=SCICTL1.2)来控制 SCI 模块接收特性。

1. 空闲线模式的接收特性

在接收一个数据块之前,将 SLEEP 置为 1,使接收器进入休眠模式。如果检测到块前 SCIRXD 数据线处于空闲状态时间大于等于 11 位的空闲位,则 RXWAKE 被置 1,表示接收器找到发送器要发送的块前空闲位,接收器唤醒条件被检测到,接收器被唤醒,接收器在接收一个数据块的第 1 帧地址字节后,就会更新 RXRDY 标志位,若接收中断使能位初始化被置 1,还会产生接收地址字节中断。CPU 将接收的地址字节与本机地址码相比较,若比较两数相等,表示本机被寻址,则 CPU 将 SLEEP 清 0,接收器退出休眠模式,在接收地址字节后面的数据字节时,就会更新 RXRDY 标志位,还会产生接收地址字节中断。若比较不相等,表示本机未被寻址,CPU 不清除 SLEEP 位,接收器仍保持休眠模式,接收器在接收地址字节后面的数据字节时,就不会更新 RXRDY 标志位,也就不会产生接收中断。这就实现了多处理器空闲线通信模式的点对点通信。

在非接收 FIFO 模式下,在接收到地址字节之后的第 1 个数据字节后,RXWAKE 被自动清 0。若在接收 FIFO 模式下,每当执行 SCIRXBUF 读语句后,RXWAKE 被自动清 0。

2. 地址位模式的接收特性

在接收一个数据块之前,将 SLEEP 置为 1,使接收器进入休眠模式。RXWAKE 反映 SCI 接收缓冲寄存器(SCIRXBUF)中字符的地址位值(即第 9 数据位的值)。若接收器接收到地址字节的地址位(第 9 数据位)值为 1,接收器在休眠模式下,能更新 RXRDY 标志位,若接收中断使能位初始化被置 1,还会产生接收地址字节中断。CPU 将接收的地址字节与本机地址码(存储在内存)相比较,若比较相等,表示本机被寻址,则 CPU 将 SLEEP 清 0,接收器退出休眠模式,在接收地址字节后面的数据字节时,就会更新 RXRDY 标志位,还会产生接收地址字节中断。若比较两数不相等,表示本机未被寻址,CPU 不清除 SLEEP 位,接收器仍保持休眠模式,接收器在接收地址字节后面的数据字节时就不会更新 RXRDY 标志位,也就不会产生接收中断。这就实现多处理器地址位通信模式的点对点通信。

6.3.6 SCI 模块中断

SCI 模块能产生两种中断请求信号,即 SCI 发送中断 TXINT 和 SCI 接收中断 RXINT。SCI 发送中断是发送数据缓冲器空中断,即一个字符或多个字符被发送出去后,发送数据缓冲器变空产生的中断。SCI 接收中断是接收数据缓冲器满中断,即一个字符或多个字符被接收到接收数据缓冲器,接收数据缓冲器变满产生的中断。

1. SCI 发送中断请求信号

如果发送中断使能位(TX INT ENA=SCICTL2.0)被软件置 1,每当发送数据缓冲器(SCITXBUF)中的数据传送到发送移位寄存器(TXSHF),产生发送中断,同时,发送器准备好标志位 TXRDY(SCICTL2.7)被自动置 1,指示发送数据缓冲器(SCITXBUF)已空,通知 CPU 可以向 SCITXBUF 写入新的发送数据。

DSP 器件 SCI-A/B/C 有独立 PIE 发送中断向量和发送中断优先级。可在发送中断服务函数中,向 SCITXBUF 写入新的发送字节,由于 TXSHF 是 SCITXBUF 的双缓冲器,在 TXSHF 尚未移完一帧数据的所有位之前,写入 SCITXBUF 的新发送字节,不会影响 TXSHF 正在进行的移位操作。每向 SCITXBUF 写入一个字节,TXRDY 就被自动清 0,不需要软件对 TXRDY 清 0。

可以用查询方式代替发送中断方式发送一个数据块的 n 个字节。采用循环语句查询 TXRDY 位是否为 1,若为 1 则表示发送器准备好接收另一个字节,CPU 可向 SCITXBUF 写入一个新发送字节,循环计数器加 1,跳转到循环语句继续检测 TXRDY 位是否为 1,直到循环计数器累计值等于 n,发送完一个数据块的 n 个字节,退出循环为止。

2. SCI 接收中断请求信号

接收中断包括 3 种中断标志位,即接收满中断标志位(RXRDY)、接收线间断中断标志位(BRKDT)、接收错误中断标志位。接收错误中断标志位由 4 种接收错误标志位逻辑或结果产生,即间断检测标志位(BRKDT)、帧错误标志位(FE)、过载错误标志位(OE)和奇偶校验错误标志位(PE)。接收满中断、接收线间断中断、接收错误中断共用一个接收中断向量,其中接收满中断和接收线间断中断共用一个中断使能位 RX/BK INT ENA,接收错误中断单独使用一个中断使能位 RX ERR INT ENA,可以通过软件分别控制,通常只使能 RX/BK INT ENA 位。

如果接收中断/间断中断使能位(RX/BK INT ENA=SCICTL2.1)被软件置 1,每当接收移位寄存器(RXSHF)收到一个完整帧数据字节并传送到接收数据缓冲器(SCIRXBUF)时,接收器准备好标志位(RXRDY=SCIRXST.6)被自动置 1,同时产生接收满中断,指示接收数据缓冲器(SCIRXBUF)已满,通知 CPU 可以从 SCIRXBUF 读取接收的字节。

如果接收中断/间断中断使能位(RX/BK INT ENA=SCICTL2.1)被软件置 1,当接收器接收线(SCIRXD)连续检测到 11 位低电平状态(即检测到丢失 1 位停止位后,又连续检测到 10 位周期的低电平)的间断(break)条件,产生接收线间断中断。由于接收线间断中断与接收满中断共享一根接收中断线,应在接收中断服务函数中,通过查询 RXRDY、BRKDT 哪一位为 1 来判断是哪一种接收中断信号。若 BRKDT=1,是接收线间断中断;否则是接收满中断。由于接收线间断故障是一种极端故障,通常不会发生,所以,在接收中断服务函数中,通常不判断 BRKDT,直接作为接收满中断来处理。

如果接收错误中断使能位(RX ERR INT ENA=SCICTL1.6)被软件置 1,当接收器检测到间断错误(BRKDT)、帧错误(FE)、超限错(OE)和奇偶校验错(PE)之一或多个错误时,产生接收错误中断,同时,若间断发生条件被检测到,间断检测标志位 BRKDT(SCIRXST.5)被自动置 1。若帧错误被检测到,帧错误标志位(FE=SCIRXST.4)被自动置 1。若过载错误被检测到,过载错误标志位(OE=SCIRXST.3)被自动置 1。若奇偶校验错误被检测到,奇偶校验错误标志位(PE=SCIRXST.2)被自动置 1。由于接收错误中断与接收满中断共享一个接收中断向量,应在接收中断服务函数中,通过查询 RXRDY、BRKDT、FE、OE 和 PE 哪些位为 1 来判断是哪一种接收中断信号。若 BRKDT、FE、OE 和 PE 有一个为 1,就判定是接收错误中断;否则是接收满中断。接收错误标志位必须通过对 SCI 软件复位位(SW RESET=SCICTL1.5)清 0 才能清 0。通常初始化不使能 RX ERR INT ENA,而在发送数据块中增加校验和或 CRC 校验码,接收中断服务函数按照接收满中断来接收数据块,然后在主程序中利用校验和或 CRC 校验码来验证接收数据是否有接收错误,而不管是哪一种接收错误。因此,接收错误中断通常用于调试目的,通过检测 4 种接收错误标志位确定接收错误根源。

DSP 器件 SCI-A/B/C 有独立 PIE 接收中断向量和接收中断优先级。接收中断和发送中断被安排在同一 PIE 组,并且接收中断优先级总比发送中断优先级高一级。通常在接收中断服务函数中,从 SCIRXBUF 读取接收字节。每从 SCIRXBUF 读取一个接收字节,RXRDY 就被自动清 0,不需要软件对 RXRDY 清 0。

可以用查询方式代替接收中断方式接收一个数据块的 n 个字节。采用循环语句查询 RXRDY 位是否为 1,若为 1 则表示接收器已接收到一个字节,CPU 可从 SCIRXBUF 读取该字节,循环计数器加 1,跳转到循环语句继续检测 RXRDY 位是否为 1,直到循环计数器累计值等于 n,接收完一个数据块的 n 个字节,退出循环为止。

6.3.7　SCI 模块的增强功能

SCI 模块的增强功能共有 3 个:发送 FIFO(TX FIFO,发送先进先出数据缓冲器)功能、接收 FIFO(RX FIFO,接收先进先出数据缓冲器)功能和 SCI 自动波特率检测功能。

系统复位后,SCI 模块的标准 UART 模式被默认使能,SCI FIFO 模式被禁止。SCI FIFO 发送寄存器(SCI FIFO Transmit Register,SCIFFTX)、SCI FIFO 接收寄存器(SCI FIFO Receive Register,SCIFFRX)、SCI FIFO 控制寄存器(SCI FIFO Control Register,SCIFFCT)均处于无效状态。因为 SCI 自动波特率检测功能由 SCIFFCT 控制,所以系统复位默认状态下 SCI 自动波特率检测功能也被禁止。

1. SCI 模块发送 FIFO 功能

SCI 发送 FIFO(TX FIFO)有以下 3 个基本功能。

(1) 发送 FIFO 有 16 级深度,字宽 8 位,适用现场总线不大于 16 个字节的数据块的连续发送,发送过程中不需要 CPU 干预。

(2) 发送 FIFO 中断级数(TXFFIL4 ~0=SCIFFTX.4~0)在 1~16 级可编程设置,如果发送 FIFO 中断级数设置为 1,则每当发送移位寄存器 TXSHF 移出一个完整字符时,发送 FIFO 中一个字节被自动传送到 TXSHF 中,如果发送 FIFO 中断使能位(TXFFIENA=SCIFFTX.5)被软件置 1,若 TXFFST(发送 FIFO 字符数状态位)<TXFFIL4~0 条件为真,就会产生发送 FIFO 中断,同时发送 FIFO 中断标志位(TXFFINT Flag=SCIFFTX.7)被自动置 1。依此类推,如果发送 FIFO 中断级数(TXFFIL4 ~0)设置为 16,每当发送移位寄存器(TXSHF)移出一个完整字符时(移空),SCI 发送 FIFO 中的一个字节就会自动传送到 TXSHF 进行发送,只要 TXFFST4~0<TXFTIL4~0 条件为真,就产生一次 SCI 发送 FIFO 中断,同时发送 FIFO 中断标志位(TXFFINT Flag=SCIFFTX.7)被自动置 1。

(3) 发送 FIFO 的有效字符传送到发送移位寄存器(TXSHF)的速率是可编程的,由 FIFO 传送延时位(FFTXDLY7~0=SCIFFCT.7~0)8 位定义为由发送 FIFO 至发送移位寄存器(TXSHF)每次传输之间的延时,延时时间单位是 SCI 串行波特率时钟周期数,故可用软件设置为 0~255 个波特率时钟周期数的 FIFO 传送延时。系统复位默认值是 0 个波特率时钟周期数传送延时,此时,SCI 模块将发送 FIFO 中有效字符数以连续模式传送到 TXSHF,每个字符传送之间没有额外延时。若软件设置 255 个波特率时钟周期数传送延时,则 FIFO 中每个有效字符数传送到 TXSHF 的延时时间为 255 个波特率时钟周期数。发送 FIFO 的有效字符传送到发送移位寄存器(TXSHF)的延时特性是为了适应低速 SCI/UART 设备的通信,尽可能减少 CPU 的干预。通常延时时间选用系统复位默认值 0。

发送 FIFO 中断与标准 SCI 模式发送中断共享一个 PIE 发送中断向量,如果 SCI FIFO 增强功能使能位(SCIFFEN=SCIFFTX.14)被软件置 1,则标准 SCI 发送中断功能就被禁止,PIE 发送中断向量作为 SCI 发送 FIFO 中断的中断向量。还要将发送 FIFO 复位位(TXFIFO Reset=SCIFFTX.13)软件置 0(系统复位默认状态),使发送 FIFO 指针复位到 0,指向 16 级发送 FIFO 的顶端(初始单元)。然后,再将发送 FIFO 复位位(TXFIFO Reset)软件置 1,才能使发送 FIFO 工作。

可用查询方式不用发送 FIFO 中断方式发送一个数据块的 n 个字节($n \leqslant 16$)。使用循环语句循环向 SCITXBUF 写 n 个字节,这 n 个字节被自动以先进先出顺序传送到 TX FIFO,同时发送 FIFO 字符数状态位(TXFFST4~0=SCIFFTX.12~8)被自动更新为发送字符数 n。然后,TX FIFO 自动将存放的字节以先进先出的顺序将先出的 1 个字节传送到 TXSHF,以波特率速率移出,每当 TXSHF 移出一个完整字符时(移空),TX FIFO 中的 1 个字节就会自动传送到 TXSHF,同时发送 FIFO 字符数状态位(TXFFST4~0)被自动减 1,直到 TXFFST4~0 等于 0,表示这 n 个字节发送完毕,CPU 才可以继续向 TX FIFO 写入新 n 个字节。

2. SCI 模块接收 FIFO 功能

SCI 接收 FIFO(RX FIFO)有以下两个基本功能。

(1) 接收 FIFO 有 16 级深度,字宽 10 位,满足现场总线不大于 16 个字节的数据块的连续接收,接收过程中不需要 CPU 干预。

(2) 接收 FIFO 中断级数(RXFFIIL4~0=SCIFFRX.4~0)在 1~16 级可编程设置,如果接收 FIFO 中断级数设置为 1,每当接收移位寄存器(RXSHF)移入一个完整字符时,RXSHF 的字节就会被自动传送到接收 FIFO 中,如果接收 FIFO 中断使能位(RXFFIENA=SCIFFRX.5)被软件置 1,若 RXFFST4~0(接收 FIFO 字符数状态位)>RXFFIL4~0 条件为真,就会产生 SCI 接收 FIFO 中断,同时接收 FIFO 中断标志位(RXFFINT Flag=SCIFFRX.7)被自动置 1。依此类推,如果接收 FIFO 中断级数设置为 16,每当发送移位寄存器(RXSHF)移入一个完整字符后(移满),RXSHF 中的字符会被自动传送到接收 FIFO 进行先进先出缓存,只要 RXFST4~0>RXFFIL4~0 条件为真,即接收 FIFO 从 RXSHF 接收的字符数等于接收 FIFO 中断级数,即等于 16 个字节时,才产生一次 SCI 接收 FIFO 中断,同时接收 FIFO 中断标志位(RXFFINT Flag=SCIFFRX.7)被自动置 1。

接收 FIFO 中断与标准 SCI 接收中断共享一个 PIE 接收中断向量,如果 SCI FIFO 增强功能使能位(SCIFFEN=SCIFFTX.14)被软件置 1,则标准 SCI 接收中断功能就被禁止,PIE 接收中断向量作为 SCI 接收 FIFO 中断的中断向量。还要将接收 FIFO 复位位(RXFIFO Reset=SCIFFTX.13)软件置 0(系统复位默认状态),使接收 FIFO 指针复位到 0,指向 16 级发送 FIFO 的顶端(初始单元)。然后,再将接收 FIFO 复位位(TXFIFO Reset)软件置 1,才能使接收 FIFO 工作。

可用查询方式不用接收 FIFO 中断方式接收一个数据块的 n 个字节($n \leqslant 16$)。接收 FIFO 字符数状态位(RXFFST4~0=SCIFFRX.12~8)当前非零值 n 表示已接收到 n 个字节,用该 n 值作为循环语句的循环变量,每当 SCIRXBUF 被 CPU 读取并存入接收缓冲器指针指向的内存缓冲器后,RX FIFO 就以先进先出的顺序自动将接收的下一个字符传送到 SCIRXBUF,接收缓冲器指针加 1,循环变量减 1,同时接收 FIFO 字符数状态位(TXFFST4~0)被自动减 1,直到循环变量减到 0,接收 FIFO 存放的已接收 n 个字节被 CPU 循环读取并存入内存缓冲器。

3. SCI 模块自动波特率检测功能

F28335 的 SCI 模块增加了自动波特率控制电路,可以软件编程使能自动波特率控制功能,这是一般 UART 所不具备的功能。通过 SCI FIFO 控制寄存器(SCIFFCT)中的自动波特率检测位 ABD(Auto Baud Detect bit)来反映 SCI 模块是否接收到主机发来的字符"A"或"a"。

若 ABD="1",表示 SCI 接收寄存器已接收到字符"A"或"a",并且自动检测逻辑已将检测到接收字符"A"或"a"的波特率值,并在自动波特率检测校准控制位 CDC 使能下,对波特率检测值进行校准,并将校准值自动更新 16 位 SCI 波特率寄存器的值 SRR,完成波特率自动检测,一旦自动波特率检测完成,应及时用软件清除 ABD 位和 CDC 位,禁止自动波特率检测功能。自动波特率检测逻辑框图见图 6-5,包括一个中断逻辑,当 ABD="1"且 CDC="1"时,产生发送中断请求信号 TXINT,CPU 在发送中断服务中对 SCIFFCT 的 ABD CLR 位写"1",对 ABD 清 0,同时对 SCIFFCT 的 CDC 位清 0,禁止自动波特率检测功能。

SCI 模块的自动波特率检测逻辑用于主机波特率经常变化的场合,SCI 通过软件设置自动波特率检测功能来接收主机的"A"或"a",完成波特率自动检测。在一般情况下,自动波特率检测功能是不用的,因为发送主机与接收机事先按通信协议设置成同一标称波特率即可完成通信。

SCI 自动波特率检测功能对从机有效,假设主机 SCI 模块的波特率已经初始化设置好,但是从机事先不知道主机 SCI 设定的波特率,要求主机发送字符"A"或"a",则从机就能利用 SCI 自动波特率检测功能逻辑电路,自动锁定主机 SCI 模块的波特率,接收到字符"A"或"a"后,自动更新从机的波特率寄存器值为主机 SCI 模块的波特率对应的寄存器值,并产生发送 FIFO 中断。

由图 6-5 可见,自动波特率检测功能是由 SCI FIFO 控制寄存器 SCIFFCT 的 ABD 位(自动波特率检测标志位)和 CDC 位(自动波特率校准使能位)控制是否工作。系统复位默认状态是 ABD 位为 0,CDC 位为 0,禁止自动波特率校准功能。由于 ABD 是只读位,能反映从机是否完成接收到字符"A"或"a"的自动检测,若收到字符"A"或"a",则 ABD 为 1;否则 ABD 为 0。CDC 为可读/可写位,对 CDC 软件置 1,启动自动波特率校准功能,可见自动波特率检测功能实际上是自动波特率校准功能。

SCI 自动波特率检测功能的实现步骤有 7 步。

第 1 步,对 CDC 软件置 1。

第 2 步,初始化从机的 16 位波特率寄存器值为 1 或小于 SCI 上限波特率 500kb/s 对应的某一波特率值。

第 3 步,对 ABD CLR(SCIFFCT.14)写 1,对 ABD 软件清 0。当从机自动波特率检测逻辑电路检测到 SCIRXD 线上接收到字符"A"或"a"时,会自动将 ABD 置 1。

第 4 步,从机自动波特率检测逻辑电路用等价的波特率值(十六进制值)更新 16 位波特率寄存器,如果发送 FIFO 中断使能位 TXFFIENA(SCIFFTX. 5)被软件置 1,同时就会产生发送 FIFO 中断。

第 5 步,CPU 响应发送 FIFO 中断,在发送中断服务函数中,对 ABD CLR(SCIFFCT. 14)写 1,对 ABD 软件清 0。并对 CDC 位软件写 0,对 CDC 清 0,禁止自动波特率检测逻辑电路继续同步跟踪主机波特率。

第 6 步,读取 SCI 接收数据缓冲器 SCIRXBUF 中的字符"A"或"a",清空接收数据缓冲器和接收准备好标志。

第 7 步,如果 CDC=1 时,发生 ABD=1 的状态,则指示自动波特率校准完成,如果发送 FIFO 中断使能位 TXFFIENA(SCIFFTX. 5)被软件置 1,就会产生发送 FIFO 中断。在发送中断服务函数执行后,必须用软件将对 CDC 清 0。

在通常的异步通信工程应用中,发送器(主机)和接收器(从机)都按事先制定好的通信协议进行编程,通信协议约定多处理机(多机)通信模式和收发一致的标称波特率,所以通常从机的 SCI 自动波特率检测功能是禁止使用的。

4. SCI 模块波特率寄存器配置

假设 SCI 模块的 16 位波特率寄存器值为 SRR,SCI 模块输入时钟为系统控制模块提供的低速外设时钟信号 LSCLK。

当 $1 \leqslant SRR \leqslant 65535$ 时,有

$$SRR = \frac{LSPCLK}{BAUD \times 8} - 1$$

$$BAUD = \frac{LSPCLK}{(SRR + 1) \times 8} \tag{6-1}$$

当 SRR=0 时,有

$$BAUD = \frac{LSPCLK}{16} \tag{6-2}$$

通常选择式(6-1)来计算 SCI 的波特率寄存器的配置值,一般当 28 355 的主频设置为 150MHz,LSPCLK 设置为 37.5MHz 时,SRR 的 16 位配置值分配到高 8 位波特率寄存器 SCIHBAUD(十六进制)和低 8 位波特率寄存器 SCILBAUD(十六进制)中,与波特率的关系如表 6-3 所示。

表 6-3　常用波特率下的 SCI 波特率寄存器配置值

标称波特率	LSPCLK=37.5MHz			
	SCIHBAUD	SCILBAUD	实际波特率	相对误差/%
2400	0x07	0xa0	2400	0
4800	0x03	0xa0	4798	0.04
9600	0x01	0xe7	9606	0.06

可见,当利用式(6-1)计算出的 SRR 不是整数,取整转换为十六进制数,装载到 SCIHBAUD/SCILBAUD 中时,SCI 模块实际波特率与标称波特率之间存在误差。实验表明,只要接收端(信源-信宿)之间的波特率相对位差不超过 5%,就不会影响正常通信。

6.4 SCI 模块寄存器组

6.4.1 SCI 通信控制寄存器

SCI 通信控制寄存器(SCI Communication Control Register,SCICCR)用于定义 SCI 模块的字符格式、通信协议、通信模式等。

8 位 SCICCR 位域变量数据格式如图 6-13 所示,位域变量功能描述如表 6-4 所示。

7	6	5	4	3	2～0
STOPBITS	EVEN/ODD PARITY	PARITY ENABLE	LOOPBACK ENA	ADDR/IDLE MODE	SCICHAR2～0
R/W-0	R/W-0	R/W-0	R/W-0	R/W-0	R/W-0

图 6-13 SCICCR 位域变量数据格式

表 6-4 SCICCR 位域变量功能描述

位	名　　称	值	描　　述
7	STOP BITS (定义 SCI 停止位个数。接收器只检查一个停止位)	0	1 个停止位
		1	2 个停止位
6	EVEN/ODD PARIYY (SCI 奇偶检验选择位,奇偶校验使能位 SCICCR. 5＝1 时有效)	0	奇校验
		1	偶校验
5	PARITY ENABLE (SCI 奇偶校验使能位,发送中不产生奇偶校验位,接收中也不检查奇偶校验位)	0	奇偶校验禁止
		1	奇偶校验使能
4	LOOP BACK ENA (自回环测试模式使能位,使能将 TX 和 RX 引脚在内部短接)	0	自回环测试模式被禁止
		1	自回环测试模式被使能
3	ADDR/IDLE MODE (SCI 多处理器模式控制位,该位选择两种多处理器模式之一。多处理器模式使用休眠 SLEEP(SCICTL1.2)和发送唤醒 TXWAKE(SCICTL1.3)功能,不同于其他通信模式。空闲线模式通常用于兼容 RS-232 类型的常规通信,地址位模式要在帧中增加一个附加位,即第 9 数据位)	0	选择空闲线模式协议
		1	选择地址位模式协议
2～0	SCI CHAR2～0 (字符长度控制位,这些位用于设置 SCI 字符的长度。少于 8 位的字符在 SCIRXBUF 和 SCIRXEMU 中是右对齐的,并且在 SCIRXBUF 中字符前的空余位由 0 填充。SCITXBUF 前面的位不需要填0)	000～111	000～111 代表字符长度为 1～8 位

6.4.2 SCI 控制寄存器 1

SCI 控制寄存器 1(SCI Control Register 1,SCICTL1)用于控制接收器/发送器的使能、发送器的唤醒 TXWAKE 和休眠 SLEEP 功能、SCI 模块的软件复位。SCI 初始化时,一般先将 SCICTL1.5＝SWRESET 置 0,进行软件复位。在 SCI 初始化代码执行结束后,再将 SWRESET 置 1,退出软件复位,并将 TXENA 和 RXENA 均置 1,使能 SCI 模块发送器和接收器工作。

8 位 SCICTL1 位域变量数据格式如图 6-14 所示,位域变量功能描述如表 6-5 所示。

7	6	5	4	3	2	1	0
Reserved	RX ERR INT ENA	SW RESET	Reserved	TXWAKE	SLEEP	TXENA	RXENA
R/W-0	R/W-0	R/W-0	R/W-0	R/W-0	R/W-0	R/W-0	R/W-0

图 6-14　SCICTL1 位域变量数据格式

表 6-5　SCICTL1 位域变量功能描述

位	名　称	值	描　述
7	保留位		读返回 0,写无效
6	RX ERR INT ENA (SCI 接收器错误中断使能位。当 RX ERROR 位 (SCIRXST.7)因发生错误而置位时,该位置位将允许接收错误中断产生)	0	接收错误中断禁止。系统复位默认状态
		1	接收错误中断使能
5	SW RESET (SCI 软件复位位,低电平有效。受 SW RESET 影响的标志位以及软件复位后的值如下所示。所有受影响的逻辑均保持为特定的复位状态,直到向 SW RESET 写 1。该位不影响 SCI 的配置。 　软件复位后的值　SCI 标志位　　寄存器位 　　　　1　　　　TXRDY　　　SCICTI2.7 　　　　0　　　TXEMPTY　　SCICTI2.6 　　　　0　　　RXWAKE　　SCIRXST.1 　　　　0　　　　PE　　　SCIRXST.2 　　　　0　　　　OE　　　SCIRXST.3 　　　　0　　　　FE　　　SCIRXST.4 　　　　0　　　BRKDT　　SCIRXST.5 　　　　0　　　RXRDY　　SCIRXST.6 　　　　0　　RX ERROR　　SCIRXST.7)	0	写 0 到 SW RESET 位,初始化 SCI 状态机(SCICTI.2)和操作标志(SCIRXST)到复位状态。系统复位默认状态
		1	在系统复位后,通过向 SW RESET 位写 1,重新使能 SCI 模块
4	Reserved(保留位)		读返回 0,写无效
3	TXWAKE (SCI 发送器唤醒方法选择位。TXWAKE 位控制数据发送特性的选择,这取决于 ADDR/IDLE MODE 位 (SCICCR.3)指定哪一种发送模式。在空闲线模式下,向 TXWAKE 位写 1,然后向发送数据缓冲器 SCITXBUF 写入数据,将自动产生 11 个数据位的空闲周期。在地址位模式下,向 TXWAKE 位写 1,然后向发送数据缓冲器 SCITXBUF 写入数据,将会使该帧的地址位置位	0	发送特性未被选择。系统复位默认状态
		1	发送特性被选择,TXWAKE 位不会被 SW RESET 清零;只能由系统复位或者 TXWAKE 传送到唤醒临时标志(WUT)的过程中被清零

续表

位	名　　称	值	描　　述
2	SLEEP (SCI 接收器休眠位。SLEEP 位控制接收器的休眠功能。若 SLEEP 位被软件清 0,会使 SCI 接收器退出休眠模式。若 SLEEP 被软件置 1,接收器进入休眠模式,但仍然接收数据,然而接收器接收数据后不会更新接收缓冲器准备就绪位 RXRDY(SCIRXST.6)或各错误状态位(SCIRXST.5～2),直至检测到地址字节。当检测到地址字节时,SLEEP 位不会被清零)	0	休眠模式被禁止。系统复位默认状态
		1	休眠模式被使能
1	TXENA (SCI 发送器使能位,当 TXENA 被置 1,数据位才能通过 SCITXD 引脚进行发送。若复位,只有在以前写入发送数据缓冲器 SCITXBUF 所有数据均被发送后,传输才停止)	0	发送器禁止。系统复位默认状态
		1	发送器使能
0	RXENA (SCI 接收器使能位,RXENA 被清 0 阻止接收的字符传送到两个接收器缓冲器,即 SCIRXEMU、SCIRXBUF,也阻止产生接收中断请求信号。然而接收移位寄存器能继续进行接收移位和串并转换,因此若在接收一个字符期间 RXENA 被置 1,完整的字符将被传送到两个接收器缓冲器 SCIRXEMU、SCIRXBUF)	0	禁止接收到的字符传送到 SCIRXEMU、SCIRXBUF。系统复位默认状态
		1	使能接收到的字符传送到 SCIRXEMU、SCIRXBUF

6.4.3　SCI 波特率选择寄存器

16 位 SCI 波特率选择寄存器(SCI Baud-Select Registers)拆分为高字节波特率选择寄存器(SCIHBAUD)和低字节波特率选择寄存器(SCILBAUD),16 位 SCI 波特率选择寄存器的值 SRR 通过 SCIHBAUD 和 SCILBAUD 进行加载。

SCIHBAUD 位域变量数据格式如图 6-15 所示。SCILBAUD 位域变量数据格式如图 6-16 所示。

15	14	13	12	11	10	9	8
BAUD15 (MSB)	BAUD14	BAUD13	BAUD12	BAUD11	BAUD10	BAUD9	BAUD8
R/W-0	R/W-0	R/W-0	R/W-0	R/W-0	R/W-0	R/W-0	R/W-0

图 6-15　SCIHBAUD 位域变量数据格式

7	6	5	4	3	2	1	0
BAUD7	BAUD6	BAUD5	BAUD4	BAUD3	BAUD2	BAUD1	BAUD0(LSB)
R/W-0	R/W-0	R/W-0	R/W-0	R/W-0	R/W-0	R/W-0	R/W-0

图 6-16　SCILBAUD 位域变量数据格式

16 位 SCI 波特率选择寄存器的值 SRR 与 SCI 模块串行传输波特率选择的关系描述如表 6-6 所示。

表 6-6　SCI 波特率选择寄存器的值 SRR 与波特率选择的关系描述

位	名　称	值	描　述
15～0	BAUD15～BAUD0（SCI 的 16 位波特率选择位）		波特率选择寄存器 SCIHBAUD(高字节)和 SCILBAUD(低字节)组成一个 16 位的波特值 BRR。内部产生的串行时钟由低速外设时钟(LSPCLK)和两个波特率选择寄存器决定。SCI 波特率可以选择 6.4 万种不同的串行时钟速率中的一个用于通信,计算公式如下： 对于 $1 \leqslant BRR \leqslant 65\,536$,SCI 异步波特率 $= \dfrac{\text{LSPCLK}}{(\text{BRR}+1) \times 8}$ 或者,$\text{BRR} = \dfrac{\text{LSPCLK}}{\text{SCI 波特率} \times 8} - 1$ 对于 BRR=0,SCI 异步波特率=LSPCLK/16,这是系统复位默认状态。这里 BRR 是 16 位波特率选择寄存器中的 16 位值(用十进制表示)

6.4.4　SCI 控制寄存器 2

8 位 SCI 控制寄存器 2(SCI Control Register2,SCICTL2)用于使能接收器准备好标志、间断检测、发送器准备好标志中断以及发送器准备好标志和发送器空标志。

若没有使能 SCI 发送中断,可通过检测发送缓冲寄存器准备好标志位 TXRDY 来判断 SCI 发送数据缓冲器 SCITXBUF 是否为空,以决定是否可以向发送数据缓冲寄存器 SCITXBUF 写入一个要发送的新字符。

8 位 SCICTL2 位域变量数据格式如图 6-17 所示,位域变量功能描述如表 6-7 所示。

7	6	5	2	1	0
TXRDY	TX EMPTY	Reserved		RX/BK INT ENA	TX INT ENA
R/W-0	R/W-0	R-0		R/W-0	R/W-0

图 6-17　SCICTL2 位域变量数据格式

表 6-7　SCICTL2 位域变量功能描述

位	名　称	值	描　述
7	TXRDY（发送缓冲寄存器准备好标志位。TXRDY=1 表示发送数据缓冲器 SCITXBUF 准备好接收另一个字符,即可向 SCITXBUF 写入下一个字符发送。向 SCITXBUF 写入数据时,TXRDY 位将被自动清零。如果 TX INT ENA 位(SCICTL2.0)被置 1 时,该 TXRDY 标志位置 1 将产生发送器中断请求）	0	发送缓冲寄存器 SCITXBUF 满(不空)。系统复位默认状态
		1	发送缓冲寄存器 SCITXBUF 准备好接收下一个字符(即 SCITXBUF 空)

续表

位	名　称	值	描　述
6	TX EMPTY (发送器空标志位。该位不会引起中断请求)	0	发送缓冲寄存器或移位寄存器或者两者均装有数据(不空)。系统复位默认状态
		1	发送缓冲寄存器和移位寄存器均空
5~2	Reserved　(保留位)		
1	RX/BK INT ENA (接收缓冲器/间断中断使能位。这位控制接收缓冲寄存器准备好标志位 RXRDY(SCIRXST.6)或 SCI 间断检测标志位 BRKDT(SCIRXST.5)被置 1 所引起的中断请求。然而,该位并不能阻止 RXRDY 和 BRKDT 被置 1)	0	禁止 RXRDY/BRKDT 中断。系统复位默认状态
		1	使能 RXRDY/BRKDT 中断
0	TX INT ENA (发送缓冲寄存器中断使能位。这位控制发送缓冲寄存器准备好标志位 TXRDY(SCICTL2.7)被置 1 所引起的中断请求。然而,该位并不能阻止 TXRDY 被置 1,指示发送数据缓冲器 SCITXBUF 准备好接收另一个字符)	0	禁止 TXRDY 中断。系统复位默认状态
		1	使能 TXRDY 中断

6.4.5　SCI 接收状态寄存器

8 位 SCI 接收状态寄存器(SCI Receiver Status Register,SCIRXST)用于指示接收器的 7 个状态标志,其中两个状态标志能产生中断请求。每当一个完整字符被传送到接收缓冲寄存器(SCIRXEMU 和 SCIRXBUF)时,7 个状态标志被更新。

若没有使能 SCI 接收中断,可通过检测 SCI 接收器准备好标志位 RXRDY 来判断 SCI 是否接收到新字符,以决定是否可以从接收数据缓冲寄存器 SCIRXBUF 中读取接收的新字符。当 SCI 发生通信检测错误时,接收器的 4 个状态标志,即间断检测标志位(BRKDT)、SCI 帧错误标志位(FE)、SCI 超限错误标志位(OE)、SCI 奇偶校验错误标志位(PE),至少有一个被置 1 并在 RX ERR INT ENA(SCICTL1.6)位被置位,产生接收器错误中断请求。这时,需要通过 SCI 的有效软件复位(SW RESET=0)对接收器错误标志清零,才能使 SCI 接收器退出错误状态。

8 位 SCIRXST 位域变量数据格式如图 6-18 所示,位域变量功能描述如表 6-8 所示。

7	6	5	4	3	2	1	0
RX ERROR	RXRDY	BRKDT	FE	OE	PE	RXWAKE	Reserved
R-0	R-0	R-0	R-0	R-0	R-0	R-0	R-0

图 6-18　SCIRXST 位域变量数据格式

表 6-8   SCIRXST 位域变量功能描述

位	名　　称	值	描　　述
7	RX ERROR (SCI 接收器错误标志位。该位指示接收状态寄存器中的一个错误标志被置位,RX ERROR 是间断检测标志 BRKDT、帧错误 FE、超限错 OE 和奇偶校验错误 PE 使能标志(SCIRXST.5-2)的或逻辑输出。若 RX ERR INT ENA(SCICTL1.6)位被置位,则该位置 1 时将引发中断请求)	0	没有错误标志位置位。系统复位默认状态
		1	有错误标志置位
6	RXRDY (SCI 接收器准备好标志位。当 SCIRXBUF 寄存器中有一个新字符准备好可被读取时,该位置位,并且如果 RX/BK ENA 位(SCICTI2.1)为 1,则产生一个接收中断。读接收数据缓冲寄存器 SCIRXBUF 可以将 RXRDY 标志位清 0)	0	SCIRXBUF 中没有新字符。系统复位默认状态
		1	SCIRXBUF 中有字符准备好可被读出
5	BRKDT (SCI 间断检测标志位。当发生间断条件时,SCI 将该位置位。间断条件是指 SCI 接收器的数据线 SCIRXD 在丢失第 1 个停止位之后连续保持至少 10 位低电平。如果 RX/BK INT ENA 位为 1,间断发生将产生一个接收中断,但不会引起接收缓冲器被装载。即使接收器 SLEEP 位被置位,也会发生 BRKDT 中断。该位可由 SW RESET 或系统复位清零。在间断被检测到后,该位不会因接收到 1 个字符被清零。为了使 SCI 接收更多的字符,必须将 SW RESET 置 0 或系统复位对 BRKDT 清 0)	0	没有发生间断条件。系统复位默认状态
		1	发生间断条件
4	FE (SCI 帧错误标志位。当没有检测到一个期望的停止位时,FE 被 1。SCI 仅检测第 1 个停止位。丢失的停止位表示已经发生起始位不同步,接收的字符发生帧错误。该位可由 SW RESET 位置 0 或系统复位清 0)	0	没有检测到帧错误。系统复位默认状态
		1	检测到帧错误
3	OE (SCI 过载错误标志位。在前一个字符还没有被 CPU 或 DMAC(DMA 控制器)完全读取之前,一个字符又被传送到 SCIRXEMU 和 SCIRXBUF 寄存器,SCI 将该位置位。前一个字符因被覆盖而丢失,该位可由 SW RESET 位置 0 或系统复位清 0)	0	没有检测到过载错误。系统复位默认状态
		1	检测到过载错误
2	PE (SCI 奇偶校验错误标志位。当接收到的字符中 1 的数量与其奇偶校验位不匹配时,该标志位被置位。地址位也计算在内。如果奇偶校验位的产生和检查未被使能,则 PE 标志位禁用并读为 0。该位可通过 SW RESET 位置 0 或系统复位来清 0)	0	没有检测到奇偶校验错误或奇偶校验未使能。系统复位默认状态
		1	检测到奇偶校验错误

续表

位	名　称	值	描　述
1	RXWAKE (接收器唤醒检测标志位。在地址位多处理器模式下 (SCICCR.3=1),RXWAKE 反映 SCIRXBUF(SCI 接收 缓冲寄存器)中字符的地址位值(即第 9 数据位的值)。 在空闲线多处理器模式下(SCICCR.3＝0),如果 SCIRXD 数据线被检测到处于空闲状态,则 RXWAKE 被置 1。RXWAKE 是只读的标志,被下列条件之一清 0。 　　① 地址字节后的第 1 个数据字节被传送(接收)到 SCIRXBUF(仅对非 FIFO 模式) 　　② 读 SCIRXBUF 的值 　　③ 有效的软件复位 　　④ 系统复位	0	没有检测到接收器唤醒条件。系统复位默认状态
		1	检测到接收器唤醒条件
0	Reserved　(保留位)		读返回 0,写无效

6.4.6　SCI 仿真数据缓冲寄存器

8 位 SCI 仿真数据缓冲寄存器(Emulation Data Buffer,SCIRXEMU)和 16 位 SCI 接收数据缓冲寄存器都存放从 8 位接收移位寄存器 RXSHF 传送来的接收数据。每当传送结束时,接收器准备好标志位 RXRDY(SCIRXST.6)被置 1,指示所接收的数据准备好可被读取。SCIRXEMU 与 SCIRXBUF 有单独的存储器映射地址,但不是物理上分开的缓冲器,唯一的区别是读 SCIRXEMU 值不自动清除 RXRDY 标志位,而读 SCIRXBUF 值自动清除 RXRDY 标志位。

SCI 接收数据正常读操作是从 SCIRXBUF 中读。SCIRXEMU 主要用于被仿真器(EMU)连续读接收数据到屏幕刷新而不会清除 RXRDY 标志位。SCIRXEMU 可被系统复位清除。应使用 SCIRXEMU 在仿真器观察窗口观察 SCIRXBUF 的内容。SCIRXEMU 不是物理实现,它仅仅是用不同的存储器地址来访问 SCIRXBUF 而没有清除 RXRDY 标志位。

8 位 SCIRXEMU 位域变量数据格式如图 6-19 所示,位域变量功能描述如同 SCIRXBUF。

7	6	5	4	3	2	1	0
ERXDT7			～				ERXDT0
R-0	R-0	R-0	R-0	R-0	R-0	R-0	R-0

图 6-19　SCIRXEMU 位域变量数据格式

6.4.7　SCI 接收数据缓冲寄存器

16 位 SCI 接收数据缓冲寄存器(Receiver Data Buffer,SCIRXBUF)用于读取从 8 位接收移位寄存器 RXSHF 传送来的接收数据。每当 RXSHF 把接收到的数据传送到 SCIRXBUF 时,接收器准备好标志位 RXRDY(SCIRXST.6)被置 1,通知 CPU 可以读取。SCIRXBUF 被读取后,RXRDY 被自动清 0。SCIRXBUF 可被系统复位清零。

16 位 SCIRXBUF 位域变量数据格式如图 6-20 所示,位域变量功能描述如表 6-9 所示。

15	14	13 ～ 8	7	…	0
SCIFFFE	SCIFFPE	Reserved	RXDT7	…	RXDT0
R-0	R-0	R-0	R-0	R-0	R-0

图 6-20　SCIRXBUF 位域变量数据格式

表 6-9　SCIRXBUF 位域变量功能描述

位	名　　称	值	描　　述
15	SCIFFFE (SCI FIFO 帧错误标志位。仅在 FIFO 被使能时可用。该位与 FIFO 顶部的字符有关)	0	接收字符 7～0 位时未发生帧错误
		1	接收字符 7～0 位时发生帧错误
14	SCIFFPE (SCI FIFO 奇偶校验错误标志位。仅在 FIFO 被使能时可用。该位与 FIFO 顶部的字符有关)	0	接收字符 7～0 位时未发生奇偶校验错误
		1	接收字符 7～0 位时发生奇偶校验错误
13-8	Reserved　(保留位)		保留位
7-0	RXDT7～RXDT0		接收字符 7～0 位

6.4.8　SCI 发送数据缓冲寄存器

SCI 发送数据缓冲寄存器(SCI Transmit Data Buffer Register,SCITXBUF)存放 CPU 写入要发送的 8 位数据。若 SCI 通信控制寄存器 SCICCR.2-0 设置的字符长度小于 8,则 SCITXBUF 中的 8 位数据有效位必须是右对齐,最左边的无效位被忽略。每当 SCITXBUF 中的 8 位数据传送到 8 位发送移位寄存器(TXSHF)时,发送缓冲寄存器准备好标志位(TXRDY)被置 1,表示 SCITXBUF 准备好接收另一个要发送的字符。若发送缓冲寄存器中断使能位(TX INT ENA=SCICTL2.0)被置 1,则将产生发送中断。

8 位 SCITXBUF 位域变量数据格式如图 6-21 所示。

7	6	5	4	3	2	1	0
TXDT7				～			TXDT0
R/W-0	R/W-0	R/W-0	R/W-0	R/W-0	R/W-0	R/W-0	R/W-0

图 6-21　SCITXBUF 位域变量数据格式

6.4.9　SCI FIFO 寄存器

16 级深度 SCI 先进先出发送/接收数据缓冲器 SCI FIFO(8 位×16)是 2833x DSP 器件 SCI 模块的增强功能之一。SCI FIFO 寄存器包括 3 个 16 位控制寄存器,即 SCI FIFO 发送寄存器(SCI FIFO Transmit Register,SCIFFTX)、SCI FIFO 接收寄存器(SCI FIFO Receive Register,SCIFFRX)、SCI FIFO 控制寄存器(SCI FIFO Control Register,SCIFFCT)。

1. SCI FIFO 发送寄存器

16 位 SCI 发送 FIFO 寄存器(SCIFFTX)包含 SCI FIFO 增强功能使能位、发送 FIFO 复位位、发送 FIFO 缓冲器待发送字符数状态位、发送 FIFO 中断标志位、发送 FIFO 中断标志位清除位、发送 FIFO 中断使能位、发送 FIFO 中断等级(0~16 级)设置位。

16 位 SCIFFTX 位域变量数据格式如图 6-22 所示,位域变量功能描述如表 6-10 所示。

15	14	13	12	~	8
SCIRST	SCIFFENA	TXFIFO Reset	TXFFST4	~	TXFFST0
R/W-1	R/W-0	R/W-1	R-0		

7	6	5	4	~	0
TXFFINT Flag	TXFFINT CLR	TXFFIENA	TXFFIIL4	~	TXFFIL0
R-0	W-0	R/W-0	R/W-0		

图 6-22 SCIFFTX 位域变量数据格式

表 6-10 SCIFFTX 位域变量功能描述

位	名 称	值	描 述
15	SCIRST (SCI 复位位)	0	写 0 复位 SCI 的发送和接收通道。SCI FIFO 寄存器配置保持不变
		1	SCI FIFO 恢复发送或接收。在自动波特率逻辑下,SCIRST 应置 1。系统复位默认状态
14	SCIFFENA (SCI FIFO 增强功能使能位)	0	禁用 SCI FIFO 增强功能
		1	使能 SCI FIFO 增强功能
13	TXFIFO Reset (发送 FIFO 复位位)	0	写 0 复位发送 FIFO 指针为 0,并保持复位
		1	写 1 重新使能发送 FIFO 操作
12~8	TXFFST4~0 (发送 FIFO 字符数状态位)	00000~ 10000	读取值为 0~16,0 对应发送 FIFO 空,1~16 分别对应发送 FIFO 有 1~16 个发送字符
7	TXFFINT Flag (发送 FIFO 中断标志位,只读位)	0	没有发生发送 FIFO 中断
		1	发生发送 FIFO 中断
6	TXFFINT CLR (发送 FIFO 中断标志清 0 位,只写位)	0	写 0 对 TXFFINT Flag 无影响,读该位返回 0
		1	写 1 清零第 7 位的 TXFFINT Flag 位
5	TXFFIENA (发送 FIFO 中断使能位)	0	禁止基于 TXFFIVL 匹配(TXFFST4~0 小于等于 TXFFIVL4~0)的发送 FIFO 中断
		1	使能基于 TXFFIVL 匹配的发送 FIFO 中断(即 TXFFST4~0 小于等于 TXFFIVL4~0 时)
4~0	TXFFIL4~0 (发送 FIFO 中断级数位)		当发送 FIFO 字符数状态位(TXFFST4~0)小于等于 FIFO 中断级数位(TXFFIL4~0)时,产生发送 FIFO 中断。系统复位默认值是 0x00000

2. SCIFIFO 接收寄存器

16 位 SCIFIFO 接收寄存器(SCIFFRX)包含接收 FIFO 溢出标志位、接收 FIFO 溢出标志位清除位、接收 FIFO 复位位、接收 FIFO 缓冲器当前已接收字符数状态位、接收 FIFO 中断标志位、接收 FIFO 中断标志位清除位、接收 FIFO 中断使能位、接收 FIFO 中断等级(0~

16 级)设置位。

16 位 SCIFFRX 位域变量数据格式如图 6-23 所示,位域变量功能描述如表 6-11 所示。

15	14	13	12	～	8
RXFFOVF	RXFFOVR CLR	RXFIFO Reset	RXFFST4	～	RXFFST0
R/-0	W-0	R/W-1		R-0	
7	6	5	4	～	0
RXFFINT Flag	RXFFINT CLR	RXFFIENA	RXFFIL4	～	RXFFIL0
R-0	W-0	R/W-0		R/W-11111	

图 6-23 SCIFFRX 位域变量数据格式

表 6-11 SCIFFRX 位域变量功能描述

位	名 称	值	描 述
15	RXFFOVF (接收 FIFO 溢出位。只读位)	0	接收 FIFO 没有溢出。系统复位默认状态
		1	接收 FIFO 已溢出。接收 FIFO 超过 16 个字符,第一个接收到的字符丢失
14	RXFFOVF CLR (接收 FIFO 溢出标志清除位。只写位)	0	写 0 对 RXFFOVF 标志位没有影响,读该位返回 0
		1	写 1 清除第 15 位的 RXFFOVF 标志位
13	RXFIFO Reset (接收 FIFO 复位位)	0	写 0 复位 FIFO 指针为 0,并保持复位
		1	写 1 重新使能接收 FIFO 操作
12～8	RXFFST4～0 (接收 FIFO 字符数状态位)	00000～ 10000	读取值为 0～16,0 对应接收 FIFO 空。0～16 分别对应接收 FIFO 有 1～16 个字符。系统复位默认值为 00000
7	RXFFINT Flag (接收 FIFO 中断标志位,只读位)	0	没有发生接收 FIFO 中断。系统复位默认状态
		1	发生接收 FIFO 中断
6	RXFFINT CLR (接收 FIFO 中断标志位清 0 位,只写位)	0	写 0 对 RXFFINT 标志位没有影响,读该位返回 0 值
		1	写 1 清零 RXFFINT Flag 标志位
5	RXFFIENA (接收 FIFO 中断使能位)	0	禁用基于 RXFFIVL 匹配(RXFFST 大于等于 RXFFIVL)的接收 FIFO 中断
		1	使能基于 RXFFIVL 匹配(RXFFST 大于或等于 RXFFIVL)的接收 FIFO 中断。系统复位默认状态
4～0	RXFFIL4～0 (接收 FIFO 中断级数)	00000～ 11111	当接收 FIFO 字符数状态位(RXFFST4～0)大于或等于接收 FIFO 中断级数(RXFFIL4～0)时,产生接收 FIFO 中断。系统复位默认值是 11111。这就避免系统复位后频繁中断,因为接收 FIFO 多数时间是空的

3. SCI 控制 FIFO 寄存器

16 位 SCI 控制 FIFO 寄存器(SCIFFCT)包含自动波特率检测标志位、自动波特率检测标志位清除位、校准 A 检测位(自动波特率校准使能位)、FIFO 传送延时位。

16 位 SCIFFCT 位域变量数据格式如图 6-24 所示,位域变量功能描述如表 6-12 所示。

15	14	13	12 ～ 8	7	～	0
ABD	ABD CLR	CDC	Reserved	FFTXDLY7	～	FFTXDLY0
R-0	W-0	R/W-0	R-0		R/W-0	

图 6-24 SCIFFCT 位域变量数据格式

表 6-12 SCIFFCT 位域变量功能描述

位	名 称	值	描 述
15	ABD (自动波特率检测标志位,Auto-Baud Detect,ABD)	0	自动波特率检测没有完成,没有成功接收到字符 A 或者 a。系统复位默认状态
		1	自动波特率硬件已经在接收寄存器中检测字符 A 或者 a,自动波特率检测完成
14	ABD CLR (自动波特率检测位清零位)	0	写 0 对 ABD 标志位无效,读该位返回 0 值
		1	写 1 清除第 15 位的 ABD 标志位
13	CDC (自动波特率校准使能位)	0	禁止自动波特率校准。系统复位默认状态
		1	使能自动波特率校准
12～8	(保留位)		保留
7～0	FFTXDLY7～0 (FIFO 传送延时位。这些位定义由FIFO 发送缓冲器至发送移位寄存器每次传输之间的延时,这个延时定义为SCI 串行波特率时钟周期数)		8 位寄存器 FFTXDLY7～0 能定义 0～255个波特率时钟周期的延时。在 FIFO 模式下,位于发送移位寄存器和发送 FIFO 之间的发送缓冲器(TXBFU)应在发送移位寄存器已经完成一个字符的最后一位移位后才被写入,这就要求传输数据流之间进行延时。在 FIFO 模式下,发送缓冲器(TXBFU)不应该作为一个附加的缓冲区。延时发送特性有助于创建一个无 RTS/CTS(请求发送/清除发送)控制的与标准UART 相同的自动数据流传输方案。系统复位默认状态为 0x00,即无 FIFO 传送延时

6.4.10 SCI 优先权控制寄存器

8 位 SCI 优先权控制寄存器(Priority Control Register,SCIPRI)用来决定当一个仿真挂起事件发生时(如当调试器遇到断点时),SCI 优先做什么再停止。

8 位 SCIPRI 位域变量数据格式如图 6-25 所示,位域变量功能描述如表 6-13 所示。

7	～	5	4	3	2	～	0
	Reserved		SCI SOFT	SCI FREE		Reserved	
	R-0		R/W-0	R/W-0		R-0	

图 6-25 SCIPRI 位域变量数据格式

表 6-13　SCIPRI 位域变量功能描述

位	名　　　称	值	描　　　述
7～5	Reserved(保留位)		读返回 0,写无效
4～3	SCI SOFT/FREE (仿真挂起事件发生时,SCI 优先做什么再停止)	00	仿真挂起事件发生时,SCI 模块立即停止传输(当前接收/发送操作)。系统复位默认状态
		10	仿真挂起事件发生时,SCI 模块完成当前接收/发送操作后停止
		x1	SCI 模块自由运行,不受仿真挂起事件影响
2～0	Reserved　(保留位)		读返回 0,写无效

6.5　SCI 异步串口通信应用例程开发

6.5.1　SCI 两种多机通信模式

SCI 有两种多机通信模式,即空闲线多机通信模式和地址位多处理器通信模式。空闲线多机通信模式较适用于 SCI 扩展 RS-485、RS-422 现场总线或 RS-232 接口的串行通信。地址位多处理器通信模式较适用于 DSP 器件之间的串行通信。

1. 空闲线多机通信模式

SCI 模块空闲线(IDLE)通信模式是由 SCI 通信控制寄存器(SCICCR)的位域变量 ADDR/IDLE ENA(SCICCR.3,地址位/空闲线多机通信方式控制位)设置的,系统复位时,ADDR/IDLE ENA 被复位为 0,默认设置为空闲线多机通信方式。

空闲线多机通信方式的异步通信一个报文的字符帧格式如图 6-26 所示。通常选择字符长度为 8 位,无奇偶校验位,1 位起始位,1 位停止位。起始位(start)是高电平到低电平的跳变,停止位是高电平,也是空闲位电平。空闲线状态是指前一个报文(即 n 个字节组成的数据块)与后一个报文之间的空闲位应大于一个报文中每个字符之间的空闲位,即应大于等于 11 位空闲位时间。

图 6-26　空闲线多机通信模式的一个报文字符帧格式

在制定多机异步通信协议时,通常将主机发送的报文称为命令报文,从机的响应帧称为数据报文。空闲线多机通信模式的一个报文的第 1 个字节通常定义为地址字节,后续为功能字节和数据字节。除了约定命令报文的第 1 帧是地址字节外,通常还约定第 2 帧数据字节是功能字节(或称为命令字节),如果不够用,再定义第 3 帧数据字节是功能字节 2,依此类推。在功能字节后面才是数据字节。命令报文的主要功能是向从机下达做什么的控制命令,比如让从机采集现场传感器数据上传给主机,或让从机按命令报文中给出的控制量对现场执行机构进行控制等,由于命令报文的功能不同,有的命令报文只有地址字节+命令字节,没有数据字节。有的命令报文不仅有地址字节＋功能字节,还有数据字节,导致不同命令报文有不同的字节长度。

数据报文是从机对主机命令报文的响应报文,分为接收出错报文和接收正确报文。接收出错响应报文是从机接收校验出错,向主机报告,请求重发的报文。接收正确响应报文是从机接收校验正确,根据主机命令内容,向主机回送从机采集的数据字节或执行控制命令的执行效果字节等。一般来说,命令报文字节长度小于等于数据报文的字节长度,接收出错报文字节长度小于等于接收正确报文的字节长度。

空闲线多机通信方式能保证从机有效检测到主机命令报文的帧头(即第 1 帧字符)。著名的 Modbus 协议就是在 RS-485 总线接口上利用空闲线多机通信方式进行主-从多机通信。

2. 地址位多机通信模式

地址位是指异步通信字符帧格式中包含第 9 数据位,称为地址位/数据位,比空闲线多机通信模式的字符帧格式多 1 位,即第 9 数据位,地址位多机通信模式对一个报文与另一个报文之间的空闲位最小长度没有限定要求。因此,对小于 16 个字符的短报文连续传输而言,地址位多机通信模式传输一个报文的时间大于空闲线多机通信模式传输一个报文的时间,但地址位多机通信模式下的从机能更快检测到帧头,因为数据块的帧头字符表示地址码,第 9 数据位(D8)被置为 1,表示被寻址的从机地址码,从第 2 个字符开始到 n 个字符的 9 数据位(D8)均被置为 0。地址位多机通信模式的一个报文字符帧格式如图 6-27 所示。

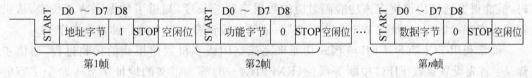

图 6-27　地址位多机通信模式下一个报文字符帧格式

6.5.2　空闲线多机通信步骤

基于 SCI 的双机通信连接如图 6-28 所示。SCI 模块接收器的 SCIRXD 引脚接在发送器的 SCITXD 引脚上;反之亦然。由于 SCITXD 引脚不能驱动多台从机的 SCIRXD 引脚,故在工程应用中,通常将 SCI 接口扩展成 RS-485 总线,RS-485 总线是 1 对 N 的基于物理层的半双工通信总线,拓扑图如图 6-29 所示。

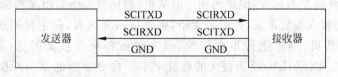

图 6-28　基于 SCI 的双机通信连接

在系统复位或 SCI 软件初始化之后,SCI 模块发送器的 SCITXD 引脚处于高电平空闲状态,主机利用 SCI 空闲线模式下的发送特性,或者利用软件定时器或 CPU 定时器等产生 11 位空闲位的延时,保证 SCI 空闲线多处理器模式所要求的前一个报文与后一个报文之间的空闲位应大于等于 11 位空闲位周期的要求。主机发送第一个字符的起始位(start)时,把 SCITSD 线从高电平空闲位状态拉到低电平,标志一个报文的帧头发送开始。

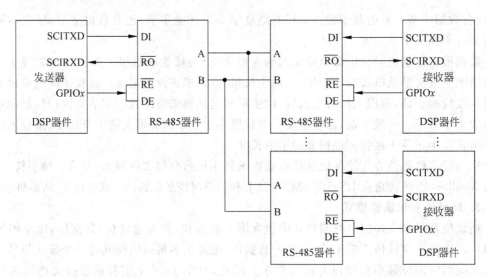

图 6-29　RS-485 半双工总线拓扑图

从机接收一个报文的策略是：所有从机初始化处于使能接收状态。由于主机发送的命令报文不止一个，而且不同命令报文往往有不同的字节长度，因此，从机事先无法预测命令报文的字节长度，唯一方法是先接收地址字节＋命令字节，处理器立即解析命令字节的功能码，就能根据通信协议决定该功能码对应的数据字节总长度，知道了数据字节总长度，从机就能决定在接收完"地址字节＋命令字节"后还要接收该命令报文的后续多少个字节。

通常利用 SCI 的 SCI FIFO 模式功能来完成空闲线多机通信模式的接收过程，通信步骤是：首先设置接收 FIFO 中断等级位（RXFFIL4～0）等于报文的地址字节＋命令字节的字节长度，所有从机都接收主机发送地址字节＋命令字节，产生接收中断，在接收中断服务程序中，用循环语句一次性读取接收 FIFO 中地址字节＋命令字节，接收完毕后，各从机解析报文的地址字节＋命令字节，根据命令字节的值决定该报文第 2 次设置接收 FIFO 中断等级位（RXFFIL4～0）的值等于该报文总字节数－（发送地址字节＋命令字节的字节长度）。当第 2 次接收中断发生时，在接收中断服务程序中接收该报文的剩余字节，将完整报文的接收缓冲器接收标志位置 1，通知主程序对完整报文进行解析。

当所有从机把命令报文所有字节都接收完毕后，各从机在自己的主程序中，解析接收地址字节与本机地址码是否相等，地址码相等的从机，利用校验码对报文校验，校验若有错，则丢弃，向主机回送错误响应报文，校验若无错，则解析报文内容，向主机回送正确响应报文。地址码不相等的从机，不再进行报文校验、报文解析和响应报文回送，直接初始化接收 FIFO 中断等级位 RXFFIL4～0 为报文的地址字节＋命令字节的字节长度，为接收下一个报文做准备。

6.5.3　地址位多机通信步骤

主机利用 SCI 地址位模式下的发送特性，将地址字节第 9 数据位置 1，这是由 SCICTL1.3＝TXWAKE 位域变量被软件置 1 实现的，而跟在地址码之后的数据字节，用 TXWAKE 被软件置 0 实现数据字符的第 9 数据位被置 0。在从机被设置为地址位多机通信模式后，将 SCICTL1.2＝SLEEP（接收器休眠控制位）置 1，使接收器处于休眠状态，只要接收到地址码(即第9数据位为1)就立即产生地址码接收中断。若未接收到地址码,即没有接收到帧头字符(一般帧头为地址码)就不会产生接收中断,这就保证多从机能快速检测到帧头,并接收地址码,然后比较地址字节是否与本从机地址码相符。地址比较不相符的从机继续保持SLEEP=1,地址比较相符的从机,立即将SLEEP置成0,即取消休眠功能,则地址比较相符的从机对第9数据位为0的数据字节不仅能产生接收中断,而且更新RXRDY(SCI接收器接收到一个字符,RXRDY被自动置1)标志位和接收出错标志位。而SLEEP=1时,不能更新RXRDY标志和接收出错标志位。

由图6-4可见,当RXFFIL软件编程设置为1时,SCIRXFIFO蜕变为标准UART模式,即每接收一个字符,产生一次接收中断信号RXINT。当RXFIFL=n设置为大于1时,则接收的n个字符顺序放入RX FIFO中,当FIFO存放的字节数等于n时,产生RXFIFO满中断信号RXFFINT,RX中断逻辑最终产生接收中断请求信号RXINT。

6.5.4 SCI发送FIFO应用程序开发

利用发送FIFO功能,CPU可以将n个字节($n \leqslant 16$)一次性循环写入发送FIFO。每当发送移位寄存器移出一帧字符的最后一位时,发送FIFO根据发送FIFO传送到发送移位寄存器的延时位规定的延时时间(系统默认值为0延时)自动将发送FIFO存放的最先输出字符传送到发送移位寄存器,启动下一个字符的发送,不需要CPU任何干预,直到发送FIFO传送空为止。虽然F28335的SCI模块系统复位后默认为SCI标准UART模式,但由于FIFO模式可以大大提高CPU访问SCI模块的效率,通常初始化设置为SCI FIFO模式。

以工业上常用的Modbus协议应用为例,DSP的SCI-C接口扩展一片RS-485器件,型号为MAX3485,Modbus协议运行在RS-485总线物理层,连接框图如图6-30所示。

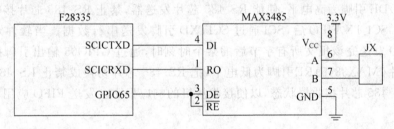

图 6-30　SCI-C口扩展一片RS-485器件的连接框图

ModBus协议规范要求异步串口采用空闲线多机通信模式,故将F28335的SCI-C模块初始化为空闲线多机通信模式。由ModBus协议可知,一个报文的长度小于16B,故完全可以利用F28335的发送FIFO,将需要发送的一帧数据的所有字节直接传送到TX FIFO缓冲区中,而不需要像标准UART模式,CPU每次只能向TXBUF(发送缓冲器)传送一个字节,还要等到发送缓冲器空之后,才能传送下一个字节,图6-31所示为SCI模块在标准UART模式与增强型UART模式下,DSP发送代码的比较。图中SCICREG.SCITXBUF是SCI-C模块的发送寄存器,与标准UART模式的发送缓冲器功能一样,就是CPU向串口写发送字节的数据寄存器,TX FIFO是CPU不能直接访问的。Txlen为发送报文的总字节数,CBUF[]为发送数据数组变量名。"GPIODATAREGS.GPBSET.bit.GPIO65=1;"语句控制MAX3485的发送使能端DE为"1"电平,使MAX3485处于发送器状态。

```
GPIODATAREGS.GPBSET.bit.GPIO65=1;              GPIODATAREGS.GPBSET.bit.GPIO65=1;
for(i=0; i<Txlen; i++)                         for(i=0; i<Txlen; i++)
  {SCICREG.SCITXBUF=CBUF[i];}                     {SCICREG.SCITXBUF=CBUF[i];}
  while(SCICREGS.SCICTL2.bit.TXRDY==0)(;)
  //发送缓冲器不空时，TXRDY=0
}
```

(a) 标准URAT模式的发送代码   (b) SCI FIFO模式的发送代码

图 6-31　标准 UART 模式与 SCI FIFO 模式发送代码的比较

由图 6-31 可以看出，若 SCI-C 设置成标准 UART 模式，即没有发送 FIFO 缓冲器功能，则每次写一个字节到 SCITXBUF 后，不能立即写下一个字符，必须用 while 语句等待发送缓冲器空标志（TXRDY）＝1 后才能写下一个字符。这是因为 TXBUF 把字节传送给发送移位寄存器 TXSHF 后，要等 TXSHF 把并行字节转换成串行数据全部发送出去后，TXBUF 才能把一个新字节传送给 TXSHF，同时使 TXRDY 标志位从 0（满）变为 1（空）。增强型 UART 模式允许使用 TX FIFO（发送 FIFO）增强型功能（在 SCIFFTX 寄存器中设置），则 CPU 可以用循环语句，连续写 TXBUF，把要发送的一批字节连续写入 TX FIFO 中，由 TXFIFO 再按先进先出的顺序，等 TXSHF 移出一个字节后，TX FIFO 自动将下一个字节传送到 TXSHF。可见，利用 TXFIFO 功能，CPU 与 SCI 交换数据的效率大大提高。

对于字节长度小于 16 个字节的报文，不需要使用发送中断，大于 16 字节，才需要使用发送中断，分批写入 TX FIFO。对于长度小于 16 字节的报文，只需要定时到 TX FIFO 发送完报文的所有字节之后的某个时刻，通过循环语句连续写字节到 TXBUF，向 TX FIFO 传送下一个报文所有字节，TX FIFO 就会继续自动发送下一个报文。

以图 6-30 为例，主机发送一个报文前，通过 GPIO65 输出引脚控制主机侧 RS-485 芯片（MAX3845）DE 引脚为高电平，使能 RS-485 芯片发送器，禁止 RS-485 芯片接收器。CPU 将报文写入 SCI TX FIFO 后，SCI 通过 SCITXD 引脚发送串行数据。当软件定时器延时到 TX FIFO 发送完该报文所有字节后的某个时刻时，通过 GPIO65 输出引脚控制主机侧 RS-485 芯片（MAX3845）$\overline{RE}$引脚为低电平，把 RS-485 芯片切换成禁止 RS-485 芯片发送器，使能 RS-485 芯片接收器状态，以便接收从机的响应报文。发送 FIFO 应用程序核心代码如下：

```
char cString4[8] = {0x01,0x06,0x00,0x02,0x0B,0xB7,0x6F,0x4C}; //全局变量 cString4[8]
                          //电磁阀开度 100 %,100 * 10 + 1999 = 2999 = 0x9BB7 设置命令
  ⋮
void main(void)
{ ⋮
  txlen = 8;                            //发送 8B 到 SCI-C 模块 TX FIFO 中
    GpioDataRegs.GPCSET.bit.GPIO65 = 1;  //RS-485 芯片 DE 发送使能 = 1
    delay(750000);
    for ( i = 0;i < txlen;i++)
            {
              scic_xmit(cString4[i]);     //发送电磁阀开度 100 % 的设定命令
            }

    ScicRegs.SCIFFRX.bit.RXFFIL = 8;      //接收中断等级为 8 级，当 SCIFFRX.RXFFST = 8
                                          //且 RX INT ENA 时产生接收中断
```

```
while (ScicRegs.SCIFFTX.bit.TXFFST != 0) {;}
delay(20000); //延时 9600baud 发一个字符 10 位的时间: 156 250 个 DSP 周期
GpioDataRegs.GPCCLEAR.bit.GPIO65 = 1;   //RS-485 芯片 RE接收使能 = 0
⋮
}
```

6.5.5　SCI 接收 FIFO 应用程序开发

不论是主机还是从机,通常采用 SCI RX FIFO(SCI 接收 FIFO)中断来接收串行数据,这是因为 CPU 不需要循环查询 RXDRY(接收器数据准备好标志位)。每当接收移位寄存器(RXSHF)把从 SCIRXD(SCI 接收引脚)接收的串行数据流转换成字节传送到 RX FIFO 的字节总数等于接收 FIFO 中断等级位规定的值时,就立即产生 SCI 接收中断(即 RXINT),通知 CPU 在接收中断服务函数中,通过循环语句读取接收数据缓冲器 SCIRXBUF,把 RX FIFO 中接收的数据依次读出,存入接收缓冲器全局数组变量。

接收 FIFO 应用程序的开发,除了用户需要编写 SCI 接收中断服务函数外,还要在主函数初始化程序段编写 SCI 模块初始化代码,用户编写的 SCI 模块相关代码主要包括以下内容。

(1) PIE 组中断使能寄存器对应 SCI 接收中断的使能位被置 1 赋值语句。

(2) CPU 中断使能寄存器对应 PIE 组的中断使能位被置 1 赋值语句。

(3) PIE 中断向量表对应 SCI 接收中断向量表项装载 SCI 接收中断服务函数入口地址的赋值语句。

(4) 接收 FIFO 中断等级位被配置设定值的赋值语句。

(5) DSP 接收缓冲器全局数组变量定义语句。

这些代码都可以在 TI 提供的 SCI 工程文件模板基础上进行编写。

TI 提供 RS-232 串行通信实例程序工程文件模板 RS-232.pjt,利用 SCI 接口扩展 RS-232 接口,与 PC RS-232 接口通信。PC 发送字符串给 DSP 评估板,DSP 评估板将收到的字符串回送给 PC。在 PC 端运行串口调试助手界面,可观察到 PC 收到的字符串。RS-232 接口通信模式就是典型的异步空闲线模式,字符帧格式通常采用 1 位起始位、8 位数据位、1 位停止位、无奇偶校验位。

RS-232 串行通信实例程序工程文件模板 RS232.pjt 的 Source 子文件夹下,共包含 10 个源文件模板,其中 8 个源文件模板是任何工程文件都需要添加的公共源文件模板,另外两个源文件模板分别是 SCI 功能引脚 GPIO 复用配置初始化支持函数定义源文件 DSP2833x_Sci.c 和 RS-232 串行通信主函数源文件 RS232.c。

在 DSP2833x_Sci.c 文件中可以发现,由于 SCI-A 的 SCIATXD 和 SCIARXD 功能引脚可映射为 2 对 GPIO 复用引脚,SCI-B 的 SCIBTXD 和 SCIBRXD 功能引脚可映射为 3 对 GPIO 复用引脚,SCI-C 的 SCICTXD 和 SCICRXD 功能引脚可映射为 1 对 GPIO 复用引脚。所以,用户可以根据应用需要,通过修改注释行来选择 SCI-A 和 SCI-B 与任何一对 GPIO 复用引脚相关 GPIO 寄存器初始化语句。

RS232.c 的主函数初始化核心代码如下。

```
void main(void)
{
```

```
InitSysCtrl();
DINT;
IER = 0x0000;
IFR = 0x0000;
InitScicGpio();          //选择 GPIO 引脚为 SCI - C 功能引脚,在 DSP2833x_Sci.c 中可以找到
InitPieVectTable();
EnableInterrupts();      //使能 CPU 和 PIE 中断,在 DSP2833x_PieCtrl.c 中能找到
scic_fifo_init();        //初始化 SCI FIFO,在本文件 RS232.c 中能找到
scic_loopback_init();    // 初始化 SCI,设置字符帧格式、波特率,使能 SCI FIFO 等
                         //在本文件 RS232.c 中能找到
    ⋮
}
```

RS-232 串行通信主函数源文件 RS232.c 主要完成以下功能。

(1) 对 DSP2833x_Sci.c 源文件中的 SCI 功能引脚配置初始化函数进行调用,本例程通过 SCI-C 模块扩展 RS-232 接口电路与 PC 异步通信,所以,调用 SCI-C 初始化语句 InitScicGpio()。

(2) 定义 SCI 自回环(LoopBack,自发自收功能)初始化函数和 SCI FIFO 初始化函数,并在初始化程序中调用,禁止自回环,使能 SCI FIFO 功能。

(3) 初始化 CPU 中断使能寄存器和中断标志寄存器,禁止发送和接收中断。采用查询发送和接收准备好的标志方式,进行数据的发送和接收。

RS232.c 模板没有使用 FIFO 接收中断,还没有充分利用 SCI FIFO 接收中断功能。因此,在 RS232.c 模板的基础上,用户可编写 SCI FIFO 接收中断服务函数和相关的中断初始化代码。典型接收 FIFO 应用程序开发流程框图如图 6-32 所示。

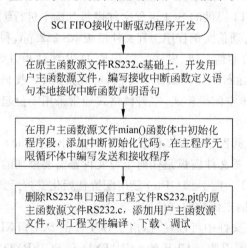

图 6-32 典型接收 FIFO 应用程序开发流程框图

6.5.6 SCI 自回环通信实例

若将 SCI 模块自回环测试模式使能位 LOOP BACK ENA 置 1(SCICCR.4),则 SCITXD 和 SCIRXD 引脚在内部短接,通过编写 SCI 发送和接收程序,就能实现 SCI 模块的自发自收。自回环测试模式主要用于测试 SCI 模块的收发功能。

TI 公司提供 SCI 自回环实例工程文件模板 Example_2833xScia_FFDLB.pjt，Example_2833xScia_FFDLB.pjt 包含 10 个源文件模板，其中 8 个源文件模板是任何工程文件都需要添加的公共源文件模板，另外两个源文件模板分别是 SCI 模块功能引脚配置初始化支持函数定义源文件 DSP2833x_Sci.c 模板和 SCI 自回环通信主函数源文件 Example_2833xSci_FFDLB.c 模板。

SCI 自回环通信主函数源文件 Example_2833xSci_FFDLB.c 使能 TX FIFO 和 RX FIFO 功能来实现自回环的自发自收，但没有使用 RX FIFO 中断，仅通过查询接收 FIFO 字符数状态位 RXFFST 是否为 1。若为 1，每接收一个字符，验证一个自收的字符与自发字符是否一致，若一致，则自回环计数器加 1，若不一致，则出错计数器加 1。

用户可以在 SCI 自回环通信主函数源文件模板 Example_2833xSci_FFDLB.c 基础上，编写每自发一个字符，产生一个该字符自收的接收中断服务程序。在接收中断服务程序中验证一个自收字符与自发字符是否一致，若一致，则自回环计数器加 1，若不一致，则出错计数器加 1。

6.5.7 SCI 模块与电磁阀定位器通信实例

F28335 的 SCI 模块扩展 RS-485 总线，与带有 RS-485 接口的电磁阀定位器遵循 ModBus 协议进行半双工通信，就能远程控制电磁阀定位器对电磁阀进行阀门开度控制。

将 F28335 的 SCI-C 扩展为 RS-485 总线接口，与带有 RS-485 总线接口的电磁阀定位器进行基于 ModBus 协议的半双工通信。F28335 作为 PC 的从机，将 SCI-B 扩展为 RS-232 接口，与带有 RS232-USB 转接卡 PC 进行基于自定义异步通信协议的半双工通信。基于 F28335 的电磁阀定位器 DSP 控制器通信接口电路框图如图 6-33 所示。

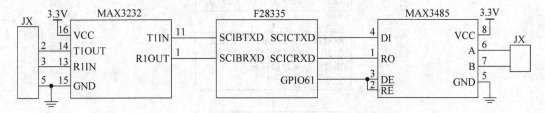

图 6-33　基于 F28335 的电磁阀定位器 DSP 控制器通信接口电路框图

DSP 控制器与电磁阀定位器之间的 RS-485 半双工通信，以轮巡周期为 1s 周期通信。采用 CPU 定时器 0 产生 1s 周期定时中断信号。TI 公司只提供 CPU 定时器周期中断应用程序工程文件模板和 RS-232 收发通信应用程序工程文件模板，不提供 CPU 定时器定时中断信号触发 SCI 收发通信的应用程序工程文件模板，这就需要用户把 CPU 定时器周期中断应用程序模板和 RS-232 收发通信应用程序模板组合到一起，构成 SCI 模块与电磁阀定位器通信应用程序工程文件。

本实例以 RS-232 通信实例工程文件模板作为母工程文件，将 CPU 定时器周期中断相关源文件添加到母工程文件中，再编写主函数源文件中的初始化程序、主程序、中断服务程序，利用 CPU 定时器产生 1s 定时周期中断，DSP 控制器以 1s 轮询周期向电磁阀定位器发送命令报文，然后接收电磁阀定位器回送的响应报文。

CPU 定时器 0 中断服务程序流程图如图 6-34 所示。SCI-B 模块 FIFO 接收中断服务程序流程图如图 6-35 所示。SCI-C 模块 FIFO 接收中断服务程序流程图如图 6-36 所示。SCI 模块与电磁阀定位器通信主程序流程图如图 6-37 所示。

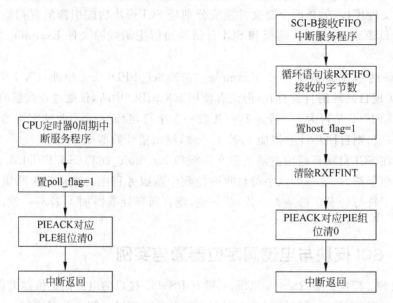

图 6-34　CPU 定时器 0 中断服务程序流程图　　图 6-35　SCI-B 模块 FIFO 接收中断服务程序流程图

图 6-36　SCI-C 模块 FIFO 接收中断服务程序流程图

　　SCI 模块与电磁阀定位器通信应用程序工程文件包含 11 个源文件模板,其中 8 个源文件模板是任何工程文件都需要添加的公共源文件模板,另外 3 个源文件模板分别是 SCI 模块功能引脚 GPIO 复用配置初始化支持函数定义源文件模板 DSP2833x_Sci. c、CPUT 定时器 0/1/2 寄存器组初始化函数定义语句 C 源文件模板 DSP2833x_CPUTimers. c 和 SCI-C 与电磁阀定位器通信主函数源文件,本实例文件名起名为 RS485C161006RXINT. c。

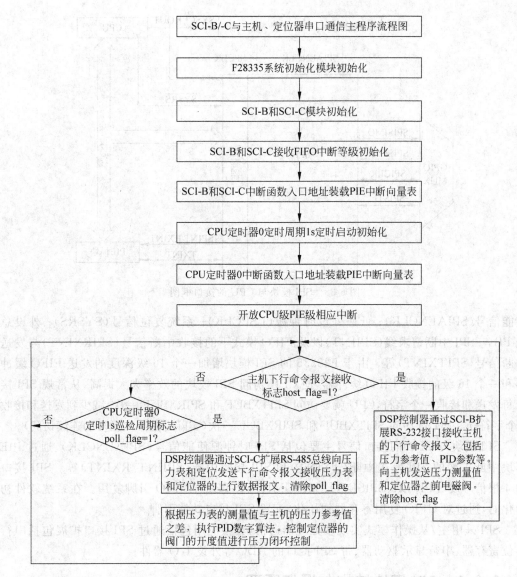

图 6-37　SCI 模块与电磁阀定位器通信主程序流程图

6.6　串行外设接口模块概述

F28335 的串行外设接口(Serial Peripheral Inferface,SPI)是一个同步高速串行通信接口,收发双方共用一个时钟信号线 SPICLK。标准 SPI 接口有 4 根信号线,主要用于 DSP 与外设或者其他处理器之间短距离高速同步通信。F28335 的 SPI 是一个字符长度(1~16bit)和通信速率都可编程的增强型串行外设接口,其增强功能是支持 16 级深度发送和接收 FIFO(先入先出缓冲器)、发送 FIFO 和接收 FIFO 的中断级数可编程。SPI 模块与 CPU 的接口框图如图 6-38 所示。

SPI 模块接口信号包括:SPICLK、SPISIMO、SPISOMI、SPISTE 引脚;SPI 串行时钟

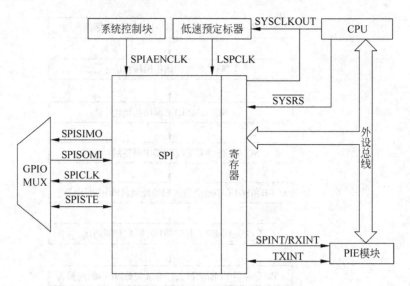

图 6-38　SPI 模块与 CPU 的接口框图

使能信号(SPIAENCLK);低速外设时钟源(LSPCLK);系统复位信号($\overline{\text{SYSRS}}$);外设总线 PB 与 SPI 中断请求线(SPIINT)以及 FIFO 模式下的接收中断信号(SPIRXINT)与发送中断信号(SPITXINT)等。由于 F28335 的 SPI 模块增加一个 16 级深度的发送 FIFO 缓冲器和一个 16 级的接收 FIFO 缓冲器,使 CPU 访问 SPI 模块的效率大大提高,从常规 SPI 接口每发送和接收一个字符,CPU 就要访问 SPITXBUF 和 SPIRXBUF 一次,减少到发送和接收 n 个字符($n \leqslant 16$),才访问 SPITXBUF 和 SPIRXBUF 一次(实际上是 n 次循环的连续访问)。

SPI 模块与 CPU 的接口信号主要包括 SPI 时钟源使能信号(SPIAENCLK)、通过 PIE 模块中断扩展的 SPI 发送中断(TXINT)和 SPI 接收中断(SPIINT/RXINT)等。SPI 接口的 4 根信号线(SPICLK、SPISIMO、SPISOMI、SPISTE)与 GPIO 引脚复用。在系统软件初始化时,通过对 GPIO 复用寄存器初始化,配置 SPI 接口功能引脚。

SPI 采用主/从操作模式实现多处理器通信,典型应用包括通过 SPI 接口扩展包括串行移位寄存器、串行显示驱动器、带 SPI 接口的 ADC 等外设 I/O 器件。

6.6.1　SPI 模块结构与操作原理

1. SPI 模块结构

SPI 模块操作在从机模式(从机的$\overline{\text{SPISTE}}$由主机拉低)的结构如图 6-39 所示。SPI 模块外部接口信号线 4 根,内部时钟控制信号线 1 根,内部中断信号线 2 根,如表 6-14 所示。

SPI 模块可软件配置为主控制器(主机)和从控制器(从机)两种工作模式之一。主控制器与从控制器的主要区别是不论主控制器处于发送状态还是接收状态,同步时钟信号 SPICLK 都是由主控制器产生。主/从控制器都有独立的串行发送数据线引脚和串行接收数据线引脚。对主控制器而言,串行发送数据线引脚是 SPISIMO(SPI 从机输入/主机输出引脚),串行接收数据线引脚是 SPISOMI(SPI 从机输出/主机输入引脚)。对从控制器而言,串行发送数据线引脚是 SPISOMI(SPI 从机输出/主机输入引脚),串行接收数据线引脚是 SPISIMO(SPI 从机输入/主机输出引脚)。

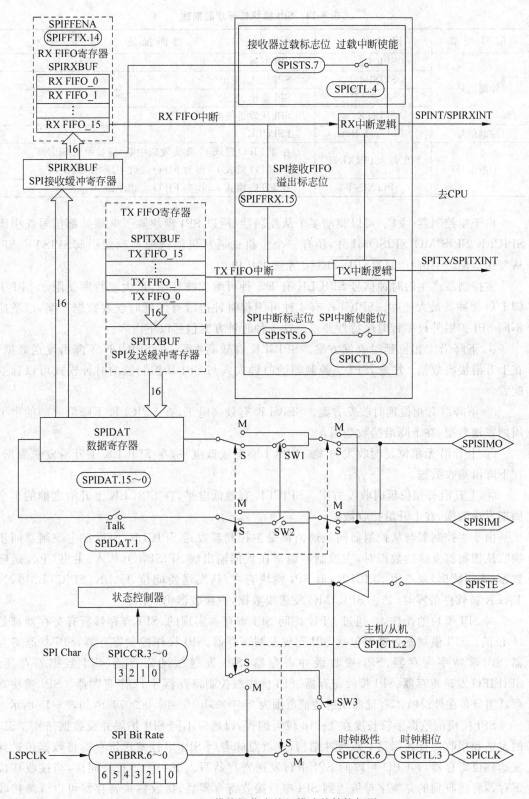

图 6-39 SPI 模块操作在从机模式的结构框图

表 6-14　SPI 模块信号功能描述

信 号 类 型	信 号 名 称	功 能 描 述
外部信号	SPICLK	SPI 时钟
	SPISIMO	SPI 从入、主出
	SPISOMI	SPI 从出、主入
	SPISTE	SPI 从发送使能
控制信号	SPI Clock Rate	LSPCLK
中断信号	SPINT/SPIRXINT	在非 FIFO 模式下，作为发送中断/接收中断 SPINT。在 FIFO 模式下，作为 FIFO 接收中断 SPIRXINT
	SPITXINT	在 FIFO 模式下，作为 FIFO 发送中断

由于主控制器(主机)可以驱动多个从控制器，所以 SPI 模块除了 3 根外部信号线引脚 SPICLK、SPISIMO、SPISOMI 外，还有一个主机选通从机的选通控制线引脚$\overline{\text{SPISTE}}$(SPI 从发送器使能引脚)。只有$\overline{\text{SPISTE}}$=0 才选中从机。

主控制器产生的时钟信号 SPICLK 有 125 种可编程波特率，最大波特率受限于 SPI 引脚 I/O 缓冲器最大速度。SPICLK 有 4 种可编程时钟边沿有无延时收发数据方案，以适应不同 SPI 扩展外设串行时序特性要求。这 4 种时钟方案包括以下内容。

① 下降沿无相位延时收发方案。SPICLK 有效高电平，在 SPICLK 下降沿发送数据，在上升沿接收数据。注意，SPI 主控制器的时钟模式与 SPI 从控制器的时钟模式可以独立配置。

② 下降沿有相位延时收发方案。SPICLK 有效高电平，在 SPICLK 下降沿之前的半个周期发送数据，在下降沿接收数据。

③ 上升沿无相位延时收发方案。SPICLK 有效低电平，在 SPICLK 上升沿发送数据，在下降沿接收数据。

④ 上升沿有相位延时收发方案。SPICLK 有效低电平，在 SPICLK 上升沿之前的半个周期发送数据，在上升沿接收数据。

由于主控制器与从控制器同步通信都是主控制器发送 SPICLK，所以在主控制器同步接收从控制器发送的数据时，主控制器通常在数据输出线 SPISIMO(从入/主出)上发送哑数据(无用数据)来产生 SPICLK，但 SPI 模块有主/从发送使能位 TALK(SPICTL.1)，当 TALK 被软件清零时，禁止 SPISIMO 发送哑数据，但接收器仍工作。

对 SPI 模块的操作，是通过 CPU 访问 SPI 寄存器实现的，SPI 寄存器所有寄存器都是 16 位的。SPI 模块寄存器组包括 SPI 配置控制寄存器、SPI 操作控制寄存器、SPI 状态寄存器、SPI 波特率寄存器、SPI 接收缓冲寄存器、SPI 发送缓冲寄存器、SPI 数据寄存器、SPIFIFO 发送寄存器、SPI 接收寄存器、SPI 优先权控制寄存器等 12 个寄存器。SPI 模块寄存器组分布在外设帧 2，存储器映射地址范围为 0×00007040～0×0000704F，如表 6-15 所示。

SPI 模块的数据字符长度在 1～16 位可编程，以适应不同 SPI 扩展外设数据格式。SPI 的发送和接收寄存器都具有双缓冲结构，这就意味着当 SPI 串行发送寄存器将数据传送到发送移位寄存器后，CPU 可以向 SPI 串行发送寄存器写入下一个字符。同样，当接收移位寄存器将接收到的完整字符传送到 SPI 串行接收寄存器后，接收移位寄存器可以继续接收新的字符。

表 6-15　SPI 模块寄存器组存储器映射地址范围

寄存器名	地址范围	大小(×16 位)	说　明
SPICCR	0x00007040	1	SPI 配置控制寄存器
SPICTL	0x00007041	1	SPI 操作控制寄存器
SPIST	0x00007042	1	SPI 状态寄存器
SPIBRR	0x00007044	1	SPI 波特率寄存器
SPIRXEMU	0x00007046	1	SPI 接收仿真缓冲寄存器
SPIRXBUF	0x00007047	1	SPI 串行输入寄存器(SPI 串行接收寄存器)
SPITXBUF	0x00007048	1	SPI 串行输出寄存器(SPI 串行发送寄存器)
SPIDAT	0x00007049	1	SPI 串行数据寄存器
SPIFFTX	0x0000704A	1	SPI FIFO 发送寄存器
SPIFFRX	0x0000704B	1	SPI FIFO 接收寄存器
SPIFFCT	0x0000704C	1	SPI FIFO 控制寄存器
SPIPRI	0x0000704F	1	SPI 优先权控制寄存器

　　SPI 模块操作在从机模式下最大传输速率不再受限于 LSPCLK/8 的值。现在主/从机模式的最大传输速率都是 LSPCLK/4。写入 SPI 串行数据寄存器 SPIDAT(以及新的串行发送缓冲寄存器 SPITXBUF)的发送数据必须以 16 位寄存器左对齐方式存放,这对于发送小于 16 位的字符(如 8 位字长的字符)是非常必要的,因为 SPI 发送字符是从最高有效位(MSB)开始移位。

　　SPI 模块通用目的 I/O 复用位已经随 SPIPC1(704DH)和 SPIPC2(704EH)的删除而从 SPI 模块中消除。这些 I/O 复用位现在归到通用目的 I/O 寄存器中配置。

　　SPI 寄存器组的 12 个寄存器主要功能包括以下内容。

　　(1) SPI 配置控制寄存器(SPICCR)。

　　SPICCR 包含 SPI 配置控制位,主要如下。

　　① SPI 模块软件复位位.

　　② SPICLK 极性(时钟极性)选择位。

　　③ 4 位字符长度控制位(0000～1111 对应 1～16 位)。

　　(2) SPI 操作控制寄存器(SPICTL)。

　　SPICTL 包含数据传输的控制位,主要如下。

　　① 两位 SPI 中断使能位。

　　② SPICLK 相位选择位(与时钟极性选择位共同决定 4 种时钟方案)。

　　③ 运行模式位(主/从模式)。

　　④ 数据传输使能位。

　　(3) SPI 状态寄存器(SPISTS)。

　　SPISTS 包含两位接收缓冲器状态位和 1 位发送缓冲器状态位,主要如下。

　　① 接收器过载位。

　　② SPI 中断标志位。

　　③ SPI 发送缓冲器满标志位。

(4) SPI 波特率寄存器(SPIBRR)。

SPIBRR 的 7 位(6～0 位)决定 SPI 串行时钟速率。

(5) SPI 接收仿真缓冲寄存器(SPIRXEMU)。

SPIRXEMU 包含接收的数据,这个寄存器仅被用于仿真目的。SPI 串行接收缓冲寄存器(SPIRXBUF)应仅被用于正常运行。

(6) SPI 串行接收缓冲寄存器(SPIRXBUF)。

SPIRXBUF 包含接收的数据。

(7) SPI 串行发送缓冲寄存器(SPITXBUF)。

SPITXBUF 包含下一次要发送的数据。

(8) SPI 串行数据寄存器(SPIDAT)。

SPIDAT 包含要被 SPI 发送的数据,功能等同于发送/接收移位寄存器。被写入 SPIDAT 的数据在 SPICLK 周期序列驱动下被移位。对于 SPI 的每一位移位,从接收数据位流的一位被移进移位寄存器的另一端。因为发送移位寄存器从最高位开始移出,接收寄存器就从另一端即最低数据位(LSB)移入。

(9) SPI 优先权控制寄存器(SPIPRI)。

SPIPRI 包含指定中断优先权和决定 SPI 程序在 XDS 仿真器挂起期间 SPI 的操作位。

(10) SPI FIFO 发送寄存器(SPIFFTX)。

SPIFFTX 包含 SPI FIFO 增强功能使能位、发送 FIFO 中断使能位、发送 FIFO 中断级数配置位等。

(11) SPI FIFO 接收寄存器(SPIFFRX)。

SPIFFRX 包含接收 FIFO 状态位、接收 FIFO 中断使能位、接收 FIFO 中断级数配置位等。

(12) SPI FIFO 控制寄存器(SPIFFCT)。

SPIFFCT 包含 8 位(7～0 位)发送寄存器到发送移位寄存器之间传送延时配置位,对应 0～255 个 SPI 时钟周期延时,以适应不同慢速 SPI 接口外设的时序要求。

2. SPI 模块操作原理

两个 SPI 控制器(一主一从)之间同步通信的典型连接如图 6-40 所示。主控制器发送 SPICLK 启动数据传输。对于主控制器来说,数据在 SPICLK 的一个边沿移出移位寄存器,对于从控制器来说,在 SPICLK 相反的一个边沿锁存移入移位寄存器。如果 CLOCK PHASE 位(SPICTL3)为高,则在 SPICLK 跳变之前的半个周期发送和接收数据(参见下一节寄存器描述)。因此,两个控制器都是同时收发数据。应用软件决定数据是有用数据,还是哑数据。SPI 数据传输方法共有 3 种:一是主控制器发送数据,从控制器发送哑数据;二是主控制器发送数据,从控制器也发送数据;三是主控制器发送哑数据,从控制器发送数据。因为主控制器控制同步时钟信号 SPICLK 的发送,所以主控制器可以在任何时刻启动数据的传送,然而,软件决定主控制器如何检测从控制器何时准备好发送数据。哑数据是同步通信特有的概念,它是针对收发器是半双工通信还是全双工通信以及主控制器当前处于发送状态还是接收状态而言的无用数据。第 1 种传输方法显然是半双工通信,主控制器当前处于发送状态,从控制器处于接收状态,故从控制器发送哑数据。第 2 种传输方法是全双工通信,主控制器和从控制器当前都处于同时收发状态。第 3 种传输方法是半双工通信,主控制器处于接收状态,从控制器处于发送状态,故主控制器发送哑数据。

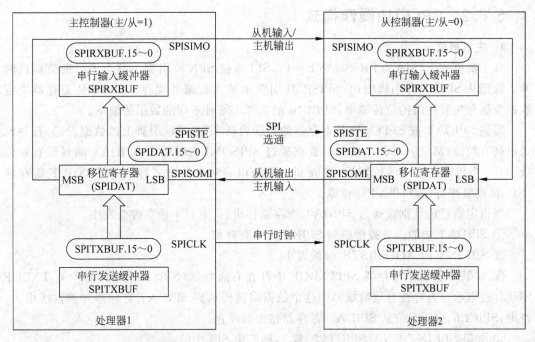

图 6-40 SPI 一主一从控制器典型连接

可见,SPI 接口采用主从模式双向通信,主机负责发送同步时钟信号 SPICLK,主机向从机传送的数据线为 SPISIMO(即主出从入),从机向主机传送的数据线称为 SPISOMI(即从出主入),由于 SPICLK、SPISIMO、SPISOMI 可以作为同步串口总线挂接多台串行从设备,故还需要一根外设使能线,称为 $\overline{\text{SPISTE}}$。因此,标准 SPI 接口共有 4 根信号线,其中 $\overline{\text{SPISTE}}$ 可以通过一个反相器选两台从设备,如图 6-41 所示。

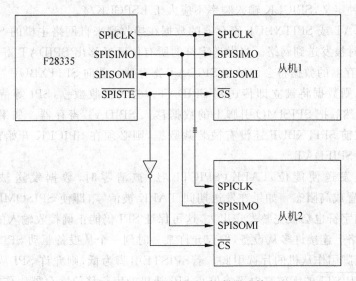

图 6-41 一主二从 SPI 控制器连接

6.6.2 SPI模块操作模式

1. 主机模式

在主机模式下(MASTER/SLAVE＝1),SPI通过SPICK引脚为整个串行通信提供时钟。数据从SPISIMO引脚输出,SPISPMI引脚上输入数据并锁存。SPIBRR寄存器决定数据发送和接收网络的位传输率,SPIBRR能选择126种不同的数据传输率。

写到SPIDAT或SPITXBUF寄存器的数据启动SPISIMO引脚上的数据发送,首先发送最高有效位(MSB)。同时,接收的数据通过SPISOMI引脚移入SPIDAT的最低有效位(LSB)。当传输完选定的位数后,接收到的数据以右对齐的方式存入SPIRXBUF寄存器(SPI接收缓冲寄存器)供CPU读取。

当指定数量的数据位通过SPIDAT寄存器移出后,下列4种事件会发生。

① SPIDAT中的内容被传送到SPIRXBUF寄存器。

② SPI INT FLAG(SPISTS.6)被置1。

③ 如果发送缓冲寄存器SPITXBUF中存在有效数据(SPISITS寄存器中的TXBUF FULL位指示是否存在有效数据),则这个数据将被传送到SPIDAT寄存器并被发送出去;否则,SPICLK在所有位从SPIDAT寄存器移出后停止。

④ 如果SPI INT ENA(SPICTL0)置1,则产生SPI中断。

在典型SPI应用中,$\overline{\text{SPISTE}}$引脚作为从SPI设备的片选控制信号,在SPI主设备与SPI从设备传送数据时,SPI主设备将$\overline{\text{SPISTE}}$置成低电平。当数据传送完毕后,该引脚置成高电平。

2. 从机模式

在从机模式中(MASTER/SLAVE ＝ 0),数据在SPISOMI引脚移出,在SPISIMO引脚移入。SPICIK引脚为串行移位时钟的输入,该串行移位时钟由外部网络主机提供,传输速率也由该时钟定义,SPICLK输入频率不应大于LSPCLK/4。

写入SPIDAT或SPITXBUF寄存器的数据在接收到来自网络主机的SPICLK信号的适当时钟边沿时被发送到网络。当发送字符的所有位已经移出SPIDAT寄存器时,被写入SPITXBUF寄存器的数据将会传送到SPIDAT寄存器。若向SPITXBUF写数据时没有字符正在被发送,则数据将被立即传送到SPIDAT。为了接收数据,SPI等待网络主机发送SPICLK信号,然后把SPISIMO引脚上的数据移入SPIDAT寄存器。如果从机同时也发送数据,而且之前SPITXBUF还没有被装载数据,则必须在SPICLK开始前,把数据写入SPITXBUF或SPIFDAT。

当主/从机发送使能位TALK(SPICTL.1)被清零时,数据发送被禁止,输出线(SPISOMI)被置成高阻态。如果在发送期间TALK被清零,即使SPISOMI引脚被强制置成高阻态,当前字符也会被完整发送出去,这可保证SPI仍能正确接收输入的数据。TALK位允许SPI网络上连接许多从设备,但仅允许某一时刻一个从设备驱动SPISOMI引脚。

$\overline{\text{SPISTE}}$引脚用作从机的片选引脚。若$\overline{\text{SPISTE}}$引脚为低,则允许SPI从机向串行数据线传送数据;$\overline{\text{SPISTE}}$的无效高电平将停止SPI从机的串行移位寄存器工作,并且串行输出引脚(SPISOMI)被置成高阻态。在同一网络上可以连接多个SPI从设备,但某一时刻只能有一个从设备被选通使用。

6.6.3 SPI 模块中断

4 个控制位被用来初始化 SPI 中断,这 4 个控制位分别如下。

① SPI 中断使能位(SPI INT ENA bit,即 SPICTL.0)。

② SPI 中断标志位(SPI INT FLAG bit,即 SPISTS.6)。

③ SPI 过载中断使能位(OVERRUN INT ENA bit,即 SPICTL.4)。

④ SPI 接收器过载标志位(RECEIVER OVERRUN FLAG bit,即 SPISTS.7)。

1. SPI 中断使能位(SPICTL.0)

当 SPI 中断使能位被置 1 并且中断条件出现时,产生 SPI 中断。当 SPI INT ENA 被清 0 时,禁止 SPI 中断。

2. SPI 中断标志位(SPISTS.6)

SPI 中断标志位为 1 指示一个字符已经存入 SPI 接收缓冲器,准备好被 CPU 读取。当一个完整字符已经被移进或移出 SPIDAT 时,SPI 中断标志位(SPISTS.6)被置 1,若 SPI 中断使能位(SPICTL.0)置 1 允许中断,则将产生 SPI 中断信号。SPI 中断标志位保持 1 到被下列 5 种事件之一清 0。

事件 1:中断被 CPU 应答(这不同于 C240 系列 DSP 器件)。

事件 2:CPU 读 SPIRXBUF(读 SPIRXEMU 不能清除 SPI 中断标志位)。

事件 3:用 IDEL 指令使 DSP 器件进入 IDLE2(低功耗空闲状态)或 HALT。

事件 4:用软件清除 SPI 软件复位位(SPI SW RESET bit,SPICCR.7)。

事件 5:系统复位发生。

若 CPU 在 SPI 中断标志位被置为 1 后,没有在下一个完整字符被接收前读取该字符,下一个完整字符将被写入 SPIRXBUF,发生 SPI 接收缓冲器过载,

SPI 接收器过载标志位(SPISTS.7)将被置 1。

3. SPI 过载中断使能位(SPICTL.4)

每当 SPI 接收器过载标志位(SPISTS.7)被硬件自动置 1 时,SPI 过载中断使能位为 1 将允许产生 SPI 中断。SPI 接收器过载标志位(SPISTS.7)和 SPI 中断标志位(SPISTS.6)共享一个 SPI 中断向量。

4. SPI 接收器过载标志位(SPISTS.7)

每当一个新字符在前一个接收字符已被 CPU 从 SPI 接收缓冲器(SPIRXBUF)读出前又被接收并存入 SPIRXBUF 时,SPI 接收器过载标志位被硬件自动置 1,指示 SPIRXBUF 过载。SPI 接收器过载标志位必须由软件清 0。

6.6.4 SPI 模块数据格式

4 个控制位 SPICCR.3~0 指定数据字符的位数(1~16 位)。这一信息指导状态控制逻辑对接收和发送字符的位数计数,决定一个完整字符何时被处理完。当数据位少于 16 时,应用下列 3 条处理规则。

规则 1:当数据被写入 SPIDAT 和 SPITXBUF 时,必须左对齐。

规则 2:从 SPITXBUF 读取的数据必须右对齐。

规则 3:SPIRXBUF 包含最新接收到的字符,右对齐的,加上上次传输保留的、已移到

左边位(如例 6-1 所示)。

【例 6-1】 从 SPIRXBUF 传送的数据位。

条件 1：传送字符长度为 1 位(SPICCR.3~0 指定的位数)。

条件 2：SPIDAT 当前值=737Bh。

根据条件,发送前后 SPIDAT 和 SPIRXBUF 的数据存储格式如图 6-42 所示。

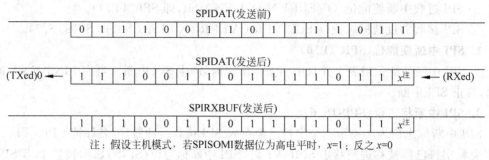

注：假设主机模式,若SPISOMI数据位为高电平时,$x=1$；反之 $x=0$

图 6-42　传输前后 SPIDAT 和 SPIRXBUF 的数据存储格式

6.6.5　SPI 模块波特率和时钟方案

1. SPI 模块波特率

SPI 模块支持 125 种不同的波特率和 4 种时钟方案。SPICLK 引脚能接收一个外部 SPI 时钟信号或提供(即产生)一个 SPI 时钟信号分别取决于 SPI 时钟是工作在从机模式 (slave mode)还是主机模式(master mode)。在从机模式下,从机 SPICLK 引脚从外部时钟源接收时钟,该时钟频率不能超过 LSPCLK/4。在主机模式下,时钟由 SPI 主机内部产生,并通过 SPICLK 引脚输出,时钟频率不能大于 LSPCLK/4。例 6-2 演示如何确定 SPI 波特率。

【例 6-2】 SPI 波特率的计算。SPI 波特率计算公式如式(6-3)、式(6-4)所示。

当 SPIBRR=3~127 时,有

$$SPI\ 波特率 = \frac{LSPCLK}{SPIBRR + 1} \tag{6-3}$$

当 SPIBRR=0,1 或 2 时,有

$$SPI\ 波特率 = \frac{LSPCLK}{4} \tag{6-4}$$

式中,LSPCLK 为 DSP 器件的低速外设时钟频率；SPIBRR 为 SPI 主器件波特率寄存器 (SPIBRR)的值。要确定写入 SPIBRR 的值,用户必须知道 DSP 器件的 LSOCLK 频率和期望使用的 SPI 波特率。

例 6-3 演示如何确定最大 SPI 波特率。

【例 6-3】 假设 F28335 系统时钟频率为 150MHz,LSPCLK=37.5MHz,则最大 SPI 波特率=LSPCLK/4=$37.5 \times 10^6/4 = 9.375 \times 10^6$ b/s。

2. SPI 模块时钟方案

时钟极性选择位(SPICCR.6)和时钟相位选择位(SPICTL.3)共同控制 SPICLK 引脚的 4 种不同的时钟方案。时钟极性选择位选择时钟的有效沿是上升沿还是下降沿发送数据

和接收数据。时钟相位选择位选择时钟是否延迟 1/2 周期。4 种不同时钟方案如下。4 种时钟方案对应的 SPI 信号时序如图 6-43 所示。

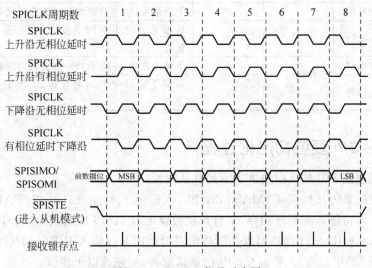

图 6-43　SPICLK 信号时序图

① 上升沿无相位延时时钟方案。在 SPICLK 信号上升沿发送数据，在 SPICLK 信号下降沿接收数据。

② 上升沿有相位延时时钟方案。在 SPICLK 信号的上升沿的前半个周期时刻发送数据，在 SPICLK 信号的上升沿接收数据。

③ 下降沿无相位延时时钟方案。在 SPICLK 信号下降沿发送数据，在 SPICLK 信号的上升沿接收数据。

④ 下降沿有相位延时时钟方案。在 SPICLK 信号下降沿的前半个周期时刻发送数据，在 SPICLK 信号的下降沿接收数据。

对于 SPI 模块来说，当波特率寄存器值 SPIBRR+1 为偶数时，SPICLK 波形是对称的（即占空比 50% 的方波）。当 SPIBRR+1 为奇数且 SPIBRR 大于 3 时，SPICLK 波形是非对称的。当时钟极性选择位为 0 时，SPICLK 的低电平脉宽比高电平脉宽长一个 CLKOUT 周期，当时钟极性选择位为 1 时，则 SPICLK 的高电平脉宽比低电平脉宽长一个 CLKOUT 周期。当 SPIBRR+1 为奇数、SPIBRR 大于 3、时钟极性选择位为 1 时，SPICLK 非对称波形如图 6-44 所示。

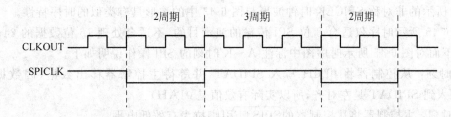

图 6-44　SPIBRR+1 为奇数、SPIBRR 大于 3、时钟极性选择位为 1 的 SPICLK 非对称波形

SPI 模块时钟方案选择过程就是时钟极性选择位（SPICCR.6）和时钟相位选择位（SPICTL.3）的配置过程，SPI 模块时钟方案选择表如表 6-16 所示。

表 6-16 SPI 模块时钟方案选择表

SPICLK 时钟方案	时钟极性	时钟相位	特　　点
上升沿无相位延时	0	0	上升沿发送、上升沿相对的下降沿接收
上升沿有相位延时	0	1	提前上升沿半个周期发送、上升沿相对的下降沿接收
下降沿无相位延时	1	0	下降沿发送、下降沿相对的上升沿接收
下降沿有相位延时	1	1	提前下降沿半个周期发送、下降沿相对的上升沿接收

6.6.6 SPI 复位初始化过程

系统复位迫使 SPI 外设模块进入下列默认配置。

该模块被配置为从机模式（MASTER/SLAVE=0）、禁止发送功能（TALK=0）、数据在 SPICLK 下降沿输入时刻被锁存、字符长度被设定为 1、SPI 中断被禁止、SPIDAT 中的数据值被复位为 0000H、SPI 模块引脚功能被配置为通用 I/O 输入引脚（在 I/O 复用控制寄存器 B(GPBMUX2)中配置）。要改变 SPI 的默认配置，应完成以下步骤。

第 1 步，清除软件复位位 SW RESET(SPICCH.7)为 0，强制 SPI 进入复位状态。

第 2 步，初始化 SPI 配置，包括数据格式、波特率、SPI 引脚功能等。

第 3 步，设置 SPI SW RESET 位为 1，使 SPI 从复位状态中释放。

第 4 步，写数据到 SPIDAT 或 SPITXBUF，启动主机模式下的通信过程。

第 5 步，在数据传输结束后（即 SPISTS.6=1），读取 SPIRXBUF 中的数据以决定接收到什么数据。

为了防止配置过程中发生不可预测的事件，即导致配置结果变化，在 SPI 初始化配置改变之前，要清除 SW RESET(SPICCH.7)为 0，在 SPI 初始化配置改变完成后，再设置 SW RESET(SPICCH.7)为 1。

6.6.7 SPI 数据传输实例

一主一从 8 位 SPI 模块在 4 种不同对称 SPICLK 时钟方案下传输 5 位字符的数据传输时序图，如图 6-45 所示。

除了每位数据传输的低电平脉宽比高电平脉宽长一个 CLKOUT 周期（时钟极性选择位为 0）或高电平脉宽比低电平脉宽长一个 CLKOUT 周期（时钟极性选择位为 1）外。如图 6-45 所示的非对称 SPICLK 时钟波形与图 6-43 中的波形具有类似的时序特性。

图 6-45 所示时序仅适合 8 位 SPI 传输的演示目的，不适合处理 16 位数据的 24x 系列 DSP。下面对图 6-45 所示时序图中标注 A～K 时刻的 SPI 操作说明如下。

A 时刻：从控制器将 0D0H 写入 SPIDAT，并等待主控制器移出数据（因数据位为 5 位，写入到 SPIDAT 是左对齐，所以实际有效值是 01AH）。

B 时刻：主控制器将从控制器的 SPISTE 引脚拉为有效低电平。

C 时刻：主控制器将 058H 写入到 SPIDAT，启动发送（因数据位为 5 位，写入到 SPIDAT 是左对齐，所以实际有效值是 0BH）。

D 时刻：第 1 个字节发送完成，置中断标志位为 1。

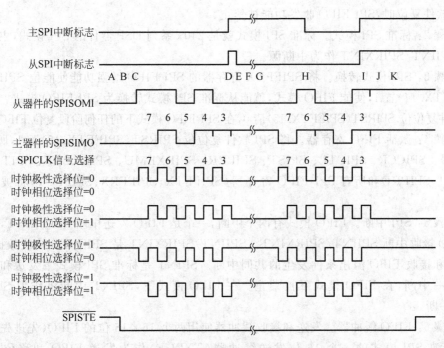

图 6-45　5 位字符数据传输时序图

E 时刻：从控制器从它的 SPIRXBUF 寄存器（左对齐）读 0BH。

F 时刻：从控制器将 04CH 写入 SPIDAT，并且等待主控制器移出数据（因数据位为 5 位，写入到 SPIDAT 是左对齐，实际有效值是 09H）。

G 时刻：主控制器将 06CH 写入到 SPIDAT，启动发送（实际有效值是 0DH）。

H 时刻：主控制器从自身 SPIRXBUF 寄存器（右对齐）读出 01AH。

I 时刻：第 2 个字节发送完成，置中断标志位为 1。

J 时刻：主、从控制器分别从各自的 SPIRXBUF 寄存器中读出 89H 和 8DH。在用户软件屏蔽未使用的高 4 位后，主、从控制器分别接收 09H 和 0DH。

K 时刻：主控制器将从控制器的 SPISET 信号置为无效高电平。

6.6.8　SPI FIFO 模式

SPI FIFO 模式是 F28335 SPI 的增强功能，可以通过 SPIFFTX（SPI FIFO 发送寄存器）的 SPI FIFO 增强功能使能位 SPIFFENA（SPIFFTX.14）使能或禁止。当 SPIFFENA＝1 时，使能 SPI FIFO 模式。当 SPIFFENA＝0 时，禁止 SPI FIFO 模式，SPI 处于标准模式。虽然 F28335 的 SCI 模块系统复位后默认处于 SPI 标准模式，但 FIFO 模式可以大大提高 CPU 访问 CPI 模块的效率，通常使用 SPI FIFO 模式。

1. SPI FIFO 模式初始化和编程步骤

SPI FIFO 模式的初始化和编程步骤共有 9 步，总结如下。

步骤 1：复位。包括 DSP 器件上电复位和 SPI 软件复位。上电复位时，SPI 处于标准 SPI 模式，FIFO 功能被禁止。SPI 的 FIFO 相关寄存器 SPIFFTX、SPIFFRX 和 SPIFFCT 处于无效状态。SPI 软件复位由 SPI 软件复位位 SPIRST（SPIFFTX.15）被清 0 来实现，

SPI被软件复位时,SPI FIFO收发功能被禁止。

步骤2:标准SPI模式。标准SPI模式就是240x系列DSP器件的SPI模式,主要特征是以SPIINT/SPIRXINT作为中断源。

步骤3:SPI模式转换。将SPIFFTX寄存器的SPI FIFO增强功能使能位SPIFFENA(SPIFFTX.14)置1,使能FIFO模式,就能从标准SPI模式转换为SPI FIFO模式。可以将SPI软件复位位SPIRST(SPIFFTX.15)清0,在SPI FIFO模式下的任何阶段复位FIFO模式。

步骤4:激活FIFO寄存器。将SPI软件复位位SPIRST(SPIFFTX.15)置1,所有SPI寄存器(SPICCR、SPICTL、SPIST、SPIBRR、SPIRXEMU、SPIRXBUF、SPITXBUF、SPIDAT、SPIPRI)和所有SPI FIFO寄存器(SPIFFTX、SPIFFRX、SPIFFCT)将被全部激活有效。

步骤5:SPI中断。FIFO模式有两个中断,一个是FIFO发送中断SPITXINT,另一个是FIFO接收中断SPIINT/SPIRXINT。SPIINT/SPIRXINT是SPI FIFO接收数据、接收器错误和接收FIFO溢出条件发生的共同中断。SPINT是标准SPI模式下发送和接收阶段的单一中断,在FIFO模式下被禁止。在FIFO模式下,SPINT中断将作为SPI接收FIFO中断。

步骤6:FIFO缓冲器。发送和接收缓冲器使用两个16×16位的FIFO(先进先出存储器)。标准SPI模式的一个16位发送缓冲器(TXBUF)作为发送FIFO和移位寄存器(SPIDAT)之间的发送缓冲器。在移位寄存器最后一位被移出后,发送FIFO将新字符自动装载到发送缓冲器中。

步骤7:可编程传输延迟特性。发送FIFO中16位数据传送到发送移位寄存器的速率是可编程的。SPIFFCT寄存器7~0位定义为FIFO发送缓冲器与发送移位寄存器之间传输延迟位FFTXDLY7~0,取值0~255,对应0~255个SPICLK周期数,以匹配SPI扩展的不同速度的外设时序。若配置为0周期延迟,SPI模块将连续发送FIFO中的16位(16位称为1个字)数据。若配置为255个时钟周期延迟,SPI模块将在字与字之间插入最大255个SPI时钟周期延时将16位数据移出去。这种可编程延迟特性使DSP能与EEPROM、ADC、DAC等低速SPI外设进行无缝连接。

步骤8:FIFO状态位。发送FIFO有5位状态位TXFFST(SPIFFTX.12~8),接收FIFO有5位状态位RXFFST(SPIFFRX.12~8),这些状态位定义任何时刻在FIFO中有效的数据字个数。发送FIFO复位位TXFIFO Reset和接收FIFO复位位RXFIFO Reset被清0,将使FIFO指针清0,一旦这两个控制位置1,FIFO将重新开始操作。

步骤9:可编程FIFO中断级数。发送和接收都能产生CPU中断。每当发送FIFO状态位TXFFST当前字个数和发送中断级数位TXFFIL(SPIFFTX.4~0)匹配(即TXFFST≤TXFFIL),将触发发送中断;每当接收FIFO状态位RXFFST和接收中断级数位RXFFIL(SPIFFRX.4~0)匹配(RXFFST≥RXFFIL),将触发接收中断。可编程FIFO中断级数给SPI发送和接收阶段提供了一个可编程的中断触发器。接收FIFO的中断级数上电复位默认值是11111b,发送FIFO中断级数上电复位默认值为00000b。

2. SPI FIFO模式中断

SPI FIFO模式使用一对中断信号线,即接收中断线SPIRXINT和发送中断线SPITXINT。F2833x系列DSP器件SPI中断标志模式和中断信号线如表6-17所示。

表 6-17　SPI 中断标志模式

FIFO 选项	SPI 中断源	中断标志	中断使能	FIFO 使能	中断信号线
标准 SPI 模式 (不使用 FIFO)	接收过载	RXOVRN	OVRNINTENA	0	SPIRXINT*
	数据接收	SPIINT	SPIINTENA	0	
	发送器空	SPIINT	SPIINTENA	0	
SPI FIFO 模式 (使用 FIFO)	接收 FIFO 溢出	RXFFOVF	RXFFIENA	1	SPIRXINT
	FIFO 接收	RXFFIL	RXFFIENA	1	
	发送器空	TXFFIL	TXFFIENA	1	SPITXINT

注 ∗：SPI 标准模式下的中断信号线 SPIRXINT 与 240x 系列 DSP 器件的 SPI 模块中断信号线 SPIINT 功能是一样的。

　　SPI FIFO 的中断标志和使能产生逻辑框图如图 6-46 所示。从图 6-46 中可见,16 位发送缓冲器(TXBUF)作为发送 FIFO 和移位寄存器(SPIDAT)之间的发送缓冲器。16 位接收缓冲器(RXBUF)作为移位寄存器(SPIDAT)和接收 FIFO 之间的接收缓冲器。这两个收发缓冲器对用户是透明的,即不能访问的。可访问的收发寄存器是 SPI 串行接收缓冲寄存器(SPIRXBUF)和 SPI 串行发送缓冲寄存器(SPITXBUF),即利用读 SPIRXBUF 的代码,从接收 FIFO 读取接收数据,利用写 SPITXBUF 的代码,将发送数据写入发送 FIFO。

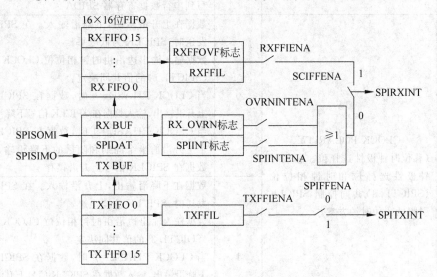

图 6-46　SPI FIFO 中断标志和使能产生逻辑框图

6.7　SPI 寄存器组

　　SPI 寄存器组由 12 个 SPI 寄存器组成,其中 SPI 通用寄存器有 9 个,即 SPICCR、SPICTL、SPIST、SPIBRR、SPIRXEMU、SPIRXBUF、SPITXBUF、SPIDAT、SPIPRI; SPI FIFO 专用寄存器有 3 个,即 SPIFFTX、SPIFFRX、SPIFFCT。

6.7.1　SPI 配置控制寄存器

　　16 位 SPI 配置控制寄存器(SPICCR)的低 8 位控制 SPI 模块基本操作的设置,包括软件复位位、4 种 SPICLK 时钟极性选择位、SPI 自回环模式使能位、SPI 字符长度控制位等。

16 位 SPICCR 位域变量数据格式如图 6-47 所示,位域变量功能描述如表 6-18 所示。

7	6	5	4	3	~	0
SPI SW Reset	CLOCK POLARITY	Reserved	SPILBK	SPI CHAR3 ~ SPI CHAR0		
R/W-0	R/W-0	R-0	R/W-0	R/W-0		

图 6-47　SPICCR 位域变量数据格式

表 6-18　SPICCR 各位功能描述

位	名　称	值	描　述
7	SPI SW Reset (软件复位位,更改 SPI 配置前必须将此位清 0,恢复 SPI 操作前再将此位置 1)	0	初始化 SPI 操作标志位到复位状态,尤其是接收溢出标志位(SPISTS.7)、SPI 中断标志位(SPISTS.6)、TXBUF 满标志位(SPISTS.5)均被清 0,但 SPI 的配置不变。若 SPI 工作于主模式,则 SPICLK 信号输出返回到无效电平
		1	SPI 准备好发送或接收下一个字符。当 SPI SW RESET=0 时,被写到发送器中的字符不会被移出。当 SPI SW RESET=1 时,一个新字符必须写到串行数据寄存器 SPIDAT
6	CLOCK POLARITY (移位时钟极性选择位。移位时钟极性选择位和时钟相位位(SPICTL.3)共同控制 SPICLK 引脚的 4 种时钟方案)	0	数据在上升沿输出,下降沿输入。在 SPI 无数据发送时,SPICLK 为低电平。 数据输入输出边沿由时钟相位位 CLOCK PHASE(SPICTL 3)的值共同决定: 当 CLOCK PHASE=0 时,数据在 SPICLK 信号上升沿输出,输入数据在 SPICLK 信号下降沿锁存。 当 CLOCK PHASE=1 时,数据在 SPICLK 第一个上升沿前半个周期和随后的下降沿输出,输入数据在 SPICLK 信号上升沿锁存
		1	数据在下降沿输出,上升沿输入。在 SPI 无数据发送时,SPICLK 为高电平。 数据输入输出边沿由时钟相位位 CLOCK PHASE(SOICTL 3)的值共同决定: 当 CLOCK PHASE=0 时,数据在 SPICLK 信号下降沿输出,输入数据在 SPICLK 信号上升沿锁存。 当 CLOCK PHASE=1 时,数据在 SPICLK 信号第 1 个下降沿前半个周期和随后的上升沿输出,输入数据在 SPICLK 下降沿锁存
5	Reserved		保留位。读,返回 0,写无效
4	SPILBK (SPI 自回环模式使能位。该模式用于测试,仅在 SPI 主机模式中有效)	0	禁止自测模式。系统复位默认状态
		1	使能自测模式。该模式下,SIMO、SOMI 内部链接在一起,用于模块自发自收测试
3~0	SPI CHAR3~SPI CHAR0 (字符长度控制位)	0000~ 1111	这 4 位决定在一个移位序列期间,每个移入或移出数据字的位数。当 SPI CHAR3~SPI CHAR0 0000~1111 变化时,字符长度对应为 1~16 位

6.7.2 SPI 操作控制寄存器

16 位 SPI 操作控制寄存器（SPICTL）的低 8 位控制数据传输使能、SPI 中断使能、SPICLK 信号相位选择及主机或从机模式选择等。在数据传输前，需将 TALK 位（SPICTL.1）置 1，使能 SPI 模块 4 个引脚的数据传输功能，并且要注意确保接收设备的 SPISTE 位被使能。另外，SPICLK 的时钟方案与时钟相位、时钟极性配置有关。

16 位 SPICTL 低 8 位位域变量数据格式如图 6-48 所示，位域变量功能描述如表 6-19 所示。

7 ~ 5	4	3	2	1	0
Reserved	OVERRUN INT ENA	CLOCK PHASE	MASTER/SLAVE	TALK	SPI INT ENA
R-0	R/W-0	R/W-0	R/W-0	R/W-0	R/W-0

图 6-48 SPICTL 位域变量数据格式

表 6-19 SPICTL 位域变量功能描述

位	名 称	值	描 述
7~5	Reserved		保留位。读，返回 0，写无效
4	OVERRUN INT ENA （过载中断使能位。该位被置 1，则接收过载标志位（SPISTS.7）被硬件置位时将产生中断。由接收过载标志位和 SPI 中断标志位产生的中断共享同一个中断向量）	0	禁止接收过载标志位（SPISTS.7）中断
		1	使能接收过载标志位（SPISTS.7）中断
3	CLOCK PHASE （SPICLK 时钟相位选择位。该位控制 SPI 移位时钟信号的相位。CLOCK PHASE 和 CLOCK POLARITY（SPICCR.6）决定 4 种时钟方案。该位为 1 时，无论 SPI 是主机还是从机模式，当 SPIDAT 被写入后，在 SPICLK 第一个跳变沿之前，数据的第 1 位就开始传输）	0	无延时的 SPIS 时钟方案，有效时钟沿取决于时钟极性位（SPICCR.6）
		1	SPICLK 信号延迟半个周期，极性由时钟极性位（SPICCR.6）决定
2	MASTER/SLAVE （SPI 主/从模式控制位。复位初始化期间，SPI 自动配置为从模式）	0	从机模式。系统复位默认状态
		1	主机模式
1	TALK （主/从传输使能位。该位将串行数据输出放置在高阻态而禁止数据传输。如果在传输过程中该位被清 0，配置为禁止传输，发送移位寄存器仍继续操作直到先前的字符被移出。当该位被清 0 时，SPI 仍然可接收字符，更新状态标志。TALK 位能被系统复位清 0）	0	禁止传输模式。系统复位默认状态。对于从模式，如果 SPI 引脚以前没有被配置为通用 I/O 引脚，则 SPISOMI 引脚将被置为高阻态。对于主模式，如果 SPI 引脚以前没有被配置为通用 I/O 引脚，SPISIMO 将被置为高阻态
		1	使能 4 个引脚的数据传输，要确保使能接收器的 SPISTE 输入引脚
0	SPI INT ENA （SPI 中断使能。该位控制 SPI 产生发送/接收中断。SPI 中断标志位（SPISTS.6）不受该位影响）	0	禁止中断
		1	使能中断

6.7.3 SPI 状态寄存器

16 位 SPI 状态寄存器(SPIST)的低 8 位反映 SPI 模块当前主要工作状态,包括 SPI 接收器过载标志位(RECEIVER OVERRUN FLAG)、SPI 中断标志位(SPI INT FLAG)和 SPI 发送缓冲器满标志位(TX BUF FULL FLAG)。

SPI 接收器过载是指当前一个字符还未被读取之前,又完成下一个字符的接收或发送操作,一旦接收器过载,SPI 硬件会自动将 RECEIVER OVERRUN FLAG 置 1,表明前一个字符被覆盖并丢失。RECEIVER OVERRUN FLAG 不能被硬件自动清 0,必须用软件清 0。若 RECEIVER OVERRUN FLAG 保持置 1 状态,则 SPI 不再响应后续的接收过载中断。为了能响应新的接收过载中断,就要求每次接收过载后发生,都要软件清除 RECEIVER OVERRUN FLAG(SPIST.7)。SPI 接收器过载标志位(SPISTS.7)和 SPI 中断标志位(SPISTS.6)共享一个 SPI 中断向量。

16 位 SPIST 低 8 位位域变量数据格式如图 6-49 所示,位域变量功能描述如表 6-20 所示。

7	6	5	4 ～ 0
RECEIVER OVERRUN FLAG	SPI INT FLAG	TX BUF FULL FLAG	Reserved
R/C-0	R/C-0	R/C-0	R-0

图 6-49 SPIST 位域变量数据格式

表 6-20 SPIST 位域变量功能描述

位	名　称	值	描　述
7	RECEIVER OVERRUN FLAG (SPI 接收过载标志位。该位只读/清除位。当前一个字符还未被读取就完成了下一个字符的接收或发送时,硬件将该位置位。若 OVERRUN INT ENA 位(SPICTL.4)被置 1,每当该位被置 1,SPI 就请求一次中断。可用下列 3 种方式之一将该标志位清 0: 方式 1 清 0:向该位写 1 自动清 0。方式 2 清 0:向 SPI 软件复位位 SPI SW RESET(SPICCR.7)写 0 清 0。方式 3 清 0:系统复位自动清 0。如果该位已经置 1 了,后续的接收过载就不会再产生 SPI 中断请求。这就意味着为了允许新接收过载中断请求,每当接收过载发生后,用户必须向该位写 1 来清 0 该位	0	写 0 无效。系统复位默认状态
		1	该位置位,表明前一个字符被覆盖并丢失。写 1 清除该位。应在中断服务程序中对该位写 1 清 0,因为它与 SPI 中断标志位(SPISTS.6)共享一个中断向量。当下一个字节被接收时,能消除中断源产生的疑问

续表

位	名　　称	值	描　　述
6	SPI INT FLAG (SPI中断标志位,该位只读/清除位。若 SPI中断使能位 SPI INT ENA(SPICTL.0) 被软件置1,则当 SPI INT FLAG 被硬件自动置1时将产生一个 SPI 中断。可用下列3种方式之一将该标志清0: 方式1清:读 SPIRXRUF 自动清0。 方式2清0:向 SPI SW RESET(SPICCR.7)写0。 方式3清0:系统复位自动清0)	0	写0无效。系统复位默认状态
		1	SPI硬件将该位置1指示 SPI 已完成字符最后一位发送或接收,接收的字符同时存入接收缓冲器,准备为中断服务
5	TX BUF FULL FLAG (SPI发送缓冲器满标志位,该位只读/清除位。可用下列两种方式之一清0该标志位: 方式1清0:一个字符移出后且 SPITXBUF 中的字符自动装载到 SPIDAT 中时,该位被自动清0 方式2清0:系统复位自动清0)	0	写0无效。系统复位默认状态
		1	当一个字符被写入 SPI 发送缓冲器(SPITXBUF)时,该位被硬件自动置1
4~0	Reserved		保留位。读返回0,写无效

6.7.4　SPI波特率寄存器

16位 SPI 波特率寄存器(SPIBRR)的最低7位是 SPI 波特率选择位。该寄存器的6~0位决定 SPI 模块网络主机模式通信速率。有125种不同波特率可供选择(是 CPU 低速外设时钟频率 LSPCLK 的函数)。每个 SPICLK 时钟周期,数据被移位1位。若 SPI 模块为从机模式,则 SPICLK 引脚接收网络主机提供的时钟,因此从机 SPI 模块的波特率寄存器选择位不影响 SPICLK 信号。但来自网络主机的输入时钟频率不能超过 SPI 模块从机低速外设时钟频率 LSPCLK 的1/4。

16位 SPIBRR 低8位位域变量数据格式如图6-50所示,位域变量功能描述如表6-21所示。

7	6	~	0
Reserved	SPI BIT BAT 6	~	SPI BIT BAT 0
R-0		R/W-0	

图6-50　SPIBRR 位域变量数据格式

表6-21　SPIBRR 位域变量功能描述

位	名　　称	值	描　　述
7	Reserved		保留位。读返回0,写无效
6~0	SPI BIT RATE6~ SPI BIT RATE0	0~127	SPI波特率选择位决定 SPI 主机模式下 SPICLK 引脚输出的 SPICLK 频率。主机 SPI 模块的波特率由下列公式决定: 对于 $3 \leqslant \text{SPIBRR} \leqslant 127$,SPI 波特率=LSPCLK/(SPIBRR+1) 或者,SPIBRR=LSPCLK/SPI 波特率-1 对于 $0 \leqslant \text{SPIBRR} \leqslant 2$,SPI 波特率=LSPCLK/4

6.7.5 SPI 仿真缓冲寄存器

16 位 SPI 仿真缓冲寄存器(SPIRXEMU)包含接收的 16 位数据,SPIRXEMU 不是一个实际存在的寄存器,而是一个虚拟地址(哑地址)。读 SPIRXEMU 中的接收数据不会将 SPI 中断标志 SPI INT FLAG(SPISTS.6)清 0。SPIRXEMU 用于仿真器调试。

16 位 SPIRXEMU 位域变量数据格式如图 6-51 所示,位域变量功能描述如表 6-22 所示。

15	～	0
ERXB15	～	ERXB0
R/W-0		

图 6-51 SPIRXEMU 位域变量数据格式

表 6-22 SPIRXEMU 位域变量功能描述

位	名 称	值	描 述
15～0	ERXB15～ERXB0 (接收数据位仿真缓冲器)		SPIRXEMU 是 SPIRXBUF 镜像寄存器,但区别在于读 SPIRXEMU 不清除 SPI 中断标志位(SPISTS.6)。一旦 SPIDAT 接收到一个完整字符,就传送到 SPIRXEMU 和 SPIRXBUF 中,供 CPU 读取。同时,SPI 中断标志位 SPI INT FLAG 被硬件自动置1。创建这个镜像寄存器为了支持仿真。读 SPIRXBUF 将清除 SPI 中断标志位 SPI INT FLAG(SPISTS.6)。在仿真器正常操作模式下,控制寄存器被仿真器连续读取并在显示屏上更新寄存器内容。SPIRXEMU 使仿真器能更准确地仿真 SPI 的操作。因此推荐在正常仿真器模式下观察 SPIRXEMU 的内容

6.7.6 SPI 串行接收缓冲寄存器

16 位 SPI 串行接收缓冲寄存器(SPIRXBUF)包含接收的 16 位数据,读该寄存器,SPI 中断标志位 SPI INT FLAG(SPISTS.6)被硬件自动清 0。

16 位 SPIRXBUF 位域变量数据格式如图 6-52 所示,位域变量功能描述如表 6-23 所示。

15	～	0
RXB15	～	RXB0
R/W-0		

图 6-52 SPIRXBUF 位域变量数据格式

表 6-23 SPIRXBUF 位域变量功能描述

位	名 称	值	描 述
15～0	RXB15～0 (接收数据位数据缓冲器)		一旦 SPIDAT 接收到一个完整的字符,该字符就传送到 SPIRXBUF,供 CPU 读取。同时,SPI 中断标志位(SPISTS.6)被硬件自动置1。数据最高有效位先移入 SPIRXBUF,数据以右对齐方式存储该寄存器

6.7.7 SPI 串行发送缓冲寄存器

16 位 SPI 串行发送缓冲寄存器(SPITXBUF)存储下一个要发送的字符。向该寄存器写入数据将 SPI 发送缓冲器满标志位 TXBUF FULL FLAG(SPIFTS.5)置 1。当现有字符传输结束时,SPITXBUF 内容会自动装入串行数据寄存器中,TX BUF FULL FLAG 位被硬件自动清 0。若当前没有数据传输,写入到 SPITXBUF 的数据不能传送到 SPIDAT,TX BUF FULL 标志位不能被置 1。在主机模式下,若当前没有数据传输,则向 SPITXBUF 写入数据以向 SPIDAT 写入数据同样的方式,启动一次数据传输。

16 位 SPITXBUF 位域变量数据格式如图 6-53 所示,位域变量功能描述如表 6-24 所示。

15	～	0
TXB15	～	TXB0
	R/W-0	

图 6-53　SPITXBUF 位域变量数据格式

表 6-24　SPITXBUF 位域变量功能描述

位	名　称	值	描　述
15～0	TXB15～0 (发送数据位数据缓冲器)		存储下一个要发送的字符。当现有字符发送传输结束,若 SPI 发送缓冲器满标志位 TXBUF FULL FLAG(SPIFTS.5)为 1,则 SPITXBUF 内容将自动传输到 SPIDAT,且 TXBUF FULL FLAG 被自动清 0。写 SPITXBUF 的数据必须是左对齐的

6.7.8 SPI 串行数据寄存器

16 位 SPI 串行数据寄存器(SPIDAT)是发送/接收移位寄存器,只读。写入 SPIDAT 的数据在随后的 SPICLK 时钟周期驱动下,从最高有效位端(MSB)顺序移出。对于每一位移出,在移位寄存器最低有效位端(LSB)有一位数据移入。

16 位 SPIDAT 位域变量数据格式如图 6-54 所示,位域变量功能描述如表 6-25 所示。

15	～	0
SDAT15	～	SDAT0
	R-0	

图 6-54　SPIDAT 位域变量数据格式

表 6-25　SPIDAT 位域变量功能描述

位	名　称	值	描　述
15～0	SDAT15～0 (串行数据位)		SPITXBUF 传送数据到 SPIDAT 有两个功能。 功能 1:若 TALK 位(SPICTL.1)被软件置 1,则 SPIDAT 为 SPI 串行输出引脚提供串行数据输出。 功能 2:当 SPI 主机模式时,SPIDAT 被装载数据将启动数据传输。CLOCK PHASE 和 CLOCK POLARITY 决定 4 种时钟方案。在主机模式下,向 SPIDAT 写哑数据启动接收器的接收序列(主机接收从机发来的字符)。SPI 不支持长度小于 16 位的字符硬件对齐处理,所以发送的数据必须左对齐,接收的数据必须右对齐读取

6.7.9　SPI FIFO 发送、接收和控制寄存器

SPI FIFO 操作相关寄存器有 3 个，即 SPI FIFO 发送寄存器(SPIFFTX)、SPI FIFO 接收寄存器(SPIFFRX)、SPI FIFO 控制寄存器(SPIFFCT)。系统复位默认操作模式是标准 SPI 模式，若想操作在 FIFO 模式，应将 SPIFFENA(SPIFFTX.14)软件置 1，使能 SPI FIFO 增强功能。

1. SPI FIFO 发送寄存器

16 位 SPI FIFO 发送寄存器(SPIFFTX)包含 SPI 软件复位位、SPI FIFO 增强功能使能位、发送 FIFO 复位位、发送 FIFO 中断使能位、发送 FIFO 中断标志位、发送 FIFO 字符数状态位、发送 FIFO 中断级数位等。

16 位 SPIFFTX 位域变量数据格式如图 6-55 所示，位域变量功能描述如表 6-26 所示。

15	14	13	12	∼	8
SPIRST	SPIFFENA	TXFIFO Reset	TXFFST4	∼	TXFFST0
R/W-1	R/W-0	R/W-1	R-0		

7	6	5	4	∼	0
TXFFINT Flag	TXFFINT CLR	TXFFIENA	TXFFIIL4	∼	TXFFIL0
R-0	W-0	R/W-0	R/W-0		

图 6-55　SPI FIFO 发送寄存器位域变量数据格式

表 6-26　SPI FIFO 发送寄存器位域变量功能描述

位	名　称	值	描　　述
15	SPIRST (SPI 复位位)	0	写 0 复位 SPI 接收和发送通道，SPI FIFO 寄存器配置位保持不变
		1	SPI FIFO 恢复发送或接收，对 SPI 寄存器无影响。系统复位默认状态
14	SPIFFENA (SPI FIFO 增强使能位)	0	禁止 SPI FIFO 增强功能
		1	使能 SPI FIFO 增强功能
13	TXFIFO Reset (发送 FIFO 复位位)	0	写 0 复位发送 FIFO 指针为 0，并保持复位状态
		1	重新使能发送 FIFO
12∼8	TXFFST4∼0 (发送 FIFO 字符数状态位，只读)	00000	发送 FIFO 空，系统复位默认状态
		00001	发送 FIFO 有一个 16 位字符
		00010	发送 FIFO 有两个 16 位字符
		⋮	⋮
		10000	发送 FIFO 有 16 个 16 位字符(最多 16 个字符)
7	TXFFINT Flag (TXFIFO 中断标志位)	0	TXFIFO 中断没有发生。该位是只读位
		1	TXFIFO 中断发生
6	TXFFINT CLR (TXFIFO 清除位)	0	写 0 对 TXFFINTFlag 无影响，读该位返回 0
		1	写 1 对 TXFFINT Flag 清 0

续表

位	名　称	值	描　述
5	TXFFIENA （TXFIFO 中断使能位）	0	禁止基于 TXFFIVL 匹配（TXFFST4～0 小于或等于 TXFFIL4～0）的 TX FIFO 中断
		1	使能基于 TXFFIVL 匹配（TXFFST4～0 小于或等于 TXFFIL4～0）的 TX FIFO 中断
4～0	TXFFIL4～0 （发送 FIFO 中断级数）	00000～ 11111	发送 FIFO 字符数状态位（TXFFST4～0）小于或等于发送 FIFO 中断级数（TXFFIL4～0）时产生发送 FIFO 中断。系统复位默认值是 0x00000

2. SPI FIFO 接收寄存器

16 位 SPI FIFO 接收寄存器（SPIFFRX）包含接收 FIFO 溢出标志位、接收 FIFO 复位位、接收 FIFO 中断标志位、接收 FIFO 中断使能位、接收 FIFO 字符数状态位、接收 FIFO 中断级数位等。

16 位 SPIFFRX 位域变量数据格式如图 6-56 所示，位域变量功能描述如表 6-27 所示。

15	14	13	12	～	8
RXFFOVF	RXFFOVR CLR	RXFIFO Rest	RXFFST4	～	RXFFST0
R-0	W-0	R/W-1	R-0		
7	6	5	4	～	0
RXFFINT Flag	RXFFINT CLR	RXFFIENA	RXFFIIL4	～	RXFFIL0
R-0	W-0	R/W-0	R/W-1111		

图 6-56　SPIFFRX 位域变量数据格式

表 6-27　SPIFFRX 位域变量功能描述

位	名　称	值	描　述
15	RXFFOVF （接收 FIFO 溢出标志位，只读）	0	接收 FIFO 没有溢出
		1	接收 FIFO 溢出。FIFO 接收到的数据超过了 16 个字，第 1 个字丢失
14	RXFFOVF CLR （接收 FIFO 溢出清 0 位）	0	写 0 不影响 RXFFOVF 位，读该位返回 0
		1	写 1 对 RXFFOVF 位清 0
13	RXFIFO Reset （接收 FIFO 复位）	0	写 0 复位接收 FIFO 指针位为 0，并保持复位状态
		1	重新使能接收 FIFO。系统复位默认状态
12～8	RXFFST4～0 （接收 FIFO 字符数状态）	00000	接收 FIFO 空。系统复位默认状态
		00001～ 10000	接收 FIFO 有 1～16 个 16 位字符
7	RXFFINT Flag （RXFIFO 中断标志位）	0	RXFIFO 中断没有发生
		1	RXFIFO 中断发生
6	RXFFINT CLR （接收 FIFO 中断清 0 位）	0	写 0 对 RXFFINT Flag 无效，读该位返回 0
		1	写 1 对 RXFFINT Flag 清 0

续表

位	名　称	值	描　述
5	RXFFIENA (RX FIFO 中断使能位)	0	禁止基于 RXFFIVL 匹配(RXFFST4～0 大于或等于 RXFFIL4～0)的 RX FIFO 中断
		1	使能基于 RXFFIVL 匹配(RXFFST4～0 大于或等于 RXFFIL4～0)的 RX FIFO 中断
4～0	RXFFIL4～0 (接收 FIFO 中断级数)	00000～ 11111	接收 FIFO 字符数状态位(RXFFST4～0)大于或等于接收 FIFO 中断级数(RXFFIL4～0)时产生接收 FIFO 中断。系统复位默认值是 11111,这就避免系统复位后频繁中断,因为接收 FIFO 多数时间是空的

3. SPI FIFO 控制寄存器

16 位 SPI FIFO 控制寄存器(SPIFFCT)包含 FIFO 发送缓冲器到发送移位寄存器每次传输的延迟位。

16 位 SPIFFCT 位域变量数据格式如图 6-57 所示,位域变量功能描述如表 6-28 所示。

15	～	8	7	～	0
	Reserved			FFTXDLY7～0	
	R-0			R/W-0	

图 6-57　SPIFFCT 位域变量数据格式

表 6-28　SPIFFCT 位域变量功能描述

位	名　称	值	描　述
15～8	Reserved		保留位
7～0	FFTXDLY7～0 (FIFO 发送延迟位)	0x00～ 0xFF	这些位决定从 FIFO 发送缓冲器到发送移位寄存器每次传输的延迟。以适应 SPI 扩展外设不同时序的匹配。延迟定义为 SPI 时钟周期数,最小为 0 个时钟周期,最大为 255 个时钟周期。系统复位默认值是 0。 在 FIFO 模式下,发送 FIFO 和移位寄存器之间的发送缓冲器(TXBUF)仅在移位寄存器移出最后一位数据后才能被装载数据。在 FIFO 模式下,TXBUF 不应作为一个附加的缓冲器

6.7.10　SPI 优先级控制寄存器

16 位 SPI 优先级控制寄存器(SPIPRI)用来决定当仿真悬挂事件发生时(如当调试器遇到断点时),SPI 优先做什么再停止。

16 位 SPIPRI 位域变量数据格式如图 6-58 所示,位域变量功能描述如表 6-29 所示。

7	～	6	5	4	3	～	0
	Reserved		SPIPRI SUSP SOFT	SPI SUSP FREE		Reserved	
	R-0		R/W-0	R/W-0		R/W-0	

图 6-58　SPIPRI 位域变量数据格式

表 6-29　SPIPRI 位域变量功能描述

位	名　称	值	描　述
7~6	Reserved		保留位。读返回 0,写无效
5~4	SPIPRI SUSP SOFT SPI SUSP FREE （这些位决定仿真悬挂(如当调试器遇到断点)发生时,决定 SPI 继续执行它正在做的操作(自由运行模式)还是若在停止模式下,SPI 即能立即停止,也能在当前操作(发送/接收序列)结束时停止)	00	当仿真悬挂事件发生时,传输在比特流中途停止(传输立即停止)。一旦悬挂撤消,在没有系统复位时,数据缓冲器(DATBUF)中剩余悬挂位将继续移出。例如,如果 SPIDAT 的 8 位数据已移出 3 位,通信被悬挂,然而随后悬挂被撤消且没有复位 SPI,则 SPI 从它停止的位置(本例是第 4 位)继续移位。这与 SCI 的仿真悬挂机制不同。系统复位默认状态
		01	若传输开始前出现仿真悬挂事件(如在第 1 个 SPICLK 脉冲前),则传输不会发生。若在传输启动后发生仿真悬挂事件,则数据将被移到结束。传输启动后发生仿真悬挂事件,SPI 的中止方式取决于所用的模式: 对于标准 SPI 模式,移位寄存器和缓冲器(SPIDAT 和 TXBUF)中数据发送完成后停止。 对于 FIFO 模式,移位寄存器和缓冲器(SPIDAT 和 TXFIFO)中数据发送完成后停止
		x1	自由运行。不论仿真是否悬挂、何时悬挂都不影响 SPI 操作
3~0	Reserved		保留位。读返回 0,写无效

6.8　SPI 发送 FIFO 应用程序开发

SPI 模块的发送 FIFO 结构和功能与 SCI 模块的完全相似。CPU 可以将 n 个字符($n \leqslant 16$)一次性循环写入发送 FIFO(TX FIFO)。每当移位寄存器(SPIDAT)移空当前字符最后一位时,发送 FIFO 会自动将下一个字符以 FIFO 传送延时位设置的传送延时周期(系统复位后默认为 0 延时周期)传送给移位寄存器,写入发送 FIFO 中的 n 个字符向移位寄存器的分时传送过程不需要 CPU 任何干预。因此,当 SPI 网络传输一个数据块时,就可以将 SPI 模块配置为 FIFO 模式,CPU 一次性将 n 个字符($n \leqslant 16$)写入发送 FIFO,等这 n 个字符全部发送完毕后,产生 SPI 中断,通知 CPU,CPU 响应中断,再根据发送算法决定是否有剩余字符要发送。若一个数据块字符个数 $\leqslant 16$,则 16 级深度发送 FIFO 能一次缓冲存储。若一个数据块字符个数 $\geqslant 16$,将这个数据块的字符数分解为字符个数小于等于 16 的子块,设计子块发送算法,分批写入发送 FIFO。

对于一个小于等于 16 个字(1 个字为 16 位)数据块的发送,就可以充分利用 SPI 模块的 TX FIFO 功能,将该数据块所有字一次性写入 TX FIFO,不需要使用发送 FIFO 中断,因为 TX FIFO 传送空后,此数据块已经没有剩余字要 CPU 传送到 TX FIFO。但是,若需连续发送数据块,又不用 CPU 定时器中断定时发送,则可以使用发送 FIFO 中断。

对于小于等于 16 个字的数据块,SPI TX FIFO 发送应用程序核心代码如下:

```
for (i = 0;i < txlen;i++)          //txlen 为≤16 个字的数据块的发送总字数
{ SpiaRegs.SPITXBUF = sdata[i];    //sdata[]为发送数据数组变量名
}
```

6.9　SPI 接收 FIFO 应用程序开发

SPI 接收应用程序通常采用接收中断方式通知 CPU 读取接收的字符。使用 SPI FIFO 模式将小于或等于 16 个字的数据块自动接收到 FIFO 中存放,当接收 FIFO 存放的接收字符总数大于或等于接收 FIFO 中断级数位设置的字符数时,产生 SPI 接收中断 (SPIRXINT)。在 SPI 中断服务程序中,编写 SPI 接收程序,从接收 FIFO 中一次性读取一个小于或等于 16 个字的接收数据块数据。

对于接收一个小于等于 16 个字的数据块,SPI RX FIFO 接收应用程序核心代码如下:

```
Interrupt void Spirxfifo_isr(void)
{   …
    rxlen = SpiaRegs.SPIFFRX.bit.RXFFST;
    for (i = 0;i < rxlen;i++)
    { //rxlen 为≤16 个字的数据块接收总字数
      rdata[i] = SpiaRegs.SPIRXBUF;
    } //rdata[]为接收数据数组变量名
    …
    Piectrlregs.PIEACK.all| = 0x20;
}
```

6.10　SPI 自回环中断例程

SPI 自回环中断例程是利用 SPI 自回环模式使能位 SPILBK(SPICCR.4)被软件置 1 时,将 SPI 模块的 SPISIMO(主出/从入)引脚和 SPISOMI(主入/从出)引脚内部短接,实现 SPI 的自发自收通信功能。自回环测试功能仅在 SPI 主机模式有效。所以首先要初始化 SPI 操作控制寄存器(SPICTL)设置 SPI 为主机模式。

SPI 自回环中断实例工程文件模板 Example_2833xSpi_FFDLB_int.pjt 共包含 10 个源文件模板,其中 8 个源文件模板是任何工程文件都需要添加的公共源文件模板,另外两个源文件模板分别是 SPI 功能引脚 GPIO 复用配置初始化支持函数定义源文件 DSP2833x_Spi.c 和 SPI 自回环中断程序实例主函数源文件 Example_2833xSpi_FFDLB_int.c。

DSP2833x_Spi.c 主要用来初始化配置 SPI 模块功能引脚。

Example_2833xSpi_FFDLB_int.c 定义的本地函数包括 SPI 接收 FIFO 中断函数、SPI 发送 FIFO 中断函数、SPI FIFO 操作初始化函数等。

习题

6-1　空闲线模式与地址位模式对于异步通信来说,哪一种模式通信效率更高?

6-2　SCI 模块的两种多处理器通信模式,即空闲线模式与地址位模式,用什么 SCI 控制寄存器进行初始化配置？

6-3　假如 SCI 模块初始化配置为空闲线多处理器通信模式，但具体应用要求数据块之间的空闲时间要大于 11 个空闲时间，如 Modbus 协议要求数据块之间至少有 4 个字符的空闲时间，显然，利用 SCI 的发送特性无法实现大于 11 个空闲位块间连续数据块发送。如何实现大于 11 个空闲位时间的空闲线控制？

6-4　异步通信标准帧格式由几个位域组成？哪些位域可编程设置？哪个位域不可编程设置？

6-5　异步通信标准帧格式中空闲位是什么逻辑位？

6-6　间断条件检测错误 BRKDT 是什么接收错误？与 FE、OE、PE 错误相比，哪个错误更严重？

6-7　在 DSP2833x_Spi.c 文本列表中，为什么要注释掉不想用的 GPIO 信号线配置语句？

6-8　在 SCI 空闲线模式下，通过设置 TXWAKE=1，可以自动产生块与块的间隔大于等于 10 个空闲位以及块内第 1 帧与第 2 帧间隔大于等于 10 个空闲位，那么块内从第 2 帧到块内最后一帧，帧间隔应小于 10 个空闲位又如何实现？

6-9　试设计首字节为地址字节，其他字节为数据字节的 N 个字节组成的块，在 SCI 空闲线模式下发送，SCI 自动发送块前 11 个空闲位、地址字节和第 1 个数据字节之间的 11 个空闲位的 TXWAKE 控制策略。

6-10　SCI 的地址位模式帧格式是异步通信标准帧格式吗？地址位模式帧格式的第 9 数据位是如何置 1 和清 0 的？

6-11　假如不使用 SCI 模块的发送特性，如何实现块前发送线至少维持 10 个或以上的空闲位？

6-12　TXSHF 与 SCITXBUF 是双缓冲器，在 TXSHF 尚未移完最后一位前，是否能向 SCITXBUF 写新的数据？

6-13　试绘制 DSP 的 SCI-C 典型 SCI FIFO 接收应用程序的主函数流程图。

6-14　SCI 模块在标准 UART 模式下，发送由 N 个字节组成的数据块时，发送中断服务函数（发送中断服务程序）一次能发送多少个字节？

6-15　SCI 模块在 SCI FIFO 模式下，接收由 N 个字节组成的数据块时，接收中断服务函数（接收中断服务程序）一次能接收多少个字节？

6-16　若发送中断和接收中断在同一 PIE 组，为什么安排接收中断优先级总是比发送中断优先级高？

6-17　假如多机通信模式选用空闲线多机通信模式，一个主机轮询 n 个从机。主机按大于 11 个空闲周期的轮询周期发送报文，从机使能 SCI 增强功能，从机设置接收 FIFO 中断等级位 RXFFIL4~0 的依据是什么？

6-18　空闲线多机通信模式选择奇偶校验位检错、检查和（CHECKSUM）和 CRC 校验码检错，哪个校验方法查错率最高？哪个校验方法查错率最低？

6-19　假如 DSP 与 51 单片机进行异步双向通信，由于 51 单片机有地址位/数据位通信模式，DSP 应采用空闲位通信模式还是采用地址位通信模式较合适？为什么？

6-20　为什么在多机异步通信实际应用中，从机的接收 FIFO 中断等级位不能设置成接收报文的总字节长度,而要分成几个小段?

6-21 为什么异步通信帧格式一般设置无奇偶校验位?

6-22 利用SCI的TX FIFO发送报文,在什么情况下需要使用发送中断?

6-23 在空闲线模式下,为什么对于非接收FIFO模式,在接收到地址字节之后的第1个数据字节后,RXWAKE才被自动清零?

6-24 在6.5.4节SCI发送FIFO应用程序开发中,DSP主机发送定位器开度命令报文后,为什么在TXFFST=0后还要执行延时函数delay(20000)后,才将GPIO65输出从1变为0(参考图6-30,RS-485芯片切换到接收器状态)?

6-25 接收中断服务函数接收到一个完整报文后,是如何通知主程序处理的?

6-26 假如接收中断等级设定值超过了待接收报文剩余字节数,会发生什么情况?

6-27 SCI标准UART模式相关寄存器初始化过程有什么特点?

6-28 SCI FIFO相关寄存器初始化过程有什么特点?

6-29 系统初始化模块的公共初始化函数主要包括哪些初始化函数?

6-30 SCI模块发送数据块与SPI模块发送数据块在数据格式上有什么区别?

6-31 在RS485C161006RXINT.c程序中(参考图6-37),DSP控制器向电磁阀定位器发送命令报文成功后,DSP控制器将RS-485接口电路切换为接收器状态机,等待电磁阀定位器回送响应报文,为什么同时要启动Cpu_timer1定时100ms中断?若在100ms之内,收到电磁阀定位器回送的响应报文,Cpu_timer1定时100ms是否要发生?

6-32 SPI主控制器只有一根从机发送器的选通信号线$\overline{SPISTE}$,如何实现一台SPI主控制器选通两台以上SPI从控制器实现一主一从同步通信?

6-33 SPI的主/从控制器同步通信的含义是什么?发送器和接收器在同步时钟边沿上有什么移位特点?

6-34 SPI的SPIDAT(SPI串行数据寄存器)与SPITXBUF、SPIRXBUF有何区别?

6-35 SPI传送字符长度是固定的还是可编程配置的?配置范围是多少?

6-36 若SPI传送字符长度配置为8位,则发送数据时,装载到16位SPIDAT寄存器中的8位字符是左对齐还是右对齐?接收数据时,移入16位SPIDAT寄存器中的8位字符是左对齐还是右对齐?

6-37 为什么SPI接收FIFO的中断级数上电复位默认值要设为11111b,发送FIFO中断级数上电复位默认值要设为00000b?

6-38 在SPI自回环中断例程中,为什么SPI标准模式数据块循环发送的首次发送语句要在初始化程序段中执行?

6-39 CPU响应SPI接收器过载中断后,为什么在SPI中断服务程序中,要向SPI接收器过载标志位写1?

6-40 SPI通信网络中,通信波特率由SPI主机设定还是SPI主机和SPI从机共同设定?

6-41 SPI主机和SPI从机都有各自的波特率寄存器,在初始化配置波特率寄存器值时,SPI从机的波特率值要配置吗?

6-42 由于F2833x的SPI模块不支持长度小于16位的数据硬件对齐处理,所以发送的数据必须软件左对齐,接收的数据必须右对齐读取。假如SPI字符长度初始化配置为

8 位,现在要发送 8 位数据 0x23,问写入 SPITXBUF 的左对齐 16 位数据是多少?

6-43 试比较 SCI 模块和 SPI 模块在数据结构和操作模式上有什么区别?

6-44 SPI 自回环中断例程主函数源文件 Example_2833xSPI_FFDLB_int.c 列表第 5 步是主程序,用空循环语句实现,即原地踏步死循环,为什么标注为可选代码?

6-45 在 SPI 自回环中断例程主函数源文件 Example_2833xSPI_FFDLB_int.c 中,发送 FIFO 中断级数和接收 FIFO 中断级数都被设置为 8,则:(1)当发送 FIFO 中已发送字符数还剩多少时,会产生发送 FIFO 中断?(2)当接收 FIFO 中已接收字符数达到多少时,会产生接收 FIFO 中断?(3)假如,自发自收的数据块不是 8 个字符,而是 9 个字符,则发送 FIFO 中断级数应设置多少为宜?

6-46 在 SPI 自回环中断例程主函数源文件 Example_2833xSPI_FFDLB_int.c 中,接收数据流出错检测最后跟踪位置变量的物理含义是什么?

小结

本章介绍了异步串行接口(SCI)和同步串行接口(SPI)模块的标准 UART 模式和增强 UART 模式,SCI 的字符帧模式、SPI 的字符帧模式。SIC 的两种多机通信模式和特点,SPI 的 4 种时钟方案。分别介绍了 SCI 和 SPI 模块的通信应用程序开发模板和应用程序开发方法。简要介绍了将 CPU 定时器周期中断应用程序工程文件模板与 SCI 串行通信用程序工程文件模板组合成巡检周期为1s 的 SCI 与电磁阀定位器进行 RS-485 总线串行通信应用程序工程文件的开发方法。

重点和难点:

(1) SCI 两种多机异步通信模式收发特性。

(2) SPI 同步通信 4 种时钟方案。

(3) SCI 增强功能的通信程序编程方法。

(4) SPI 增强功能的通信程序的编程方法。

## 第 7 章

ADC 模块应用程序开发

7.1 概述

A/D 转换器(Analog-to-Digital Converter,ADC)是数据采集系统必不可少的组成部分。现场传感器的模拟电压信号(通常为电压输出型传感器)要经过 A/D 转换器转换(量化)为数字信号,才能被微处理器接收和进行数字信号处理。典型数据采集系统组成框图如图 7-1 所示。在图 7-1 中,MUX 为多路模拟开关,S/H 为采样/保持器,I/O 为输入输出接口。

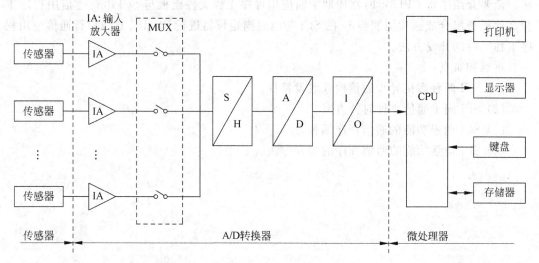

图 7-1 典型数据采集系统组成框图

很多工业控制系统需要使用高性能、多通道同时采样 A/D 转换器,如电力线监控系统或现代三相电机控制系统。这些应用需要在 70～90dB(取决于具体应用)宽的动态范围内实现精确的多通道同时测量,采样速率通常要求 16kS/s 甚至更高。F28335 集成单极性、采样速率高达 6.25MSPS 的 12 位 A/D 转换器,内置两路采样保持器,能实现双通道同时采样和多通道顺序采样,具有可编程的采样保持采样窗调节功能、灵活的转换中断控制功能和一次顺序转换多通道和一次存取多通道转换结果等增强功能。为了达到 ADC 器件提供的性能并优化其性能,设计人员必须合理设计 PCB 板,使模拟电源与数字电源信号地隔离、模拟信号与数字信号走线尽量远离,减少数字信号对模拟信号的耦合干扰。

7.1.1 A/D转换器专用术语和工作原理

1. 分辨率

分辨率是指ADC能够量化的最小信号的能力。

设ADC的位数为n,输入电压量程＝最高输入电压－最低输入电压,则最小量化电平计算式为

$$最小量化电平 = \frac{电压量程}{2^n} = \frac{最高输入电压 - 最低输入电压}{2^n} \tag{7-1}$$

由于最小量化电平与ADC的输入电压量程有关,无法统一表达,所以通常分辨率用二进制转换位数来表示。例如,10位的ADC,其所能分辨的最小量化电平为满量程输入电压的$1/2^{10}$。ADC位数越长,分辨率越高,能把满量程输入电压量化的最小电平越小,A/D转换结果就越精确,数字信号再用DAC转换回去就越接近原输入电压模拟值。

2. 采样速率

采样速率指单位时间内,ADC对输入信号进行采样的速度。单位是"采样次数/s"即Sps。采样速率是A/D转换时间的倒数。例如,F2833x系列DSP器件的内置ADC模块采样速率是6.25MS/s,最高工作时钟为12.5MHz,可计算A/D转换时间＝$1/6.25=0.16\mu s=160ns$。

3. ADC参考电压源

ADC工作时,把输入电压与基准电压源比较,才能产生A/D转换结果。逐次比较型ADC结构框图如图7-2所示。图中,V_{REF}是参考电压源(ADC参考电压),它决定ADC的输入电压量程。例如,F2833x系列DSP器件的内置ADC模块输入电压量程为0~3V,就意味着ADC模块的基准电压源是3V。若能将F2833x系列DSP器件参考电压源改为2.5V输入,则ADC模块的输入电压量程就变为0~2.5V。

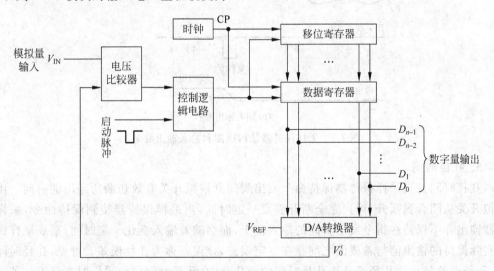

图7-2 逐次比较型ADC结构框图

ADC参考电压源选择多大对于量化误差有很大影响。如果12位的A/D转换器使用3.2768V的基准源,允许正负输入的情况下,那么每个量化级所表示的电压相差0.1mV,即0.0001V,但同样的环境,基准源是6.5536V的话,则每级相差0.2mV。

4. 采样保持器

采样器是一种开关电路或装置,它在固定时间点上采集被处理信号的值。保持器则把这个信号值放大后存储起来,保持一段时间,以供模数转换器转换,直到下一个采样时间再取出一个模拟信号值来代替原来的值。

采样保持器原理框图如图 7-3 所示。图中 S_1 和 S_2 就是采样开关,跟随放大器 A 就是保持器。

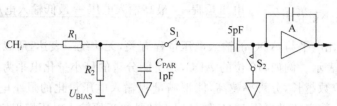

图 7-3　采样保持器原理框图

采样时,S_1 和 S_2 闭合,输入电压 U_A 对保持电容 C_H 充电,充电完成后,S_1 和 S_2 断开,由于跟随放大器 A 输入电阻很大,保持电容 C_H 短时间无法放电,输出保持采样时刻输入电压 U_A 的值。采样保持器结构框图和输入输出波形如图 7-4(a) 和图 7-4(b) 所示。

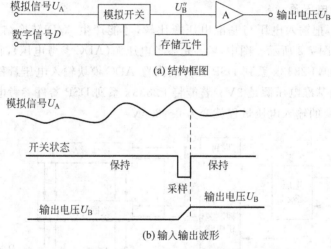

(a) 结构框图

(b) 输入输出波形

图 7-4　采样保持器结构框图和输入输出波形

5. 孔径时间

孔径时间是指采样保持器保持命令发出瞬间到模拟开关有效切断所经历的时间。由于模拟开关从闭合到断开,再到完全断开需要一定时间,当采样保持器接到保持命令,采样保持器输出并不保持在指令发出瞬间的输入值上,而会随着输入变化一定时间,造成采样保持器实际保持的输出值与希望值之间存在一定误差,该误差称为孔径误差。可见,孔径时间越小,孔径误差越小。孔径不是指孔径时间的变化范围,孔径时间仅使采样时刻延迟。若每次采样时刻延迟都相同,对总的 A/D 转换结果精度没有影响。但孔径时间在变化,则对A/D 转换精度有影响。如果改变保持命令发出的时间,可消除孔径时间。

6. 捕获时间

捕获时间是指当采样保持器从保持状态切换到跟踪状态时,采样保持器的输出值变化到当前输入值所经历的时间,包括逻辑输入开关的动作时间、保持电容的充电时间、放大器的设定时间等。捕获时间不影响采样精度,但对采样频率有影响。

7. 量化噪声

在语言编码通信中,解调后信号和原传递信号的差异是因幅度和时间的量化而产生的,这种失真称为量化失真。因为这种失真和杂乱的干扰一样,听起来和元件产生的热噪声相似,所以叫做量化噪声。ADC量化过程存在量化误差,反映到接收端,这种误差作为噪声再生,称为量化噪声。

8. 量化误差

定义为量化结果和被量化模拟量的差值,显然量化级数越多,量化的相对误差越小。故ADC的位数越高,量化误差越小。

9. 转换数字量与输入电压对应关系

对于 n 位单极性 ADC,假设转换数字量为 D,输入电压为 $U_{IN} \in [0, U_{INMAX}]$,ADC 参考电压为 U_{REF},则转换数字量与输入电压对应关系为

$$D = \frac{U_{IN}}{U_{REF}} \times (2^n - 1) \tag{7-2}$$

对于 n 位双极性 ADC,假设转换数字量为 D,输入电压为 $U_{IN} \in [-U_{INMAX}/2, +U_{INMAX}/2]$,ADC 参考电压为 U_{REF},则转换数字量与输入电压对应关系为

$$D = \frac{U_{IN}}{U_{REF}} \times (2^{n-1} - 1) \tag{7-3}$$

7.1.2 A/D 转换器结构和特点

F28335 内嵌 ADC 模块是一个具有流水线结构的 12 位模数转换器。模数转换单元的模拟电路包括前端模拟多路复用开关(MUX)、采样/保持(S/H)电路、转换内核、电压调节器以及其他模拟辅助电路。模数转换单元的数字电路包括可编程转换序列发生器、转换结果寄存器、模拟电路接口、设备外部总线接口以及同其他片上模块的接口。

1. ADC 模块结构

F28335 的 ADC 模块功能框图如图 7-5 所示。F28335 的 ADC 模块有 16 个通道,可配置为两个独立的 8 通道排序器模块(排序器 1 和排序器 2),供 ePWM 模块使用,因为ePWM 模块的所有事件都能够产生 ADC 启动转换(SOC)信号。任一个 8 通道模块,可顺序控制两个 8 选 1 模拟开关中任意排序的 8 个通道。两个 8 选 1 模拟开关各有一个后置采样保持器(S/H-A/B)。一个 8 通道排序器,通过同步转换控制逻辑,能同时采样两个 8 选 1模拟开关中对称的一对输入通道的模拟电压(ADCINA0 与 ADCINB0 一对……ADCINA7与 ADCINB7 一对)。

虽然 ADC 模块只有一个 A/D 转换器,只能分时转换多路通道中的每一路模拟电压,但如果两个采样保持器同时采样保持,就能等价实现双通道同时 A/D 转换。若两个采样保持器独立分时采样保持,就能实现多通道顺序 A/D 转换。

两个独立的 8 通道模块配置为级联模式,可构成 16 通道的单排序器,两个 8 选 1 模拟开关被自动级联成 16 选 1 模拟开关,能顺序采样多达 16 通道的任意排序的模拟电压。

在每个排序器中,一旦所选某路模拟通道的 A/D 转换结束,该通道的 A/D 转换结果就

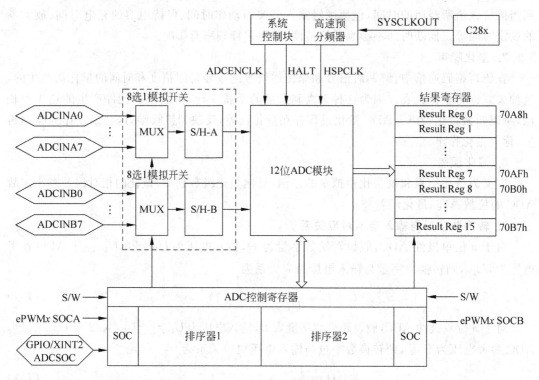

图 7-5　F28335 的 ADC 模块功能框图

自动顺序存储到 ACD 模块内部的 16 个结果寄存器之一中。16 个 16 位结果寄存器名分别命名为 ADCRESULT0～ADCRESULT15。一个 8 通道排序器最大顺序转换通道数为 8，两个 8 通道排序器级联模式下，最大顺序转换通道数为 16。在一个采样时刻，每个排序器顺序转换通道数可编程设置为 1～8。排序器 1（SEQ1）的顺序转换结果总是从 ADCRESULT0 开始顺序存放，最多存放到 ADCRESULT7。排序器 2（SEQ2）转换结果总是从 ADCRESULT8 开始顺序存放，最多存放到 ADCRESULT15。允许对某个模拟通道设置顺序多次采样，以便执行过采样算法，以获得比传统单次采样转换更高的转换精度。

2. ADC 模块功能特点

（1）12 位 ADC 模块内核，内含两路采样/保持电路，可同时或顺序采样。

（2）模拟输入范围为 0～3V，12.5MHz 的 ADC 时钟频率，转换时间为 160ns。

（3）可配置 ADC 模块为两个独立 8 模拟通道模块模式，带 8 选 1 模拟开关和 8 通道排序器。可在一次采样中实现两个 8 模拟通道中各一个对称通道组成的一对通道的同时采样、顺序 A/D 转换，以及各自 8 模拟通道任意排序的自动顺序采样和自动顺序 A/D 转换。

（4）可配置两个独立 8 模拟通道为级联模式，具有 16 选 1 模拟开关多路选通输入功能和 16 通道排序器功能，可在一次采样中同时实现 16 路模拟通道的自动排序、自动顺序 A/D 转换。

（5）16 个可独立寻址的 16 位 A/D 结果寄存器，能顺序缓存一次采样中多路排序通道的转换结果，供 CPU 一次性读取每次采样或两次采样排序多路通道的 A/D 转换结果。输入模拟电压 U_{IN} 的转换结果数字值 D 是由下列公式决定。

当 $U_{\text{IN}} \leqslant 0\text{V}$ 时，$D=0$。

当 $0\text{V}<U_{\text{IN}}<3\text{V}$ 时,$D=2^{12}\times\dfrac{U_{\text{IN}}-\text{ADCLO}}{3}$,ADCLO 是 ADC 模块的参考电压地。

当 $U_{\text{IN}}\geqslant3\text{V}$ 时,$D=2^{12}-1=4095$。

(6) 启动 A/D 转换的多触发源可编程特性,包括软件(Software,S/W)启动、ePWM1~6(多个触发源)启动、外部输入引脚 GPIO XINT2 触发启动等。

(7) 灵活的 A/D 中断控制特性,允许每次排序通道转换结束(End of Sequence,EOS)或每两次排序通道转换结束申请中断一次(每两次排序通道总数不能超过 16;否则 16 个 A/D 结果寄存器缓存溢出,而系统不给任何溢出提示信息)。每两次排序通道转换结束申请中断一次的目的是减少 CPU 访问 ADC 的频数,提高 CPU 处理数字信号处理算法的利用率。例如,在单排序器模式下,第 1 次采样排序通道数为 4,第 2 次采样排序通道数为 2,两次采样排序通道总数为 6,没有超过 8 个 A/D 结果寄存器缓存上限,就可以选择每两次采样排序转换结束中断模式,比每次采样排序转换结束模式效率提高 1 倍。

(8) 排序器可工作在启动/停止模式,允许多个"时间顺序触发"同步转换。

(9) 在双排序器模式下,ePWM 触发器可以独立操作。

(10) 采样保持(S/H)采集时间窗口有独立的预定标控制,可编程设置采样脉冲宽度,系统复位默认采样脉冲宽度值为一个 ADCLK 时钟周期。

7.2　自动转换排序器操作原理

ADC 模块排序器由两个独立的 8 状态排序器(SEQ1 和 SEQ2)构成,这两个排序器还能级联构成一个 16 状态的单排序器(SEQ)。这里的状态是指排序器内能够完成的 ADC 自动转换通道的个数。8 状态排序器实际上是一个 8 状态有限状态机。状态机的有效状态对应可编程设置的顺序转换通道号(即通道号排序)。例如,用户设置的 SEQ1 顺序转换通道号为 0、4、12,则 ADC 在一个采样周期中,顺序转换的通道号为 ADCINA0→ADCINA4→ADCINB4。可见,排序器可对任意排序的通道转换,不一定要求按通道编号顺序转换,而且允许一个通道号多次顺序转换。

ADC 模块排序器有两种工作模式,即单排序器模式和双排序器模式。16 状态的单排序器模式(两个 8 状态单排序器级联)结构框图如图 7-6 所示。双排序器模式(两个独立 8 状态排序器)结构框图如图 7-7 所示。由图 7-6 可见,在单排序器模式下,16 状态单排序器输出 4 位选通信号($2^4=16$)选通两个 8 选 1 模拟开关组成的 16 选 1 模拟开关。由图 7-7 可见,在双排序器模式下,每个排序器(排序器 1 和排序器 2)都能输出 4 位选通信号($2^4=16$),通过排序器仲裁电路和多路开关,仲裁决定排序器 1 和排序器 2 中哪一个排序器的 4 位选通信号去选通两个 8 选 1 模拟开关组成的 16 选 1 模拟开关。若排序器 1 和排序器 2 的转换启动信号同时出现,仲裁结果是排序器 1 有较高优先权。若排序器 1 和排序器 2 分别使用 ADC 转换,则每个排序器都能选通两个 8 选 1 模拟开关组成的 16 选 1 模拟开关。

对于这两种排序器模式,模数转换模块都可以对一系列排序转换进行自动转换,每当模数转换模块收到一个转换启动请求,就能自动完成多个排序转换。对于每次转换,可通过两个 8 选 1 模拟开关选择 16 个输入通道中的任何一个通道。转换结束后,所选通道转换的数字量保存到适当的结果寄存器中(ADCRESULTn,其中第 1 个结果存储在 ADCRESULT0 中,第 2 个结果存储在 ADCRESULT1 中⋯⋯依此类推)。也可以对同一通道进行多次采

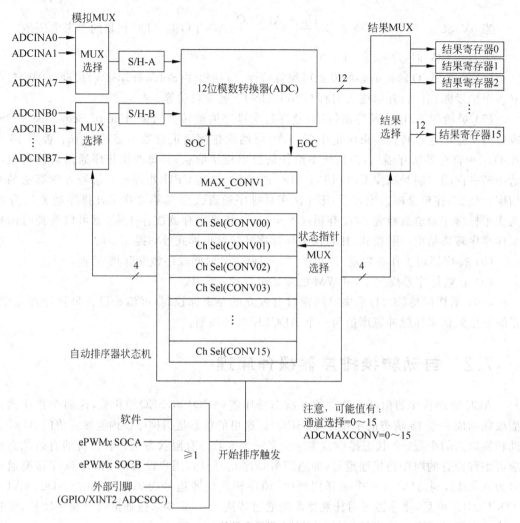

图 7-6　单排序器模式结构框图

样,从而实现过采样,过采样比传统的单采样转换结果具有更高的分辨率。

在顺序采样的双排序器模式下,一旦当前工作的排序器控制的顺序采样结束,就能响应双排序器中任意一个排序器发出的、处于等待状态的转换启动(SOC)请求。例如,假设 A/D 转换器正在服务 SEQ2 的顺序转换,此时 SEQ1 产生转换启动请求,则在 SEQ2 顺序转换完成后立即启动 SEQ1 的顺序转换。如果 SEQ1 和 SEQ2 都产生转换启动请求,则 SEQ1 排序器有更高的优先级,即 A/D 转换器优先服务 SEQ1 的转换启动请求。例如,假设 ADC 模块正在服务 SEQ1 的顺序转换,在服务过程中,SEQ1 和 SEQ2 同时产生转换启动请求,当 A/D 转换器完成 SEQ1 的顺序转换后,将会立即服务 SEQ1 转换启动请求,SEQ2 的转换启动请求仍然保持等待。

单排序器模式和双排序器模式在自动排序转换上区别是:单排序器模式的最大转换通道数是 16。双排序器模式的最大转换通道数是 8。单排序器模式可用通道选择位域变量共 16 个,即 CONV00~CONV15,双排序器模式可用的通道选择位域变量共 8 个,排序器 1 和排序器 2 可用的通道选择位域变量不一样,排序器 1 是 CONV00~CONV07,排序器 2 是 CONV08~CONV15。尽管单排序器模式和双排序器模式的最大转换通道数不同,但是这

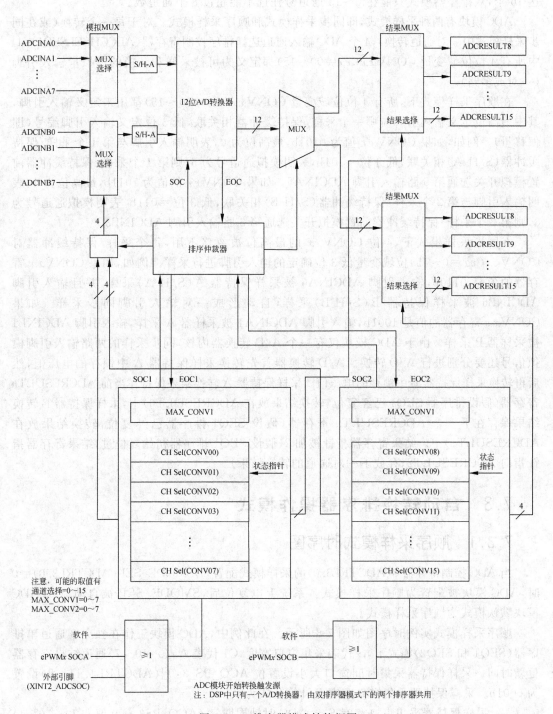

图 7-7 双排序器模式结构框图

两种模式可选择的多路通道号范围均为 0~15,唯一区别是,单排序器模式可选通道总数可达 16 个,双排序器模式只能在 0~15 通道号任选不能超过 8 个通道数。

ADC 模块有两种采样模式,即同步采样模式和顺序采样模式。对于每一个转换(或在同步采样模式中一对通道转换),4 个 ADC 输入通道选择排序控制寄存器(ADCCHSELSEQ1~4)中所有 4 位位域变量 CONVxx(xx=00~15)都定义为可被采样和转换的模拟量输入引脚(一对或多路)。

在顺序采样模式下,所有 4 位位域变量 CONVxx(xx=00~15)都用来定义输入引脚,其中最高位定义输入引脚与哪一个采样/保持缓冲器相关联,低 3 位定义输入引脚编号(即偏移量)。例如,如果 CONVxx 值为 0101b,最高位为 0,表明输入引脚与第 1 个采样/保持缓冲器(S/H-A)相关联,低 3 位=101b,表明模拟通道号为 5,则第 1 个采样/保持缓冲器前置模拟开关选通第 5 路输入引脚 ADCINA5。如果 CONVxx 的值为 1011b,最高位为 1,表明输入引脚与第 2 个采样/保持缓冲器(S/H-B)相关联,低 3 位=011b,表明模拟通道号为 3,则第 2 个采样/保持缓冲器前置模拟开关选通第 3 路输入引脚 ADCINB3。

在同步采样模式下,4 位 CONVxx 的最高位被忽略不用,每个采样/保持缓冲器对 CONVxx(xx=0~15)位域变量低 3 位确定的输入引脚进行采样。例如,如果 CONVxx 寄存器的值是 0110b,输入引脚 ADCINA6 被采样保持器 A(S/H-A)采样,并且输入引脚 ADCINB6 被采样保持器 B(S/H-B)采样,自动形成一对输入引脚同步采样。如果 CONVxx 寄存器的值是 1001b,输入引脚 ADCINA1 被采样器 A 采样,输入引脚 ADCINB1 被采样器 B 采样。由于 ADC 模块仅有一个 A/D 转换器内核,同步采样的两路输入引脚模拟信号还要分别进行 A/D 转换。A/D 转换器首先转换采样保持器 A 中锁存的电压值,然后再转换采样保持器 B 中锁存的电压值。采样保持器 A 转换结果保持在当前 ADCRESULTn 寄存器(假设排序器 SEQ1 已经复位,转换结果放在 ADCRESULT0)中,采样保持器 B 转换结果保存在下一个 ADCRESULTn 寄存器(假设 SEQ1 排序器已经复位,转换结果放在 ADCRESULT1)中。结果寄存器指针被加 2(假设 SEQ1 排序器初始复位过,结果寄存器指针指向 ADCRESULT2,存放下一对通道的转换结果)。

7.3 自动转换排序器操作模式

7.3.1 顺序采样模式时序图

当 ADC 控制寄存器 3(ADCTRL3.0)的采样模式配置位 SMODE_SEL(ADCTRL3.0)=0 时,ADC 模块被配置为顺序采样模式。系统上电复位后,SMODE_SEL 被自动清 0,ADC 模块默认模式为顺序采样模式。

顺序采样模式实例时序图如图 7-8 所示。在此例中,ADC 模块工作在独立 8 通道单排序器(SEQ1 和 SEQ2)模式下,S 代表采集窗口宽度,C1 代表 Ax(x=0~7)通道结果寄存器更新时间。采样保持器采集时间窗口大小设置位 ACQ_PS[3:0](ADCTRL1.11~8)设置为 0001b。采样保持器采集窗口宽度 S 计算公式为

采样保持器采集窗口宽度 S = ADC 时钟周期 × (ACQ_PS3~0 值+1)   (7-4)

将 ACQ_PS3~0 代入式(7-4)得:S=ADC 时钟周期×(1+1)=ADC 时钟周期×2。所以,图 7-8 中的 S 宽度就是两个 ADC 时钟周期。

CONVxx(xx=0~15)位域变量包含输入通道的地址:CONV00 用于 SEQ1 的 8 个通

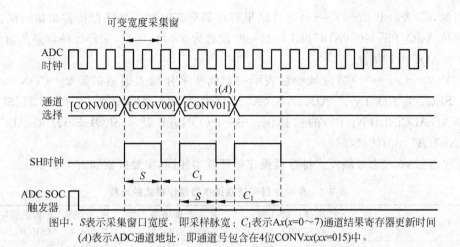

图中，S表示采集窗口宽度，即采样脉宽；C_1表示Ax(x=0～7)通道结果寄存器更新时间
(A)表示ADC通道地址，即通道号包含在4位CONVxx(xx=015)中。

图7-8 顺序采样模式实例时序图

道（ADCINA0～ADCINA7）中任选一个通道的选择位，CONV01用于SEQ1的8个通道中任选一个通道的选择位……CONV07用于SEQ1的8个通道中任选一个通道的选择位。CONV08用于SEQ2的8个通道（ADCINB0～ADCINB7）中任选一个通道的选择位，CONV09用于SEQ2的8个通道中任选一个通道的选择位，……，CONV15用于SEQ2的8个通道中任选一个通道的选择位。

7.3.2 同步采样模式时序图

当ADC控制寄存器3（ADCTRL3.0）的采样模式选择位SMODE_SEL（ADCTRL3.0）=1时，ADC模块被配置为同步采样模式。

顺序采样模式实例时序图如图7-9所示。在此例中，ADC模块工作在独立8通道单排序器（SEQ1和SEQ2）模式下，S代表采集窗口宽度，C_1代表Ax(x=0～7)通道结果寄存器

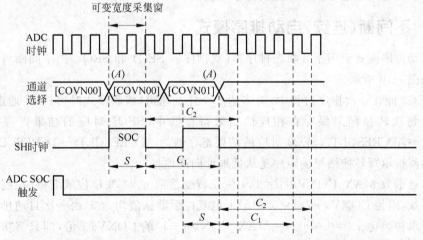

图中，S表示采集窗口宽度，即采样脉宽；C_1表示Ax(x=0～7)通道结果寄存器更新时间；C_2表示Bx(x=8～15)
通道结果寄存器更新时间；(A)表示ADC通道地址，CONV00表示A0/B0，CONV01表示A1/B1。

图7-9 同步采样模式实例时序图

更新时间，C_2 表示 Bx（$x=8\sim15$）通道结果寄存器更新时间。采样保持器采集时间窗口大小设置位 ACQ_PS[3:0]（ADCTRL1.11$\sim$8）设置为 0001b，所以，采样保持器采集窗口宽度 $S=$ 两个 ADC 时钟周期。

CONVxx（$xx=0\sim7$）位域变量表示一对同步采样输入通道的地址：CONV00 表示 SEQ1/SEQ2 的 ADCINA0/ADCINB0（A0/B0）的选择位；CONV01 表示 SEQ1/SEQ2 的 ADCINA1/ADCINB1（A1/B1）的选择位；……；CONV07 表示 SEQ1/SEQ2 的 ADCINA7/ADCINB7（A7/B7）的选择位。

8 状态和 16 状态级联模式排序器操作原理基本相同，主要区别如表 7-1 所示。

表 7-1　单排序器和级联排序器操作模式的比较

特　　点	8 状态排序器 1 号（SEQ1）	8 状态排序器 2 号（SEQ2）	级联 16 状态排序器（SEQ）
转换启动触发源（SOC）	ePWMx SOCA，软件，外部引脚	ePWMx SOCA，软件	ePWMx SOCA，ePWMx SOCB，软件，外部引脚
自动转换最多通道数	8	8	16
排序结束自动停止	是	是	是
仲裁优先级	高	低	不用
转换结果寄存器位置	0$\sim$7	8$\sim$15	0$\sim$15
ADCCHSELSEQn 位域变量分配	CONV00$\sim$CONV07	CONV08$\sim$CONV15	CONV00$\sim$CONV15

为了方便起见，本书 SEQ1 排序器的 8 个状态称为 CONV00$\sim$CONV07，SEQ2 排序器的 8 个状态称为 CONV08$\sim$CONV15。SEQ1 与 SEQ2 级联的 16 个状态称为 CONV00$\sim$CONV15。

每个排序转换所选择的模拟输入通道号由 ADC 输入通道选择排序控制寄存器（ADCCHSELSEn）的各位域变量 CONVxx（$xx=0\sim15$）来定义。CONVxx（$xx=0\sim15$）可以指定 16 个模拟输入通道号中的任一个通道号，允许 16 个模拟输入通道号被任何次序排序转换或一个模拟输入通道号被多次重复排序转换。

7.3.3　不间断（连续）自动排序模式

不间断自动排序模式应用于 8 状态排序器（双排序器 SEQ1 和 SEQ2）。不间断自动排序模式流程如图 7-10 所示。

SEQ1/SEQ2 能在一次排序过程中，对多达 8 个任意通道（级联模式时可达 16 通道）进行排序转换。每次转换结果保存在相应的结果寄存器中，SEQ1 对应的结果寄存器是 ADCRESULT0$\sim$ADCRESULT7，SEQ2 对应的结果寄存器为 ADCRESULT8$\sim$DCRESULT15。这些结果寄存器被填写转换结果的顺序是从低地址向高地址。

最大转换通道数 MAX_CONVn（$n=1$，4 位位域变量或 $n=2$，3 位位域变量）控制一次最大转换通道数，因为 CONVxx（$xx=0\sim15$）上电复位后默认值均为 0，而一次自动排序的通道总数只要求初始化 $xx=0\sim m$（$m=$MAX_CONV$n+1$）的 CONVxx 值，即只需初始化向 CONV00，CONV01，…，CONVm 填写顺序转换通道号，CONV$m+1\sim$CONV15 保持不需要的随机数（当 $m<15$ 时）。若没有 MAX_CONVn 来限制一次最大转换通道总数，排序器就有可能取不用的 CONV$m+1\sim$CONV15（当 $m<15$ 时）存放的随机通道号来转换，不

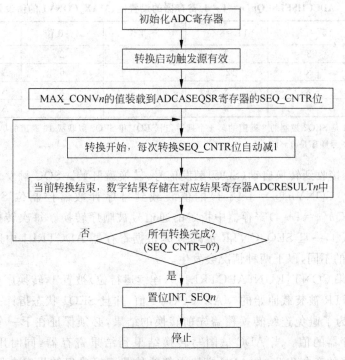

图 7-10　不间断自动排序模式转换流程框图

仅 A/D 结果不可用，还增加 A/D 转换器无用转换开销。

　　4 位 MAX_CONV1 位于 A/D 转换器最大转换通道寄存器(ADCMAXCONV)的 0～3 位，用于 SEQ1(8 状态)或 SEQ(级联 16 状态)的最大转换通道数控制。3 位 MAX_CONV2 位于 A/D 转换器最大转换通道寄存器(ADCMAXCONV)的 6～4 位，仅用于 SEQ2(8 状态)的最大转换通道数控制。在自动排序转换会话开始时，最大转换通道数 MAX_CONVn (n=1 或 2)的值被自动装载到自动排序状态寄存器(ADCASEQSR)的排序计数器控制位 (SEQ_CNTR[3:0])中。MAX_CONVn 的值在 0～7(级联模式下为 0～15)范围内变化。当排序器从通道 CONV00 开始按顺序转换时，SEQ_CNTR 的值从装载值开始递减计数，直到 SEQ_CNTR 等于 0。一次自动排序完成的转换数为 MAX_CONVn+1。所以，初始化 MAX_CONVn 时，初始化值应填写最大转换通道数减 1。

　　【例 7-1】　假设排序器 1(SEQ1)有 7 个通道的排序转换任务，如排序通道为 ADCINA2、ADCINA3、ADCINA2、ADCINA3(即 ADCINA2 和 ADCINA3 顺序转换两次)、ADCINA6、ADCINA7、ADCINB4。这 7 个通道号要顺序写入 CONV00～CONV06，其中 2、3、2、3 分别写入 ADCCHSELSEQ1 的 CONV00～03。6、7、12 应分别写入 ADCCHSELSEQ2 的 CONV04～06。ADCCHSELSEQ1/2 应设置的初始化值如表 7-2 所示。最大转换通道数 7 减 1 的值 6 要写入 MAX_CONV1。

　　4 个 ADC 输入通道选择排序控制寄存器 1/2/3/4(ADCCHSELSEQ1/2/3/4)包含 16 个 4 位通道号选择位域变量 CONV00～CONV15，其中 ADCCHSELSEQ1 包含 CONV00～03，ADCCHSELSEQ2 包含 CONV04～07，ADCCHSELSEQ3 包含 CONV08～11，ADCCHSELSEQ3 包含 CONV12～15。

表 7-2　ADCCHSELSEQn($n=1\sim4$)寄存器的设置值（MAX_CONV1 的值设置为 6）

地址	15～12 位	11～8 位	7～4 位	3～0 位	寄存器
70A3H	3	2	3	2	ADCCHSELSEQ1
70A4H	x	12*	7	6	ADCCHSELSEQ2
70A5H	x	x	x	x	ADCCHSELSEQ3
70A6H	x	x	x	x	ADCCHSELSEQ4

注 *：ADCINB4 是 SEQ2 控制的 8 通道的第 4 个通道，当 SEQ1 和 SEQ2 级联成 16 通道的单排序器时，ADCINB4 相对于 16 通道的通道号顺序是 8+4=12。

排序器一旦接收到转换启动（SOC）触发信号，转换就开始。SQC 触发信号也把最大转换通道数 MAX_CONVn（$n=1$ 或 2）的值装载到排序计数器控制位 SEQ_CNTR 中。ADCCHSELSEQn（$n=1\sim4$）寄存器中指定的通道号被顺序转换。每次转换完成后，SEQ_CNTR 被自动减 1，一旦 SEQ_CNTR 被减到 0，根据寄存器 ADCTRL1 中连续运行状态位（CONT_RUN）的不同，以下两种情况会发生。

情况 1：如果 CONT_RUN（ADCTRL1.6，连续运行位）被置 1，转换序列自动重新开始（例如，SEQ_CNTR 被装载原始的 MAX_CONV1 值，并且 SEQ1 状态指针指向 CONV00）。在这种情况下，为了避免连续转换覆盖先前转换的结果，必须保证在下一个转换序列开始前读取结果寄存器的值。当 ADC 试图写转换结果到结果寄存器，同时用户试图从结果寄存器读取数据的竞争发生时，ADC 模块内部的仲裁逻辑确保结果寄存器的内容不会被破坏。

情况 2：如果 CONT_RUN（ADCTRL1.6，连续运行位）没有被置 1，排序器状态指针停留在最后状态，SEQ_CNTR 继续保持 0。为了重复下一次转换启动的排序操作，在下一次转换启动之前，必须使用复位排序器 1/2 控制位 RST_SEQn（$n=1/2$）来复位排序器 1/2。

每当 SEQ_CNTR 达到 0 时，如果中断标志位都置位（当 INT_ENA_SEQ$n=1$ 并且 INT_MOD_SEQ$n=0$），必要时用户可以在中断服务子程序中用 ADCTRL2 寄存器的 RST_SEQn 位将排序器手动复位。这样可以将 SEQn 状态复位到初始值（SEQ1 状态指针复位值为 CONV00，SEQ2 状态指针复位值为 CONV08），这一特性在排序器的启动/停止操作中非常有用。例 7-1 也适用于 SEQ2，与级联 16 状态排序器（SEQ）的不同之处列在表 7-1 中。

7.3.4　排序器启停模式

除了不间断自动排序模式外，任何一个排序器（SEQ1、SEQ2 或 SEQ）都可工作在启动/停止模式，这种模式可与多个转换启动触发信号同步。这种模式类似例 7-1，但排序器一旦完成了第一次排序转换，只允许排序器被重新触发启动，不能被复位到初始状态 CONV00，如在中断服务程序中不能复位排序器。因此，当一个转换序列结束时，排序器就保持在当前结束状态（即停止状态）。在这种工作模式下，ADCTRL1 寄存器中的连续运行位（CONT_RUN）必须设置为 0。下面举例介绍排序器的启动/停止操作模式。

【例 7-2】　需求：触发信号 1（下溢中断）要启动 3 个自动排序转换，如 I_1、I_2、I_3。触发信号 2（周期中断）要启动 3 个自动排序转换，如 V_1、V_2、V_3。触发信号 1 和触发信号 2 的时间间隔为 $25\mu s$，由 ePWM 模块产生，如图 7-11 所示。在此例中，仅使用排序器 1（SEQ1）。

注意，触发信号 1 和触发信号 2 可以是来自 ePWM 模块产生的转换启动信号。相同的

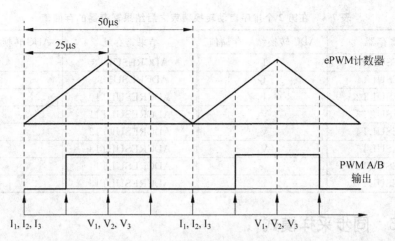

图 7-11 ePWM 触发信号启动排序器实例

触发源可以产生两次来满足本实例的双触发信号的要求。要小心由于转换序列正在进行中，多 ePWM 模块触发源并没有消失。

在本例中，MAX_CONV1 值被设置为 2(即 3 个通道数减 1)、ADC 模块输入通道选择排序控制寄存器(ADCCHSELSEQn)设置值，如表 7-3 所示。

表 7-3 ADCCHSELSEQn 寄存器设置值(MAX_CONV1 的值设置为 2)

地址	15~12 位	11~8 位	7~4 位	3~0 位	寄存器
70A3H	V_1	I_3	I_2	I_1	ADCCHSELSEQ1
70A4H	x	x	V_3	V_2	ADCCHSELSEQ2
70A5H	x	x	x	x	ADCCHSELSEQ3
70A6H	x	x	x	x	ADCCHSELSEQ4

一旦 SEQ1 被复位和初始化后，将开始等待转换启动触发信号。随着第一个触发信号出现，SEQ1 用 CONV00(I_1)、CONV01(I_2)和 CONV02(I_3)中的通道选择值进行 3 个排序转换，然后停在当前状态等待下一个触发信号，25μs 后第 2 个触发信号出现，SEQ1 开始用 CONV03(V1)、CONV04(V2)和 CONV05(V3)中的通道选择值进行另外 3 个排序转换。

对于这两种触发信号，MAX_CONV1 的值被自动装载到 SEQ_CNTR 中。如果在第 2 个触发信号出现时，要求最大转换通道数与第 1 个触发信号不同，用户就必须通过软件在第 2 个触发源到来之前改变 MAX_CONV1 的值；否则现行最大转换通道数值(最初装载的值)被重新使用。也可在中断服务程序(ISR)中的适当位置改变 MAX_CONV1 的值。详细参考 7.5 节的中断操作模式描述。

在第 2 个自动排序转换结束之后，ADC 转换结果寄存器存储的转换结果如表 7-4 所示。SEQ1 在当前状态等待下一个触发信号(就是启动/停止模式)。用户可以通过软件复位 SEQ1，将指针指到 CONV00，重复使用相同的触发信号 1 和触发信号 2 进行自动排序转换操作。

表 7-4　在第 2 个排序自动转换结束之后结果寄存器的存储值

结果寄存器	ADC 转换结果存储值	结果寄存器	ADC 转换结果存储值
ADCRESULT0	I_1	ADCRESULT8	x
ADCRESULT1	I_2	ADCRESULT9	x
ADCRESULT2	I_3	ADCRESULT10	x
ADCRESULT3	V_1	ADCRESULT11	x
ADCRESULT4	V_2	ADCRESULT12	x
ADCRESULT5	V_3	ADCRESULT13	x
ADCRESULT6	x	ADCRESULT14	x
ADCRESULT7	x	ADCRESULT15	x

7.3.5　同步采样模式

假设一个模拟输入来自输入引脚 ADCINA0～ADCINA7 之一,另一个模拟输入来自输入引脚 ADCINB0～ADCINB7 之一,ADC 模块能够同时采样两个 ADCINxx 输入,而且这两个输入必须有相同的采样保持偏移量,如 ADCINA4 和 ADCINB4,但不能是 ADCINA7 和 ADCINB6。ADC 模块工作在同步采样模式时,必须设置 ADCTRL3 寄存器中的 SMODE_SEL 位为 1(同步采样模式选择位)。可参阅 7.3.2 小节的同步采样模式时序图。

7.4　输入触发源描述

每一个排序器都有一组可以使能或禁止的转换启动(SOC)触发源。SEQ1、SEQ2 和级联 SEQ 的有效输入触发源如表 7-5 所示。

表 7-5　输入触发源

SEQ1(排序器 1)	SEQ2(排序器 2)	级联 SEQ
软件触发源(软件 SOC), ePWMxSOCA, XINT2_ADCSOC	软件触发源(软件 SOC), ePWMx SOCB	软件触发源(软件 SOC), ePWMx SOCA,ePWMx SOCB, XINT2_ADCSOC

注意:

(1) 只要排序器处于空闲状态,SOC 触发源就能启动一个自动转换序列。空闲状态是指排序器收到触发信号前状态指针指向 CONV00,或者一个转换序列完成时(如 SEQ_CNTRn 计数值减到 0)排序器状态指针所保持的任何状态。

(2) 如果当前转换序列正在进行时,出现一个 SOC 触发信号,导致 ADCTRL2 寄存器中的 SOC_SEQn 位被置 1(该位在前一个转换开始时已被清除);如果又出现另一个 SOC 触发信号,则该 SOC 触发信号将丢失。也就是说 SOC_SEQn 位已经置 1,随后的触发信号将被忽略,不起作用。

(3) 一旦排序器被触发动后,就不能再中途停止或中断。程序必须等到序列结束(EOS)或者重新复位排序器,使排序器立即返回初始空闲状态。对于 SEQ1 和 SEQ(级联),初始空闲状态是状态指针指向 CONV00。对于 SEQ2,初始空闲状态是状态指针指向 CONV08。

(4) 当 SEQ1/2 用于级联模式时,连接到 SEQ2 的触发源被忽略,而 SEQ1 的触发源有效。因此,级联模式可以看作 SEQ1 的 8 个状态被 16 个状态取代。

7.5 自动转换排序器中断模式

排序器在两种操作模式下可以产生中断请求,对应两种中断模式,这两种中断模式由 ADCTRL2 寄存器的中断使能位和中断模式控制位决定。将例 7-2 的条件改变,显示如何利用中断模式 1 和模式 2 在不同操作条件下启动自动排序转换序列和读取 A/D 转换结果。例如,条件 1:第 1 次排序通道数为 2,第 2 次排序通道数为 3;条件 2:第 1 个和第 2 个自动排序转换序列的采样通道数量相等。条件 3:把第 1 次排序通道数实际为 2,加 1 个哑(不用的)通道号 x,变成排序通道数为 3,使之与第 2 次排序通道数相等,如图 7-12 所示。

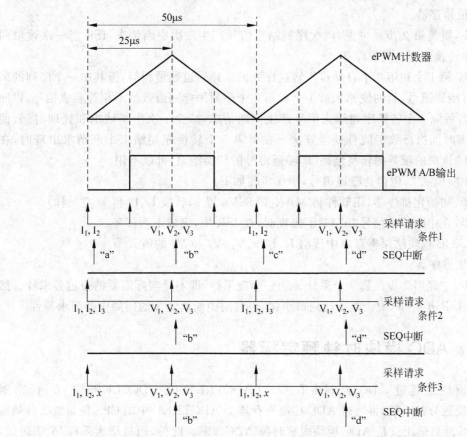

图 7-12 排序转换中产生中断操作的时序图

条件 1:第 1 个和第 2 个自动排序转换序列的采样通道数量不相等。采用中断模式 1,即每个序列结束信号产生一次中断请求,操作步骤如下。

第 1 步,初始化排序器,用软件将 MAX_CONVn 置 1(n=1 或 2),转换通道号 I_1 和 I_2。

第 2 步,在中断请求信号"a"出现时,在中断服务程序(ISR)中,用软件将 MAX_CONVn(n=1 或 2)置 2,转换通道号 V_1、V_2 和 V_3,如图 7-12 所示。

第 3 步,在中断请求信号"b"出现时,在中断服务程序(ISR)中,执行下列事件:

① MAX_CONVn(n=1 或 2)的值被再次设置为 1,转换 I_1 和 I_2。

② 从 ADC 结果寄存器中读出 I_1、I_2、V_1、V_2 和 V_3 的值。

③ 复位排序器。

第 4 步,重复操作第 2 步、第 3 步。每次 SEQ_CNTR 等于 0 时产生中断,且中断请求信号"a"和"b"都能够被识别。

条件 2:第 1 个和第 2 个自动排序转换序列的采样通道数量相等。采用中断模式 2,即每隔一个转换序列结束信号(即两次序列结束信号)产生一次中断请求,操作步骤如下。

第 1 步,初始化排序器,用软件将 MAX_CONVn 置 2($n=1$ 或 2),转换 I_1、I_2 和 I_3 或 V_1、V_2 和 V_3。

第 2 步,在中断请求信号"b"和"d"出现时,在 ISR 中,完成下列任务。

① 从 ADC 结果寄存器中读出 I_1、I_2、I_3、V_1、V_2 和 V_3 的值。

② 复位排序器。

第 3 步,重复第 2 步。可见,两次序列结束信号产生一次中断请求,ISR 能一次读取两个自动排序转换序列的转换结果。

条件 3:第 1 个和第 2 个自动排序转换序列的采样通道数量相等,但其中一个序列的采样通道号有哑通道号,目的使原来第 1 个和第 2 个序列采样通道数量不相等凑成相等,以便利用条件 2,每隔一个转换序列结束信号产生中断请求,减少一次中断请求和处理时间,使 CPU 有更多时间执行数字信号处理算法。在每隔一个转换序列结束中断请求出现时,在 ISR 中 CPU 读取的哑数据转换结果(即哑通道号的转换结果)可以不用。

采用中断模式 2,但包含哑通道号,操作步骤如下。

第 1 步,初始化排序器,用软件将 MAX_CONVn 置 2,转换 I_1、I_2 和 x(空采样)。

第 2 步,在中断请求信号"b"和"d"出现时,在 ISR 中,完成下列任务。

① 从 ADC 模块结果寄存器中读出 I_1、I_2、x、V_1、V_2 和 V_3 的值。

② 复位排序器。

第 3 步,重复第 2 步。第 3 个采样 x 为一个哑采样,即不是实际需要的通道号采样。然而,为了使 ISR 开销和 CPU 干预达到最小化,可利用中断模式 2 的间隔中断请求特性。

7.6 ADC 模块时钟预定标器

ADC 模块是通过 ADC 控制寄存器 3(ADCTRL3)的 ADCCLKPS[3:0]位来对 HSPCLK 设置分频系数,再通过 ADC 控制寄存器 1(ADCTRL1)中的 CPS 位设置 2 分频或 1 分频系数,最后输出就是 ADC 模块内核时钟 ADCCLK。此外,通过增大采样/采集时间,ADC 模块能够适应信号源阻抗的变化,这是用 ADCTRL1 寄存器中的 ACQ_PS[3:0]位控制的。这些位并不影响采样/保持器部分和转换过程,但通过扩展转换启动脉冲的宽度,可以增加采样时间长度。ADC 模块内核时钟电路和 S/H 时钟结构如图 7-13 所示。

注意:采样/保持脉冲的宽度决定采集窗口的宽度,而采集窗口是指采样开关闭合的时间段。

ADC 模块有 3 个时钟预定标阶段,来产生任何期望的 ADC 工作时钟频率。图 7-14 定义了 ADC 模块 3 个时钟预定标阶段的时钟链路。

两个 ADCCLK 时钟频率配置实例表如表 7-6 所示。该实例展示了连续顺序转换有效采样率、采样保持窗口时间的配置值。

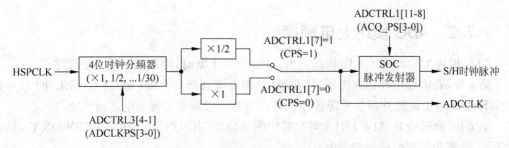

图 7-13　ADC 模块时钟电路结构

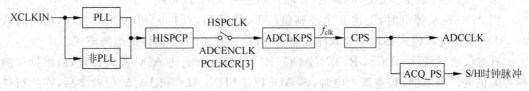

图 7-14　ADC 模块时钟链路

表 7-6　ADCCLK 时钟频率配置实例表

XCLKIN	SYSCLKOUT	HISPCLK	ADCTRL3[4-1]	ADCTRL1[7]	ADCCLK	ADCTRL1[11-8]	SH 宽度
30MHz	150MHz	HSPCP=3 150MHz/2× 3=25MHz	ADCLKPS=0 25MHz	CPS=0 25MHz	25MHz	ACQ_PS=0 12.5MHz 12.5MS/S 持续转换率	1 个 ADC Clock 40ns
20MHz	100MHz	HSPCP=2 100MHz/2× 2=25MHz	ADCLKPS=2 25MHz/2× 2=6.25MHz	CPS=1 6.25MHz/2× 1=3.125MHz	3.125MHz	ACQ_PS=15 183.824kHz 183.824kS/S 持续转换率	16 ADC Clocks 5.12μs

7.7　ADC 模块电气特征

7.7.1　ADC 模块低功耗模式

ADC 模块支持 3 种独立的电源模式,即 ADC 模块上电模式、ADC 模块掉电模式和 ADC 模块关闭模式。这 3 种模式均由 ADCTRL3 寄存器的两个独立位域变量控制,分别是带隙参考电源掉电控制位(ADCBGRFDN[1:0])和 ADC 电源控制位(ADCPWDN)。ADC 模块电源模式配置表如表 7-7 所示。

表 7-7　ADC 模块电源模式配置表

电源模式	ADCBGRFDN[1:0](ADCTRL3.7-6)	ADCPWDN(ADCTRL3.5)
ADC 模块上电	11	1
ADC 模块掉电	11	0
ADC 模块关闭	00　(系统复位默认值)	0　(系统复位默认值)
保留	10	x
保留	01	x

7.7.2 ADC 模块上电顺序

ADC 模块复位即进入关闭状态。当 ADC 模块上电时，应按照下列上电顺序。

第 1 步，若需使用外部参考源，须在 ADC 参考源选择寄存器(ADCREFSEL)的 15～14 位(REF_SEL)中使能外部参考源选项。这必须要在带隙参考源上电之前使能。

第 2 步，通过设置 ADCTRL3 寄存器中的 ADCBGRFDN[1:0]和 ADCPWDN 位，给参考信号、带隙和模拟电路一起上电。

第 3 步，上电后至少延迟 5ms 后，才能开始第一次 A/D 转换。

当 ADC 模块掉电时，上述 3 个控制位(ADCBGRFDN[1:0]和 ADCPWDN)被同时清 0。ADC 模块电源模式必须通过软件控制，并且是独立于 DSP 器件的电源模式。

有时仅通过清除 ADCBGRFDN(ADCTRL3.5)位，就能使 ADC 模块掉电，而维持带隙参考源供电。当 ADC 被重新上电时，将 ADCBGRFDN(ADCTRL3.5)位置 1 后，在执行任何 A/D 转换操作之前需要延时 $20\mu s$。

注意：F2833x 的 ADC 模块要求在器件所有电路上电之后，延时 5ms 才能工作。这不同于 F281x 的 ADC 模块。

7.7.3 内部和外部参考电压选择

ADC 模块默认选择内部带隙基准电压源产生参考电压供给 ADC 逻辑。基于客户的应用需求，ADC 模块的电压也可以由一个外部参考电压源提供。ADC 模块的外部参考电压值可以接收 ADCREFIN 引脚输入的 2.048V、1.5V 或 1.024V。通常选择外部参考电压 2.048V 来匹配工业标准参考元件。这些元件在不同的温度等级均可用。2.048V 外部参考电压源的外部偏置电路连接如图 7-15 所示。

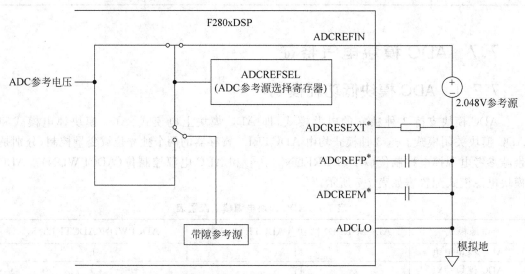

*：电阻、电容取值参考TMS320F28332、TMS320F28334、TMS320F28335数字信号控制器数据手册(文献号SPRS439)

图 7-15　2.048V 外部基准电压源的外部偏置电路连接

ADC参考源选择寄存器(ADCREFSEL)值决定内部(默认值00)或外部参考源的选择。若内部参考选项确定后,ADCREFIN引脚可以保持与所选外部参考电压源相连、悬空或接地。不管选择哪一种参考电压源,ADCRESEXT(ADC模块外部电流偏置电阻)、ADCREFP(ADC模块参考电压输出)、ADCREFM(ADC模块参考电压输出)引脚的外部电路是相同的。

7.8 ADC模块校准

ADC模块校准程序ADC_cal在出厂时被烧入T1保留的OTP存储器中。Boot ROM用DSP器件专门的校正数据来初始化ADCREFSEL和ADCOFFTRIM寄存器。在正常操作中,这个过程自动发生,不需要用户采取任何操作。如果开发过程中,boot ROM被CCS旁路,则ADCREFSEL和ADCOFFTRIM寄存器必须由应用程序初始化。初始化这些寄存器失败将导致ADC模块不能按规定功能工作。

由于T1保留的OTP存储器是安全模块,所以ADC_cal程序必须要从安全存储器中调用或者在代码安全模块解锁后再从非安全存储器调用。如果系统复位或ADC模块被ADCTRL1寄存器中的第14位(RESET位)软件复位,则校准程序必须重新调用。

ADCOFFTRIM可对ADC模块的偏置进行校正。该寄存器的值将被加到结果寄存器中或从结果寄存器中减去(在转换结果可被读取之前完成)。在ADC_cal校准程序中,ADCOFFTRIM会被预先装载入校准值。若对校准值不满意需要进一步修正,可将A/D转换通道与ADCL0短接,通过修改ADCOFFTRIM的值,使得A/D转换结果为0。

7.9 排序器过载特性

在正常操作中,SEQ1、SEQ2或级联的SEQ1能顺序转换所选的模拟通道,并顺序存储转换结果到相应的结果寄存器ADCRESULTn中。转换顺序以MAX-CONV n位设定的最大转换通道为模自然环绕。利用排序器过载特性,能用软件控制排序器的自然环绕特性。排序器的过载特性由ADCCTRL1.5(覆盖特性使能位SEQ_OVRD)使能或禁止。

在过载特征使能位SEQ_OVRD被清0时,若ADC处于级联排序器的连续采样模式并且MAX_CONV1=7时,在正常自动排序操作下,排序器将使结果指针顺序加1,结果指针更新到ADCQESULT7后,环绕回0,在结果指针更新到ADCRESULT7时,相关的ADC中断标志位被置1。在过载特性使能位SEQ_OVRD被置1时,排序器更新结果指针到7后,并不环绕回0,而是顺序加1更新到8,递增加1到达15为止。更新ADCRESULT15寄存器后,自然环绕回0才发生,用这个过载特性处理结果寄存器(0~15)就像处理FIFO(16级×16位)一样,从ADC中顺序捕获转换数据。当ADC以最大数据率转换时,这个过载特性有助于用最大捕获率捕获ADC转换结果。

排序器过载特性的建议和注意事项如下。

① 复位后SEQ_OVRD位将被清0,因此,排序器过载特性保持被禁用状态。

② 当SEQ_OVRD位被置1时,对于所有MAX_CONVn非零值的排序器自动排序转换,每当结果寄存器更新值达到MAX_CONVn的计数值时,相关中断标志位将被硬件自动

置1。例如,若 MAX_CONVn 被设置为3,则所选用排序器的相关中断标志位将在每4个结果寄存器更新时被硬件自动置1。在排序器寄存器指针达到结果寄存器地址顶端时发生环绕回0。例如,在级联排序器模式下,在 ADCSULT15 结果寄存器更新后,寄存器指针环绕回0发生。

③ 排序器过载特性将在使用 SEQ1、SEQ2 和级联排序器模式使用 SEQ1 的转换中起作用。

④ 建议程序不要动态使能或控制排序器过载特性,总是在 ADC 模块初始化期间使能这一特性。

⑤ 在连续转换模式中,随着排序器变化,使用 ADC 模块输入通道选择排序控制寄存器(ADCCHSELSEQn)的位域变量 CONVxx 的预置值来确定 ADC 通道地址。若需要同一个通道的连续转换,则所有位域变量 CONVxx 应有相同的通道地址。

⑥ 在连续转换模式中,若需要排序器软件复位,则要将 CONT_RUN 位置 0,在 ADC 时钟域中等待两个周期,然后复位排序器,CONT_RUN 位能被置成1。例如,为了利用排序器过载特征得到 ADCINA0 通道的 16 个连续采样值,应设置 16 个位域变量 CONVxx 都为 0x0000。

7.10 偏移误差校正

通过 ADC 偏移微调寄存器(ADCOFFTRIM)低 9 位(OFFSET_TRIM)的设置,F2833x ADC 模块支持偏移误差校正。这个 ADC 偏移微调寄存器中的值在 ADC 结果寄存器中有结果之前被增加或减少。此操作包含在 ADC 模块中,以至于结果的转换时序不会受到影响。此外,由于偏移误差校正操作是在 ADC 中进行的,ADC 的全动态范围将保持任何微调值。

Boot ROM 中的 ADC 模块校准程序 ADC_cal 预先装载 ADC 偏移微调寄存器(ADCOFFTRIM)的值。为了进一步减少目标应用程序中的 ADC 的偏移误差,连接信号 ADCLO 到一个 ADC 通道上,然后转换该通道,修正 ADCOFFTRIM 的值,直到观察到中心零码为止。ADC 偏移误差校正过程流程框图如图 7-16 所示。

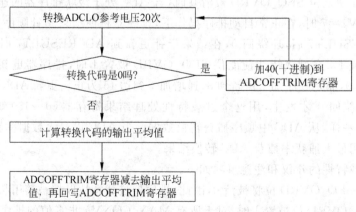

图 7-16 ADC 偏移误差校正过程流程框图

【例7-3】 负偏置。

在启动时,大多数参考电压转换产生零结果。在写值 0x28(十进制 40)到 ADCOFFTRIM 寄存器后,所有的参考电压转换都给出了一个正结果,平均输出为 0x19(十进制 25)。写入 ADCOFFTRIM 寄存器最终值应为 0x0f(十进制 15)。

【例7-4】 正偏置。

在启动时,所有的引用转换都会产生一个正结果,带有平均值 0x14(十进制 20)。写入 ADCOFFTRIM 寄存器的最终值应为 0x1EC(十进制 −20)。

在偏移误差校正过程完成后,当多个 ADCLO 电压值被转换时,误差校正曲线分布图类似于半钟形曲线,如图 7-17 所示。钟形曲线的另一半被隐藏是由于转换器在底部转换产生零值代码。

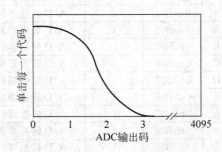

图 7-17 采样 0V 参考电压的理想代码分布

7.11 ADC 到 DMA 的接口

ADC 结果寄存器位于外设帧 0(0x0B00～0x0B0F),可被 F2833x 的 DMA 单元访问。这些寄存器也可以在 DMA 访问的同时被 CPU 访问。位于外设帧 2 的 ADC 结果寄存器 (0x7108～0x710F)不能被 DMA 单元访问。

对于排序器 1 的排序转换,当 SEQ_OVRD 和 CONT_RUN 位被置 1 时,ADC 自动提供一个同步信号给 DMA。对于每一个通过排序器转换的通道数第一次达到 MAXCONV 规定的上限时,ADC 将产生同步脉冲。当排序器 1 处于这种配置时,DMA 可能会偏离当前填充的结果寄存器,取决于其他 DMA 通道的加载。如果发生偏离,DMA 可以使用同步信号检测和标记同步错误事件。有关在 DMA 中如何使用本地同步信号的更多信息可参阅 TMS320F2833x 直接内存访问(DMA)参考指南(参考文献编号 SPRUFB8)。

7.12 ADC 模块寄存器组

ADC 模块寄存器组由 28 个相关寄存器组成,集中映射在外设帧 2 地址空间 0x7100～0x711F,其中 16 个 A/D 结果寄存器是双映射寄存器,供 CPU 存取的 16 个 A/D 结果寄存器映射在外设帧 2 地址空间 0x7108～0x710F,供 DMA 存取的 16 个 A/D 结果寄存器映射在外设帧 0 地址空间 0x0B00～0x0B0F,如表 7-8 所示。

表 7-8　ADC 模块寄存器组

名　　称	地址 1	地址 2	大小（×16 位）	功　能　描　述
ADCTRL1	0x7100		1	A/D 转换器控制寄存器 1
ADCTRL2	0x7101		1	A/D 转换器控制寄存器 2
ADCMAXCONV	0x7102		1	A/D 转换器最大转换通道寄存器
ADCCHSELSEQ1	0x7103		1	A/D 转换器通道选择排序控制寄存器 1
ADCCHSELSEQ2	0x7104		1	A/D 转换器通道选择排序控制寄存器 2
ADCCHSELSEQ3	0x7105		1	A/D 转换器通道选择排序控制寄存器 3
ADCCHSELSEQ4	0x7106		1	A/D 转换器通道选择排序控制寄存器 4
ADCCASEQSR	0x7107		1	A/D 转换器自动排序状态寄存器
ADCCRESULT0	0x7108	0x0B00	1	A/D 转换器转换结果缓冲寄存器 0
ADCCRESULT1	0x7109	0x0B01	1	A/D 转换器转换结果缓冲寄存器 1
ADCCRESULT2	0x710A	0x0B02	1	A/D 转换器转换结果缓冲寄存器 2
ADCCRESULT3	0x710B	0x0B03	1	A/D 转换器转换结果缓冲寄存器 3
ADCCRESULT4	0x710C	0x0B04	1	A/D 转换器转换结果缓冲寄存器 4
ADCCRESULT5	0x710D	0x0B05	1	A/D 转换器转换结果缓冲寄存器 5
ADCCRESULT6	0x710E	0x0B06	1	A/D 转换器转换结果缓冲寄存器 6
ADCCRESULT7	0x710F	0x0B07	1	A/D 转换器转换结果缓冲寄存器 7
ADCCRESULT8	0x7110	0x0B08	1	A/D 转换器转换结果缓冲寄存器 8
ADCCRESULT9	0x7111	0x0B09	1	A/D 转换器转换结果缓冲寄存器 9
ADCCRESULT10	0x7112	0x0B0A	1	A/D 转换器转换结果缓冲寄存器 10
ADCCRESULT11	0x7113	0x0B0B	1	A/D 转换器转换结果缓冲寄存器 11
ADCCRESULT12	0x7114	0x0B0C	1	A/D 转换器转换结果缓冲寄存器 12
ADCCRESULT13	0x7115	0x0B0D	1	A/D 转换器转换结果缓冲寄存器 13
ADCCRESULT14	0x7116	0x0B0E	1	A/D 转换器转换结果缓冲寄存器 14
ADCCRESULT15	0x7117	0x0B0F	1	A/D 转换器转换结果缓冲寄存器 15
ADCTRL3	0x7118		1	A/D 转换器控制寄存器 3
ADCST	0x7119		1	A/D 转换器状态寄存器
保留	0x711A 0x711B		2	
ADCREFSEL	0x711C		1	A/D 转换器参与选择寄存器
ADCOFFTRIM	0x711D		1	A/D 转换器偏置校准寄存器
保留	0x711E 0x711F		2	A/D 转换器状态寄存器

7.12.1　ADC 控制寄存器

ADC 控制寄存器共有 3 个,分别是 ADC 控制寄存器 1(ADCTRL1)、ADC 控制寄存器 2(ADCTRL2)、ADC 控制寄存器 3(ADCTRL3),主要用于配置 ADC 的排序器操作模式、级联模式、中断模式、转换启动触发源、采样模式、电源模式、时钟预分频模式等。

1. ADC 控制寄存器 1

16 位 ADC 控制寄存器 1(ADCTRL1)主要用于设置排序器操作模式、级联模式、ADC 的内核时钟频率、使能 ADC 的软件复位等。

16 位 ADCTRL1 位域变量数据格式如图 7-18 所示,位域变量功能描述如表 7-9 所示。

15	14	13 12	11 8	7	6	5	4	3 0
Reserved	RESET	SUSMOD	ACQ_PS	CPS	CONT RUN	SEQ_ OVRD	SEQ_ CASC	Reserved
R-0	R/W-0	R/W-0	R/W-0	R/W-0	R/W-0	R/W-0	R/W-0	R-0

图 7-18 ADCTRL1 位域变量数据格式

表 7-9 ADCTRL1 位域变量功能描述

位	名 称	值	描 述
15	Reserved		保留位。读返回,写无效
14	RESET (ADC 模块软件复位位。该位可用于复位整个 ADC 模块。当芯片复位引脚被拉低(或上电复位),所有寄存器和排序器状态机都被复位到初始状态)	0	无效。系统复位默认状态
		1	复位整个 ADC 模块。该位被写为 1 后,立即自动清零,读该位总返回 0。同时,在 ADC 复位指令后,再经过两个时钟周期才能够对 ADC 控制寄存器的其他位进行修改
13~12	SUSMOD[1:0] (仿真悬挂模式位。这 2 位决定当仿真悬挂事件发生时,排序器执行的操作,如调试遇到断点 ADC 模块应如何操作)	00	模式 0,仿真器悬挂被忽略。系统复位默认状态
		01	模式 1,在当前排序转换完成后,排序器和其他环绕逻辑停止工作,最终转换结果被锁存,状态机被更新
		10	模式 2,在当前排序转换完成后,排序器和其他环绕逻辑停止工作,转换结果被锁存,状态机被更新
		11	模式 3,一旦仿真悬挂,排序器和其他环绕逻辑立即停止工作
11~8	ACQ_PS[3:0] (采集时间窗大小设置位)		这 4 位控制转换启动脉冲(SOC)的宽度,反过来,决定采样开关的闭合多长时间。转换启动脉冲(SOC)宽度=ADCLK 周期值×(寄存器 ADCTRL1[11~8]的值+1)
7	CPS (内核时钟预分频器。该分频器用于分频外设时钟源 HSPCLK)	0	ADCCLK=F_{clk}/1 (F_{clk} 是经 ADCCLKPS[3:0](ADCTRL3.4-1)和 CPS(ADCTRL1.7)共同决定的分频系数对 HSPCLK 分频后的时钟频率)
		1	ADCCLK=F_{clk}/2
6	CONT_RUN (连续运行控制位。该位决定 ADC 模块工作在连续模式还是启动停止模式。连续运行位。在当前转换序列执行期间,该位能被写,但只有在当前转换序列完成后才能生效,换句话说,软件可以置 1 或清 0 该位,直到排序结束发生才生效。在连续转换模式中,没有必要复位排序器。排序器必须在启动停止模式下复位,将转换器置于状态 CONV00)	0	启动停止模式。排序器收到排序结束信号后停止。在下一个转换启动信号到来时,排序器从所停止的状态开始工作直到排序器被复位。系统复位默认状态
		1	连续转换模式。在排序结束时,排序器的动作将依赖于 SEQ_OVRD(ADCTRL1.5)的状态。如果 SEQ_OVRD 位被清 0,则排序器回到初始复位状态 CONV00(对于 SEQ1 和级联排序器)或初始复位状态 CONV08(对于 SEQ2);如果 SEQ_OVRD 位被置位,排序器将从当前位置开始工作,而没有复位

续表

位	名　称	值	描　述
5	SEQ_OVRD (排序器过载位。在 MAX_CONVn 设置的通道转换结束时,通过过载环绕不返回起点,在连续运行模式下提供额外的排序器灵活性)	0	禁用。允许排序器在 MAX_CONVn 设定的通道转换结束时环绕返回起点。系统复位默认状态
		1	使能。在 MAX_CONVn 设定的通道转换完成以后环绕不返回起点,仅在排序器排序结束后返回起点
4	SEQ_CASC (排序器级联操作选择位)	0	双排序器模式。SEQ1 和 SEQ2 作为两个 8 通道排序器工作。系统复位默认状态
		1	级联运行模式。SEQ1 和 SEQ2 作为一个 16 通道排序器工作
3~0	Reserved		保留位。读返回 0,写无效

2. ADC 控制寄存器 2

16 位 ADC 控制寄存器 2(ADCTRL2)主要用于设置排序器中断模式、使能排序器软件复位、使能转换启动触发源等。

16 位 ADCTRL2 位域变量数据格式如图 7-19 所示,位域变量功能描述如表 7-10 所示。

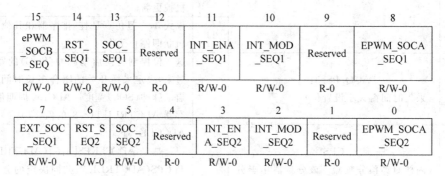

图 7-19　ADCTRL2 位域变量数据格式

表 7-10　ADCTRL2 位域变量功能描述

位	名　称	值	描　述
15	ePWM_SOCB_SEQ (级联排序器的 ePWM_SOCB 信号启动转换使能位。该位仅在级联模式下有效)	0	无效,无动作。系统复位默认状态
		1	该位被置 1 将允许 ePWM_SOCB 信号启动级联排序器。能可编程启动 ePWM 模块对不同事件的转换
14	RST_SEQ1 (复位排序器 1。写 1 立即复位排序器 1,将排序器复位为初始"预触发"状态,即在 CONV00 处等待触发)	0	无效,无动作
		1	立即复位排序器 1 指向 CONV00,当前的转换序列将被中止

续表

位	名　　称	值	描　　述
13	SOC_SEQ1 （排序器 1 转换启动（SOC）触发位。以下 4 种触发源可以将该位置 1： • S/W。软件向该位写 1 • ePWM_SOCA • ePWM_SOCB（只用于级联模式） • EXT。外部引脚，如 GPIOA（GPIO31～0）引脚用 GPIO*x*INT2SEL 寄存器中配置为 XINT2 引脚 当一个触发信号产生时，有以下 3 种可能情况 ① SEQ1 空闲，SOC 位被清 0。在仲裁控制下，SEQ1 立即启动转换。该位被置位后立即清 0，允许任何悬挂触发源的请求 ② SEQ1 忙碌，SOC 位被清 0。该位被置 1 表示一个触发请求正被挂起。在 SEQ1 完成当前转换后，响应该触发请求开始转换，该位被清 0 ③ SEQ1 忙碌，SOC 位被置 1。这种情况下任何触发信号被忽略（丢失）	0	清除一个悬挂的 SOC 触发信号 注意，如果排序器已经启动，该位将被自动清 0，因此写 0 到该位无效，即不能通过清 0 该位来停止一个已经启动的排序器
		1	软件触发。从当前停止的位置（即空闲模式）启动 SEQ1。注意： RST_SEQ1 位（ADCTRL2.14）和 SOC_SEQ1 位（ADCTRL2.13）不能够在同一条指令中被置位。这将导致排序器复位位不是启动排序器。正确的操作是首先置位 RST_SEQ1 位，然后在下一条指令中置位 SOC_SEQ1 位。这将保证排序器有效复位，然后启动一个新的转换序列。这个操作顺序也同样适用于 RTS_SEQ2 位（ADCTRL2.6）和 SOC_SEQ2 位（ADCTRL2.5）
12	Reserved		保留位。读返回 0，写无效
11	INT_ENA_SEQ1 （SEQ1 中断使能位。该位使能 INT_SEQ1 对 CPU 的中断请求）	0	由 INT_SEQ1 引起的中断请求被禁用
		1	由 INT_SEQ1 引起的中断请求被使能
10	INT_MOD_SEQ1 （SEQ1 中断模式。该位影响 SEQ1 转换序列结束时对 INT_SEQ1 的设置）	0	在每个 SEQ1 序列结束时，INT_SEQ1 被置 1
		1	在每隔一个 SEQ1 序列结束时，INT_SEQ1 被置 1
9	Reserved		保留位。读返回 0，写无效
8	ePWM_SOC A_SEQ1 （SEQ1 的 ePWM_SOCA 信号启动转换使能位）	0	SEQ1 不能被 ePWM_SOCA 触发启动
		1	允许 ePWM_SOCA 触发启动 SEQ1/SEQ。可编程启动 ePWM 模块对不同事件的转换
7	EXT_SOC_SEQ1 （SEQ1 的外部信号启动转换使能位）	0	无效
		1	使能 XINT2 引脚（即 XINT2_ADCSOC）来触发启动 SEQ1 的 ADC 自动转换排序（在 GPIOXINT2SEL 寄存器中配置 GPIO A 口引脚 GPIO31～0 之一为 XINT2 引脚）
6	RST_SEQ2 （复位排列器 2）	0	无效
		1	写 1 立即将排序器 2 复位至"预触发"状态，即在 CONV08 处等待触发。当前的有效转换序列将被中止

续表

位	名　称	值	描　述
5	SOC_SEQ2 （排序器 2 的启动转换（SOC）触发位。只适用于双排序模式，级联模式下忽略。以下两种触发源可以将该位置 1 • S/W。软件向该位写 1 • ePWM_SOCB 当一个触发信号产生时，有以下 3 种可能情况 ① SEQ2 空闲，SOC 位为 0。在仲裁控制下，SEQ2 立即启动。该位被清零后允许任何悬挂触发源的请求 ② SEQ1 忙碌，SOC 位为 0。该位被置 1 表示一个触发请求正被挂起。当 SEQ2 完成当前转换后响应该触发请求开始转换，该位被清 0 ③ SEQ1 忙碌，SOC 位被置 1。这种情况下任何触发信号被忽略（丢失）	0	写 0 清除一个悬挂的 SOC 触发 注意，如果排序器已经启动，该位将被自动清 0，因此写 0 无效，即不能通过清 0 该位来停止一个已经启动的排序器
		1	写 1 从当前停止位置（即空闲模式）启动 SEQ2
4	Reserved		保留位。清 0 返回，写无效
3	INT_ENA_SEQ2 （SEQ2 中断使能位。该位使能 INT_SEQ2 对 CPU 的中断请求）	0	由 INT_SEQ2 引起的中断请求被禁用
		1	由 INT_SEQ2 引起的中断请求被使能
2	INT_MOD_SEQ2 （SEQ2 中断模式。该位选择 SEQ2 中断模式。它将影响 SEQ2 转换序列结束时对 INT_SEQ2 的设置）	0	INT_SEQ2 在每个 SEQ2 序列转换结束时被置 1
		1	INT_SEQ2 在每隔一个 SEQ2 序列转换结束时被置 1
1	Reserved		保留位。清 0 返回，写无效
0	EPWM_SOCA_SEQ2 （SEQ2 的 ePWM_SOCB 触发使能位）	0	SEQ2 不能被 ePWM_SOCB 触发启动
		1	允许 ePWM_SOCB 触发 SEQ2。能可编程启动 ePWMs 模块对不同事件的转换

3. ADC 控制寄存器 3

16 位 ADC 控制寄存器 3（ADCTRL3）主要用于设置 ADC 电源模式、时钟预分频模式等。

16 位 ADCTRL3 位域变量数据格式如图 7-20 所示，位域变量功能描述如表 7-11 所示。

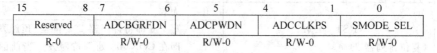

15	8	7	6	5	4	1	0
Reserved		ADCBGRFDN	ADCPWDN		ADCCLKPS		SMODE_SEL
R-0		R/W-0	R/W-0		R/W-0		R/W-0

图 7-20　ADCTRL3 位域变量数据格式

表7-11 ADCTRL3位域变量功能描述

位	名 称	值	描 述
15～8	Reserved		保留位。读返回0,写无效
7～6	ADCBGRFDN[1:0] (ADC 模块带隙和参考电源控制位。该两位控制模拟内核带隙和参考源电路的上电和掉电模式)	00	带隙和参考源电路掉电
		11	带隙和参考源电路上电
5	ADCPWDN (ADC 模块掉电位状态。该位控制器件内核带隙和参考源以外的所有模拟电路的上电和掉电)	0	器件内核除带隙和参考源以外的所有模拟电路掉电
		1	DSP 内核除带隙和参考源以外的所有模拟电路上电
4～1	ADCCLKPS[3:0] (内核时钟分频器。F28x 系列 DSP 的外设时钟 HSPCLK 被 2×ADCCLKPS [3:0]分频,仅当 ADCCLKPS[3:0]为 0000 时,HSPCLK 直通。分频时钟可以进一步被 ADCTRL1[7]+1 分频,来产生 ADC 内核时钟 ADCLK)	0000	ADCLK＝HSPCLK/(ADCTRL1[7]+1)
		0001	ADCLK＝HSPCLK/[2×(ADCTRL1[7]+1)]
		0010	ADCLK＝HSPCLK/[4×(ADCTRL1[7]+1)]
		⋮	
		1111	ADCLK＝HSPCLK/[30×(ADCTRL1[7]+1)]
0	SMODE_SEL (采样模式选择位。这位即可选择顺序或同步采样模式)	0	采用顺序采样模式
		1	采用同步采样模式

F2833x 系列的 ADC 模块与 F281x 系列的 ADC 模块不同,在所有电路都上电后需要 5ms 的延迟;在第一次 A/D 转换开始之前也需要 5ms 的延迟。当 ADC 模块掉电时, ADCTRL3 寄存器的 3 个控制位可被同时清 0。ADC 模块的功耗级别必须通过软件设置, 并且 ADC 模块的功耗模式和芯片功耗模式是独立的。有时只通过清除 ADCPWDN 位来 给 ADC 模块掉电,而带隙和参考电路仍供电。当 ADC 模块重新上电时,在 ADCPWDN 置 位后需要延时 $20\mu s$ 再执行转换。

7.12.2 最大转换通道寄存器

16 位最大转换通道寄存器(ADCMAXCONV)用于设置双排序器(SEQ1 和 SEQ2)和 级联单排序器(SEQ)一次排序的最大转换通道数。使用 4 位位域变量 MAX_CONV1 (ADCMAXCONV[3:0])来设定 SEQ1 和 SEQ 的一次排序的最大转换通道数。使用两位 位域变量 MAX_CONV2(ADCMAXCONV[6:4])来设定 SEQ2 的一次排序的最大转换通 道数。

16 位 ADCMAXCONV 位域变量数据格式如图 7-21 所示,位域变量功能描述如表 7-12 所示。

15	～	7	6	～	4	3	～	0
	Reserved			MAX_CONV2			MAX_CONV1	
	R-0			R/W-0			R/W-0	

图 7-21 ADCMAXCONV 位域变量数据格式

表 7-12   ADCMAXCONV 位域变量功能描述

位	名称	描述
15～7	Reserved	保留位。读返回 0，写无效
6～0	MAX_CONVn	MAX_CONVn 定义了一次自动转换中最大的转换通道个数。该位和它们的操作随着排序器工作模式（双、级联）的变化而变化。 对 SEQ1 操作，使用 MAX_CONV1[2～0]位。 对 SEQ2 操作，使用 MAX_CONV2[2～0]位。 对 SEQ 操作，使用 MAX_CONV1[3～0]位。 自动转换过程总是从初始状态开始，然后连续运行至结束状态。转换结果按顺序自动写入结果寄存器。一次自动转换的次数可以通过编程设置为 1～(MAX_CONVn+1)次，即 MAX_CONVn=0～n，对应转换通道个数为 1～n+1，如表 7-13 所示

表 7-13   MAX_CONV1[3:0]位值与转换通道数之间的对应关系

MAX_CONV1[3:0]	转换通道数	MAX_CONV1[3:0]	转换通道数
0000	1	1000	9
0001	2	1001	10
0010	3	1010	11
0011	4	1011	12
0100	5	1100	13
0101	6	1101	14
0110	7	1110	15
0111	8	1111	16

【例 7-5】   如果只需要 5 个转换通道，则 ADCMAXCONV（最大转换通道寄存器）的 MAX_CONVn 位应初始化编程设置为 4。

案例 1：使用双排序器模式下的 SEQ1 和级联模式。排序器状态指针依次从 CONV00 递增到 CONV04，这 5 个转换结果顺序存放到结果寄存器 RESULT00～RESULT04 中。

案例 2：使用双排序器模式下的 SEQ2。排序器指针依次从 CONV08 指到 CONV12，这 5 个转换结果顺序存放到结果寄存器 RESULT08～RESULT12 中。

当 SEQ1 工作在双排序器模式（即两个独立的 8 状态排序器），如果所选取 MAX_CONV1 的值超过 7 时，SEQ_CNTR 将继续计数超过 7，引起排序器指针环绕回到 CONV00，并且继续计数。

7.12.3   自动排序状态寄存器

16 位自动排序状态寄存器（ADCASEQSR）包含排序计数器状态位和排序器指针状态位。排序转换启动前，最大转换通道数位域变量 MAX_CONVn 的值被装载到排序计数器中。排序转换启动后，每完成一个通道的转换，排序计数器减 1，直到排序计数器减到 0，表示一次排序结束。SEQ1 和 SEQ2 排序器指针状态位指示当前指针的值。

16 位 ADCASEQSR 位域变量数据格式如图 7-22 所示，位域变量功能描述如表 7-14 所示。

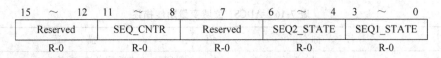

15 ~ 12	11 ~ 8	7 ~ 4	6 ~ 4	3 ~ 0
Reserved	SEQ_CNTR	Reserved	SEQ2_STATE	SEQ1_STATE
R-0	R-0	R-0	R-0	R-0

图 7-22 ADCASEQSR 位域变量数据格式

表 7-14 ADCASEQSR 位域变量功能描述

位	名 称	描 述
15~12	Reserved	保留位。读返回 0,写无效
11~8	SEQ_CNTR[3:0] (排序计数器状态位。只读位)	只读位。SEQ_CNTRn 的 4 位状态可用于 SEQ1、SEQ2 和级联排序器 SEQ 使用。级联模式中 SEQ2 是不相关的。在自动排序的开始,SEQ_CNTRn 被初始化为 MAX_CONV 的值。在自动转换排序的每一个转换(或同步采样下的每一对转换)完成后,排序计数器减 1。SEQ_CNTRn 位可以在递减过程中随时被读取,SEQ_CNTRn 位与 SEQ1 和 SEQ2 的忙检测位(位于 ADC 状态和标志寄存器 ADCST 中)一起,在任何时间点能唯一标识排序器的有效状态或排序过程。自动排序器的有效状态参见表 7-15
7	Reserved	保留位。读返回 0,写无效
6~0	SEQ2_STATE[2:0]和 SEQ1_STATE[3:0] (排序器指针状态位。只读位)	SEQ2_STATE 和 SEQ1_STATE 位分别是 SEQ2 和 SEQ1 的状态指针,指示状态指针的当前值

表 7-15 自动排序器的状态

SEQ_CNTRn(只读)	剩余转换次数
0000	1 或 0,取决于 SEQ1 或 SEQ2 的忙位
0001~1111	分别对应 2~16

7.12.4 ADC 状态和标志寄存器

16 位 ADC 状态和标志寄存器(ADCST)包含排序器 1/2(SEQ1/SEQ2)缓冲器结束状态位、排序器 1/2(SEQ1/SEQ2)中断标志位、排序器 1/2(SEQ1/SEQ2)中断标志清 0 位、排序器 1/2(SEQ1/SEQ2)忙检测位等。这是一个专用的状态和标志寄存器。此寄存器中的位都是只读状态位或标志位,或者是读返回 0 的状态清除位。

16 位 ADCST 位域变量数据格式如图 7-23 所示,位域变量功能描述如表 7-16 所示。

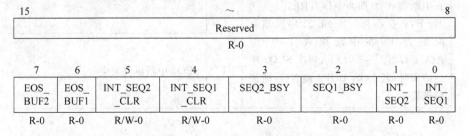

15	~						8
			Reserved				
			R-0				

7	6	5	4	3	2	1	0
EOS_ BUF2	EOS_ BUF1	INT_SEQ2 _CLR	INT_SEQ1 _CLR	SEQ2_BSY	SEQ1_BSY	INT_ SEQ2	INT_ SEQ1
R-0	R-0	R/W-0	R/W-0	R-0	R-0	R-0	R-0

图 7-23 ADCST 位域变量数据格式

表 7-16　ADCST 位域变量功能描述

位	名　称	值	描　述
15～8	Reserved		保留位。读返回 0,写无效
7	EOS_BUF2 (SEQ2 排序缓冲器结束位)		在中断模式 0(即当 ADCTRL2[2]=0 时,每次排序结束产生 SEQ2 中断模式)时,该位没有被使用并保持为 0。在中断模式 1(即当 ADCTRL2[2]=1 时,每隔一次排序结束产生 SEQ2 中断模式)时,在每次 SEQ2 序列结束时该位状态翻转。该位在器件复位时被清0。该位不会受排序器的复位或相应中断标志被清 0 所影响
6	EOS_BUF1 (SEQ1 排序缓冲器结束位)		在中断模式 0(即当 ADCTRL2[10]=0 时,每次排序结束产生 SEQ2 中断模式)时,该位没有被使用并保持为 0。在中断模式 1(即当 ADCTRL2[10]=1 时,每隔一次排序结束产生 SEQ2 中断模式)时,在每次 SEQ2 序列结束时该位状态翻转。该位在设备复位时被清0。该位不会受排序器的复位或相应中断标志被清 0 所影响
5	INT_SEQ2_CLR (SEQ2 中断清 0 位。读该位总返回 0,向该位写入 1 后立即执行清 0 操作)	0	对该位写 0 无效
		1	向该位写 1,SEQ2 中断标志位(INT_SEQ2)被清 0,该位不影响 EOS_BUF2 位(SEQ2 排序缓冲器结束位)
4	INT_SEQ1_CLR (SEQ1 中断清 0 位。读该位总返回 0,向该位写入 1 后立即执行清 0 操作)	0	对该位写 0 无效
		1	向该位写 1,SEQ1 中断标志位(INT_SEQ1)被清 0,该位不影响 EOS_BUF1 位(SEQ1 排序缓冲器结束位)
3	SEQ2_BSY (SEQ2 忙状态位。向该位写无效)	0	SEQ2 处于空闲状态,等待转换启动触发信号
		1	SEQ2 处于自动排序状态
2	SEQ1_BSY (SEQ1 忙状态位。向该位写无效)	0	SEQ1 处于空闲状态,等待转换启动触发信号
		1	SEQ1 处于自动排序状态
1	INT_SEQ2 (SEQ2 中断标志位。向该位写无效。在中断模式 0(即当 ADCTRL2[2]=0时)下,该位在每一次 SEQ2 序列结束时被置 1。在中断模式 1(当即 ADCTRL2[2]=1 时)下,每次 SEQ2 序列结束时,若 EOS_BUF2 被置 1,则该位被置 1)	0	没有 SEQ2 中断事件
		1	SEQ2 中断事件发生

续表

位	名 称	值	描 述
0	INT_SEQ1 (SEQ1 中断标志位。向该位写无效。在中断模式 0(即当 ADCTRL2[10]＝0 时)下,该位在每一次 SEQ1 序列结束时被置 1。在中断模式 1(即当 ADCTRL2[10]＝1 时)下,每次 SEQ1 序列结束时,若 EOS_BUF1 被置 1,则该位被置 1)	0	没有 SEQ1 中断事件
		1	SEQ1 中断事件发生

7.12.5　ADC 参考源选择寄存器

16 位 ADC 参考源选择寄存器(ADCREFSEL)包含参考电压选择位,用于选择 ADC 的内部或外部基准参考电压源。系统复位默认选择内部参考源。如果 ADC 模块使用外部参考电压源,必须在带隙上电之前,使能该外部参考电压源模式。可通过 ADCREFSEL 寄存器的 14 位和 15 位使能该模式。

16 位 ADCREFSEL 位域变量数据格式如图 7-24 所示,位域变量功能描述如表 7-17 所示。

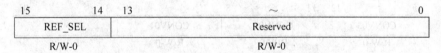

图 7-24　ADCREFSEL 位域变量数据格式

表 7-17　ADCREFSEL 位域变量功能描述

位	名 称	值	描 述
15～14	REF_SEL[1:0] (参考电压选择位)	00	选择内部参考源(系统复位默认)
		01	选择外部参考源,ADCREFIN 引脚电压为 2.048V
		10	选择外部参考源,ADCREFIN 引脚电压为 1.500V
		11	选择外部参考源,ADCREFIN 引脚电压为 1.024V
13～0	Reserved		这些位保留用于从 Boot ROM 中装载参考源校正数据。从 Boot ROM 中装载后,对 ADCREFSEL 寄存器的所有写操作不能修改这几位的值

7.12.6　ADC 偏置校准寄存器

16 位 ADC 偏置校准寄存器(ADCOFFTRIM)包含 9 位偏移微调值,用于对 A/D 转换结果进行自动调校。

16 位 ADCOFFTRIM 位域变量数据格式如图 7-25 所示,位域变量功能描述如表 7-18 所示。

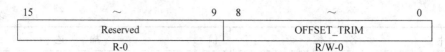

15	～	9	8	～	0
Reserved			OFFSET_TRIM		
R-0			R/W-0		

图 7-25　ADCOFFTRIM 位域变量数据格式

表 7-18　ADCOFFTRIM 位域变量功能描述

位	名　称	描　述
15～9	Reserved	保留位。读返回 0，写无效
8～0	OFFSET_TRIM[8:0]	偏移微调值（以 LSB 为单位），数值为 2 的补码，范围是－256～255

7.12.7　ADC 输入通道选择排序控制寄存器 1/2/3/4

16 位 ADC 输入通道选择排序控制寄存器 1/2/3/4（ADCCHSELSEQ1/2/3/4）每 4 位 CONVn（n＝00～15）表示一个排序通道号，4 个 ADCCHSELSEQ1/2/3/4 共有 16 个 4 位位域变量 CONVnn（nn＝00～15）。系统复位 CONVn（n＝00～15）默认值均为 0（对应 ADC 的通道 0：ADCINA0）。

ADCCHSELSEQ1 位域变量数据格式如图 7-26 所示。ADCCHSELSEQ2 位域变量数据格式如图 7-27 所示。ADCCHSELSEQ3 位域变量数据格式如图 7-28 所示。ADCCHSELSEQ4 位域变量数据格式如图 7-29 所示。

15	～	12	11	～	8	7	～	4	3	～	0
CONV03			CONV02			CONV01			CONV00		
R/W-0			R/W-0			R/W-0			R/W-0		

图 7-26　ADCCHSELSEQ1 位域变量数据格式

15	～	12	11	～	8	7	～	4	3	～	0
CONV07			CONV06			CONV05			CONV04		
R/W-0			R/W-0			R/W-0			R/W-0		

图 7-27　ADCCHSELSEQ2 位域变量数据格式

15	～	12	11	～	8	7	～	4	3	～	0
CONV11			CONV10			CONV09			CONV08		
R/W-0			R/W-0			R/W-0			R/W-0		

图 7-28　ADCCHSELSEQ3 位域变量数据格式

15	～	12	11	～	8	7	～	4	3	～	0
CONV15			CONV14			CONV13			CONV12		
R/W-0			R/W-0			R/W-0			R/W-0		

图 7-29　ADCCHSELSEQ4 位域变量数据格式

ADCCHSELSEQ1/2/3/4 中每 4 位 CONVnn（nn＝00～15）选择 16 路模拟输入通道中的一个作为自动排序的转换通道，CONVnn 与 ADC 模块输入选择通道的关系如表 7-19 所示。

表 7-19 CONYnn 位值和 ADC 模块输入选择通道的关系

CONVnn 值	ADC 模块输入通道选择	CONVnn 值	ADC 模块输入通道选择
0000	ADCINA0	1000	ADCINB0
0001	ADCINA1	1001	ADCINB1
0010	ADCINA2	1010	ADCINB2
0011	ADCINA3	1011	ADCINB3
0100	ADCINA4	1100	ADCINB4
0101	ADCINA5	1101	ADCINB5
0110	ADCINA6	1110	ADCINB6
0111	ADCINA7	1111	ADCINB7

7.12.8 ADC 转换结果缓冲寄存器

在排序器级联模式时，ADCRESULT8～ADCRESULT15 用来保存第 9～16 次 A/D 转换结果。当从外设帧 2(0x7108～0x7117，ADC 转换结果缓冲寄存器映射地址空间 1，即供 CPU 存取的 16 个 A/D 结果寄存器)中读取转换结果数据时，需等待两个状态周期，ADC 转换结果缓冲寄存器(ADCRESULTn)的数据是用左对齐方式存储的。从外设帧 0 (0x0B00～0x0B0F，ADC 转换结果缓冲寄存器映射地址空间 2)中读取数据时，不需要等待周期，且数据是用右对齐方式存储的。

1. 左对齐的 ADC 转换结果缓冲寄存器

12 位 A/D 转换结果存储在 16 位 ADCRESULTn 中，有左对齐存储和右对齐存储两种存储方式。16 个模拟通道配置 16 个 ADC 转换结果缓冲寄存器(ADCRESULTn, $n=0$～15)。16 个 ADCRESULTn($n=0$～15)双映射到外设帧 2(0x7108～0x7117，供 CPU 存取的 16 个 A/D 结果寄存器)和外设帧 0(0x0B00～0x0B0F，供 DMA 存取的 16 个 A/D 结果寄存器)16 个单元。

外设帧 2(0x7108～0x7117)的 ADC 转换结果缓冲寄存器(ADCRESULTn)以左对齐方式存储的，ADCRESULTn 数据格式如图 7-30 所示。

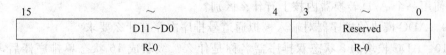

图 7-30 ADCRESULTn($n=0$～15,0x7108～0x7117H)以左对齐方式存储数据格式

2. 右对齐的 ADC 转换结果缓冲寄存器

外设帧 0(0x0B00～0x0B0F)的 ADC 转换结果缓冲寄存器(ADCRESULTn)以右对齐方式存储的，ADCRESULTn 数据格式如图 7-31 所示。

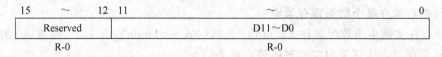

图 7-31 ADCRESULTn($n=0$～15,0x0B00～0x0B0F)以右对齐方式存储数据格式

7.13　ADC 模块应用程序开发实例

ADC 模块应用程序开发就是利用 TI 提供的相关工程文件模板，编写应用主程序和中断服务程序。

TI 公司提供 F28335 ADC 模块 16 状态单排序器（由两个独立 8 状态排序器 SEQ1 和 SEQ2 级联而成）实例工程文件模板 Example_2833xAdcSeqModeTest.pjt。Example_2833xAdcSeqModeTest.pjt 包含 10 个源文件模板，其中 8 个源文件模板是任何工程文件都需要添加的公共源文件模板，另外两个源文件模板分别是 ADC 模块初始化支持函数定义源文件 DSP2833x_Adc.c 和 ADC 顺序采样自动排序转换实例主函数源文件 Example_2833xAdcSeqModeTest.c。

习题

7-1　F28335 的 ADC 模块只有一个 A/D 转换器内核，是如何实现双路模拟通道同时采样转换的？

7-2　某个 8 位 A/D 转换器芯片的输入电压范围是 0～5V，问该 A/D 转换器芯片的最小量化电平是多少？最小量化电平的物理含义是什么？

7-3　同步采样、顺序采样之间有什么区别？顺序 A/D 转换是什么含义？

7-4　ADC 模块的 8 状态排序器 SEQ1 初始化状态是什么通道号？

7-5　ADC 模块的单排序器模式有几种结构形式？

7-6　ADC 模块有几种采样模式？哪种模式最常用？

7-7　在独立双 8 通道排序器（SEQ1 和 SEQ2）模式下，供 SEQ1 使用的通道选择位 CONVxx 的 xx 取值范围是多少？供 SEQ2 使用的通道选择位 CONVxx 的 xx 取值范围是多少？

7-8　F28335 的 ADC 模块只有一个 A/D 转换器内核，双 8 通道排序器和单 16 通道排序器在使用一个 A/D 转换器内核上有什么区别？

7-9　ADC 模块的排序器对输入模拟通道号排序次序有什么要求？

7-10　ADC 模块的 8 状态双排序器名称是什么？级联成 16 状态单排序器后，单排序器使用的通道资源是双排序器中哪个排序器的资源？

7-11　ADC 通道号与通道号选择位 CONVxx 之间有什么关系？

7-12　单排序器模式和双排序器模式的主要区别是什么？

7-13　排序器的启动/停止模式与连续自动排序模式主要区别是什么？

7-14　在实例主函数源文件 Example_2833xAdcSeqModeTest.c 中，通道 A0 的模拟电压转换结果存放在哪个结果寄存器中？

7-15　在实例主函数源文件 Example_2833xAdcSeqModeTest.c 中，通道 A0 的模拟电压转换结果存放方式是采用左对齐还是右对齐的？

7-16　ADC 的同步采样模式和顺序采样模式各有什么特点？

7-17　把实例主函数源文件 Example_2833xAdcSeqModeTest.c 的查询中断标志，读取

A/D转换结果修改成在A/D中断服务函数中读取转换结果的编程步骤。

7-18　在实例主函数源文件 Example_2833xAdcSeqModeTest.c 中,启动 SEQ1 的触发信号是什么信号? 用什么语句实现?

7-19　若 ADC 模块配置为内部参考电压源模式,试问 ADC 最大模拟输入电压是多少伏?

7-20　假设 ADC 模块配置为外部参考电压源 2.048V 模式,试问 ADC 最大模拟输入电压是多少伏?

小结

本章介绍了 F28335ADC 模块的工作模式,包括排序器的两种工作模式,即单排序器和双排序器。介绍了 A/D 转换器的两种采样转换方式,即同步采样转换和顺序采样转换。

详细介绍了 ADC 模块的启动触发源、顺序选择寄存器的配置方法,ADC 两种转换结果中断方式。最后介绍了 TI 公司提供的 ADC 自动排序单排序器的程序工程文件模块和 ADC 寄存器位域变量和功能描述。

重点和难点:

(1) 单排序器模式和双排序器级联模式。

(2) 排序器启停和连续操作模式。

(3) 同步和顺序采样模式。

(4) 排序结束两种中断模式。

(5) 排序器排序结束中断编程及过载特性的应用。

## 第 8 章

FFT 算法原理与 DSP 实现

8.1 概述

离散傅里叶变换(Discrete Fourier Transform,DFT)是时域—频域变换分析中最基本的方法之一。DFT 实际上对有限长序列 $x(n)(0 \leqslant n \leqslant N-1)$,非零值长度为 N 的有限点离散采样的傅里叶变换,一次 $x(n)$ 的 DFT 运算,就是一次复数与复数的乘法运算,N 次 $x(n)$ 的 DFT 运算,除了 N 次复数与复数的乘法运算外,还有 N 次复数与复数的乘法运算产生的实部和虚部乘积的加法运算。

通常采用 A/D 转换器对模拟信号周期采样产生 N 点实数采样值,进行 DFT 复数运算。由于微处理器没有专门的复数乘法指令和复数加法指令,只有实数乘法指令和实数加法指令,所以要把复数乘法运算转换为实部与虚部的实数乘法运算以及实部与虚部乘积的实数加减运算,假设复数 $A = a+jb$,复数 $B = c+jd$,则

$$复数 A \times 复数 B = (a+jb)(c+jd) = (ac-bd) + j(bc+ad)$$
$$复数 A \pm 复数 B = (a+jb) \pm (c+jd) = (a \pm c) + j(b \pm d)$$

可见,一次复数乘法转换为实数运算,共需要 4 次实数乘法运算和 4 个实数乘积的两次加法运算。一次复数加法转换为实数运算,共需要两次实部与实部、虚部与虚部的加法运算。推广到 N 点 DFT 复数运算,共需要的实数乘法运算和实数加法运算如表 8-1 所示。

表 8-1　DFT 复数运算量

复数运算式	实数乘法运算次数	实数加法运算次数
1 个 $X(k)$DFT 运算	$4N$	$2N+2(N-1) = 2(2N-1)$
N 个 $X(k)$DFT 运算	$4N^2$	$2(2N-1)N = 2N(2N-1)$

可见,若采样点数为 N,则 DFT 需要 $4N^2$ 次实数乘法和 $4N^2-2N \approx 4N^2$(当 N 较大时)次复数加法运算。随着 N 点的增大,DFT 的计算量相当大。1965 年库利(Cooley)和图基(Tukey)在前人研究成果的基础上提出了快速计算 DFT 的算法,此后,又出现了其他的快速计算 DFT 的方法,这些方法统称为快速傅里叶变换(Fast Fourier Transform,FFT)。FFT 的出现使计算 DFT 的计算量减少了两个数量级,运算时间一般可以缩短 1～2 个数量级。FFT 的出现大大提高了 DFT 的运算速度,从此 DFT 在许多科学计算和实时数字信号处理中得到广泛的应用。FFT 算法经过复数运算转换为实数运算和微机算法处理,就适合

用高速 DSP 控制器来实现,尤其是 TMS320F28335 带有浮点协处理器(FPU),运算实数的精度和速度远超同等数量级的定点 DSP 控制器。因此,F2833x 系列 DSP 控制器在实现 FFT 等数字信号处理算法上具有明显优势,是 DSP 控制器的重要应用领域之一。

8.2 FFT 算法原理

对于有限长离散函数信号序列 $x(n)(0 \leqslant n \leqslant N-1)$,其中 $N=2^M$ 为采样点数,它的离散傅里叶变换 DFT 为

$$X(k) = \sum_{n=0}^{N-1} x(n) \mathrm{e}^{-\mathrm{j}\frac{2\pi kn}{N}} \quad k = 0,1,\cdots,N-1$$

式中,k 为谐波次数,令 $W_N^{kn} = \mathrm{e}^{-\mathrm{j}\frac{2\pi kn}{N}}$,$W_N = \mathrm{e}^{-\mathrm{j}\frac{2\pi}{N}}$ 称为旋转因子。

对于 $k=1,\cdots,N-1$ 全部 N 个值,计算 $X(k)$ 共需要 $N \times N = N^2$ 次复数乘法和 $N(N-1)$ 次复数加法。利用 W_N 旋转因子的周期性,推导出减少 DFT 运算量的快速算法,称为快速傅里叶变换 FFT。FFT 的思路是将长序列 DFT 利用对称性和周期性分解为短序列 DFT,因为 DFT 的运算量与 N^2 成正比,如果一个大点数 N 的 DFT 能分解为若干小点数 DFT 的组合,则显然可以达到减少运算工作量的效果。

8.2.1 旋转因子 W_N 特性

1. 周期性

$$W_N^{n(k+N)} = W_N^{nk}$$

2. 对称性(共轭对称性)

$$W_N^{-nk} = W_N^{-(n)k} = W_N^{(N-n)k}$$

3. 其他特性

$$W_N^{2k} = W_{\frac{N}{2}}^{k}$$

FFT 算法的基本思想:用 DFT 系数 W_N 的特性,合并 DFT 运算中的某些项,把长序列 DFTB 分解为短序列 DFT,从而减少运算量。

8.2.2 按时间抽选的基 2-FFT 算法

DFT 的分解方法分两类:将时间序列分解的时间抽选法,称为 DIT-FFT(Decimation-In-Time,DIT);将频域傅里叶变换序列分解的频域抽选法,称为 DIF-FFT(Decimation-In-Frequency,DIF)。通常选用按时间抽选的基 2-FFT 算法,简称 DIT-FFT。因为 $N=2^M$ 为 2 的幂次方,是基 2 的采样点数选取方法,有利于时间序列按奇偶数分解成越来越短的字序列,直到分解到 2 点的子序列为止。

DIT-FFT 的分解方法和计算量递减原理如图 8-1 所示。

在时域内,将输入离散序列 $x(n)$ 分解为偶数点子系列 $\left(n$ 为偶数归为一组,$n=2r,r=0,\cdots,\frac{N}{2}-1\right)$,奇数点子系列 $\left(n$ 为奇数归为一组,$n=2r+1,r=0,1,\cdots,\frac{N}{2}-1\right)$ 通过求子序列的 DFT,并利用旋转因子的周期性,简化计算过程,最后实现整个 $x(n)$ 序列的 DFT。

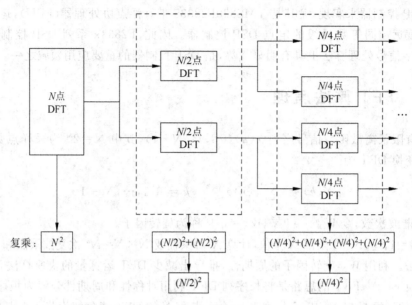

图 8-1   DIT-FFT 分解图

$$X(k) = \sum_{n=2r} x(n) N_N^{kn} + \sum_{n=2r+1} x(n) N_N^{kn} = \sum_{r=0}^{\frac{N}{2}-1} x(2r) W_N^{k(2r)} + \sum_{r=0}^{\frac{N}{2}-1} x(2r) W_N^{k(2r+1)}$$

$$= \sum_{r=0}^{\frac{N}{2}-1} x(2r) W_{N/2}^{kr} + W_N^k \sum_{r=0}^{\frac{N}{2}-1} x(2r+1) W_{N/2}^{kr}$$

其中，$W_N^{2(kr)} = W_{N/2}^{kr}$ $X(k)$ 的抽样点长度减为 $N/2$，令 $Y(k) = \sum_{r=0}^{\frac{N}{2}-1} x(2r) W_{N/2}^{k2r}$，$Z(k) = \sum_{r=0}^{\frac{N}{2}-1} x(2r+1) W_{N/2}^{kr}$ 则 $X(k) = Y(k) + W_N^k Z(k)$，$k = 0, 1, \cdots, N-1$。$X(k)$ 不是完全的 $\frac{N}{2}$ 点 DFT，必须压缩到 $k = 0, \cdots, \frac{N}{2} - 1$。考虑到 $k = \frac{N}{2}, \frac{N}{2}+1, \cdots, N-1$ 时，$Y(k)$ 和 $Z(k)$ 的变化情况：令 $k = \frac{N}{2} + L(L = 0, 1, \cdots, -1)$，则

$$Y(k) = Y\left(\frac{N}{2} + L\right) = \sum_{r=0}^{\frac{N}{2}-1} x(2r) W_N^{k(2r)}$$

$$= \sum_{r=0}^{\frac{N}{2}-1} x(2r) W_{\frac{N}{2}}^{r} W_{\frac{N}{2}}^{L} = \sum_{r=0}^{\frac{N}{2}-1} x(2r) W_{\frac{N}{2}}^{rL} = Y(L)$$

同理，$Z(k) = Z\left(\frac{N}{2} + L\right)$，所以 DFT 的前半部分 $X(k)$ 为

$$X(k) = Y(k) + W_N^k Z(k), \quad k = 0, 1, \cdots, \frac{N}{2} - 1 \tag{8-1}$$

再利用 W_N 对称性，即 $W_N^{k+\frac{N}{2}} = -W_N^k$，得到 DFT 的后半部分 $X\left(k + \frac{N}{2}\right)$，即

$$X\left(k + \frac{N}{2}\right) = Y(k) - W_N^k Z(k) \tag{8-2}$$

令 $k=\dfrac{N}{2}+L, L=\dfrac{N}{2}, \cdots, N-1$，代入式(8-1)和式(8-2)可计算出 $k=0,1,\cdots,N-1$ 的

DFT，但复数乘法计算量已减少为初始的 $\dfrac{N}{2}$ 次，减少为 $\left(\dfrac{N}{2}\right)^2=\dfrac{N^2}{4}$，减少 4 倍计算量。分解

并未到此为止，DIT-FFT 算法将 N 点 DFT 分解为两个 $\dfrac{N}{2}$ 点 DFT 后，再将每个 $\dfrac{N}{2}$ 点 DFT

再分解两个 $\dfrac{N}{4}$ 点的 DFT，直到分解为 $\dfrac{2^M}{2^{M-1}}$ 点 DFT

为止。2 点的 DFT 只需要一次复数乘法运算和二

次复数加法运算。因此，DIT-FFT 算法的运算量比

DFT 的运算量大大减少。最终形成 DIT-FFT 的蝶

形运算公式。式(8-1)和式(8-2)可以用蝶形运算符

号表示，如图 8-2 所示。

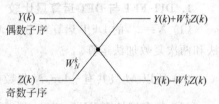

图 8-2 DIT-FFT 的蝶形运算符号

蝶形运算符号说明如下：左边两路为输入数据，右边两路为输出数据，中间以一个小圆表示加、减运算。右上路为相加输出，右下路为相减输出。可见，一个蝶形运算需要一次复数乘法运算和 2 次复数加法运算。FFT 的运算归结为 $N/2$ 个蝶形运算，即从原始采样序列开始，两个指定的输入序列数据进行一个蝶形运算，产生两个输出结果，作为下一级蝶形运算的输入序列的两个数据。FFT 的运算结果就是 M 级（M 指构成 $N=2^M$）$N/2$ 个蝶形运算的最终结果。

8.2.3 DIT-FFT 算法运算量分析

按时域抽样的 DFT 分解后的计算量如表 8-2 所示。可见，FFT 运算量减少了近一半。

表 8-2 FFT 分解后的运算量

类　　型	复　数　乘　法	复　数　加　法
一个 N 点 DFT	N^2	$N(N-1)$
一个 $N/2$ 点 DFT	$(N/2)^2$	$N/2(N/2-1)$
两个 $N/2$ 点 DFT	$N^2/2$	$N(N/2-1)$
一个蝶形运算	1	2
$N/2$ 个蝶形运算	$N/2$	N
总计	$N^2/2+N/2 \approx N^2/2$	$N(N/2-1)+N \approx N^2/2$

【例 8-1】　$N=2^3=8$ 点 FFT 变换的计算量分析。

$N=8$，则 $N/2=4$，做 4 点的 DFT 如下。

$$X(k)=X_1(k)+W_N^k X_2(k)$$

$$X\left(k+\dfrac{N}{2}\right)=X_1(k)-W_N^k X_2(k), \quad k=0,\cdots,\dfrac{N}{2}-1$$

先将 $N=8$ 点的 DFT 分解成两个 4 点 DFT：在时域上，$x(0)$、$x(2)$、$x(4)$、$x(6)$ 为偶子序列，$x(1)$、$x(3)$、$x(5)$、$x(7)$ 为奇子序列。在频域上，由 $X(k)$ 计算出 $X(0)\sim X(3)$，由 $X(k+N/2)$ 计算出 $X(4)\sim X(7)$。

$N=8$ 点的 DFT 的计算量为：复数乘法，N^2 次 $=64$ 次；复数加法，$N(N-1)$ 次 $=8\times 7=56$ 次。

$N=4$ 点的 DFT 得到 $X_1(k)$ 和 $X_2(k)$ 需要：复数乘法，$(N/2)^2+(N/2)2$ 次 $=32$ 次；复数加法，$N/2(N/2-1)+N/2(N/2-1)=12+12=24$ 次。

此外，还有 4 个蝶形运算，每个蝶形运算需要一次复数乘法，两次复数加法。一共需要复数乘法 4 次，复数加法 8 次。用分解的方法得到 $N=8$ 点的 $X(k)$ 需要复数乘法 $32+4=36$ 次、复数加法 $24+8=32$ 次。

1. DIT-FFT 与 DFT 运算量比较

（1）$N=2^M$ 的 DFT 运算可分成 M 级，每一级有 $N/2$ 个蝶形，每个蝶形有一次复数乘法和两次复数加法运算。

（2）所以 M 级共有 $\dfrac{N}{2}\log_2 N$ 复数乘法和 $N\log_2 N$ 次复数加法运算。

（3）若直接计算 DFT，需 N^2 次复数乘法和 $N(N-1)$ 次复数加法运算。显然，当 N 较大时，有 $\dfrac{N}{2}\log_2 N \ll N^2$。

例如，$N=2^{10}=1024$ 时，DFT 与 FFT 计算量之比：$\dfrac{N^2}{(N/2)\log_2 N}=\dfrac{1\,048\,576}{5120}=204.8$。

2. DIT-FFT 算法与直接计算 DFT 乘法次数比较

DIT-FFT 算法与直接计算 DFT 乘法次数比较曲线如图 8-3 所示。从图中可以看出 N 点超过 64 点后，直接计算 DFT 比 FFT 的计算量明显增大，而且 N 点越大，直接计算 DFT 比 FFT 的计算量差距越大。

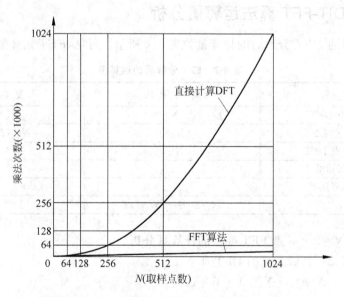

图 8-3　FFT 算法与直接计算 DFT 乘法次数比较曲线

8.2.4　8 点 DIT-FFT 蝶形运算符号图

$N=8=2^3$，$M=3$，8 点 DIT-FFT 共有 3 级蝶形运算，每级有 $N/2$ 个蝶形结运算。8 点 FFT 的第 3 级蝶形运算符号图，即 8 点输入序列分解为偶序列和奇序列的蝶形运算符号图，如图 8-4 所示。

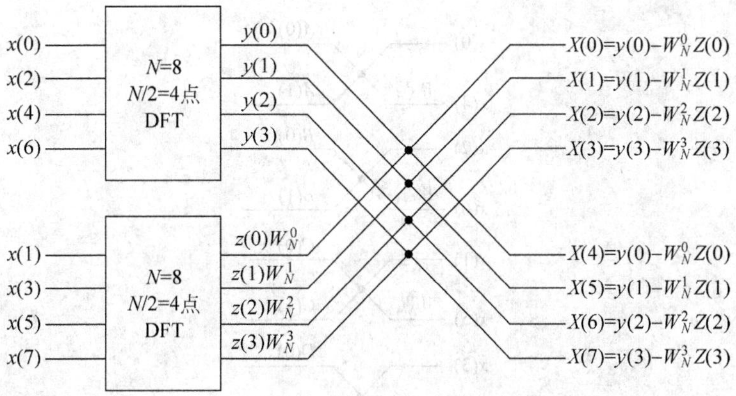

x(0)
x(2)
x(4)
x(6)
N=8
N/2=4点
DFT
y(0)
y(1)
y(2)
y(3)
x(1)
x(3)
x(5)
x(7)
N=8
N/2=4点
DFT
z(0)W_N^0
z(1)W_N^1
z(2)W_N^2
z(3)W_N^3
X(0)=y(0)−W_N^0Z(0)
X(1)=y(1)−W_N^1Z(1)
X(2)=y(2)−W_N^2Z(2)
X(3)=y(3)−W_N^3Z(3)
X(4)=y(0)−W_N^0Z(0)
X(5)=y(1)−W_N^1Z(1)
X(6)=y(2)−W_N^2Z(2)
X(7)=y(3)−W_N^3Z(3)

图 8-4 8 点 FFT 的第 3 级蝶形运算符号图

4 点偶序列再分解为 2 点偶序列和 2 点奇序列，产生第 2 级偶数序列的蝶形运算流图，如图 8-5 所示。4 点奇序列再分解为 2 点偶序列和 2 点奇序列，产生第 2 级奇数序列的蝶形运算符号图，如图 8-6 所示。

x(0)
x(4)
N=8
N/4=2点
DFT
A(0)
A(1)
x(2)
x(6)
N=8
N/4=2点
DFT
B(0) W_{N/2}^0
B(1) W_{N/2}^1
y(0)
y(1)
y(2)
y(3)

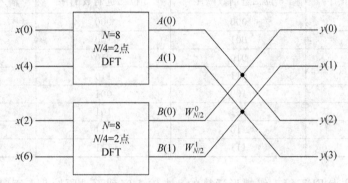

图 8-5 8 点 FFT 的第 2 级偶数序列的蝶形运算符号图

x(1)
x(5)
N=8
N/4=2点
DFT
C(0)
C(1)
x(3)
x(7)
N=8
N/4=2点
DFT
D(0) W_{N/2}^0
D(1) W_{N/2}^1
z(0)
z(1)
z(2)
z(3)

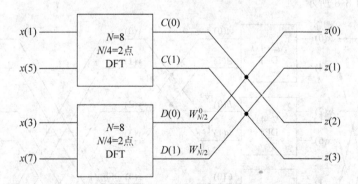

图 8-6 8 点 FFT 的第 2 级奇数序列的蝶形运算符号图

8 点 FFT 的所有 2 点序列产生第 1 级蝶形运算符号图，如图 8-7 所示。

由图 8-7 可以看到，8 点 FFT 的第 1 级蝶形运算流图中，除了 $x(0)$、$x(2)$、$x(5)$、$x(7)$ 输入顺序未发生变化外，$x(1)$、$x(3)$、$x(4)$、$x(6)$ 的输入顺序均与原始采样顺序不一样，发生倒序。倒序规律是将输入序列元素下标 0～7 用 3 位二进制数表示，即 000～111，然后对 3 位二进制数进行 180°翻转，如表 8-3 所示。

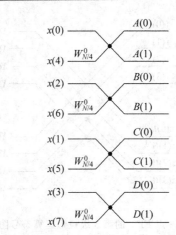

图 8-7 8 点 FFT 的第 1 级所有 2 序列的蝶形运算符号图

表 8-3 8 点 FFT 输入数据元素下标正序与倒序

输入元素下标正序	3 位二进制数顺序	3 位二进制数倒序	输入元素下标倒序
0	000	000	0
1	001	100	3
2	010	010	2
3	011	110	6
4	100	001	1
5	101	101	5
6	110	011	3
7	111	111	7

由此可见,8 点 FFT 第 1 级蝶形运算的 8 点输入序列不是原始 8 点正序序列,而是 8 点倒序序列,如图 8-8 所示。

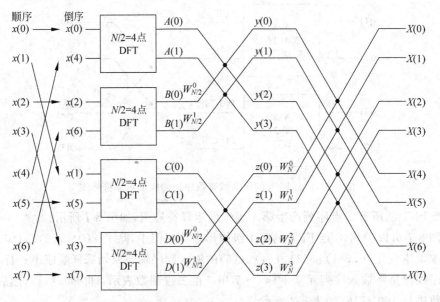

图 8-8 8 点 FFT 第 2、第 3 级蝶形运算符号图

将 8 点 FFT 的第 1、第 2、第 3 级蝶形运算符号图组合到一起,构成 8 点 FFT 3 级蝶形运算符号图如图 8-9 所示。由于图 8-9 中的第 1、第 2 级蝶形运算中的旋转因子还不是以 N 为底,归一化到以 N 为底,即 $W_{N/4}^0$ 归一化为 W_N^0,$W_{N/2}^0$ 归一化为 W_N^0,$W_{1/2}^1$ 归一化为 W_N^1,$N=8$ 点 FFT 归一化旋转因子 3 级蝶形运算符号图如图 8-10 所示。

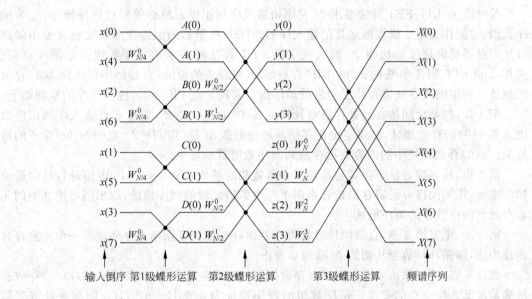

图 8-9　$N=8$ 点 FFT 3 级蝶形运算符号图

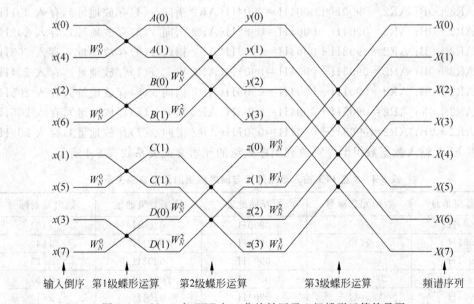

图 8-10　$N=8$ 点 FFT 归一化旋转因子 3 级蝶形运算符号图

8.3 C 语言倒序雷德算法

8.3.1 DSP 汇编指令倒序原理

$N=2^M$ 点 DIT-FFT 算法要求 N 点原始输入序列正序数组必须经过倒序操作,变为倒序数组,才能作为第 1 级蝶形运算的输入序列。DSP 控制器的汇编指令系统包含专用间接寻址寄存器反向进位加法指令,能实现 DIT-FFT 算法所要求的正序数组元素倒序存储。例如,8 点 DIT-FFT 算法的 $x(1)$,倒序存放到 $x(4)$ 存放的地址,$x(4)$ 倒序存放到 $x(1)$ 存放的地址。利用间接寻址寄存器反向进位加法指令实现 8 点 FFT 输入序列倒序的步骤如下。

第 1 步,初始化间接寻址寄存器指针指向 $x(0)$ 的存放地址,要求 8 点输入序列正序数组元素 $x(0)$ 的存放地址,必须定位在存储器地址最低 M 位(指 $N=2^M$ 点的 M 位)全 0 的地址上。$x(0)$ 存放地址中的内容直接存放到倒序数组首地址中。

第 2 步,将间接寻址寄存器与基值寄存器装载的基值:$N/2=4=100b$ 值进行反向进位加法求和,作为间接寻址寄存器指针指向下一个数组元素的倒序地址,取出倒序地址中的元素存放到倒序数组的顺序地址中。

第 3 步,重复第 2 步,直到间接寻址寄存器指针寻址到 8 点输入序列最后一个元素存放地址为止,即循环计数器从初值 N 减到 0 为止。

假设 8 点 FFT 原始采样数据序列存放数组的逻辑地址为 0900H～0907H,$x(0)$ 存放首址满足最低 3 位全 0 的要求。倒序数组的顺序地址为 0200H～0207H。间接寻址寄存器 AR2 初始化指向 0900H,基址寄存器 AR0 初始化值为 $N/2=4$,则位倒序寻址的 DSP 指令执行结果如下。

*AR2+0B;AR2=0900H(第 1 次值,AR2 初始化指向 $x(0)$ 存放地址),存入 200H

*AR2+0B;AR2=0900H+0004H=0904H(AR2 指向 $x(4)$ 存放地址),存入 201H

*AR2+0B;AR2=0904H+0004H=0902H(AR2 指向 $x(2)$ 存放地址),存入 202H

*AR2+0B;AR2=0902H+0004H=0906H(AR2 指向 $x(6)$ 存放地址),存入 203H

*AR2+0B;AR2=0906H+0004H=0901H(AR2 指向 $x(1)$ 存放地址),存入 204H

*AR2+0B;AR2=0901H+0004H=0905H(AR2 指向 $x(5)$ 存放地址),存入 205H

*AR2+0B;AR2=0905H+0004H=0903H(AR2 指向 $x(6)$ 存放地址),存入 206H

*AR2+0B;AR2=0903H+0004H=0907H(AR2 指向 $x(7)$ 存放地址),存入 207H

8 点 FFT 输入数据数组倒序存放到倒序数组的元素交换关系如表 8-4 所示。

表 8-4 8 点 FFT 输入数据数组与倒序数组的元素交换关系

顺序数组地址	数组元素标号	原存储地址	倒序数组地址	数组元素标号
0900H	$x(0)$	0900H	0200H	$x(0)$
0901H	$x(1)$	0901H	0201H	$x(4)$
0902H	$x(2)$	0902H	0202H	$x(2)$
0903H	$x(3)$	0903H	0203H	$x(6)$
0904H	$x(4)$	0904H	0204H	$x(1)$
0905H	$x(5)$	0905H	0205H	$x(5)$
0906H	$x(6)$	0906H	0206H	$x(3)$
0907H	$x(7)$	0907H	0207H	$x(7)$

用 C 语言实现 FFT 算法时,因为 C 语言没有反向进位加法语句,若要实现 DIT-FFT 输入序列数组元素的倒序地址存储,可以利用二进制数反向进位加法指令实现倒序的原理,根据 C 数组第 1 个元素下标总是从 0 开始递增存放的特点,以及 N 点 FFT 的输入序列数组元素最大下标对应二进制数位长不会超过 N/2 对应有效二进制数位数的特性,把 C 数组元素的下标看作数组元素的存放地址,即下标地址。用 C 语言可以判断输入序列数组中哪个下标地址中的元素需要与反序地址中的元素进行数据交换。通过数据交换将顺序数组变成第 1 级蝶形运算所需的倒序数组。这种 C 语言倒序算法称为雷德(Rader)算法,是一种经典 C 语言倒序算法。

8.3.2 C 语言倒序原理

8 点数组元素下标 C 语言倒序基本原理示意图如图 8-11 所示。

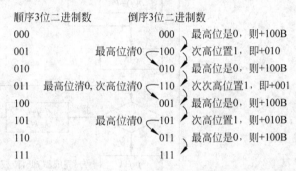

图 8-11 8 点数组元素下标 C 语言倒序基本原理示意图

C 语言数组倒序原理与汇编语言反向进位加法指令实现输入序列倒序原理本质上是一致的,首先取 N/2 作为 N 点 FFT 输入数组下标地址最高位权值,因为 $N=2^M$ 点 FFT 输入数组元素下标对应有效二进制数位长是 M 位,N/2 就是 M 位二进制数最高位的权值。例如,$N=2^3=8$,用 M=3 位二进制数就能表示下标 0~7,即 000~111b 则 N/2=4=100b,就是 3 位二进制数最高位的权值。N/2/2=N/4=2=010b 就是 3 位二进制数次高位的权值,N/2/2/2=N/8=1=001b 就是 3 位二进制数最低位的权值。

C 语言数组倒序算法就是将 N 点数组每个元素,从下标 0 开始分别用权值 N/2、N/2/2、N/2/2/2、⋯直到 1 相比较,若不相等,表明此下标对应的某位权值位是 0;否则为 1。若某下标的某位权值位是 0,则此下标加上对应该位权值后的下标就是倒序的下标。若下标的某位权值位是 1,则清除该位权值,再判该位右边一位权值是否为 1,若为 1,再清除该位右边一位权值为 0,再判该位右边的右边的一位权值是否为 1,若为 0,再加上该位右边的右边的一位权值(即该位权值除 2 再除 2 后的权值),依此类推,直到发现右边一位权值为 0 为止,此下标加上对应该位权值后的下标就是倒序的下标。不难发现,C 语言倒序的基本原理就是模拟了 N 点数组元素下标地址加上 N/2 的反向进位加法产生的"和"结果。

8.3.3 雷德算法程序流程图

8 点 FFT 输入数组用倒序规律重新存放数组元素,如图 8-12 所示。

把 $N=2^M$ 点输入数组变换成倒序数组的雷德算法流程图如图 8-13 所示。

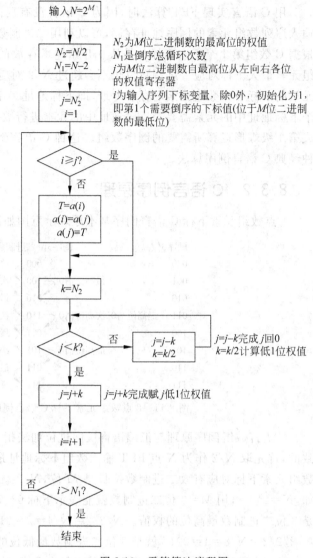

图 8-13　雷德算法流程图

图 8-12　8 点 FFT 数组按倒序规律
　　　　 存放示意图

雷德算法描述如下：设 $a(i)$ 表示存放原自然顺序输入数据的内存单元，$a(j)$ 表示存放倒位序数的内存单元，$i,j=0,1,2,\cdots,N-1$，当 $i=j$ 时，不用变址；当 $i\neq j$ 时，需要变址；但是当 $i<j$ 时，进行变址在先，故在 $i>j$ 时，就不需要变址了；否则变址两次等于不变址。

若已知某个倒位序数 j，欲求下一个倒位序数，即作反向进位加法，则应先判断 j 的最高位是否为 0，这可与 $k=N/2$ 相比较，因为 $N/2$ 总是等于 $100\cdots0$b。这里二进制数 $100\cdots$ 0b 的总位数为 M，$N=2^M$。如果 $k>j$，则 j 的最高位为 0，只要把该位变为 1，就得到了下一个倒位序数；如果 $k\leq j$，则 j 的最高位为 1，可将最高位变为 0。然后，还需判断次高位，这可与 $k=N/4$ 相比较，若次高位是 0，则 $j+N/4$ 就可将它改成 1，若次高位是 1，这需将它也变为 0，然后还需判断再下一位，则可与 $N/8$ 相比较……依次进行，总会碰到某位为 0，这时 j 加这一位对应的权值，就可把这个 0 改成 1，就得到下一个倒位序数，求出新的倒位序数 j

以后,当 $i < j$ 时进行变址交换。

8.4　DIT-FFT 的微机算法

8.4.1　原址运算

对于 $N=2^M$ 点 FFT,共有 M 级蝶形运算,每级蝶形运算的次数均为 $N/2$ 次,而且每个蝶形运算由两个复数输入数据蝶形运算而得到另外两个复数输出数据,即输出项与输入项相同,故每级蝶形运算的 N 个结果可以存入原输入序列的 N 个存储单元中,因此,N 点 FFT 只需要开辟 $2N$ 个存储单元,每个复数占用两个存储单元,第 1 个单元存放实部,第 2 个单元存放虚部。M 级蝶形运算结果存放在同一组存储器单元的方法称为原址运算(同址计算)方法。

定义一种表示双精度实部和虚部的复数结构体类型语句如下:

```
struct complex
    {
        double real;   //FFT 的运算对象在复数域,所以分为实部和虚部
        double imag;
    };
```

再用复数结构体数据类型定义 N 个复数的数组 $a[N]$ 语句如下:

```
struct complex  a[N];
```

例如,8 点 FFT 的输入序列数组,8 个复数元素 $a(0)\sim a(7)$ 开始存放倒序输入复数,经过蝶形运算产生的输出两个复数结果仍然存放到原来两个输入复数元素中,如图 8-14 所示。而且发现,8 点 FFT 的第 1 级蝶形运算符上下两个输入复数元素的下标间隔 1,第 1 级蝶形运算符上下两个输入复数元素的下标间隔 2,第 3 级蝶形运算符上下两个输入复数元素的下标间隔 4。

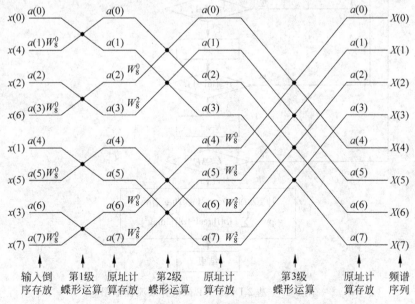

图 8-14　8 点 FFF 3 级蝶形原址运算符号图

8.4.2　FFT 蝶形运算旋转因子变化规律

对于 $N=2^M$ 点基 2DIT-FFT 的 M 级蝶形运算，共有 $2^{M-1}=N/2$ 个旋转因子，但每一级蝶形运算使用的旋转因子是不尽相同的。从图 8-15 中可以看出，8 点 FFT 的第 1 级蝶

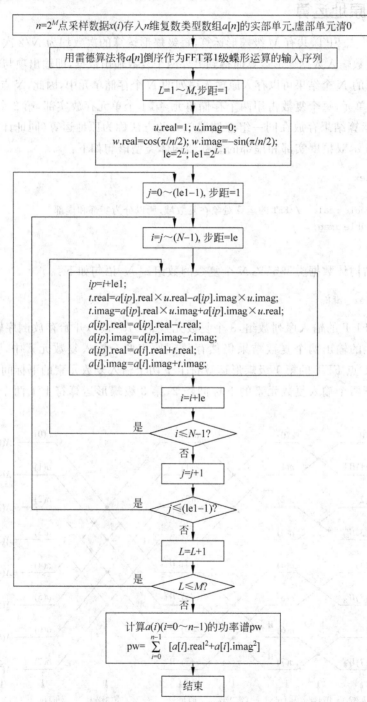

图 8-15　基 2 DIT-FFT 微机算法流程框图

形运算使用一个旋转因子,即 W_8^0,第 2 级蝶形运算使用两个旋转因子,即 W_8^0、W_8^2。第 3 级蝶形运算使用 4 个旋转因子,即 W_8^0、W_8^1、W_8^2、W_8^3。设每 $i(i=0,\cdots,(M-1))$ 级蝶形运算的旋转因子为 W_N^p,p 称为旋转因子指数,则第 i 级共有 2^i 个旋转因子。以 8 点 FFT 的 3 级蝶形运算为例,每级蝶形运算的旋转因子规律如下。

当 $i=0$ 时(第 1 级蝶形运算),$W_N^p=W_{\frac{N}{4}}^0=W_{\frac{N}{4}}^0=W_{2^{M-2}}^j=W_{2^1}^j=W_{2^{i+1}}^j$,$j=0$。

当 $i=1$(第 2 级蝶形运算)时,$W_N^p=W_{\frac{N}{2}}^j=W_{2^{M-1}}^j=W_{2^2}^j=W_{2^{i+1}}^j$,$j=0$、$1$。

当 $i=2$(第 3 级蝶形运算)时,$W_N^p=W_N^j=W_{2^M}^j=W_{2^3}^j=W_{2^{i+1}}^j$,$j=0$、$1$、$2$、$3$。

推广到一般性,$W_N^p=W_{2^{i+1}}^j$,$j=0,\cdots,(2^i-1)$,$i=0,1,\cdots,(M-1)$。

因为 $2^{i+1}=2^M\cdot 2^{i+1-M}=N\cdot 2^{i+1-M}$

$$W_N^p=W_{N\cdot 2^{i+1-M}}^j=W_{\frac{N}{2^{M-(i+1)}}}^j=W_N^{j\cdot 2^{M-(i+1)}}, \quad p=j\cdot 2^{M-(i+1)} \tag{8-3}$$

其中,i 为 M 级蝶形运算的外循环变量,$i=0,\cdots,(M-1)$,j 为每层蝶形运算的内循环变量,$j=0\sim(2^i-1)$。所以旋转因子指数 p 变化是有规律的。

8.4.3 FFT 蝶形运算旋转因子变化规律分析

以 $N=2^M=8$ 为例,FFT 有 3 级蝶形运算。3 级蝶形运算的外循环变量 $i=1\sim M=1\sim 3$。3 级蝶形运算的内循环变量 $j=0\sim(2^{i-1}-1)=0\sim 3$,$p=j\cdot 2^{M-i}=0$。

第 1 级蝶形运算,$i=1$,$j=0$,只有一个旋转因子,W_N^p,$p=j\cdot 2^{M-i}=0$,即 $W_8^0=\cos\frac{2\pi}{8}0-j\sin\frac{2\pi}{8}0=1-j0$。因此,对于第 1 级蝶形运算,无论 N 是何值,W_N^0 的实部恒为 1,W_N^0 虚部恒为 0。可定义一个旋转因子复数变量,初始化实部值等于 W_N^0 的实部值 1,虚部值等于 W_N^0 虚部值 0。

推广到一般性,对于第 1 级蝶形运算,直接调用旋转因子复数变量的初始化值 W_N^0 即可。

第 2 级蝶形运算,$i=2$,$j=0,1$,$p=j\cdot 2^{M-i}$,则 $p=0$ 和 $p=2$,有两个不同的旋转因子,即 W_8^0 和 W_8^2。W_8^0 就是旋转因子复数变量的初始化值。$W_8^2=W_8^0\times W_8^1\times W_8^1$,即 W_8^2 可由 W_8^0 迭代乘 W_8^1 两次得到,依此类推,W_8^3 可由 W_8^0 迭代乘 W_8^1 3 次得到。因此,W_8^1 是旋转因子迭代乘因子。

推广到一般性,W_N^0 是 N 点 FFT 的旋转因子复数变量的初始化值,W_N^1 是 N 点 FFT 旋转因子迭代乘因子。W_N^1 可被定义为旋转因子迭代乘因子复数变量,并初始化其实部成员和虚部成员如下。

因为,

$$W_N^1=\cos\frac{2\pi}{N}\times 1-j\sin\frac{2\pi}{8}\times 1=\cos\frac{\pi}{N/2}-j\sin\frac{\pi}{N/2}$$

所以,W_N^1 复数变量的实部成员初始化应被设置为 $\cos\frac{\pi}{N/2}$,W_N^1 复数变量的虚部成员初始化应被设置为 $-\sin\frac{\pi}{N/2}$。旋转因子的一般形式 W_N^p 应由下列累乘迭代式(8-4)产生,即

$$W_N^p = W_N^0 \prod_{i=1}^p W_N^1, \quad p \geqslant 1 \tag{8-4}$$

观察图 8-15 可以发现,8 点 FFT 从第 2 级蝶形运算开始,4 个蝶形运算符循环使用这两个旋转因子,即第 1 个蝶形运算符使用第 1 个旋转因子 W_8^0,第 2 个蝶形运算符使用第 2 个旋转因子 W_8^2,第 3 个蝶形运算符循环使用第 1 个旋转因子 W_8^0,第 4 个蝶形运算符循环使用第 2 个旋转因子 W_8^2。而且还发现,第 1 个蝶形运算符的两个输入是原址运算数组两个偶数下标元素,第 2 个蝶形运算符的两个输入是原址运算数组后续两个奇数下标元素,第 3 个蝶形运算符的两个输入是原址运算数组后续两个偶数下标元素,第 4 个蝶形运算符的两个输入是原址运算数组后续两个奇数下标元素。

因此,对于第 $i(i=2\sim M$,即第 2 级蝶形运算以上)级蝶形运算,有 2^{i-1} 个旋转因子(偶数个旋转因子),而每级有 $N/2=2^M/2=2^{M-1}$ 个蝶形运算符,输入序列数组元素从偶数下标 0 开始,每两个偶数下标元素和后续两个奇数下标元素的蝶形运算符,交替循环使用这 2^{i-1} 个旋转因子进行蝶形运算。所以,在设计 FFT 的微机算法时,除了定义外循环变量 $i(i=1\sim M)$ 和内循环变量 $j(j=0\sim(2^{i-1}-1))$ 外,还应定义一个中间层变量 $k=2^{i-1}$,来控制蝶形运算符循环轮流使用这 2^{i-1} 个旋转因子。

第 3 级蝶形运算,$i=3$,$j=0\sim3$,$p=0\sim3$,有 4 个不同的旋转因子,即 W_8^0、W_8^1、W_8^2、W_8^3。可见,除了 W_8^0 和 W_8^1 已被初始化常数值外,W_8^2、W_8^3 都可通过迭代式(8-4)产生。观察图 8-14 可以发现,8 点 FFT 的第 3 级蝶形运算的 4 个蝶形运算符从数组下标 0 开始,每两个偶数下标元素和每两个奇数下标元素交替使用这 4 个旋转因子。

推广到一般性,N 点 FFT 共有 $N/2(=2^{M-1})$ 个不同的旋转因子,分别是 $W_N^0, W_N^1, W_N^2, \cdots, W_N^{N/2-1}$。从 W_N^0 开始,其他旋转因子是按幂级数是递增的,因此,可以用 W_N^1 作为旋转因子乘因子,从第 2 级蝶形运算开始,利用迭代式(8-4),设计一个旋转因子迭代算法如下。

定义旋转因子迭代法的旋转因子乘因子 W_N^1 的复数变量为 w,初始化令 w 的实部成员值为 $w.\text{real}=\cos\dfrac{\pi}{N/2}$,令复数变量 w 的虚部成员值为 $w.\text{imag}=-\sin\dfrac{\pi}{N/2}$。定义旋转因子迭代复数变量为 u,初始化令 u 的实部成员值为 W_N^0 的实部,即 $u.\text{real}=1$,u 的虚部成员值为 W_N^0 的虚部,即 $u.\text{imag}=0$。再设一个中间复数变量为 t。第 1 次迭代时,迭代公式是 $t=u\times w=W_N^0\times W_N^1=W_N^1$。

$$t = tw \tag{8-5}$$

把式(8-5)复数乘运算转换为实部与虚部的算术运算(乘运算和乘积的加减运算),中间复数变量为 t 的实部和虚部计算公式为

$$\begin{cases} t.\text{real} = u.\text{real} \times w.\text{real} - u.\text{imag} \times w.\text{imag} \\ t.\text{imag} = u.\text{real} \times w.\text{imag} + u.\text{imag} \times w.\text{real} \end{cases} \tag{8-6}$$

因为旋转因子复数变量是 u,为了产生旋转因子的下一次迭代结果,还要把中间复数变量 t 的迭代结果再赋给 u,即

$$\begin{cases} u.\text{real} = t.\text{real} \\ u.\text{imag} = t.\text{imag} \end{cases} \tag{8-7}$$

第 2 次迭代时,迭代公式还是式(8-6)和式(8-7)。因为第 1 次迭代运算结束时,$u=$

$W_N^0 \times W_N^1 = W_N^1$,所以第2次迭代计算 $t = u \times w = W_N^1 \times W_N^1 = W_N^2$ 就是利用第1次迭代的结果 u,再乘上旋转因子乘因子复数变量 $w(W_N^1)$。旋转因子复数变量迭代公式的复数乘运算转换为实部与虚部的算术运算公式还是式(8-6)和式(8-7)。因此,FFT 蝶形运算旋转因子 W_N^p 的迭代算法,由复数累乘迭代公式(8-4),变换成实部与虚部乘累加的微机迭代式(8-6)和式(8-7)。式(8-6)和式(8-7)实现由旋转因子初值 W_N^0 的实部与虚部乘累加 W_N^1 的实部与虚部,迭代产生 N 点 FFT 各级蝶形运算所需 W_N^p 的实部与虚部。这与利用旋转因子指数计算式(8-3)计算出不同的 p 来计算不同的 W_N^p 是不同的。$W_N^p = \cos\dfrac{2\pi}{N}p - j\sin\dfrac{2\pi}{N}p$ 只能单独计算 W_N^p 的实部 $\cos\dfrac{2\pi}{N}p$ 和虚部 $-\sin\dfrac{2\pi}{N}p$,不是 W_N^p 的迭代公式,只适用于构造 W_N^p 对应的实部常系数 $\cos\dfrac{2\pi}{N}p$ 和虚部常系数 $-\sin\dfrac{2\pi}{N}p$ 的常数表。

8.4.4 DIT-FFT 微机算法

$N = 2^M$ 点 DIT-FFT 每级蝶形运算都有 $N/2$ 个蝶形运算符,但各级蝶形运算符两个输入元素 $a[i]$ 和 $a[i+L]$ 下标间隔 L 是不尽相同的。第1级蝶形运算的两个输入下标间隔为1、第2级为2、第3级为4,依此类推。因此,设置一个间隔变量 L: $L = 2^{i-1}$(i 为蝶形运算级数,$i = 1, \cdots, M$),即各级蝶形运算符的两个输入元素 $a[i]$ 和 $a[i+L]$ 下标间隔 L 以 2^{i-1}($i = 0 \sim M$)正次幂递增,非常适合采用迭代公式实现。蝶形运算符双路输入输出关系式为

$$\begin{cases} X_i(k) = X_i(k) + X_i(k+L)W_N^p \\ X_i(k+L) = X_i(k) - X_i(k+L)W_N^p \end{cases} \tag{8-8}$$

式中,i 为蝶形运算级数,$i = 1, \cdots, M$; k 为蝶形运算符左上路输入元素的下标变量,$k = k + 2L = k + 2^i$,即 k 步距为 2^i,$k = 0 \sim N-1$。赋值号右边 $X_i(k)$ 为蝶形运算符的左上路输入复数数据。赋值号右边 $X_i(k+L)$ 为蝶形运算符的左下路输入复数数据。赋值号左边 $X_i(k)$ 为蝶形运算符的右上路输出复数数据。赋值号左边 $X_i(k+L)$ 为蝶形运算符的右下路输出复数数据。W_N^p 为旋转因子复数数据。因此,蝶形运算符双路输入输出均为复数数据。由于微机系统中没有专门的复数运算指令,必须把复数运算转换为实部与虚部的算术运算,因此,必须把蝶形运算符输入输出关系式(8-8)转换为蝶形运算符输入输出实部与虚部算术运算的关系式,这才构成蝶形运算符的微机算法。

从蝶形运算符输入输出关系式(8-8)可知,只有蝶形运算符左下路输入 $X_i(k+L)$ 与 W_N^p 进行复数乘法运算,即 $X_i(k+L)W_N^p$。由于 W_N^p 被定义为旋转因子复数变量 u,并被转换为实部和虚部的迭代公式(8-6)和式(8-7),所以要把 $X_i(k+L)$ 与 W_N^p 的复数乘法运算转换为 $X_i(k+L)$ 与 u 的实部与虚部算术运算迭代公式。

假设 $X_i(k)$ 用数组元素 $a[i]$ 表示,$X_i(k+L)$ 用数组元素 $a[ip]$ 表示,其中 $ip = i+L$,则令 $a[i] = a[i].\text{real} - ja[i].\text{imag}$,$a[ip] = a[ip].\text{real} - ja[ip].\text{imag}$,$t = X_i(k+L)W_N^p = a[ip]u$,$u = u.\text{real} - ju.\text{imag}$,将式(8-8)的复数运算转换为实部与虚部的算术运算,即

$$\begin{cases} a[i].\text{real} = a[i].\text{real} + t.\text{real} \\ a[i].\text{imag} = a[i].\text{imag} + t.\text{imag} \end{cases} \tag{8-9}$$

$$\begin{cases} a[ip].\,\text{real} = a[ip].\,\text{real} - t.\,\text{real} \\ a[ip].\,\text{imag} = a[ip].\,\text{imag} - t.\,\text{imag} \end{cases} \tag{8-10}$$

其中,式(8-9)是蝶形运算符右上路输出的实部和虚部计算公式。式(8-10)是蝶形运算符右下路输出的实部和虚部计算公式。式(8-9)和式(8-10)共同构成蝶形运算符的微机算法,该微机算法的迭代性体现在 $t = X_i(k+L)W_N^p$ 的迭代性。将 $t = X_i(k+L)W_N^p = a[ip]u$ 转换为实、虚部的算术运算,$a[ip] = a[ip].\,\text{real} - ja[ip].\,\text{imag}$,$u$ 是 W_N^p 的迭代复数变量,$u = u.\,\text{real} - ju.\,\text{imag}$,已用迭代公式(8-6)和式(8-7)实现旋转因子的迭代计算,所以 $t = a[ip]u$ 的迭代公式为

$$\begin{cases} t.\,\text{real} = a[ip].\,\text{real} \times u.\,\text{real} - a[ip].\,\text{imag} \times u.\,\text{imag} \\ t.\,\text{imag} = a[ip].\,\text{real} \times u.\,\text{imag} + a[ip].\,\text{imag} \times u.\,\text{real} \end{cases} \tag{8-11}$$

把式(8-5)~式(8-11)综合起来,建立 $N = 2^M$ 点 DIT-FFT 的微机算法如下。

定义一个外循环变量 $L(L=1\sim M$,步距为1),控制 $N=2^M$ 点 FFT 的共 M 级蝶形运算的循环。定义一个中间层循环变量 $j(j=0\sim(2^{L-1}-1)$,步距为1)来控制每级蝶形运算符循环使用 2^{j-1} 个旋转因子(M 级蝶形运算共有 $N/2$ 个不同的旋转因子)。定义一个内循环变量 $i(i=j\sim(N-1)$,步距为 2^L)来控制每次内循环寻址一个左上路输入元素下标值为基址的蝶形运算符(每级蝶形运算共包含 $N/2$ 个蝶形运算符),并原址计算该蝶形运算符。

中间层循环变量的作用就是控制内循环的循环次数以及每次内循环使用迭代算法产生的旋转因子来原址计算被寻址的蝶形运算符。下面以 $N=2^3=8$ 点 FFT 为例,分析中间层循环变量变化范围与内循环计算蝶形运算符的关系。

(1) 若中间层循环变量 $j=0$,表明控制内循环循环一次,内循环使用一个旋转因子原址计算每个蝶形运算符。

(2) 若中间层循环变量 $j=0\sim1$,表明控制内循环语句执行两次。内循环语句使用两个旋转因子分别原址计算 $N/4$ 蝶形运算符(即 $2\times N/4 = N/2$ 个蝶形运算符)。第1次内循环使用第1个旋转因子原址计算第1个左上路输入元素下标为偶数的一个蝶形运算符。再循环使用第1个旋转因子原址计算后续第2个左上路输入元素下标为偶数的一个蝶形运算符。第2次内循环使用第2个旋转因子原址计算第1个左上路输入元素下标为奇数的一个蝶形运算符。再循环使用第2个旋转因子原址计算后续左上路输入元素下标为奇数的一个蝶形运算符。

(3) 若中间层循环变量 $j=0\sim3$,表明控制内循环语句执行 4 次。内循环语句使用 4 个旋转因子分别原址计算 $N/8$ 个蝶形运算符($4\times N/8 = N/2$ 个蝶形运算符)。第1次内循环使用第1个旋转因子原址计算第1个左上路输入元素下标为偶数的1个蝶形运算符。第2次内循环使用第2个旋转因子原址计算后续第1个左上路输入元素下标为奇数的一个蝶形运算符。第3次内循环使用第3个旋转因子原址计算后续左上路输入元素下标为偶数的一个蝶形运算符。第4次内循环使用第4个旋转因子原址计算后续左上路输入元素下标为奇数的一个蝶形运算符。

从外层循环开始,即中间层外面,将两个复数局部变量 u、w 初始化到已知状态:将旋转因子复数变量 u 的实部与虚部初始化为 W_N^0 的实部和虚部,即 $u.\,\text{real}=1,u.\,\text{imag}=0$。将旋转因子乘因子复数变量 w 的实部与虚部初始化为 W_N^1 的实部和虚部,即 $w.\,\text{real}=\cos(\pi/N/2)$,

$w . \text{imag} = -\sin(\pi / N / 2)$。

外层循环的循环变量 $L = 1 \sim M (M$ 为 $N = 2^M$ 点 FFT 的基 2 幂次方数),步距为 1。中间层循环变量 $j = 0 \sim (2^{L-1} - 1)$,步距为 1。内层循环 $i = j \sim (N-1)$,步距为 2^L。

内层循环实现 FFT 的微机算法如下。

$t = X_i(k+L) W_N^p$ 的迭代运算式为

$$\begin{cases} ip = i + 2^{L-1} \\ t . \text{real} = a[ip] . \text{real} \times u . \text{real} - a[ip] . \text{imag} \times u . \text{imag} \\ t . \text{imag} = a[ip] . \text{real} \times u . \text{imag} + a[ip] . \text{imag} \times u . \text{real} \end{cases} \tag{8-12}$$

蝶形运算符的迭代运算式为

$$\begin{cases} a[i] . \text{real} = a[i] . \text{real} + t . \text{real} \\ a[i] . \text{imag} = a[i] . \text{imag} + t . \text{imag} \\ a[ip] . \text{real} = a[ip] . \text{real} - t . \text{real} \\ a[ip] . \text{imag} = a[ip] . \text{imag} - t . \text{imag} \end{cases} \tag{8-13}$$

旋转因子复数变量 $u = W_N^p$ 迭代公式为

$$\begin{cases} t . \text{real} = u . \text{real} \times w . \text{real} - u . \text{imag} \times w . \text{imag} \\ t . \text{imag} = u . \text{real} \times w . \text{imag} + u . \text{imag} \times w . \text{real} \\ u . \text{real} = t . \text{real} \\ u . \text{imag} = t . \text{imag} \end{cases} \tag{8-14}$$

每次蝶形运算的两个输入与输出均为复数,为此,每个蝶形运算符的输入输出值均配置实部和虚部两个存储单元,考虑到第 1 级蝶形运算的输入为 A/D 采样数据,只有实部没有虚部,故初始化 A/D 采样数据数组时,将虚部单元全部清 0,而 A/D 采样数据存入实部单元。至此,基 2 DIT-FFT 微机算法流程图如图 8-15 所示。

8.5 基 2 DIT-FFT 微机算法 DSP 应用程序开发

基 2 DIT-FFT 微机算法 C 语言实验程序 FFT. c 如下。将 $N = 2^3$ 设为 8 点,选用 8 点 FFT 的目的是便于 F28335 最小应用系统运行,用 CCS 观察窗口观察倒序仿真结果和 FFT 输出功率谱。

```
/*   FFT.C 实验程序          */
include "stdio. h"
# include "math. h"
# define pi 3. 1415926535
void main()
{   struct complex
      {
      float real;                ///FFT 的运算对象一般是在复数域,所以分为实部和虚部
      float imag;
      };
    float n, ii, nv2, nm1, k, pw[32];
    int m, i, j, L, ip, le, le1;
    struct complex a[32], t, u, w;
    m = 3;
```

```
n = pow(2,m);                // //n 为抽样点数, n = 2m
for(i = 0;i < n;i++)
{ //输入波形函数,选取 n 个采样点.
 a[i].real = 1 + 2 * sin(2 * pi * i/n) + sin(16 * pi * i/n) + sin(8 * pi * i/n);
 a[i].imag = 0;
}
nv2 = n/2;
nm1 = n - 1;
j = 0;
for(i = 0;i < nm1;i++)       //对 n 个采样点倒序重排,雷德算法
{
    if(i < j)
    {   t.real = a[j].real;
        t.imag = a[j].imag;
        a[j].real = a[i].real;
        a[j].imag = a[i].imag;
        a[i].real = t.real;
        a[i].imag = t.imag;
    }
    k = nv2;
    while(k < = j)
    {   j = j - k;
        k = k/2;
    }
    j = j + k;
}
for(L = 1;L < = m;L++)       //最外层循环,m 次迭代运算
    {   le = pow(2,L);
        le1 = le/2;
        u.real = 1;
        u.imag = 0;
        w.real = cos(pi/le1);
        w.imag = - 1 * sin(pi/le1);
        for(j = 0;j < le1;j++)                          //中间层循环,完成因子 $W_N^k$ 的变化
        {
            for(i = j;i < n;i = i + le)                 //内层循环完成蝶形运算
            {
                ip = i + le1;
                t.real = a[ip].real * u.real - a[ip].imag * u.imag;
                t.imag = a[ip].real * u.imag + a[ip].imag * u.real;
                a[ip].real = a[i].real - t.real;
                a[ip].imag = a[i].imag - t.imag;
                a[i].real = a[i].real + t.real;
                a[i].imag = a[i].imag + t.imag;
            }
            t.real = u.real * w.real - u.imag * w.imag;
            t.imag = u.real * w.imag + u.imag * w.real;
            u.real = t.real;
            u.imag = t.imag;
        }
    }
                                                        //输出结果
        for(i = 0;i < n;i++)
        {
```

```
        pw[i] = pow(a[i].real,2) + pow(a[i].imag,2);  //频谱幅度的平方值
    }
}
```

　　基 2 DIT-FFT 微机算法 DSP 应用程序开发就是利用 TI 提供的任何工程文件都需要添加的 8 个公共源文件模板,构建 F28335 片上系统初始化模块正常运行所需的工程文件,将主函数源文件模块替换成 FFT 实验程序 FFT.C,由于 FFT.C 涉及浮点数运算,还要添加 F28335 FPU 浮点库文件 rts2800_fpu32.lib。由于 FFT.C 编译产生的代码较大,TI 公司提供的仿真用存储器链接器命令文件对系统默认代码段.text 段定位在片上存储器块名 RAML1 的空间(4K×16 位)已装不下 FFT.C 的编译代码,就要修改 RAML1 的物理存储空间,使 RAML1 的空间增大到足以装下 FFT.C 的编译代码。

　　基 2 DIT-FFT 微机算法 DSP 应用程序开发环境的构建方法有两种。第 1 种方法是新建工程文件,添加 DSP 器件运行所必需的片上外设源文件模板、链接器命令文件模板、FPU 库文件模板、FFT.C。第 2 种方法选用一个合适的片上外设模块应用程序实例工程文件模板,将主函数源文件替换成 FFT.C,并添加 FPU 库文件模板。第 1 种方法需要用户了解新建工程文件应添加哪些 DSP 器件运行所必需的片上外设源文件模板。第 2 种方法不需要用户了解新建工程文件应添加哪些 DSP 器件运行所必需的片上外设源文件模板,更容易快速构建 FFT 微机算法 DSP 应用程序开发环境。下面详细介绍第 2 种 DSP 应用程序开发环境构建方法。

　　选用一个合适移植 FFT.C 作为主函数源文件模块的片上外设模块应用程序实例工程文件模板。为了简单起见,最好选用没有中断处理模块的片上外设模块应用程序实例工程文件模板。本例选用 TI 提供的片上 RAM 写数据块实例工程文件模板 ramtest.pjt,将原来的主函数源文件 rramtest.c 从工程文件 ramtest.pjt 中移除,添加事先存入 ramtest 子文件夹 source 下的 FFT.C,再添加 F28335 浮点库支持文件 rts2800_fpu32.lib,快速建立 FFT.C 的仿真实验工程文件。最后修改仿真用链接器命令文件模板 28335_RAM_lnk.cmd,将.text 段定位在片上存储器块名 RAML1 的空间由原来的长度 0x1000 增大到 0x3000。

习题

　　8-1　试写出 16 点 FFT 的输入数组的倒序数组元素下标排列表。

　　8-2　FFT 的仿真实验工程文件是借用工程文件模板 ramtest.pjt,把 ramtest.pjt 原来的主函数源文件 ramtest.c 换成 FFT.C,但是 FFT.C 是一个 C 语言通用主函数源文件,并没有调用 F28335 的系统初始化模块相关的初始化函数,为什么也能使 F28335 正常运行?

　　8-3　FFT 的仿真实验工程文件的模板 ramtest.pjt 中包含有 CPU 定时器源文件模板 DSP2833x_CpuTimers.c,但是若 FFT.C 实验程序暂时用不上 CPU 定时器周期中断,DSP2833x_CpuTimers.c 是否可以从 ramtest.pjt 工程文件中删除,再编译装载调试 FFT?

　　8-4　为什么 FFT.C 的复数数组数据类型被定义成 double 型时,被 CCS 3.3 的 C 编译器编译优化为 float 数据类型? F28335 的浮点数据应该定义为 double 型还是 float 数据类型?

8-5 修改 FFT.C,在 FFT.C 开始的初始化程序段加上系统初始化模块的必要初始化函数。

8-6 对 50Hz 正弦波等间距采样 32 点,采样频率是多少?

8-7 32 点 FFT 算法共需要多少级蝶形运算?

8-8 50Hz 正弦波基波的 32 点 FFT 算法的旋转因子表达式是什么? 50Hz 正弦波的 3 次谐波的旋转因子表达式是什么?

8-9 试写出 32 点 FFT 算法各级蝶形运算所用的基波旋转因子的 p 指数变化范围。

8-10 试写 $N=32$ 点 FFT 算法基波旋转因子常系数的数组表达式。

8-11 试写出 32 点 FFT 算法最外层循环次数是多少? 内循环计算旋转因子的循环次数是多少?

8-12 分析 FFT.C 程序,回答下列问题。

(1) 问输入波形函数是基波和什么谐波叠加?

(2) FFT.C 中下列代码,初始化了哪些旋转因子常系数?

```
le = pow(2,L);
le1 = le/2;
u.real = 1;
u.imag = 0;
w.real = cos(pi/le1);
w.imag = -1 * sin(pi/le1);
```

(3) 分析 FFT.C 中旋转因子是如何计算的?

8-13 FFT.C 例程中的波形发生器函数是以固定基波频率来计算正弦函数的,假如,把基波频率作为一个全局变量 f,构造下列 8 点波形发生器函数:

$$a[i].real = 1 + 2 * sin(f * pi * i/n) + sin(8 * f * pi * i/n) + sin(4 * f * pi * i/n); \quad (i = 0 \sim 7)$$

初始化 $f=2$,与 FFT.C 中原来波形发生器函数的固定基波频率一致。

试设计 GEL 一级主菜单命令为 FFT,二级滚动条命令为 freg。滚动条变化范围定为 $1 \sim 10$,在 FFT.C 全速运行中,将滚动条位置参数值传递给 f,观察不同的固定基波频率下 FFT.C 的频谱输出波形。

8-14 把 8-13 题构造的 8 点 FFT.C 波形发生器函数,在 $f=10$ 时,手工计算 8 点原始复数数组 $a[i]$($i=0 \sim 7$)。按照第 3 章介绍的探针命令规定的数据文件格式,把 8 点原始复数数组数据顺序编辑到文件名为 sin10.dat 文件中。然后在 FFT.C 程序的雷德算法代码之前设置一个断点,在该断点之前某行再设置一个探针,利用探针连接命令将 sin10.dat 中的 8 点原始复数数据自动读到编译器给数组 a 分配的 DSP 器件片上 RAM 首地址开始的内存空间。试用 F28335 实验板仿真实验探针命令读入 sin10.dat 文件数据后,运行产生 FFT.C 的频谱输出波形。

小结

本章介绍了 DIT-FFT 算法的微机迭代算法和 DSP 实现方法。从 DFT 到 FFT 的推导过程入手,详细介绍了基 2-FFT 的蝶形运算符和蝶形运算级数之间的变化规律。以 DSP

汇编语言反向进位指令实现倒序原理为基础,介绍了 C 语言雷德算法倒序原理和 C 语言实现程序。通过 FFT 原址计算的原理。推导出旋转因子随蝶形运算级数递增的迭代公式,为 DSP 的 C 语言实现提供 FFT 算法。最后,介绍了基 2 DIT-FFT 微机算法 DSP 应用程序的开发方法。

重点和难点:

(1) $N=2^M$ 点 FFT 算法输入数据序列倒序算法。

(2) $N=2^M$ 点 FFT 微机迭代算法。

(3) $N=2^M$ 点 FFT 算法的 DSP 应用程序开发方法。

附录

APPENDIX

习题参考答案

第 1 章习题参考答案

1-1 DSP 的最大特点就是运算速度快、数值处理精度高、片上存储器容量大、片上外设丰富。

1-2 运算速度快,集成片上外设多,抗干扰性能好,成本低,低功耗。

1-3 假如 Q 定标数为 m,那么该定标能表示的精度为 2^{-m},所以该定标能表示的十进制数精度越高。

1-4 假如 Q 定标数为 m,那么 n 位二进制数能表示的十进制数范围为

$$\frac{-2^{n-1},(2^{n-1}-1)}{2^m}$$

1-5 Q_{15}

1-6 两个浮点数阶码对阶相等后,两个尾数根据数符位符号进行算术运算,阶码不参与运算。

1-7 小阶对大阶,小阶码递增 1 直到等于大阶码,小阶码每加 1(相当于尾数乘 2),小阶码的尾数就右移 1 位(相当于尾数除 2)。

1-8 必须具有相同的 Q 定标数。

1-9 因为大 Q 对齐小 Q 操作是右移操作,大 Q 定点数最右边的数是小数的最低权值,被右移掉后,数据精度损失小。如果反过来小 Q 对齐大 Q,就要左移操作,小 Q 定点数最左边的数是整数的最高权值被左移掉后,数据精度损失大。

1-10 由于不能小 Q 对齐大 Q,那么大 Q 对齐小 Q 也不行,因为当一个大的定点数(对应小 Q)和一个小的定点数(对应大 Q)相乘时,若大 Q 对齐小 Q 后再相乘,则当大 Q 定点数右移次数多到一定程度后,精度损失太大,乘积就误差太大而不能用了。

1-11 判断首位符号位,如果是 1,那么为负数,如果是 0,那么为正数。

1-12 假如二进制数位宽为 n,定标为 Q_m,那么可以通过以下算法实现转换:

IF 十进制数是正数 THEN
{ 十进制数 $\times 2m =$ [十进制数乘积]取整 = 转换为 n 位二进制数,即为转换成功的二进制定点数.}
ELSEIF 十进制数是负数 THEN
{ |十进制数| $\times 2m =$ [十进制数乘积]取整 = 转换为 n 位二进制数,
再把 n 位二进制数求反加 1,即为转换成功的二进制定点数.}

1-13　(1) 0xFFF1　　(2) 0.125

1-14　图 1-8 能表示的最大的数为 $(1-2^{16})\times 2^{63}$，最小的数为 0.5×2^{-64}，而 16 位二进制定点数能表示的动态范围为 $[-2^{15},2^{15}-1]$，显然，浮点数的动态范围远远大于定点数。

1-15　定点 DSP 和浮点 DSP 区别如下：

(1) 定点 DSP 处理器具有速度快、功耗低、价格便宜的特点。浮点 DSP 处理器则计算精确，表示数据动态范围大，速度快，易于编程，功耗大，价格高。

(2) 浮点 DSP 表示数据动态范围大，定点 DSP 表示数据动态范围小。

(3) 浮点 DSP 的地址总线比定点的宽，而且浮点 DSP 的内部结构也更复杂，因此也造成浮点 DSP 的功耗更高。

(4) 浮点 DSP 不能表示 0。

1-16　F28335 属于 Delfino 子系列。

1-17　F28335 内核组电源电压 V_{DD} 为 1.9V，I/O 外设组电源电压 V_{DDIO} 为 3.3V。内核组电源电压要优先于 I/O 外设组电源电压上电，或同时上电。但不能 I/O 外设组电源电压优先于内核组电源电压上电。

1-18　IEEE-754 标准的单精度 32 位浮点数。

1-19　VCU 单元实现复杂的 Viterbi 算法，可以实现对高级电力线通信协议的集成。

1-20　F28335 的增强型外设包括高分辨率的 PWM、多通道缓冲串行接口 McBSP、增强型 SCI、增强型 SPI、增强型 CAN 等。

1-21　DSP 采用哈佛结构和增强型多级流水线，较之单片机和 ARM，运算速度更快，集成度更高，集成更快更宽的硬件乘法器。

1-22　F28335 芯片的封装有 3 种，一种是 176 引脚 PGA(Pin Grid Array，引脚栅格阵列封装，即表面贴装型)/PTP 薄形四方扁平封装(LQFP)，另一种是 179 球形引脚 ZHH 球形阵列封装(Ball Grid Array，BGA，球形栅格阵列)，第 3 种是 176 球形引脚 ZJZ 球形阵列封装(Ball Grid Array，BGA，球形栅格阵列)。LQFP 封装对 PCB 板的要求不高，采用两层 PCB 板就能布局和布线，不仅适合机器焊接，也适合手工焊接，焊上这种封装芯片，不需要专用工具就能拆卸，所以适合实验用。

1-23　使用段的好处是鼓励模块化编程，提供更强大而又灵活的方法来管理代码和目标系统的存储空间。

1-24　代码段等初始化段映射到 ROM 储存器空间，未初始化数据段等映射到 RAM 储存器空间。

1-25　TI 公司的 DSP 一般在 IDE 环境 CCS 中开发，典型的 CCS 开发流程如下。

(1) 创建一个新工程文件(project)。

(2) 编辑源程序(*.asm、*.c)与连接命令文件(*.cmd)。

(3) 将源文件添加到该工程中(*.asm、*.c、*.cmd、*.lib)。

(4) 编译汇编连接。

(5) 装载"*.out"可执行文件到目标板。

(6) 调试程序。

(7) 程序固化。

第 2 章习题参考答案

2-1 DSP 总线采用多总线结构,简称为哈佛结构。

2-2 针对实时控制和电机控制应用配置。

2-3 22 根地址线寻址空间为 $2^{20} \times 2^2 = 4M$。32 根地址线寻址空间为 $2^{32} = 2^{20} \times 2^{10} \times 2^2 = 4G$。

2-4 INTM(总中断屏蔽位),DBGM(调试使能屏蔽位),EALLOW(写保护控制位),VMAP(中断向量映射位)。

2-5 IER 和 INTM 组合或 DBGIER 和 IER 组合。

2-6 DBGM 用于仿真存储器调试硬件,禁止 CPU 遇到硬件断点或 HALT 命令暂停。在实时调试模式下需将 DBGM 清零。

2-7 停止模式和调试模式,停止模式遇到断点 CPU 不响应中断。调试模式遇到断点,CPU 还能响应中断,并执行中断服务程序。

2-8 CPU 响应中断时,INTM 自动被硬件置 1,禁止所有可屏蔽中断,中断返回时 INTM 被硬件自动清零,使能所有可能屏蔽中断。

2-9 写保护寄存器上电复位后,EALLOW 被硬件自动置 0,使写保护寄存器处于写保护状态。

2-10 EALLOW 宏语句执行后,解除所有写保护寄存器的写保护,即允许软件对写保护寄存器进行写操作,写保护寄存器初始化后,用 EDIS 宏语句将恢复所有写保护寄存器的写保护。

2-11 F28335 响应中断,执行 ISR 后,硬件自动将 EALLOW 置 1,对所有写保护寄存器进行禁止写操作。

2-12 系统控制模块。

2-13 外部存储器电路和外 I/O 电路。

2-14 无缝接口在这里指的是 DSP 的外部接口(XINTF)扩展外速外设时,不需要添加任何延时电路就能实现时序的匹配。

2-15 $\overline{Y_1} = 0 \times 130000 \sim 0 \times 13FFFF$

2-16 $\overline{Y_0} = 0 \times 200000 \sim 0 \times 21FFFF$,$\overline{Y_1} = 0 \times 220000 \sim 0 \times 23FFFF \cdots$

2-17 XINTF 时序与扩展的慢速外设时序相匹配。

2-18 引导   激活

2-19 由于 IS61LV25616-10T 没有输出引脚连接到 XINTF 的 XREADY 输入引脚,即使 XINTF 初始化函数 initXintf(void) 中 USEREADY=1(即 WS=1),在计算 RAM 芯片的读写激活周期时,不需要考虑计算 WS。

所以,根据 XINTF 扩展 RAM 芯片的存取时序 3 个阶段等待周期初始化代码,RAM 写时序总等待周期数计算公式如下:

$$XWRLEAD \times XTIMNG2 + (XWRACTIVE + 1) \times$$
$$XTIMNG2 + XWRTRAIL \times XTIMNG2 \tag{1}$$

将 IS61LV25616-10T 的 XINTF 区 6 的写时序初始化代码设置值,代入(1)式得:

$$3 \times 2 + (7+1) \times 2 + 3 \times 2 = 28$$

RAM 读时序总等待周期数计算公式如下：

$$\text{XRDLEAD} \times \text{XTIMNG2} + (\text{XRDACTIVE} + 1) \times$$
$$\text{XTIMNG2} + \text{XRDTRAIL} \times \text{XTIMNG2} \tag{2}$$

将 IS61LV25616-10T 的 XINTF 区 6 的读时序初始化代码中的设置值，代入(1)式得：

$$3 \times 2 + (7+1) \times 2 + 3 \times 2 = 28$$

$$\text{XINTF 区 6 的存取周期} = 28t_c = 28 \times 6.67 = 186.76 \text{ns}$$

2-20 XINTF 的读写周期大于扩展外部外设的读写周期。

2-21 F28335 的控制类外设模块包括 GPIO 模块、PIE 模块、SCI 模块、EPWM 模块、EQEP 模块、ECAN 模块等。主要针对电机控制、电磁阀控制、开关控制等。

2-22 GPIO 模块内部有数字多路开关，通过 GPIO 复用寄存器可编程设置 GPIO 引脚与内部外设模块寄存器或 GPIO 寄存器相连。当 GPIO 复用寄存器选通 GPIO 引脚与 GPIO 寄存器相连时，配置成通用目的 I/O 引脚。当 GPIO 复用寄存器选通 GPIO 引脚与内部外设模块寄存器相连时，配置成特定外设模块功能引脚。

2-23 定时原理：CPU 定时器内部有一个 32 位的减 1 计数器，在 CPU 点时的输入时钟的驱动下，每一个时钟周期的上升沿（或下降沿）使 32 位减 1 计数器减 1，当经历设定时钟周期数（即对应减 1 计数器计数初值−1）后，减 1 计数器被减到 0，再经历一个时钟周期，减 1 计数器产生 0−1 的借位，产生定时中断信号，表明定时时间到。

显著特点：① 不是减到 0 表明定时时间到，而是有借位信号才表明定时时间到。② 32 位减 1 计数器的输入时钟通过 16 位可编程预分频器预分频，分频系数为 1~65 536。因此，输入时钟频率可调范围大，能实现非常长的定时，如日、年、月等。③ 32 位减 1 计数器时间常数不是直接写到 32 位减 1 计数器中，而是写入 32 周期寄存器中，由定时启动控制位将 32 位周期寄存器值自动装载到 32 位减 1 计数器中，或减 1 计数器产生借位信号控制 32 位周期寄存器值自动装载到 32 位减 1 计数器中，因此，CPU 定时器自动产生周期定时中断。

2-24 PIE 级中断管理有两个可屏蔽开关，对应一个是 PIEIER，另一个是 PIRACK。这两个寄存器相应位初始化使能后，CPU 响应中断后，自动将 PIEACK 相应位置 1，禁止 PIE 级中断请求继续送往 CPU 级，用户必须在终端服务程序前，用软件将 PIEACK 相应位清 0，接通 PIEACK 的开关。

CPU 级的中断管理也有两个可屏蔽开关，一个是 IER，另一个是 INTM，这两个开关在初始化使能后，CPU 响应中断，自动断开 INTM 开关，中断返回后，又自动闭合 INT 开关，不需要用户用软件操作闭合。

2-25 外设级中断管理只有一个可屏蔽开关，对应外设级中断使能寄存器，只要初始化被使能，CPU 响应中断后，外设级可屏蔽开关没有自动被关闭。而 PIE 级有两个可屏蔽开关，对应 PIEIER 和 PIEACK，其中 PIEACK 在 CPU 响应中断后，被硬件自动关闭，需要软件在中断返回前把 PIEACK 对应位清 0，再接通 PIEACK 中断开关。

2-26 增强 SCI 功能主要表明两个方面。

(1) 增加 16 级深度 16 位的发送 FIFO 和接收 FIFO，使 CPU 一次发送或接收的字符数多达 16 个。

（2）SCI 具有自动波特率控制和定位功能，要求发送口能发送字符"a"或"A"。

2-27　1 位起始位，1～8 字符位（可编程），奇偶校验位（可有可无，可编程），1～2 位停止位（可编程）。

2-28　时基计数器 CTR 工作在递增计数器模式，当 CTR 计数值从 0 开始递增技术等于比较寄存器 CA 值时，ePWM 引脚发生翻转（即原来为高电平反转为低电平；反之亦然）。当 CTR 继续递增计数值等于周期寄存器 PRD 值时，ePWM 引脚再次发生电平翻转，产生一个周期的非对称 PWM 波。CTRR 回零。CTR 从 0 开始递增计数，重新开始下一个周期的 PWM 发生过程。

2-29　eCAP 捕获输入脉冲的前后两个上升沿时刻的 32 位计数器计数值，计数后项计数值减前项计数值的差值，将差值转换为时间值就是脉冲的周期。

eCAP 捕获输入脉冲前后一个上升沿和一个下降沿时刻的 32 位计数器的计数值，计数前后两项计数器的差，将此差值转换为时间值就是脉宽。

2-30　eQEP 有两个正交编码输入引脚，内部两路 CAP 单元能对输入脉冲进行计数，在单位时间内计数值除以电机编码的没转产生的脉冲数，就能转换为电机每分钟转数。

eQEP 有一个正交编码单元，能对电机编码器正交 90°的脉冲输入信号进行解码，若电机正转，正交解码单元输出方向信号 QDIR＝1，若电机反转则 QDIR＝0。

2-31　增强 CAN 功能包括：

（1）在收发中使用 32 位时间域。

（2）动态编程配置发送信息的优先级。

（3）可编程的 2 级中断方案。

（4）可编程的发送的接收超时中断。

（5）自动回答远程请求信息。

（6）在仲裁失效或发生故障时，自动重发一帧消息。

（7）利用一个特殊的消息与 32 位时间戳计数器同步。

（8）自检测模式。

2-32　ADC 自动转换排序器是一个 8 状态或 16 状态的有限状态机，通过 ADC 输入通道选择控制寄存器对应的每个通道选择位的初始化设置和最大转换通道数的初始值设置，决定状态机的有限状态数，每个通道选择位决定一个排序转换通道号，对应有限状态机的一个状态。ADC 转换启动信号一旦发出，排序器就按照初始化设置的排序号和最大转换通道数，自动选通每路排序通道信号的模拟电压，送 A/D 转换器转换，并自动将 A/D 转换结果送到结果寄存器缓存，直到所有排序序列通道自动转换结束后，排序器才结束一次自动排序转换过程。

2-33　同步选择模式是排序器 1 或排序器 2 同时选通两个 8 选 1 模拟开关中各一路模拟信号送两个采样保持器同时采样/保持，虽然 A/D 转换器仍要分时转换两个采样/保持器的保持电压，但由于两个采样/保持器是同时采样/保持，所以以同步采样模式可实现双路模拟通道电压同时转换。

顺序采样模式是指排序器 1 或排序器 2 顺序选通两个 8 选 1 模拟开关中的多路模拟信号或者排序器 1 和排序器 2 级联或 16 状态排序器排序选通两个 8 选 1 模拟开关中的多路

模拟信号,因此,多路通道模拟电压均是被顺序采样转换。

2-34 增强型 SPI 模块在标准 SPI 模拟基础上,增加了 16 级×16 位的发送 FIFO 和接收 FIFO,并配备可编程发送 FIFO 中断级数和可编程接收 FIFO 中断级数的发送 FIFO 中断和接收 FIFO 中断机制。

2-35 McBSP 是一个双 2 多通道缓冲同步串行通信接口模块,有独立的同步数据引脚,此外,还有独立的发送帧同步引脚和接收帧同步引脚。McBSP 以块方式发送数据流。一个块占用 16 个连接通道。CPU 把数据写入 McBSP 的缓冲器后,McBSP 自动组成一帧数据,以同步信号作为帧头,将数据块连续串行发送出去。

2-36 增强型 I2C 增强功能体现在:16 级深度 16 位接收 FIFO 和 16 级发送 FIFO。自由数据格式模式等。

2-37 DMA 实现外设与存储器之间互相传递数据块,不需要 CPU 干预。

2-38 DMA 模块传送数据块需要外部触发信号启动,一旦传送启动,DMA 模块就利用 DMA 总线(包括地址总线、读数据总线、写数据总线);在具有 DMA 传送功能的存储器和挂接在 DMA 总线上的外设之间建立直接存取通道。DMA 每个通道(共 6 个通道)以块(32×16 位)方式传送数据。每个通道传送的数据块包括源地址码、目的地址码、块长度、数据(32×16 位)块,并以 4 级流水线作业方式传送。

第 3 章习题参考答案

3-1 新建工程文件、添加源文件、添加库文件、添加链接器命令文件。

3-2 用户需要阅读链接器命令文件,了解初始化段名和未初始化段名的存储器定位信息。

3-3 单步调试、全速设断点调试、探针点调试、GEL 对话框和滚动条调试。

3-4 命名数据段名命名应不同于系统保留关键字的任意标识符。

3-5 文件。

3-6 采用分段技术,将不同源代码模块编译生成的目标代码存放到相同的代码段。

3-7 可以直接访问和显示外设寄存器的指定位域变量,缺点是占用内存较大、书写不够简洁。

3-8 优点是可以把大程序化为小模块,便于分工编写与调试。

3-9 MEMORY 对 SECTIONS 中定义的存储器块名分配存储器物理地址范围,SECTIONS 把一个段名或多个不同的段名与一个存储器块名相关联。

3-10 快速、高效调试数字信号处理算法。

3-11 全速运行下执行。

3-12 防止旧的 .out 误导调试者,造成不必要的麻烦。

3-13 用 extern 声明成全局函数。

3-14 调试数字信号处理算法的参数。

3-15 在断点设置点设置探针点才有意义,探针点不能单独存在。

3-16 自动完成。

3-17

```
tx06_1.gel
menuitem "init"
Dialog InitMemory(startAddress "Starting Addess",EndAddress "End Address")
{（输入起始地址和结束地址等有关参数,赋给当前项目文件中的全局变
量的赋值语句等
)
}
```

3-18

```
tx06_2.gel
menuitem "Load .out"
hotmenu myload
{ GEL_LOAD(C:\CCStudio_v3.3\Myproject\dspdemo_28335\DSP2833x_examples\cpu_timer
\Debug\Example_2833xCpuTimer.out)
}
```

3-19

```
tx06_3.gel
menuitem "open project"
hotmenu openpjt
{gel_projectload(C:\CCStudio_v3.3\Myproject\dspdemo_28335\DSP2833x_examples\cpu_timer\
Example_2833xCpuTimer.pjt)
gel_projectbuild(C:\CCStudio_v3.3\Myproject\dspdemo_28335\DSP2833x_examples\cpu_timer\
Example_2833xCpuTimer.pjt)
}
```

3-20

```
tx06_4.gel
menuitem "ramtest"
dialog  filldata (dataParm "filldata")
{ramdata = data;
}
slider size(0, 100 ,1, 1, lenParm)
{   ramlen = lenParm;
}
```

3-21　在 F28335 仿真用 RAM 链接器命令文件模板 28335_RAM_lnk. cmd 中,将 MEMORY 伪指令中下列指令行：

```
RAML1   : origin = 0x009000, length = 0x001000
```

修改成下列指令行即可：

```
RAML1   : origin = 0x100000, length = 0x020000
```

第 4 章习题参考答案

4-1　CLKIN=SOCCLK/4。

4-2　晶体振荡器模式和外部时钟源模式,晶体振荡器模式。

4-3　PPL 被禁止,PLL 被旁路,PLL 被使能,PPL 对时钟源倍频。

4-4　软件方式,硬件方式,空闲模式。

4-5　空闲模式　　停止模式

4-6　在 DSP 系统死机情况下,产生复位信号重新启动 DSP 系统。在 DSP 系统正常情况下,主程序循环"喂狗",对看门狗计数器循环清零。

4-7　以看门狗溢出频率周期性复位 DSP。

4-8　为 I/O 口内部的场效应管提供一个工作电源,使 I/O 引脚能输出高电平。

4-9　(1) 当配置为通用目的输入引脚时,具有滤除尖峰脉冲干扰的功能。

(2) 当配置为通用目的输出引脚时,具有位置 1 或清 0 功能。

(3) GPIO 模块能同时配置 7 个外部中断引脚 XINT1～XINT7,同时可编程设置 XINT1～XINT7 有效触发极性有 4 种模式,即下降沿、上升沿、下降沿和上升沿。

4-10　GPIOxDAT

4-11　4 种复用选择功能,最基本的功能是通用目的数字 I/O 功能。

4-12　GPIOx 置 1 寄存器置 1,GPIOx 清 0 寄存器清 0。

4-13　串联中断系统,CPU 级和 PIE 级。

4-14　BROM 向量表,PIE 向量表。

4-15　系统控制模块、GPIO 模块、PIE 模块。

4-16　中断服务函数返回前不需要清除 PIE 应答寄存器相应位。

4-17　执行引导加载程序,决定引导模式。

4-18　引导加载程序。

4-19　中断服务函数名前有 Interrupt 关键词修饰。

4-20　因为上电复位后,若 GPIO 模块的所有引脚被配置为通用数字输出引脚,则在尚未执行主程序的初始化程序之前,通用数字输出引脚属于失控状态,就有可能输出不可预料的电平,对被控对象造成危害。而被配置为通用数字输入引脚,由于没有输出驱动能力,不会对数字 I/O 接口连接的开关控制设备造成不可预料的危害。

4-21　可屏蔽中断,由外部中断控制寄存器(XINTnCR,$n=1～7$)使能或屏蔽。

4-22　服务一个中断,其他 7 个中断请求丢失了。

4-23　因为只有一个 CPU,当 CPU 正在执行中断服务程序时,PIE 模块把下一个中断请求信号送到 CPU,将影响 CPU 正常执行中断服务程序。若没有中断应答信号,PIE 模块就不知道 CPU 正在执行中断服务程序何时结束,虽然可以设置一个最大中断服务程序结束时间,实现 PIE 模块扩展的 8 路中断源能分时送到一个 CPU 中断请求线上,但中断响应时间不是上一个中断服务程序的执行周期,被人为拉长了。

4-24　在 CPU 执行中断服务程序期间,PIEACK.$(x-1)$ 作为 2 输入与门的一个反相输入,禁止第 x 组 PIE($x=1～12$)输出其他 PIEIFR 标志位=1 的中断请求信号向 CPU 级中断线输出。

4-25　初始化程序将 PIE 常数向量表从 Flash 中复制到 RAM 中,然后使能 PIE 矢量表,即软件置 ENPIE=1。

4-26　同一组的 8 个外设中断优先级是 PIE 组中断优先级,不同组之间中断优先级是 CPU 中断优先级,CPU 优先级高的 PIE 组的 8 个优先级均高于 CPU 优先级低的 PIE 组的

8个优先级。

4-27 在 main()函数中编写,包括 3 个部分:①应用模块的具体初始化代码,如具体中断源的设备级、PIE级、CPU级各级中断使能寄存器对应使能位的开放;②带死循环结构的主程序代码;③中断服务函数代码。

4-28 从初始化程序第 4 步开始不同,即用户代码不同。

外部中断源应用程序在 main()函数初始化程序中编写了中断源实例对应的 IER(CPU中断使能寄存器)使能位和 PIEIER1(PIE组 1 中断使能寄存器)使能位被置 1 语句,并且编写了用户中断服务函数指针装载到 PIE 向量表的对应中断向量的赋值语句。

GPIO 通用 I/O 引脚翻转应用程序由于没有涉及中断源处理任务,所以,保持初始化程序第 3 步的清除所有 CPU 级中断和 PIE 向量表初始化,没有编写 IER 和 PIEIERx(x=1～12)(PIE组 1 中断使能寄存器)使能位语句被置 1 语句,也不需要编写用户中断服务函数指针装载到 PIE 向量表的对应中断向量的赋值语句。

第 5 章习题参考答案

5-1 对 32 位周期寄存器和 16 位预分频寄存器分别赋初值,利用初始化对定时器控制寄存器的 TRB 置 1 后,32 位周期寄存器的值自动重载 32 位计数器,16 位预分频寄存器值自动重载 16 位预分频计数器。

5-2 32 位周期寄存器时间常数初值 PRD. all=(long)(Freq * Period);
没有减 1。
修正算法是 PRD. all=(long)(Freq * Period)-1;

5-3 (1) 4 294 967 296(2^{32})　　(2) 1499

5-4 (1) 0　　(2) 1

5-5 不能　　编写 CPU 定时中断服务程序(函数)

5-6 (1) 149　　(2) 150

5-7 x=(SYSCLKOUT/TIMCLK)-1

5-8 y=T×TIMCLK-1

5-9 利用 CPU 定时器定时时间到产生的借位作为计数初值装载信号,将定时周期寄存器中计数初值自动重载到 32 位计数器中。

5-10 CPU 定时器定时中断服务函数名前缀要用 interrupt 关键字修饰。

5-11 cpu_timer0 的中断经过 PIE 模块扩展连接在 INT1 上,所以,cpu_timer0 的中断服务程序中断返回前需要清除 PIE 应答寄存器相应位。cpu_timer1/2 的中断不经过 PIE 模块扩展直接连接在 INT13/INT14 上,所以,cpu_timer1/2 的中断服务程序中断返回前不需要清除 PIE 应答寄存器相应位。

5-12

```
Temp = Freq * Period = 150 * 25 = 3750
f = 150MHz
T = Temp/f = 3750/150 = 25μs
```

第 6 章习题参考答案

6-1　对于小于 10 字节的数据块传输,地址位模式比空闲线模式通信效率高,反之,对于多于 10 字节的数据块传输,空闲线模式比地址位模式通信效率高。

6-2　SCICCR(SCI 通信控制寄存器)。

6-3　利用软件定时器或 CPU 定时器进行延时大于 11 位空闲位时间控制。

6-4　4 个域,分别是起始位、字符位、奇偶校验位、停止位。字符位、奇偶校验位、停止位可编程设置。起始位不可编程设置。

6-5　发送线 SCITXD 不发送时,处于高电平的状态就是空闲状态。因此空闲位是逻辑 1。异步通信标准帧格式的停止位(stop)必须是逻辑 1,就是为了保证 1 帧数据发送结束后,发送线处于逻辑 1,即高电平的空闲状态,以便发送下 1 帧数据时,能产生高到低的起始位(start),因为起始位必须是逻辑 0,否则接收器就找不到一帧数据的起始位,也就无法正确接收数据。

6-6　间断条件检测错误 BRKDT 是指接收器接收线 SCIRXD 连续检测到 11 位逻辑 0(即与 SCIRXD 相连的发送器发送线 SCITXD 连续发送 11 位逻辑 0),这说明发送线 SCITXD 没有发送停止位,接收器无法检测到一帧的起始位。

BRKDT 错误更严重,因为发送器发送线 SCITXD 已经无法发送数据,而 FE、PE 错误表示发送器能发送数据,但由于线路干扰等原因接收出错。OE 错误是由于处理器没有及时读取接收数据缓冲器 SCIRXBUF 的值,RXSHF(接收移位寄存器)把新接收的数据覆盖到 SCIRXBUF 产生的过载错误。

6-7　因为 GPIO 引脚配置为 SPI 功能引脚的信号线不止一组,但对于 DSP 器件片上 SPI 外设,配置原则是只能一个 GPIO 引脚配置一个 SPI 功能引脚,所以只能选择 DSP2833x_Spi.c 文件模板中一组 SPI 功能引脚配置语句,其他组的配置语句要注释掉。

6-8　即使不使用发送 SCI FIFO 功能,仅利用每发送完一个字节产生一次发送中断功能,CPU 向 SCITXBUF(发送数据缓冲器)写下一个发送字节的处理时间也远远小于 10 位空闲位,一般连一个空闲位都不到。即帧间隔应小于 10 位空闲位是非常容易实现的。因为 CPU 的发送中断处理时间远远小于 SCI 模块发送一帧数据的时间。

6-9　在 SCI 空闲线模式下,首先软件将 TXWAKE 置 1,然后用一个无关字节写入 SCITXBUF(发送数据缓冲器),SCI 自动发送块前 11 位空闲位,TXWAKE 被自动清 0。

在 TXWAKE=0 下,地址字节写入 SCITXBUF,SCITXBUF 值被自动装载到 TXSHF(发送移位寄存器),TXSHF 开始发送地址字节,在 TXSHF 发送地址字节期间,向 TXWAKE 写入 1,然后向 SCITXBUF 写入无关字节,则 TXSHF 发送完地址字节后,SCI 自动发送地址字节和第 1 个数据字节之间的 11 位空闲位,TXWAKE 被自动清 0。

6-10　不是。通过软件设置 SCI 发送器唤醒方法选择位 TXWAKE=1,发送数据写入 SCITXBUF 后,SCI 自动将地址位模式帧格式的第 9 数据位置 1。同理,TXWAKE=0 时,发送数据写入 SCITXBUF 后,SCI 自动将地址位模式帧格式的第 9 数据位清 0。可见,地址位模式帧格式的第 9 数据位的置 1 和清 0,是通过对 TXWAKE=1 和=0 间接实现的。

6-11　利用软件定时器或 CPU 定时器延时 10 位或以上的空闲位时间。

6-12　能。因为是双缓冲器,向 SCITXBUF 写入新数据不会影响 TXSHF 的移位操作,只有 TXSHF 移完最后一个字符变空后,SCITXBUF 的值才被自动装载到 TXSHF,同时 TXWAKE 的值被自动装载到 WUT,TXSHF 重新开始新的移位发送。

6-13

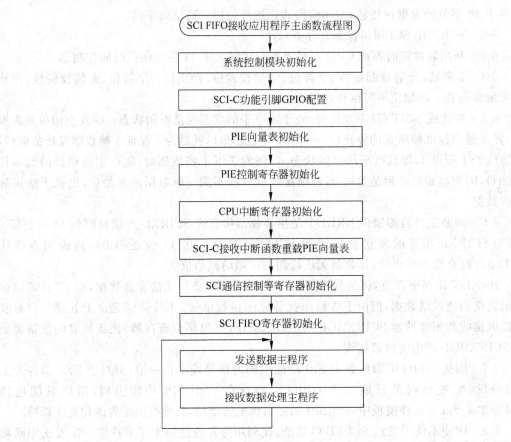

6-14　$N-1$ 个。因为数据块的第 1 帧字节必须在主程序中写入 SCITXBUF,才能开始产生发送中断,即发送空中断。若使能 SCI FIFO 功能,TXFFST(TX FIFO 字符数状态位)≤TXFFIL(TX FIFO 中断级数位)条件为真,就产生发送 FIFO 中断。由于系统复位后,SCI 模块的 TX FIFO 初始化为空,则 TXFFST=0,不论 TXFFIL 初始化为何值(0 或非0),均使 TXFFST≤TXFFIL 条件为真成立,所以,在 SCI 增强 UART 模式下,可在发送中断服务函数中发送 N 字节的数据块,但 N 应 16。

6-15　N 个。因为当使能 SCI FIFO 增强功能后,当 RXFFST(RX FIFO 字符数状态位)≥RXFFIL(RX FIFO 中断级数位)条件为真,才产生接收 FIFO 中断。因此,只要初始化使 RXFFIL=N,当接收 FIFO 接收满 N 字节(N≤16),满足 RXFFST≥RXFFIL 条件为真,才产生接收中断。可在接收中断服务函数中从 RX FIFO 中循环读取这 N 字节。

6-16　尽量减少接收器过载错误发生。

6-17　根据通信协议,因为通信协议制定主机发送报文帧格式和从机响应报文帧格式,对于不同的命令字节,主机的发送报文字节长度可能不一致。从机要根据不同报文的命令字节,来决定接收 FIFO 中断等级值。

6-18　CRC 校验码检错率最高。奇偶校验位检错最低。

6-19　采用地址位通信模式较合适，因为地址位通信模式在报文之间没有最短空闲位要求，连续发送报文效率更高。

6-20　因为 1 对 n 的多机通信，往往主机发送的命令报文不止一个，通常不同命令报文的字节度不一样，从机只有从接收的命令字节来判断具体命令报文的字节长度，所以接收 FIFO 中断等级位开始只能设置等于地址字节＋命令字节的长度，然后才能决定下次接收 FIFO 中断等级位等于何值。

6-21　因为奇偶校验位检错率不高，一般用在帧尾增加 2B 的校验和或 CRC 校验码来对报文检错。

6-22　当发送报文字节长度大于 16 的情况下。

6-23　因为 SCI 的空闲线模式协议规定，在地址字节与第 1 个数据字之间的空闲时间应大于等于 10 个空闲周期，所以接收器在接收完地址字节后，SCIRXD 线又检测到发送器发送的 11 个空闲位，RXWAKE 仍然被自动置 1。但在接收到地址字节之后的第 1 个数据字节后，空闲线模式协议规定，数据帧之间的空闲时间应小于 10 位空闲周期，所以，在接收到地址字节之后的第 1 个数据字节后，RXWAKE 被自动清零。

6-24　CPU 把定位器开度命令报文 cString4[8] 写入 TX FIFO 后，SCI 发送器要以 9600b/s 速率发送，8 个字节理论上需要 8×10/9600s，在 cString4[8] 最后一个字节移入 TX SHF(发送移位寄存器)后，TXFFST(发送 FIFO 字符数状态位)变 0，此时，TX SHF 并未移出最后一个字节的所有位，若在发送完之前就把 GPIO65 输出从 1 变为 0，则命令报文尚未发送完，RS-485 芯片就提前切换到接收器状态，剩余数据位就无法发送出去，导致最后一个字节发送失败，则导致命令报文发送失败。

6-25　定义一个接收标志变量，初始化清零，接收中断服务函数接收到一个完整报文后将接收标志变量置 1。主程序循环检测接收标志变量是否为 1，就能知道接收中断服务函数是否收到一个新报文。注意，每当主程序循环检测接收标志变量为 1 后，要及时软件清零接收标志变量，为下一次检测做准备。

6-26　待接收报文不会产生接收中断。若接收下一个接收报文的字节累计达到接收中断等级设定值，产生接收中断，则会产生接收报文 CRC 校验出错。

6-27　SCICTL1(SCI 控制寄存器 1)有一个 SCI 标准 UART 模式软件复位(SW RESET)控制位，在初始化过程开始，应对 SW RESET 清零，将 SCI 状态机和所有 SCI 标准 UART 模式标志位复位到初始复位状态。在初始化过程结束后，应将 SW RESET 置 1，退出复位，使能 SCI 标准 UART 模式操作。

6-28　SCIFFTX(SCI FIFO 发送寄存器)有一个 SCI 增强功能软件复位(SCIRST)控制位和一个 TX FIFO(发送 FIFO)软件复位(TX FIFO RESET)。SCIFFRX(SCI FIFO 接收寄存器)有一个 RX FIFO(接收 FIFO)软件复位(RX FIFO RESET)。在初始化过程开始，应将 SCIRST、TX FIFO RESET、RX FIFO RESET 都复位清零。SCIRST 被清零，将复位 SCI FIFO 的发送和接收通道。TX FIFO RESET 被清零，将复位发送 FIFO 指针到 0。RX FIFO RESET 被清零，将复位接收 FIFO 指针到 0。在初始化过程结束后，应将 SCIRST、TX FIFO RESET、RX FIFO RESET 都置 1，退出复位，使能 SCI FIFO 功能操作。

6-29　包括 InitSysCtrl()、InitPieCtrl()、InitPieVectTable()。

6-30　SCI 模块的数据格式是异步字符格式，数据块的各字符之间有空闲位。SPI 模块的数据格式是同步字符格式，数据块的各字符之间无空闲位，所以同步通信的数据块又称为数据流。

6-31　因为若通信线路损坏或电磁阀定位器发生故障，DSP 控制器发出命令报文后，是收不到电磁阀定位器回送的响应报文的。若不启动 Cpu_timer1 作为超时机构，在定时时间到后主动退出等待响应报文收到标志为真的语句，就会发生 DSP 控制器软件系统死机（死循环）的致命故障。

若在 100ms 之内收到响应报文，就应立即禁止 Cpu_timer1 继续计数定时（CpuTimer1Regs. TCR. bit. TSS=1;//禁止 CPUTIMER1 定时 100ms），清除定时 100ms 中断。

6-32　利用 $\overline{\text{SPISTE}}$ 使能一个 3-8 地址译码器，将 3-8 地址译码器的 3 个输入作为多台 SPI 从控制器的编码，一个输入编码对应一台 SPI 从控制器片选，实现一台 SPI 主控制器选通两台以上 SPI 从控制器。

6-33　因为主/从控制器共用一个同步时钟信号 SPICLK，所以主控制器发送 SPICLK 时，发送移位寄存器移出和接收移位寄存器移入是相对于同步时钟周期同步的。但是，发送移位寄存器和接收移位寄存器的移位边沿是相反的，即若发送移位寄存器被可编程选择上升沿移位，则接收移位寄存器就必须在下降沿移位；反之亦然。

6-34　SPIDAT 是同步收发的串行移位寄存器，是只读寄存器（参见图 6-40）。发送数据位从 SPIDAT 的最高位移出，接收数据位从 SPIDAT 的最低位移入。

SPITXBUF 是存放 CPU 写入的待发送数据的发送缓冲寄存器，在 SPIDAT 移完一个字符的所有位后，被写入 SPITXBUF 的数据会自动加载到 SPIDAT。

SPIRXBUF 是存放供 CPU 读取的已接收数据的接收缓冲寄存器，在 SPIDAT 移入一个字符的所有位后，存放在 SPIDAT 的接收数据会自动加载到 SPIRXBUF。

6-35　SPI 传送的字符长度是软件可编程配置的，配置范围是 1～16 位。

6-36　发送数据时，装载到 SPIDAT 中的 8 位字符是左对齐。接收数据时，移入 16 位 SPIDAT 寄存器中的 8 位字符右对齐。

6-37　若 SPI 接收 FIFO 的中断级数上电复位默认值被设为 0000b，则只要使能 SPI 中断，在尚未收到任何数据情况下，也立即产生 RXFFST（=0）大于或等于 RXFFIL（=0，若默认值被设为 0000）的匹配，产生不希望的假接收中断，所以接收 FIFO 的中断级数上电复位默认值不能为 0。

若 SPI 发送 FIFO 中断级数上电复位默认值不设为 00000b，而为非零默认值，则立即产生 TXFFST（=0）小于或等于 TXFFIL（若默认值被设为非零值）的匹配，产生不希望的假发送中断，所以发送 FIFO 的中断级数上电复位默认值不能设置为非 0 值。

6-38　因为 SPI 标准模式发送的中断实际上是发送空中断，只有在初始化程序段中执行写一个字符到 SPITXBU 中，启动第 1 次 SPI 发送，才能产生 SPI 发送中断。只有 CPU 响应 SPI 发送中断，在 SPI 发送中断函数中就可以执行写一个字符到 SPITXBU 中，启动下一次 SPI 发送，就能产生下一次 SPI 发送中断。

6-39　为了将 SPI 接收器过载标志位清 0，因为 SPI 接收器过载标志位是写 1 清 0 位。若没有将 SPI 接收器过载标志位写 1 清 0，则再发生 SPI 接收器过载条件，就不会产生 SPI 中断请求了。

6-40　由 SPI 主机设定。

6-41　不需要配置。

6-42　0x2300。

6-43　(1) 字符长度：SCI 的字符长度为 1～8 位可编程。SPI 的字符长度为 1～16 位可编程。

(2) 串行移位时钟：SCI 没有独立的移位时钟引脚。SPI 主/从设备都有独立的移位时钟引脚 SPICLK。

(3) 在系统复位默认状态下,SCI 仿真挂起事件发生时,SCI 模块立即停止传输(当前接收/发送操作)。在系统复位默认状态下,SPI 仿真时遇到悬挂事件,传输在比特流中途停止(传输立即停止)。一旦悬挂撤销,在没有系统复位时,数据缓冲器(DATBUF)中剩余悬挂位将继续移出。

6-44　因为本例程主要演示 SPI 发送中断程序和 SPI 接收中断程序实现自发自收通信功能,主程序不需要实现其他数据处理功能,所以主程序用简单空循环语句实现。在实际工程应用中,主程序通常有数据处理任务,不会使用简单空循环语句。

6-45　(1) 当发送 FIFO 中已发送字符数还剩 8 时,会产生发送 FIFO 中断。

(2) 当接收 FIFO 中已接收字符数达到 8 时,会产生接收 FIFO 中断。

(3) 因为 TX FIFO 只有 16 级深度,若设置发送 FIFO 中断级数为 9 级当向发送 FIFO 中写入 9 个字符时,则立即产生发送 FIFO 中断,CPU 响应中断后,就不能向发送 FIFO 中写入下一个 9 字符数据块了,因为只空闲 7 个字符缓冲器。所以,不能设置发送 FIFO 中断级数为 9 级。可以设置发送 FIFO 中断级数为 7 级,因为首次向发送 FIFO 写入 9 个字符后,当发送 FIFO 向移位寄存器传送完两个字符后,发送 FIFO 现有字符数变为 7,立即产生发送 FIFO 中断,这时发送 FIFO 空闲 9 个字符缓冲器,CPU 响应中断后,可以向发送 FIFO 中写入下一个 9 字符数据块了。

6-46　数据块个数计数器。

第 7 章习题参考答案

7-1　F28335 的 ADC 模块设置两个独立 8 通道的模块,每个 8 通道模块有一个采样保持器,当控制两个独立 8 通道模块的采样保持器同时采样保持,就能实现双路模拟通道同时采样转换。

7-2　最小量化电平 $= \dfrac{电压量程}{2^n} = 5V/2^8 = 0.019\,531\,25V = 19.53mV$

最小量化电平的物理含义是输入电压每改变 19.53mV,A/D 转换器的量化结果变化 1 个数字单位。

7-3　同步采样是两个或多个采样/保持器同时采样。顺序采样是一个采样/保持器分时采样。一个 A/D 转换器转换,能在一个采样周期中,顺序分时转换多路模拟开关选通的多路模拟信号。

7-4　不是模拟通道 0(ADCIN0),而是 CONV00 位存放的通道号。

7-5　两种形式。第 1 种结构形式是 8 状态单排序器模式,分两个独立 8 状态排序器 1

(SEQ1)和排序器 2(SEQ2)。第 2 种结构形式是 16 状态单排序器模式,由排序器 1(SEQ1)和排序器 2(SEQ2)级联构成。

7-6　两种,第 1 种模式是顺序采样模式,第 2 种模式是同步采样模式,最常用的采样模式是顺序采样模式。

7-7　供 SEQ1 使用的通道选择位 CONVxx 的 xx 取值范围 00～15。供 SEQ2 使用的通道选择位 CONVxx 的 xx 取值范围 00～15。

7-8　双 8 通道排序器要分时共享使用一个 A/D 转换器内核。单 16 通道排序器则顺序使用一个 A/D 转换器内核。

7-9　允许 16 个模拟输入通道号被任何次序排序转换或一个模拟输入通道号被多次重复排序转换。

7-10　SEQ1 和 SEQ2。全部资源。

7-11　在双排序器模式下,通道号 ADCINA0～ADCINA7 对应通道号选择位是 0～7,转换为 4 位二进制数是 0000～0111b。

通道号 ADCINB0～ADCINB7 对应通道号选择位是 8～15,转换为 4 位二进制数是 1000b～1111b。

在单排序器模式下,ADCINA0～ADCINA7,ADCINB0～ADCINB7 级联成 16 通道,ADCINA0～ADCINA7 对应通道号选择位还是 0～7,ADCINB0～ADCINB7 对应通道号选择位是 8～15。

7-12　单排序器模式的最大转换通道数是 16。双排序器模式的最大转换通道数是 8。单排序器模式可用的通道选择位域变量共 16 个,即 CONV00～CONV15,双排序器模式可用的通道选择位域变量共 8 个,排序器 1 可用通道选择位域变量是 CONV00～CONV07,排序器 2 可用通道选择位域变量是 CONV08～CONV15。

7-13　在启动/停止模式下,当排序器完成一次排序转换后,排序器状态指针保持在当前结束状态。在连续自动排序模式下,当排序器完成一次排序转换后,排序器状态指针自动复位到初始状态。

7-14　ADCRESULT0。

7-15　左对齐的。

7—16　ADC 的同步采样模式必须选择双排序器工作模式,而顺序采样模式既可以选择双排序器工作模式,也可以选择单排序器工作模式。

同步采样模式要求同时采样两个 8 选 1 模拟开关中相对称的各一个模拟通道,即 ADCINA0 与 ADCINB0、ADCINA1 与 ADCINB1,…,ADCINA7 与 ADCINB7。

顺序采样模式可以随意采样两个 8 选 1 模拟开关中任意排序甚至重复排序的模拟通道。

7-17　第 1 步,初始化使能 ADCTRL2.11(ADC 控制寄存器 2.INT_ENA_SEQ1),允许 SEQ1 排序结束,产生 SEQ1 中断请求。

第 2 步,重载用户编写的 A/D 中断服务函数首址到 PIE 中断向量表对应中断向量表项。例如,用户编写的 A/D 中断服务函数名为 adcisr(),则重载 PIE 中断向量表语句为:

```
EALLOW;
PieVectTable.ADCINT = &adcisr;
EDIS;
```

第 3 步,编写 A/D 中断服务函数,一般放在主函数源文件的后面,在主函数源文件的开头,用 interrupt 关键字对 A/D 中断服务函数进行声明。例如,

```
Interrupt void adcisr(void);
```

7-18 软件启动。AdcRegs. ADCTRL2. all＝0x2000;

7-19 3V。

7-20 2.048V。

第 8 章习题参考答案

8-1

顺序下标	4 位二进制顺序	4 位二进制反序	倒序下标
0	0000	0000	0
1	0001	1000	8
2	0010	0100	4
3	0011	1100	12
4	0100	0010	2
5	0101	1010	10
6	0110	0110	6
7	0111	1110	14
8	1000	0001	1
9	1001	1001	9
10	1010	0011	5
11	1011	1101	13
12	1100	0011	3
13	1101	1011	11
14	1110	0111	7
15	1111	1111	15

8-2 因为 F28335 上电复位后,系统初始化模块相关寄存器组被复位到已知状态,所以 F28335 的系统时钟频率处于工作状态,只不过没有被设置为最高时钟频率 150MHz 而已。

8-3 可以。这就是 DSP 工程文件组成的特点,添加不用的片上外设模块源文件模板,不影响工程文件的既定功能,但占用代码内存。

8-4 因为 F28335 的浮点处理器是 32 位 FPU,遵循 IEEEI-754 标准单精度 32 位浮点数数据格式,所以 F28335 的浮点数据应定义为 float 数据类型。

8-5 修改后的程序如下:

```
include "stdio. h"
# include "math. h"
# define pi 3. 1415926535
void main()
{
    InitSysCtrl();
```

```
    DINT;
    InitPieCtrl();
    IER = 0x0000;
    IFR = 0x0000;
    InitPieVectTable();
    EINT;
    ⋮
    }
```

8-6　　$f_s = 50 \times 32 = 1600\,\mathrm{Hz}$

8-7　　$2^5 = 32$，$M = 5$，所以有 5 级蝶形运算。

8-8　　$W_N^1 = \mathrm{e}^{\frac{-\mathrm{j}2\pi}{N}} = \mathrm{e}^{\frac{-\mathrm{j}2\pi}{32}}$　　　$W_N^3 = \mathrm{e}^{\frac{-\mathrm{j}2\pi3}{N}} = \mathrm{e}^{\frac{-\mathrm{j}2\pi3}{32}}$

8-9　　$p = j \cdot 2^{M-(i+1)}$　　　$j = 0 \sim (2^{i-1}-1)$，$i = 0 \sim 14$，$p = 0 \sim 15$

第 1 级蝶形运算：$i = 0$，$j = 0$　　　　　$p = 0$，

第 2 级蝶形运算：$i = 1$，$j = 0 \sim 1$　　　$p = 0, 8$

第 3 级蝶形运算：$i = 2$，$j = 0 \sim 3$　　　$p = 0, 4, 8, 12$

第 4 级蝶形运算：$i = 3$，$j = 0 \sim 7$　　　$p = 0, 2, 4, 6, 8, 10, 12, 14$

第 5 级蝶形运算：$i = 4$，$j = 0 \sim 15$　　$p = 0 \sim 15$

8-10　常系数分为 $\cos\dfrac{2\pi}{N}p$ 和 $\sin\dfrac{2\pi}{N}p$，$p = j * 2^{M-(i+1)}$，$M = 5$，$N = 32$，$i = 0 \sim 4$。

8-11　外层循环次数：$i = 0 \sim (M-1)$，$M = 5$，共 5 次。

内层循环次数：$j = 0 \sim -2^i - 1$，共 15 次

8-12　（1）基波和 4 次谐波、8 次谐波的叠加。

（2）u.real = 1；u.imag = 0;　　//对应 W_N^0

　　　w.real = cos(pi/le1);w.imag = -1 * sin(pi/le1);　　//对应 W_N^1

（3）通过 $u = W_N^0$，$w = W_N^1$，$t = u \times w = W_N^0 W_N^1$，建立累乘迭代公式 $t = t \times w$。若 $p = 2$，则初始化 $u = W_N^0$，$w = W_N^1$ 后，$t = u \times w$ 循环执行两遍得到 W_N^2，依此类推。

参 考 文 献

[1] C2000 Real-Time Control Peripherals Reference Guide[EB/OL].
http://www.ti.com.cn/cn/lit/ug/spru566k/spru566k.pdf.

[2] C2000™实时微控制器[EB/OL]. http://www.ti.com.cn/cn/lit/sg/zhcb001g/zhcb001g.pdf.

[3] www.ti.com/piccolo
http://www.ti.com/lsds/ti/microcontrollers_16-bit_32-bit/c2000_performance/real-time_control/
f2802x_f2803x_f2806x/overview.page? DCMP=Piccolo&HQS=piccolo.

[4] www.ti.com/delfino
http://www.ti.com/lsds/ti/microcontrollers_16-bit_32-bit/c2000_performance/real-time_control/
f2833x_f2837x/overview.page? DCMP=Delfino&HQS=delfino.

[5] www.ti.com/concerto
http://www.ti.com/lsds/ti/microcontrollers_16-bit_32-bit/c2000_performance/control_automation/
f28m3x/overview.page? DCMP=concerto&HQS=concerto.

[6] stm32f407 和 tms320f28335 的对比[EB/OL].
https://zhidao.baidu.com/question/2139906848921816868.html

[7] DSP 与 STM32 区别[[EB/OL].
http://www.cnblogs.com/wangh0802PositiveANDupward/archive/2012/09/08/2676275.html

[8] 介绍各种芯片封装形式的特点和优点[EB/OL].
/http://wenku.baidu.com/link? url=taALxC2OgKi_qdGIjtPhk4TgOb5OYDD5Hgv-3uHcpM5zkT7orck4Rw_
bfLKUBay05fgWIrLhGX-BnyS4v3GyaKCv8vRLuVCsN6yk6lGUmxO.

[9] TMS320F28335,TMS320F28334,TMS320F28332,TMS320F28235,TMS320F28234,TMS320F28232
Digital Signal Controllers (DSCs) Data Manual[Z]-SPRS439M.pdf.

[10] C28x FPU Primer-SPRAAN9.pdf[Z]. Texas Instruments,2007.

[11] TMS320C28x CPU and Instruction Set Reference Guide-SPRU430E.pdf[Z]. Texas Instruments,
2009.

[12] TMS320x2833x,2823x System Control and Interrupts Reference Guide-SPRUFB0D.pdf [Z]. Texas
Instruments,2010.

[13] TMS320F28335, TMS320F28334, TMS320F28332, TMS320F28235, TMS320F28234,
TMS320F28232 Digital Signal Controllers (DSCs)-SPRS439M.pdf [Z]. Texas Instruments,2012.

[14] TMS320x2833x,2823x Boot ROM Reference Guide-SPRU963A.pdf [Z]. Texas Instruments,2008.

[15] TMS320x2833x,2823x DSC External Interface (XINTF) ReferenceGuide-SPRU949B.pdf[Z]. Texas
Instruments,2008.

[16] TMS320x2833x,2823x Serial Communication Interface (SCI) Reference Guide-SPRUFZ5.pdf[Z].
Texas Instruments,2008.

[17] TMS320x2833x,2823x Enhanced Pulse Width Modulator (ePWM) Module Reference Guide-
SPRUG04.pdf[Z]. Texas Instruments,2008.

[18] TMS320x2833x,2823x Enhanced Capture (eCAP) Module Reference Guide-SPRUFG4.pdf[Z].
Texas Instruments,2008.

[19] TMS320x2833x,2823x Enhanced Quadrature Encoder Pulse (eQEP) Module Reference Guide-
SPRUG05A.pdf[Z]. Texas Instruments,2008.

[20] TMS320F2833x, 2823x Enhanced Controller Area Network（eCAN）Reference Guide-SPRUEU1. pdf[Z]. Texas Instruments, 2009.

[21] TMS320x2833x Analog-to-Digital Converter（ADC）Module Reference Guide-SPRU812A. pdf[Z]. Texas Instruments, 2007.

[22] TMS320x2833x, 2823x DSC Serial Peripheral Interface（SPI）Reference Guide-SPRUEU3. pdf[Z]. Texas Instruments, 2008.

[23] TMS320F2833x Multichannel Buffered Serial Port（McBSP）Reference Guide-SPRUFB7A. pdf[Z]. Texas Instruments, 2007.

[24] TMS320x2833x, 2823x Inter-Integrated Circuit（I2C）Module Reference Guide-SPRUG03. pdf[Z]. Texas Instruments, 2008.

[25] TMS320x2833x, 2823x Direct Memory Access（DMA）Module Reference Guide-SPRUFB8A. pdf [Z]. Texas Instruments, 2008.

[26] 宁改娣, 曾翔君, 骆一萍. DSP 控制器原理及应用[M]. 2 版. 北京: 科学出版社, 2009.

[27] 李真芳, 苏涛, 黄小宇. DSP 程序开发——MATLAB 调试及直接代码生成[M]. 西安: 西安电子科技大学出版社, 2003.

[28] 韩非, 胡春梅, 李伟. TMS320C6000 系列 DSP 开发应用技巧——重点与难点剖析[M]. 北京: 中国电力出版社, 2008.

[29] 侯其立, 石岩, 徐科军. DSP 原理及应用——跟我动手学 TMS320F2833x[M]. 北京: 机械工业出版社, 2015.

[30] 朱洪顺, 符晓. TMS320F2833XDSP 应用开发与实践[M]. 北京: 北京航空航天大学出版社, 2013.

[31] 姚晓通, 李积英, 蒋占军. DSP 技术实践教程——TMS320F28335 设计与实验[M]. 北京: 清华大学出版社, 2014.

[32] 赵成. DSP 原理及应用技术——基于 TMS320F2812 的仿真与实例设计[M]. 北京: 国防工业出版社, 2012.

[33] 杨家强. TMS320F2833XDSP 原理与应用教程[M]. 北京: 清华大学出版社, 2014.

[35] 韩丰田, 李海霞. TMS320F281XDSP 原理及应用技术[M]. 北京: 清华大学出版社, 2009.

[36] 宁改娣, 杨拴科. DSP 控制器原理及应用[M]. 北京: 科学出版社, 2002.